变电站

二次回路及运行维护

王国光 编著

中国电力出版社
CHINA ELECTRIC POWER PRESS

内 容 提 要

本书以目前变电站应用较多的保护、综合自动化及其他二次设备为主，介绍了变电站二次回路的构成、接线及动作原理。并根据现场的实际情况，介绍了如何保证变电站二次回路接线正确性；检验二次回路接线正确性的方法，常见二次回路的异常、故障及处理方法等，例举了由于二次回路接线错误引起的事故案例，介绍了变电站二次回路的反事故措施。本书共分十七章，主要内容包括6～35kV开关柜的二次回路，110kV六氟化硫组合电器的二次回路，110kV空气绝缘敞开式开关设备的二次回路，110kV线路的二次回路，110kV主变压器的二次回路，电压无功自动调节装置的二次回路，110kV母线保护装置的二次回路，备用电源自动投入装置的二次回路、安全稳定控制及低频低压减载装置的二次回路，微机故障录波装置的二次回路，综合自动化变电站的通信网络接线，变电站的交流、直流电源系统、智能变电站及二次回路简介，变电站二次回路接线正确性的检验，变电站二次回路运行中常见异常及处理。

本书内容结合实际，对现场工作具有较强的指导性。本书可供从事变电运行、保护、远动及检修人员，电气设计人员参考，也可作为高等院校电气及自动化专业学生的参考书。

图书在版编目(CIP)数据

变电站二次回路及运行维护/王国光编著．—北京：中国电力出版社，2011.10（2023.2重印）

ISBN 978-7-5123-2043-7

Ⅰ.①变… Ⅱ.①王… Ⅲ.①变电所-二次系统-运行 ②变电所-二次系统-维修 Ⅳ.①TM645.2

中国版本图书馆CIP数据核字(2011)第171896号

中国电力出版社出版、发行

（北京市东城区北京站西街19号 100005 http://www.cepp.sgcc.com.cn）

北京雁林吉兆印刷有限公司印刷

各地新华书店经售

*

2011年10月第一版 2023年2月北京第十一次印刷

787毫米×1092毫米 16开本 19印张 442千字

印数18501—19500册 定价**40.00**元

前　言

《变电站综合自动化系统二次回路及运行维护》一书自2005年9月出版以来，受到广大读者的热烈欢迎。很多初涉电力系统变电运行、变电检修、继电保护及电气设备制造工程设计、现场调试的人员，普遍反映这是一本很实用的参考书。不少刚迈出校门的学生来信说，他们是手持这本书一步一步走过来，熟练地掌握了电气二次回路的工作技能。在国网公司编纂的培训教材中，在同行编著的书籍中都大量的引用了本书的内容，我感到很欣慰，这是对《变电站综合自动化系统二次回路及运行维护》一书的肯定。

随着我国电网改造和发展步供的加快，变电站综合自动化系统的推广应用也在加快，综合自动化设备在不断的更新、发展和完善，同时国外先进电气设备也在不断的引进和推广。与发展形势相比《变电站综合自动化系统二次回路及运行维护》中例举的设备和书中的内容已明显滞后或淘汰，要保证其可读性，必须紧跟发展更新这些内容，因此编写了本书。本书增加了国外引进电气设备的二次回路，介绍了国外电气设备二次回路的读图方法。随着科学技术的进步，国家电网公司提出了发展具有信息化、自动化、互动化特征的坚强智能电网的目标，随之智能变电站相应而生，本书也介绍了智能变电站及部分二次回路。为了完善变电站二次回路的内容，还增加了变电站的站用交、直流电源部分，使本书成为一本全面介绍变电站二次回路的书。目前电力系统运行中的变电站已经广泛实现综合自动化，再强调综合自动化系统，已经意义不大，因此本书命名为变电站二次回路及运行维护。

随着智能变电站的诞生及发展，很快智能变电站将会取代当前的综合自动化变电站，这样，变电站的二次回路将会发生彻底的改变，变电站内的通信网络将替代变电站的二次回路，一个崭新的变电站二次系统会出现在世人面前。

在本书出版之际，要特别感谢北京四方继保自动化公司刘芳、吴洋、李晓峰的大力帮助。

编　者

2011年8月

目 录

第一章

变电站综合自动化概述

第一节 变电站综合自动化的基本概念

随着微电子技术、计算机技术和通信技术的发展，变电站综合自动化技术也得到了迅速发展。近几年来我国城乡电网改造和电网规模的扩大，使电力系统中实现综合自动化的变电站日渐增多，一些大、中城市的电网中，变电站的综合自动化覆盖率已超过了80%。这为电网调度自动化、配电自动化和电网的现代化管理打下了良好的基础。

1. 变电站综合自动化定义

变电站综合自动化是将变电站的二次设备（包括测量仪表、控制系统、信号系统、继电保护、自动装置和远动装置）经过功能组合和优化设计，利用先进的计算机技术、电子技术、通信技术和信号处理技术，实现对全变电站的主要电气设备和输、配电线路的自动控制、自动监视、测量和保护，以及实现与运行和调度通信相关的综合性自动化功能。变电站的综合自动化系统是利用多台微型计算机和大规模集成电路组成的自动化系统，它替代了常规的控制设备、远动设备、信号设备和测量监视仪表。用微机保护装置替代了由分列元件组成的继电保护屏，取消了常规的控制屏、远动屏和中央信号系统。变电站的综合自动化是自动化技术、计算机技术和通信技术等高科技在变电站的综合应用。变电站的综合自动化系统可以采集到比较齐全的数据和信息，利用计算机的高速计算能力和逻辑判断功能，可方便地监视和控制变电站内各种设备的运行和操作。变电站综合自动化系统具有功能综合化、结构微机化、操作监视屏幕化、运行管理智能化等特点。简而言之，变电站综合自动化是集保护、测量、控制、远传等功能为一体，通过数字通信及网络技术来实现信息共享的一套微机化的二次设备及系统。

2. 传统变电站存在的问题

在电力系统中，变电站是不可缺少的重要环节，它担负着连接电网、电能转换和电能分配的重要任务，对电网的安全和经济运行起着举足轻重的作用。尤其是近年来大容量发电机组的并网发电，超高压远距离输电线路的建成投运，使电力系统的规模越来越大，相应的整个电力系统的安全稳定控制变得更加复杂。如果仍然沿用传统变电站的运行模式，人工监盘、人工抄表、人工操作、人工记录和电话联系汇报，仍然依靠传统变电站的旧设备，而不进行技术改造的话，必然难以满足目前电力系统安全稳定运行的需要，更谈不上电力系统现代化管理模式的需求。以现在的观点看，传统变电站存在的主要问题有：

(1) 继电保护、自动装置及远动装置设备老化，可靠性不高。传统变电站的继电保护和自动装置大多采用电磁型、感应性及晶体管型设备，这类保护结构复杂，动作速度慢，保护性能差，保护本身不具备故障自诊断能力，因而可靠性不高。由于结构原理所限，自动装置种类较少，不能全面实现自动化。

(2) 供电质量不能得到科学的保证。随着国民经济的持续发展，工农业的科技含量不断增加，人民生活日益提高，家用电器和个人微机越来越多地进入各家各户。各工矿企业和居民用户对保证供电质量的要求越来越高。衡量电能质量的主要标准是电压、频率和波形，目前在我国可以控制的是电压和频率。在正常运行中，频率主要由发电厂调节、保证。而合格的电压不能单靠发电厂来调节，各变电站、特别是枢纽变电站，也应该通过调节变压器分接头位置和控制无功补偿设备进行调整，使其运行在合格的范围内。目前，传统的变电站多数不具备自动调压的手段，主要靠遏制用电设备谐波的污染来保证波形的质量。

(3) 不适应现代电力系统快速计算和实时控制的要求。电力系统要做到优质、安全、经济运行，必须及时掌握系统的运行工作状况，采取一系列的自动控制和调节手段。但传统的变电站不能满足向调度中心及时提供运行参数的要求；由于传统远动设备功能不全，一些遥测、遥信参数无法实时送到调度中心，一次系统的实际运行状况无法实时反映到调度中心；而且参数采集量不齐全、不准确，变电站又缺乏自动调控的手段，因此无法进行实时控制，不利于现代电力系统的安全稳定运行。

(4) 维护工作量大，设备可靠性差，不利于提高运行管理水平和自动化水平。传统的继电保护及自动装置多为电磁型或晶体管型，由于其结构和原理的特点，必须经常维护，本身又没有故障自诊断能力，所以要保证它安全可靠运行，必须按规定的期限将设备停电，进行定期检验。每次停电检验项目、内容比较多，所以停电时间都比较长。

(5) 传统的变电站一般占地面积大。目前，为满足人民群众用电量的需求，大、中城市变电站的数量增加很快，而随着城市建设的发展，土地征购价格增长亦很快，相应变电站征地投资增高。

3. 变电站实现综合自动化的优越性

(1) 提高电力系统的运行管理水平。变电站实现综合自动化后，监视、测量、记录、抄表等工作都由计算机自动进行，既提高了测量的精度，又避免了人为的主观干预。运行人员只要通过观看显示器的屏幕，对变电站主要设备和各输配电线路的运行工作状况和运行参数便一目了然。只要移动鼠标，就可以完成对电器设备的操作。变电站综合自动化系统具有与上级通信的功能，可将检测到的数据和信息及时送到调度中心或集控中心，使调度员能及时掌握变电站的运行情况，对它进行必要的调节和控制，同时各种操作和信号都有事件顺序记录可供查阅，从而大大提高了运行管理水平。

(2) 提高变电站的安全可靠运行水平。变电站综合自动化系统中的各子系统，大部分是由微机组成的，具有故障诊断能力。微机保护装置除了能迅速反应被保护设备的故障并切除故障外，还有监视其控制对象工作状态是否正常的功能，发现其工作异常时，可及时发出告警信号。更为重要的是，微机保护和自动装置具有自身故障诊断能力，可以及时发现装置内部发生的异常，这是常规继电保护装置不能比拟的。这些优点使采用综合自动化系统的变电站，一、二次设备的可靠性大大提高。

（3）提高供电质量，提高电压合格率。在变电站综合自动化系统中有电压无功自动调节装置，可通过对变压器分接头的调节和无功补偿电容器的投切大大提高电压合格率，使无功分布合理，降低网损，减小电能损耗。

（4）变电站集中控制，实现减员增效。由于变电站综合自动化系统可以实现遥控、遥信、遥测、遥调这“四遥”功能，变电站可以实现无人值班。如果将一个地区的几座至十几座变电站设一个集控中心，集中进行运行监控，这将大大减少人员设置，实现减员增效。

（5）减小维护工作量，缩短停电检修时间。由于综合自动化系统中各子系统有故障自诊断能力，系统内部故障时能自检出故障部位，缩短排除故障时间。微机保护及自动装置可以在运行中检查整定值和模拟量的采样值，定期检验中检验项目减少，既减小了检验工作量，又缩短了检修时间。

（6）为运行设备实现在线检测和状态检修创造条件。变电站综合自动化系统具有强大的通信功能，可以将运行中电气设备的视屏监视、电气设备的在线检测数据传送到集控中心，作为实现状态检修的依据。变电站综合自动化系统具有继电保护工程师站，工程师站收集的各种数据和信息可以通过通信网络传送到继电保护监控中心，在继电保护监控中心可以实现远方集中监视各变电站的继电保护运行状况远方修改微机保护及自动装置的整定值，为实现继电保护的状态检修创造了条件。

（7）缩小变电站占地面积，降低造价减少总投资。实现了综合自动化的变电站，一次设备选用了 GIS 组合电器，二次设备选用了微机保护装置及综合自动化系统。高压电器室、主控制室、继电保护室的占地面积大大减小，相应地整个变电站的占地面积都在减小。这对人口密集的大中城市来说是一个不小的问题，对国家眼前和长远发展的利益都是很有意义的。随着微处理器和大规模集成电路的不断降价，微型计算机的性能价格比逐步上升，综合自动化系统的价格会逐步降低，性能和功能会逐步提高，相应也会降低变电站的总投资。

概括来讲，采用变电站综合自动化技术，可以简化变电站二次部分的硬件配置，简化设计，避免重复；可以简化变电站二次设备之间的相互连线，减轻安装施工和维护工作量；减小占地面积，降低工程总造价；为电力企业减员增效提高劳动生产率，实现变电站无人值班，提高运行管理水平创造良好的技术条件。

第二节　变电站综合自动化的功能及特点

为了提高变电站的技术水平和管理水平，提高安全可靠稳定运行水平，降低运行维护成本，提高电能质量，促进电力调度及配电系统自动化，必须实现变电站的综合自动化。变电站综合自动化是多专业的综合技术，它以微型计算机为基础，实现了对变电站传统的继电保护、控制方式、测量手段、通信、远动和管理模式的全面技术改造，实现了电网运行管理的一次变革。变电站的综合自动化系统具备的功能主要有控制和监视功能、继电保护功能、自动控制功能、测量表计功能、通信接口功能和系统功能。

目前，我国电力系统已运行变电站的综合自动化系统基本功能主要体现在以下几个子系统的功能中。

一、监控子系统

监控子系统取代了常规的测量系统，取代了控制屏上的指针式仪表，改变了常规断路器控制回路的操作把手和位置指示，取代了常规的中央信号系统中的预告报警信号、事故音响报警信号，取消了光字牌。

监控子系统的功能包括以下部分。

（一）数据采集

变电站采集的数据有模拟量、开关量和电能量。

1. 变电站需采集的模拟量

（1）各段母线电压；

（2）各条输电线路电压、电流、相位、有功功率、无功功率；

（3）主变压器各侧电流、有功功率、无功功率；

（4）电容器电流、无功功率；

（5）各条馈线电压、电流、功率、频率、相位、功率因数；

（6）主变压器油温；

（7）直流电源电压；

（8）站用变压器低压侧电压；

（9）部分高压电器中 SF_6 的密度。

2. 变电站需采集的开关量

（1）断路器的状态；

（2）断路器的远方、就地操作状态；

（3）隔离开关的状态；

（4）接地开关的状态；

（5）有载调压变压器分接头的位置；

（6）同期检测位置；

（7）继电保护及自动装置动作信号；

（8）继电保护及自动装置运行异常告警信号；

（9）断路器的气压、液压及操作异常告警信号；

（10）变压器的强油循环或通风异常告警信号。

3. 采集的电能量

（1）各条线路的有功电能、无功电能；

（2）各条馈线的有功电能、无功电能；

（3）主变压器各侧的有功电能、无功电能；

（4）站用变压器的有功电能。

（二）事件顺序记录

事件顺序记录包括断路器跳合闸记录、保护及自动装置动作记录、各种异常告警记录等。以事件发生的时间为序进行自动记录。监控系统和微机保护装置的采集环节必须有足够的内存，能存放足够数量或足够长时间段的事件顺序记录，确保当后台监控系统或远方集中控制中心通信中断时，不会丢失事件信息。

（三）故障记录、故障录波和测距

为了将电网发生故障前后的情况记录下来，便于查找、分析和故障再现，变电站综合自动化系统必须具有故障记录或故障录波和测距功能。一般根据变电站所处位置或电压等级进行设置。

1. 故障录波和测距

220kV 及以上电压等级变电站和 110kV 枢纽变电站，必须设置故障录波和测距装置。由于 110kV 及以上输电线路距离长，送电负荷重，发生故障影响大，必须尽快查找出故障点，以便缩短检修时间，尽快恢复供电，减少系统损失。变电站的故障录波和测距可采用两种方法来实现。

一种方法是采用专用的微机故障录波装置，它兼有故障测距能力，并且故障录波装置应具有串行通信功能，可以与监控系统通信，上传各种录波量。接入故障录波装置的录波量有：

（1）模拟量：110kV 及以上母线的各相电压和零序电压；110kV 及以上输电线路的各相电流和零序电流；110kV 及以上主变压器的各侧电压及电流。

（2）开关量：110kV 及以上线路断路器的状态；110kV 及以上主变压器各侧断路器的状态；保护动作出口信号；重合闸动作出口信号；

（3）高频量：高频收发信机的收信输出；通道的高频信号。

另一种方法是在微机保护装置中配备故障录波插件，一般在 110kV 及以上的微机保护装置中可以进行此配置。它具有录波和测距的功能。

2. 故障记录功能

35kV 及以下线路很少专门设置故障录波装置，为了方便分析故障，在微机保护装置中设置简单故障记录功能。故障记录功能主要记录继电保护动作前后与故障有关的电流量和母线电压，记录时间一般从故障发生前 2 个周波到故障后 10 个周波。这样可以记录故障发生的全过程，可以清楚地看到事故发生前后的短路电流和相关的母线电压的变化过程。

（四）操作控制功能

具有综合自动化系统的变电站，操作人员可以在变电站、集控中心或调度中心，通过显示器、键盘或鼠标，对断路器和隔离开关进行分、合闸操作，对变压器分接开关位置进行调节控制，对电容器进行投、切控制。为防止综合自动化系统故障时无法操作被控设备，设计中都保留了就地手动直接进行跳、合闸操作的功能。

断路器操作应有闭锁功能，一般闭锁包括：断路器操作时，应闭锁自动重合闸；就地进行操作和远方控制操作要相互进行闭锁，保证只有一处操作，以免互相干扰；根据实际接线，自动实现断路器与隔离开关间的操作闭锁，满足不同运行方式的要求。

无论当地操作或远方操作，都应有防误操作的闭锁，即要收到返校信号后，才执行下一步操作。

（五）安全监视功能

监控系统对采集的电流、电压、频率、主变压器温度等模拟量设定警告限位，在运行中不断进行越限监视，如发现越限，立刻发出告警信号，同时记录和显示越限值和越限时间。另外，监控系统还要监视继电保护及自动装置工作电源是否正常，各子系统之间、各自动装置之间的通信是否正常。

（六）人机联系功能

（1）显示器、鼠标和键盘构成了人机联系的桥梁。变电站采用微机监控系统，运行人员面对显示器的屏幕，通过操作鼠标或键盘，就可以对全站的运行工作状况和运行参数一目了然，可以对全站的断路器和隔离开关等进行分、合闸操作。

（2）显示器画面的内容包括：

1）显示采集和计算的实时运行参数。监控系统所采集和通过采集所计算出来的电压、电流、有功功率、无功功率、功率因数、有功电能、无功电能、频率及主变压器温度等，都可以在显示器屏幕上实时显示出来。

2）显示变电站的电气主接线图。主接线图上断路器和隔离开关的位置与实际运行状态必须一致。对断路器或隔离开关进行操作时，在显示的主接线图上，所要操作的对象要有明显的闪烁标记，操作完成后，其显示的状态应随之变位。

3）显示 SOE 事件顺序记录。可以显示所发生事件的内容和发生事件的时间。

4）越限告警显示。显示越限设备、越限值和越限时间。

5）运行值班记录显示。设备投退记录、遥控操作遥调操作记录、遥信变位记录、遥测越限记录、SOE 事件记录、保护定值修改记录等均可以显示。

6）历史趋势显示。显示负荷潮流、母线电压曲线、主变压器负荷曲线。

7）保护及自动装置的整定值、连接片投退显示。

（3）输入数据。变电站投入运行后，随着送电量及负荷的变化，保护整定值、遥测越限值等需要修改。甚至由于负荷的增长，需要更换电流互感器，随之要修改 TA 变比。在人机联系中，必须有修改数据的功能。一般需要输入数据的内容包括：

1）TA、TV 的变比；

2）保护及自动装置的整定值；

3）遥测数据的越限报警值；

4）运行人员姓名及密码。

（七）数据统计与处理功能

（1）运行数据计算和统计。电量累加、分时统计、运行日报、月报、最大值、最小值、负荷率、电压合格率的统计。

（2）遥信信号监视和处理。遥信变位次数统计、变位告警。

（3）限值监视和报警处理。多种限值、多种报警级别、多种告警方式（声响、语音）、告警闭锁和解除。

（八）打印功能

在监控系统配备打印机，可以完成以下打印记录功能：

（1）定时打印报表和运行日志；

（2）打印断路器操作记录；

（3）打印事件顺序记录；

（4）越限打印；

（5）召唤打印；

（6）抄表打印；

(7) 事故追忆打印。

二、微机保护子系统

(一) 微机保护的基本构成

微机保护是以微型计算机为核心，利用微型计算机的智能化信息处理功能，对检测到的反映电力系统运行状态的电气量进行分析和计算，根据计算结果来实现对输电线路或电气元件的保护。因此，为了使微型计算机获取电力系统运行的信息，必须配置反映电力系统运行状态的数据采集系统，反映被保护电器设备状态的开关量输入电路和发出控制命令的开关量输出电路。此外，还要配置人机对话系统，向微机继电保护装置送入有关的计算和操作程序、继电保护整定值，输出有关继电保护动作的信息，使继电保护人员能定期进行整定值校验和传动试验，能对继电保护的动作行为进行分析。

微机继电保护装置的硬件电路一般是由 5 个功能单元构成，即数据采集系统，微型计算机（微处理器），开关量输入、输出电路，人机对话系统和工作电源，如图 1-1 所示。

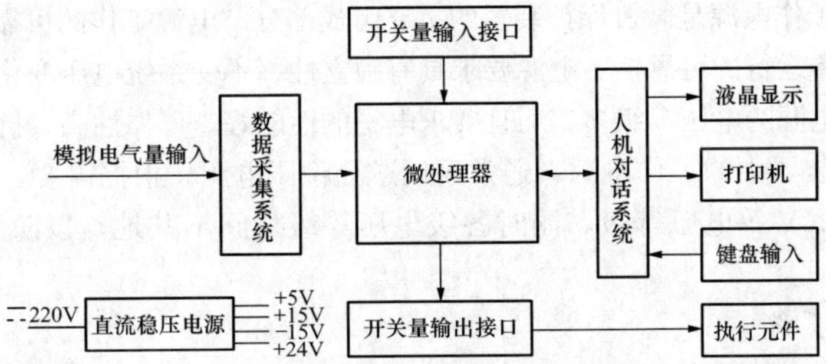

图 1-1 微机继电保护构成框图

1. 数据采集系统

微型计算机只能接受数字量，对于来自电气设备电流互感器或电压互感器二次侧的模拟电气量无法接受。因此，必须配置相应的硬件电路，即数据采集系统，将模拟电气量转换成对应的数字量，把反映电器设备运行的模拟电气量以数字量的形式送入微型计算机，供继电保护功能程序使用，实现对电气设备的继电保护。

将模拟电气量转换成数字量的硬件设备就是微机保护的数据采集系统。

2. 微型计算机系统

微型计算机是微机继电保护装置的核心部分。目前，在微机保护中微机系统有多种配置方式。

(1) 单微机系统（单 CPU 系统）。由一片微处理器（CPU），配备存放工作程序的只读存储器 ROM、存放数据的随机存储器 RAM、接口芯片（并行接口芯片和串行接口芯片）、定时/计算芯片等构成的微机系统。

(2) 多微机系统（多 CPU 系统）。用两片或两片以上的微处理器，配备相应的内存和接口芯片构成的微机系统。

在用单 CPU 系统构成的微机保护中，整套装置的继电保护功能都是在一个微处理器的管理下，通过继电保护程序来实现的。各种保护功能程序以串行的方式依次执行。而用多CPU系统构成的微机保护中，由于有多片微处理器，可以将保护功能程序分配给不同的微处理器，各微处理器之间以并行方式执行继电保护功能程序，这样缩短了保护功能程序执行时间，提高了保护动作的快速性。用多片微处理器构成的微机继电保护装置目前应用广泛。

3. 开关量输入、输出接口电路

开关量输入、输出接口电路是微机保护装置与外部设备的联系部件。这些部件主要用来接收来自外部设备的开关量信号和向外部设备发送开关量信号，用来实现微机保护装置与外部设备之间的控制逻辑。

通常，在输入接口电路中常接入的开关量信号有保护功能投入/退出的连接片、保护屏上的切换开关、断路器的辅助触点、其他保护装置的触点等信息。同时保护发出的指令信息以开关量信号的方式输出到接口电路输送出去，驱动一些执行元件，如启动继电器、中间继电器、跳闸继电器和信号继电器等。

4. 电源

微机保护的工作电源是微机保护装置的重要组成部分。电源工作的可靠性直接影响整个微机继电保护装置运行的可靠性。电源要求具有独立性，不受系统电压变化的影响。微机保护装置不仅要求电源的电压等级多，而且要求电源的性能好，可靠性高，抗干扰能力强。

在微机保护装置中的工作电源，通常采用逆变稳压电源。根据需要，直流电压有+5、+15、−15、+24V等电压等级，同时各级电压等级之间不共地，以防止损坏芯片及避免相互干扰。

5. 人机对话系统

人机对话系统作为人机联系的主要手段，利用键盘操作，可输入各种保护命令、继电保护整定值及存放地址等。利用液晶显示器、打印机作为人机联系的输出设备。同时，利用人机对话系统，一方面可以实现对各执行保护功能程序的微机系统的自检，提高微机保护装置运行中的可靠性；另一方面，还可以把电力系统故障的参数、继电保护的整定值、保护动作行为等信息量通过专用的接口输送到计算机互联网，为变电站及电力系统综合自动化提供所需的继电保护信息，实现对整个电力系统继电保护的在线网络化管理。

（二）微机继电保护的特点

1. 逻辑判断清楚正确

在复杂保护中，对若干相关继电器的动作进行逻辑判断后，才能决定保护是否应该动作。机电型保护由触点构成逻辑回路，保护装置工作可靠性差；晶体管与集成电路保护由门电路构成逻辑回路，保护装置结构复杂；而微机保护主要由软件程序实现逻辑判断，不论逻辑关系如何复杂，都可以按人的思维逻辑编写程序，十分灵活，不易出错。与常规继电保护装置相比，微机保护装置的应用，使复杂的继电保护原理在实现的手段上得到了简化，继电保护的正确动作率得到了显著的提高。

2. 微机保护可以实现常规继电保护无法实现的优良保护性能

微机保护既能对以瞬时值表达的动作判据进行计算，也能对以相量等表达的动作判据进行计算，不仅能计算交流输入量，也能计算对时间的导数和积分值。微机保护可以方便地储存故障前和故障后的运行数据，利用相关的算法，计算出反映故障的特征量，为采用故障分量法实现的保护原理提供所需的故障电气量的采样数据。所以，微机保护具有常规继电保护无法实现的优良特性。

3. 调试维护方便

常规继电保护装置的调试工作量大，尤其是一些复杂保护，试验项目多，周期较长，难以保证调试质量。而微机保护则不同，其动作是按动作判据进行数学运算的结果。微机保护中的保护功能是由软件实现的，保护功能元件的动作没有机械障碍。不同相别的功能元件在性能上没有差别，批量生产的装置因程序相同，保护功能元件的性能及逻辑关系也一定相同。所以，在微机保护装置的校验中，没有必要逐个对保护功能元件进行调试。

在微机保护装置中，能显示输入交流模拟量的值。因而可以方便地通过校验来检验这些显示值的正确性，据此确认各交流量的输入通道、模数转换器及微机运行的正确性。

对于开关量输入通道的检验，可采用先输入开关量信号，然后利用装置的指示灯、信息来显示并检验该通道是否正确工作，相关的保护功能是否正确的投入或闭锁。对于输出的开关量信号检验，应该模拟在各种不同类型的故障下，保护装置是否按整定的数值，正确发出单相或三相跳闸命令，是否能按规定发出重合闸命令。

所以，对微机保护装置的检验和调试，主要内容是检验各个模拟量输入和开关量输入/输出电路是否完好，确认各项保护功能是否达到设计要求。这些检验调试项目和内容，与常规保护装置相比是大大简化了，检验周期也可以延长。

4. 运行可靠性提高

微机保护装置利用软件可以实现在线自检，极大地提高了在线运行的可靠性。在软件程序指挥下，微机保护装置可以在线实时地对有关硬件电路中各个环节进行自检，各微处理器系统之间还可以实现互检。利用有关的软件和硬件相结合技术，可以防止干扰进入微机保护装置后可能造成的严重后果。运行实践证明，在保护装置的可靠性方面，微机继电保护装置已经远远超过了常规继电保护装置。

5. 能够提供更多的系统运行的信息量

借助于人机联系的微机系统，可以将有关的系统运行信息通过打印机输出。例如，系统故障类型、故障发生时间、保护动作时间、故障前后的电流电压波形、故障测距的结果等信息量，为事故分析和故障点的快速判断提供所需的数据。此外，通过专用的计算机接口，实时地把继电保护整定值、保护动作行为的有关信息输送给电网调度中心，为电力系统自动化提供所需的继电保护信息；同时，还可以接受电网调度中心发来的继电保护命令。所有这些，常规继电保护装置是无法做到的。

三、电压无功综合控制子系统

变电站综合自动化系统必须具备可保证安全、可靠供电和提高电能质量的自动控制功能。电压和频率是电能质量的重要指标之一，因此电压无功综合控制也是变电站综合自动化系统的一个重要组成部分。

电压是衡量电能质量的一个重要指标，保证用户的电压接近额定值是电力系统运行调整的基本任务之一。一方面，发、变电设备和各种用电设备都是按额定电压设计的，电压过高或过低，偏离了合格范围，都会影响这些设备的寿命和效率。因此电压能否维持在合格的范围内，不仅影响电力系统本身的安全，而且影响到千家万户。同时，改善电压质量是节能的重要措施之一，也是防止系统电压崩溃、提高安全稳定运行水平的重要条件。另一方面，系统的无功功率对电压水平影响极大，维持电网正常运行下的无功潮流合理平衡，对提高供电质量、保证系统安全、可靠和经济运行有着重要意义。

（一）电压、无功综合调控的目标

在电力系统中，电压和无功功率的调整对电网的输电能力、安全稳定运行水平和降低电能损耗有极大的影响。因此，要对电压和无功功率进行综合调控，保证实现电力系统包括用户在内的总体运行技术指标和经济指标最佳，具体的调控目标如下：

（1）维持供电电压在规定的范围内，具体各级供电母线电压的波动范围（以额定电压为基准）规定如下：

1）500（330）kV 变电站的 220kV 母线：正常时，0～＋10％；事故时，－5％～＋10％。

2）220kV 变电站的 35～110kV 母线：正常时，－3％～＋10％；事故时，±10％。

3）配电网的 10kV 母线电压合格范围：10.0～10.7kV。

（2）保持电力系统稳定和合适的无功平衡。输电主网络应实现无功分层平衡，地区供电网络应实现无功分区就地平衡的原则，才能保证各级供电母线电压在规定的范围内。

（3）保证在电压合格的前提下使电能损耗为最小。

为了达到以上目标，必须增强对无功功率和电压的调控能力，充分利用现有的无功补偿设备和调压设备（调相机、静止补偿器、补偿电容器、电抗器、有载调压变压器等）的作用，对它们进行合理的优化调控。

（二）变电站电压无功综合调控的原理

电力系统长期运行的经验和研究结果表明，造成系统电压下降的主要原因，是系统的无功功率不足或无功功率分布不合理。所以，对于发电厂，主要的调压手段是调整发电机的励磁；对于变电站，主要的调压手段是调整有载调压变压器的分接头位置和控制无功补偿电容器，有的变电站还装设有并联补偿电抗器。

有载调压变压器可以在带负荷的情况下切换分接头位置，从而改变变压器的变比，起到调整电压和降低损耗的作用。控制无功补偿电容器的投切，可改变网络中无功功率的分布，改善功率因数，减少网损和电压损耗，改善用户的电压质量。

以上两种调压和控制的措施，都有调整电压和改变无功分布的作用，但它们的作用原理和后果有所不同。利用改变有载调压变压器的分接头位置进行调压时，调压措施本身不产生无功功率，但系统消耗的无功功率与电压水平有关，因此在系统无功功率不足的情况下，不能用改变变比的办法来提高系统的电压水平，否则电压水平调得越高，该地区的无功功率越不足，反而导致恶性循环。所以在系统缺乏无功的情况下，必须用补偿电容器进行调压。投入补偿电容器既能补充系统的无功功率，又可以改变网络中的无功分布，从而又有利于系统电压水平的提高。因此，必须把调分接头与控制电容器的投切两者结合起来，进行合理调控，才能起到既改善电压水平，又降低网损的效果。

然而，如果靠运行人员手工操作来进行对分接头和电容器的调节控制，则运行人员必须经常监视变电站的运行工作状况，并作出如何调控的判断，这不仅增加运行人员的劳动强度，而且难以达到及时进行最优控制的效果。针对这种情况，国内生产厂家研制出微机型电压无功综合控制装置。这些装置的运行使用，不仅提高了变电站的电压合格率，降低了电能损耗，而且大大降低了值班员的劳动强度，避免了人为的误操作，对提高变电站的自动化水平发挥了较大的作用。

（三）电力系统的电压无功综合控制方式

在变电站中，对电压和无功的自动控制方式有如下三种：

（1）集中控制。集中控制是指在调度中心对各变电站的主变压器的分接头位置和无功补偿设备进行统一的控制。理论上，这种控制方式是维持系统电压正常，实现无功优化控制，提高系统运行可靠性的最佳方案。但它要求调度中心必须具有符合实际的电压和无功实时控制软件，而且对各变电站要有可靠性高的通道；在各变电站，要具有智能控制单元。在我国目前各变电站的基础自动化水平层次不一的情况下，实现全系统的集中优化控制有较大的难度。

（2）分散控制。这是我国当前进行电压、无功综合控制的主要方式。分散控制是指在各个变电站或发电厂中，自动调节有载调压变压器的分接头位置或其他调压设备，以控制地区的电压和无功功率在规定的范围内。分散控制是在各厂站独立进行的，它可以实现局部地区的优化，对提高变电站供电范围内的电压质量和降低局部网络和变压器的电能损耗，减少值班员的操作是很有意义的。

（3）关联分散控制。所谓关联分散控制，是指电力系统正常运行时，由分散安装在各厂站的分散控制装置或控制软件进行自动调控，调控范围和定值是从整个系统的安全稳定和经济运行出发，事先由电压无功优化程序计算好的；而在系统负荷变化较大或运行方式发生大的变动时，可由调度中心直接操作，或由调度中心修改下属变电站所应维持的母线电压和无功功率的定值，以满足系统运行方式变化后的要求。

四、电力系统的低频减负荷控制

电力系统的频率是电能质量最重要的指标之一。电力系统正常运行时，必须维持频率在50Hz±(0.1～0.2)Hz的范围内。系统频率偏移过大时，发电设备和用电设备都会受到不良影响。轻则影响工农业产品的质量和产量；重则损坏汽轮机、水轮机等重要设备，甚至引起系统“频率崩溃”，导致大面积停电，造成巨大的经济损失。

（一）电力系统频率偏移的原因

电力系统频率是反映系统有功功率是否平衡的质量指标。当系统发出的有功功率有盈余时，频率就会上升，超过额定频率；当系统发送的有功功率缺额时，频率就会低于额定值。电力系统的频率与发电机的转速有着严格的对应关系，而发电机的转速是由作用在机组转轴上的转矩决定的，原动机输入的功率如果在扣除了励磁损耗和各种机械损耗后能与发电机输出的电磁功率保持平衡，则发电机的转速将保持不变。电力系统所有发电机输出的有功功率的总和，在任何时刻都将等于此系统包括各种用电设备所需的有功功率和网络的有功损耗的总和。但由于有功负荷经常变化，其任何变动都将立刻引起发电机输出电磁功率的变化，而原动机输入功率由于调节系统的滞后，不能立即随负荷波动而作相应的变化，此时发电机转轴上的转矩平衡被打破，发电机的转速将发生变化，系统的频率随之发生偏移。

在非事故情况下，负荷变化引起的频率偏移将由电力系统的频率调整来限制。对于变化幅度小、变化周期短（一般为10s以内）的负荷所引起的频率偏移，一般由发电机的调速器进行调整，这就是电力系统频率的一次调整；对于变化幅度大、变化周期较长（一般为10s～3min）的负荷所引起的频率偏移，单靠调速器的作用不能把频率偏移限制在规定的范围内，必须有调频器参加调频，这种有调频器参与的频率调整称为二次调整。然而在事故情况下，例如：大型发电机组突然切除，输电线路发生短路跳闸或用电负荷突然大幅度增加，致使电力系统可能会出现严重的功率缺额，使频率急剧下降，这时单靠水轮机或汽轮机组的调速器及调频器已经解决不了频率下降的问题，必须采取紧急的低频减负荷控制措施，才能防止电网频率崩溃，保证系统的安全、稳定运行。

（二）电力系统频率降低的危害

频率下降较大时，对电力系统的正常运行及发电设备和用电设备都十分不利，其危害性主要表现在以下三个方面：

（1）系统的频率下降，使发电厂的厂用机械出力大为下降，结果必然影响发电设备的正常工作，使发电机的有功出力减少，导致系统频率进一步降低。

（2）系统频率降低，励磁机的转速也相应降低，当励磁电流一定时，励磁机发出的无功功率就会减少。而频率降低时，异步电动机、变压器的励磁电流将增大，无功损耗增加。这将导致电力系统的无功平衡和电压调整增加困难。运行经验表明，当系统频率下降至46～45Hz时，系统的电压水平就会受到严重的影响，甚至造成电压崩溃。

（3）系统频率长期处于49.5Hz或49Hz以下时，会降低用户的生产效率。

因此，运行规程规定：电力系统的允许频率偏差为±0.2Hz；系统频率不能长时间运行在49.5～49Hz以下；事故情况下，不能较长时间停留在47Hz以下；系统频率的瞬时值不能低于45Hz。因而当系统发生功率缺额的事故时，必须迅速地断开部分负荷，减少系统的有功功率缺额，使系统频率维持在正常的水平或允许的范围内。

在系统发生故障，有功功率严重缺额，需要切除部分负荷时，应做到有次序、有计划地切除负荷，并保证所切负荷的数量合适，以尽量减少切除负荷后所造成的经济损失。这是低频减负荷装置的任务。

（三）低频减负荷的控制方式

假定变电站馈电母线上有多条配电线路，根据这些线路所供负荷的重要程度，分为基本级和特殊级两大类。把一般负荷的馈电线路放在基本级里，将重要负荷的线路划在特殊级里。一般低频减负荷装置基本级可以设定5轮或8轮，随用户选用。安排在特殊级中的配电线路，也按重要程度分为1、2、3、…、8轮。当系统发生功率严重缺额造成频率下降至第1轮的启动值，且延时时限已到时，低频减负荷装置动作出口，切除第1轮的线路，此时如果频率恢复，则动作成功。但若频率还不能恢复，说明功率仍缺额。当频率低于第2轮的整定值，且第2轮的动作延时已到，则低频减负荷装置再次启动，切除第2轮的负荷。如此反复对频率进行采样、计算和判断，直至频率恢复正常或基本级的1～8轮（多数变电站值分为3轮或5轮）的负荷全部切完。

在基本级的线路全部切除后，如果频率仍停留在较低的水平上，则经过一定的时间延时后，启动切除特殊轮负荷。

一般，第1轮的频率整定为47.5～48.5Hz，最末轮的频率整定为46～46.5Hz。若采用常规的低频继电器，则相邻两轮间的整定频率差为0.5Hz，动作时限差为0.5s；若采用微机低频减负荷装置，则相邻两轮间的整定频率差可以减少，时限差也可减少。特殊轮的动作频率可取47.5～48.5Hz，动作时限可取15～25s。

对于特别重要的用户，则设为0轮，即低频减负荷装置不会对它发切负荷的指令。

（四）低频减负荷的实现方法

实现低频减负荷的方法关键在于测频，在微处理器特别是单片机引入我国并推广应用以前，测频主要靠电磁型或晶体管型的频率继电器。后来又发展了数字式频率继电器，由频率继电器和控制轮次的中间继电器组成整套低频减负荷装置。这些低频减负荷装置存在体积大、测频精度低、易受干扰等缺点，为了避免误动，常加上低压闭锁、低电流闭锁及增加延时等环节。每增加一种闭锁措施，至少必须增加一种继电器，因此结构复杂，调试不方便。而且随着电力系统的发展，电网运行方式日益复杂和多样化，供电可靠性的问题更加突出，因此对低频减负荷装置性能指标的要求也必须提高。采用传统的低频率继电器构成的低频减负荷装置，由于级差大、级数少，不能适应系统中出现的不同功率缺额的情况，不能有效地防止系统的频率下降并恢复频率，难以实现重合闸等功能，常造成频率的悬停和超调现象。

随着计算机在变电站自动装置中的应用日趋广泛，不少厂家研究开发了各种类型的微机低频减负荷装置，其功能也日趋完善。由于它具有许多优点，已代替了常规低频减负荷装置。

目前，用微机实现低频减负荷的方法大体有以下两种：

（1）采用专用的低频减负荷装置实现。这种低频减负荷装置的控制方式如前所述，将全部馈电线路分为1～8轮（也可根据用户需要设置低于8轮的）和特殊轮，然后根据系统频率下降的情况切除负荷。

（2）把低频减负荷的控制装置分散装设在每回馈电线路的保护装置中。现在微机保护装置几乎都是面向单元设置的，每回线路配一套保护装置，在线路保护装置中增加一个测频环节，便可以实现频率降低时对负荷的控制功能了。对各回线路轮次安排考虑的原则仍同上所述，只要将第n轮动作的频率和延时定值事前在某回线路的保护装置中设置好，则该回线路便属于第n轮切除的负荷。这种控制方法容易实现，结构也简单，目前已经广泛应用在保护装置中。

五、备用电源自动投入装置的控制

（一）备用电源自动投入装置（BZT）的作用

随着国民经济的迅猛发展、科学技术的不断提高及家用电器迅速走向千家万户，用户对供电质量和供电可靠性的要求日益提高，备用电源自动投入是保证配电系统连续可靠供电的重要措施。因此，备用电源自动投入已成为变电站综合自动化系统的基本功能之一。备用电源自动投入装置是因电力系统故障或其他原因使工作电源被断开后，能迅速将备用电源或备用设备或其他正常工作的电源自动投入工作，使原来工作电源被断开的用户能迅速恢复供电的一种自动控制装置。

（二）备用电源的配置

备用电源的配置一般有明备用和暗备用两种方式。系统正常时，备用电源不工作者，称为明备用；系统正常运行时，备用电源也投入运行的，称为暗备用。暗备用实际上是两个工作电源互为备用。图 1-2 是两种备用方式的简单接线图。图中，TV 为电压互感器；BZT 为备用电源自投控制装置。

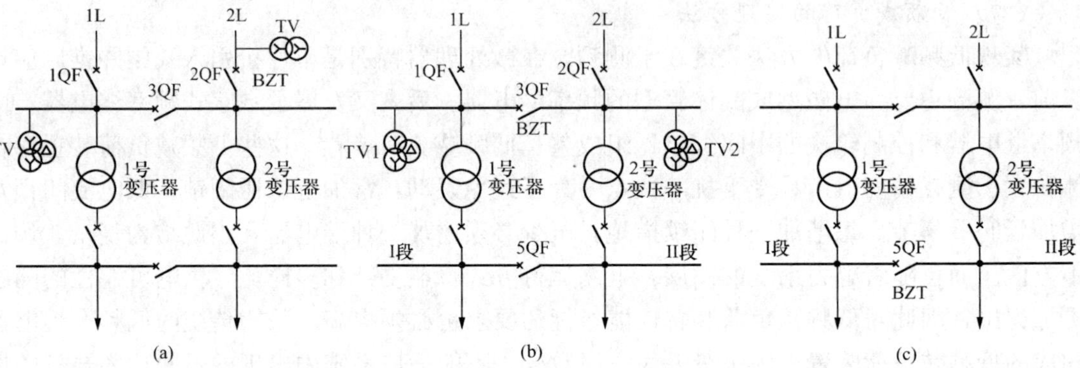

图 1-2　备用电源自投配置示意图

（a）明备用；（b）暗备用 1；（c）暗备用 2

1．明备用的控制

有一回进线作为工作电源和一回进线作为备用电源的变电站，即为明备用的配置，如图 1-2（a）所示。图中，进线 1L 为工作电源，断路器 1QF 合上；内桥断路器 3QF 合上；进线 2L 为备用电源，断路器 2QF 断开，正常由一回进线带两台变压器运行。备用电源自动投入装置控制的是备用电源进线的断路器 2QF，即当变电站正常运行时，由 1L 进线供电，当 1L 因故障被切除即 1QF 跳开时，备用进线断路器 2QF 自动合闸，保证变电站的继续供电。

2．暗备用的控制

有两个工作电源的变电站，两回进线同时对变电站供电，有两种正常运行方式。

（1）内桥断路器 3QF 断开。备用电源自投装置控制的是内桥断路器，称为暗备用，如图 1-2（b）所示。当一个工作电源发生故障被切除后，例如：进线 2L 故障，2QF 跳开后，内桥断路器 3QF 自动合闸，由另一个工作电源 1L 供给变电站的全部负荷。

（2）正常运行时，低压母联断路器断开。不少变电站正常运行时，其低压母联断路器是分开的，如图 1-2（c）所示，即低压侧Ⅰ、Ⅱ段母线上的负荷分别由 1 号变压器和 2 号变压器供电，当两台主变压器中有一台发生故障而跳开时，备用电源自投装置发出自投命令，使低压母联断路器 5QF 合上，保证对Ⅰ、Ⅱ段母线全部负荷的供电。这种备用设备的配置也属暗备用配置。

传统的备用电源自投装置是晶体管型或电磁型的自控装置。这些老式的装置不仅体积大、功能单一，而且可靠性不高。随着微处理机技术、网络技术和通信技术的迅猛发展，微机型备用电源自投装置已经取代了常规的自投装置。

（三）微机型备用电源自投装置的优越性

微机型备用电源自投装置经过精心设计，具有以下特点：

（1）综合功能比较齐全，适应面广。上述 3 种备用电源自投控制方式（进线自投、内桥自投和低压母联断路器自投），如果采用常规的备用电源自投控制装置，则需要安装 3 套备用电源自投装置，不仅体积大，成本也高。但若采用微机型备用电源自投控制装置，则 1 套装置就既能实现高压母联断路器自投，解决高压进线故障造成的失电问题，又能实现低压母联断路器自投，解决主变压器故障造成的失电问题；对于一回进线为明备用的情况，还可实现进线断路器自投控制，如图 1-3 所示，因此可适应变电站的各种方式。

（2）具有串行通信功能，适用于无人值班变电站。通信技术的迅猛发展使新设计的备用电源自投装置具有串行通信功能。因此，备用电源自投装置可以像其他微机保护装置一样，方便地与保护管理机或综合自动化系统接口，也可以适用于无人值班变电站。

（3）体积小，性能价格比高。随着大规模集成电路技术的不断发展，微处理机和单片机的价格不断下降，这个特点会越来越明显。

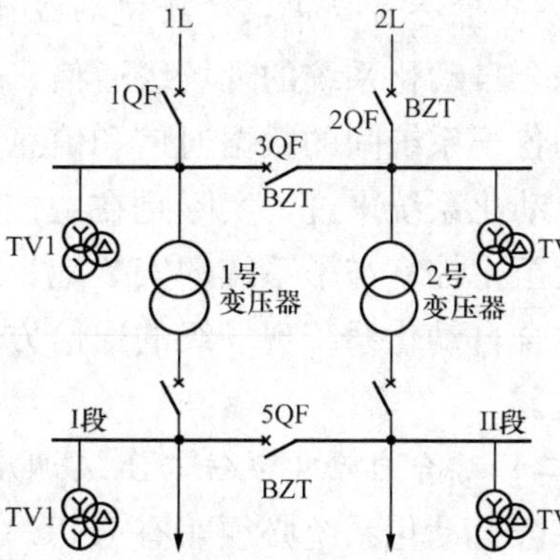

图 1-3　备用电源自投综合配置示意图

（4）故障自诊断能力强，可靠性高。微机型的备用电源自投装置，像其他微机保护一样，具有许多明显的优点。其动作判据主要决定于软件，工作性能稳定；装置本身具有强的故障自诊断功能，便于维护和检修。

六、电力系统的安全稳定控制

随着电力系统规模的不断扩大，保证电力系统的安全稳定运行尤为重要。如果仅靠过去的人力控制，即人工监盘、电话命令、手动操作切除负荷的办法，将很难控制当今如此庞大的电力系统的安全稳定，为此产生了微机型安全稳定控制装置。

变电站的微机型安全稳定控制装置是通过采集和计算变电站主变压器及联络线的电压、电流，实时监视变压器的功率（电流）情况，当检测到功率（电流）超过设定值，结合变压器断路器位置、10kV 备用电源自动投入装置运行状态、母联断路器位置状况，判断是否具备切负荷的条件。如果具备自动切负荷的条件。依据负荷潮流方向，根据事先制定的减负荷策略，潮流受端变电站装置启动发出馈路跳闸命令，使既定馈路自动跳闸，达到控制变压器、线路的电流，保证系统安全稳定的目的。

当负荷高峰期一条线路或变压器出现故障跳闸时，安全稳定控制装置检测到线路或变压器功率（电流）超过设定值，根据控制量的潮流方向，结合系统状况进行判断，送端判出过载发告警信号及切负荷信号，受端判出过载就地切负荷或向下级负荷站发送切负荷命令。根据事先设定好的顺序，按一定比例在设定好的时间内，对单个变电站或多个变电站进行分层次自动切负荷。避免负荷高峰期间因一条线路故障引起连锁反应而造成大面积停电或电网瘫痪，或因一台变压器过负荷烧坏，引起全站失压及对大面积用户停电的事故。

七、变电站综合自动化系统的通信任务

变电站综合自动化系统是由各个子系统组成的。在研制过程中，一个值得重视的问题是，如何把变电站各个单一功能的子系统（或称单元自控装置）组合起来，即如何使上位机（监控主机）与各个子系统之间建立起数据通信或互操作。在综合自动化系统中，由于综合、协调工作的需要，网络技术、通信协议标准、分布式技术、数据共享等问题，必然成为研究综合自动化系统的关键问题。

此外，先进的自动化系统应该能替代远方终端 RTU 的全部功能，也即与调度主站应具有强的通信功能。因此，综合自动化系统的通信功能包括系统内部的现场级间的的通信和自动化系统与上级调度的通信两部分。

（一）综合自动化系统的现场级通信

综合自动化系统的现场级通信，主要解决自动化系统内部各子系统与上位机（监控主机）和各子系统间的数据通信和信息交换问题，通信范围是变电站内部。对于集中组屏的综合自动化系统来说，实际是在主控室内部；对于分散安装的自动化系统来说，其通信范围扩大至主控室与子系统的安装地，最大的可能是开关柜间，即通信距离加长了。

综合自动化系统现场级的通信方式有并行通信、串行通信、局域网络和现场总线等多种方式。

（二）综合自动化系统与上级调度通信

综合自动化系统必须兼有 RTU 的全部功能，应该能够将所采集的模拟量和开关状态信息，以及事件顺序记录等远传至调度端；同时应该能接受调度端下达的各种操作、控制、修改定值等命令。即完成新型 RTU 的全部“四遥”功能。

综合自动化系统与上级调度的通信，基本任务是将变电站要传送的信息传给发送设备，再由发送设备将待发送信息转换成适合在通道中传送的信号，并送入通道。通道是信号传输的媒介，它可以是有线形式，如载波通道、光纤通道或电话线等，其传输介质采用同轴电缆、光纤或双绞线；也可以是无线通道，如微波通道、无线扩频等，其传输介质有地面微波、卫星微波、无线电等。接收设备将通道上接收到的信号进行转换传给受信者，受信者再把接收到的信号转换成对应的信息，在调度端显示出来。

第三节　变电站综合自动化的结构形式

变电站综合自动化系统的发展过程与电子技术、微机技术、通信技术和网络技术密切相关。随着这些高科技的不断发展，综合自动化系统的体系结构也不断发生变化，其功能和可靠性也在不断提高。从国内外变电站综合自动化系统的发展过程来看，其结构形式有集中式、分层（级）式系统集中组屏、分布分散式与集中相结合三种类型。

一、集中式结构形式

集中式结构的综合自动化系统，指采用不同档次的计算机，扩展其外围接口电路，集中采集变电站的模拟量、开关量和数字量等信息，集中进行计算与处理，分别完成微机监控、微机保护和一些自动控制的功能。集中式结构也并非指由一台计算机完成保护、监控等全部功能。多数集中式结构的微机保护及监控等功能，也是由多台微型计算机来完成的，只是每台计算机承担的任务多些。例如：监控机要担负数据采集、数据处理、开关操作、人机联系等多项任务；担负微机保护的计算机，可能一台计算机要负责几回低压线路的继电保护用等。这种结构形式主要出现在变电站自动化系统问世的初期。

这种集中式结构是根据变电站的规模，配置相应容量的集中式保护装置和监控机及数据采集系统，它们安装在变电站的主控制室内。主变压器和各进出线及站内所有电气设备的运行状态，由电压互感器、电流互感器经过控制电缆传送到主控制室的保护装置和监控装置，再送入监控主机。继电保护的动作信息往往是取自保护装置的信号继电器触点，通过电缆送到监控主机。

这种系统的主要功能及特点如下：

（1）能实时采集变电站的各种模拟量、开关量，完成对变电站的数据采集、实时监控、事件顺序记录、制表、打印等功能；

（2）完成对变电站重要设备和进出线的保护任务；

（3）集中式结构紧凑，实用性好；

（4）造价低，尤其对35kV或规模较小的变电站更为有利。

但是，集中式结构最大的缺点是：

（1）每台计算机的功能较集中，如果一台计算机出故障，影响面较大；

（2）集中式结构软件复杂，修改工作量大，系统调试麻烦；

（3）组态不灵活，对不同主接线或规模不同的变电站，软硬件都必须另行设计，工作量大，因此影响了批量生产，不利于推广；

（4）集中式保护与常规的一对一保护相比，不直观，不符合运行和维护人员的习惯，程序设计麻烦，调试和维护不方便，只适合保护算法比较简单的情况。

集中式结构存在上述诸多方面的不足，随着变电站综合自动化技术的不断发展，现场已很少采用集中式结构的综合自动化系统。

二、分层（级）分布式系统集中组屏结构形式

1. 基本结构形式

随着计算机技术和通信技术的发展，变电站综合自动化系统中大量采用了分层（级）分布式多CPU体系的结构，每一层完成不同的功能，每一层由不同的设备或不同的子系统组成。一般来说，整个变电站的设备可分为三层，即变电站层、单元层（或称间隔层）和设备层。

图1-4为变电站一、二设备分层结构式示意图。图中变电站层为2层，单元层为1层，设备层为0层。

设备层主要是指变电站的电气设备，如变压器、断路器、隔离开关、电流互感器和电压互感器等一次设备。变电站综合自动化系统主要位于1层和2层。

单元层一般按断路器间隔划分，具有控制、测量和继电保护部件。测量、控制部件负责该单元的测量、监视，断路器的操作、控制和联锁及事件顺序记录等。继电保护部件负责该电气单元的保护功能和故障记录等。单元层本身由各种不同的单元装置组成。这些独立的单元装置直接通过局域网络或串行总线与变电站层联系；也可能设有数采管理机或保护管理机，分别管理各测控单元和保护单元，然后集中由数采管理机和保护管理机与变电

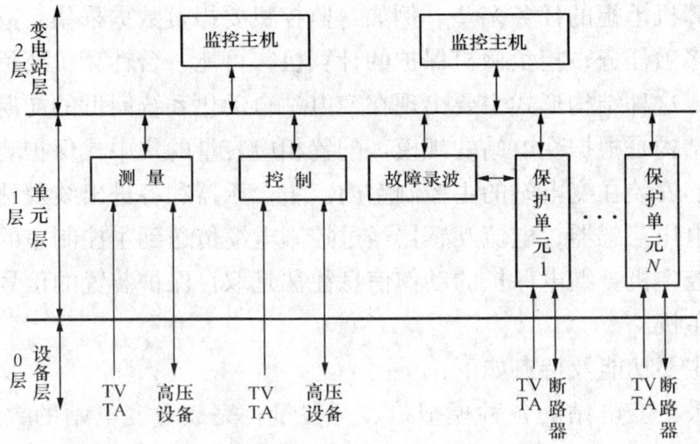

图 1-4 变电站一、二次设备分层结构示意图

站层联系。实际上单元层本身就是两级系统的结构。

变电站层包括全站性的监控主机和远动前置机等。变电站层设现场总线或局域网，供监控主机与单元层之间交换信息。变电站层的自动化设备一般安装于主控制室。

单元层的自动化设备安装位置不同，由于通信技术的不断发展，能满足不同距离间的联系。单元层的自动化设备可以集中组屏安装在控制室，也可以分散安装在靠近一次电气设备处。单元层的设备最好安装在靠近一次电气设备处，这样可以减少控制电缆的长度。

目前在变电站中采用的分层分布式综合自动化系统，有集中组屏结构、分散与集中相结合结构和全分散结构。

2. 结构特点

分层（级）分布式集中组屏结构，是把整套综合自动化系统按其不同功能组成多个屏（柜），如主变压器保护屏、高压线路保护屏、馈线保护屏、公用屏、数采监控屏等。一般这些屏（柜）都集中安装在主控制室中。这种结构形式简称为分布集中式结构，其系统结构框图如图 1-5 所示。

图 1-5 中保护单元是按单元划分的，即一回线路或一组电容器各用一台单片机组成一套装置，再把各保护装置安装于保护屏，将各数据采集单元按功能组成数据采集监控装置，安装在监控屏上，由监控主机对各屏（柜）进行管理，然后通过调制解调器与调度中心或集控中心联系。

分层（级）分布式集中组屏结构有以下特点：

（1）分层分布式的配置。为了提高综合自动化系统整体的可靠性，系统采用按功能划分的分布式多 CPU 系统。如图 1-5 所示，各功能单元基本上由一个 CPU 组成，如线路保护单元、电容器保护单元、备用电源自投控制单元、低频减负荷控制单元等；也有一个功能单元由多个 CPU 完成的，如变压器保护有主保护和后备保护，它由 2 个或 2 个以上的 CPU 完成不同的保护功能。这种按功能设计的分散模块化结构，具有软件相对简单、组态灵活、调试维护方便、系统整体可靠性高等特点。

在综合自动化系统的管理上，采用分层（级）管理的模式。即各保护功能单元由保护管理机直接管理，它们之间可以采用双绞线用 RS485 接口连接，也可以通过现场总线连

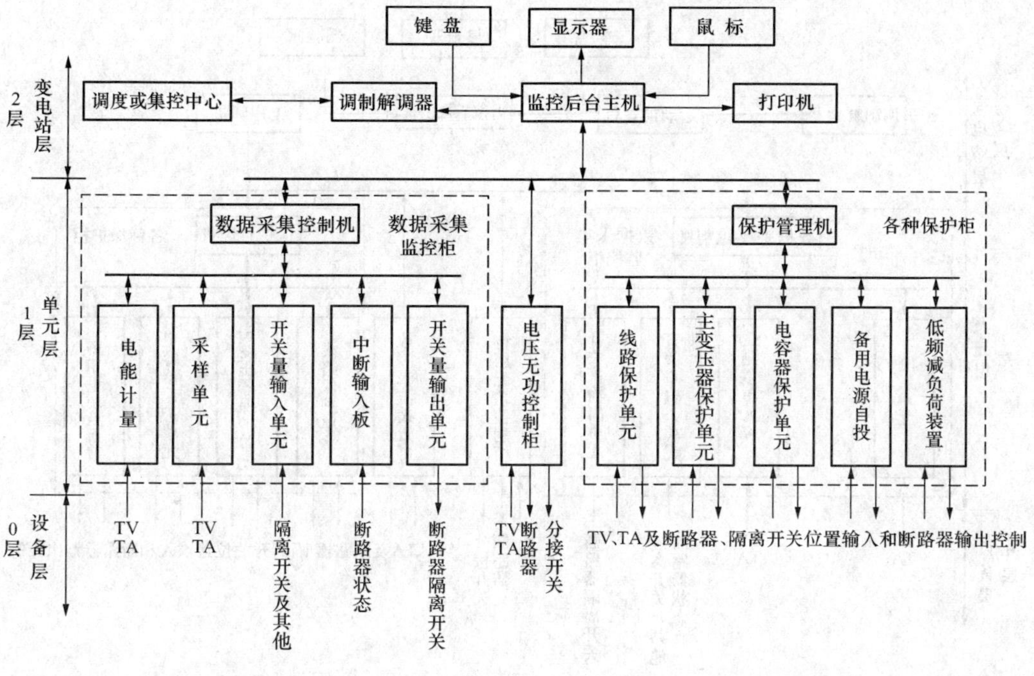

图 1-5　分层分布式集中组屏的综合自动化系统结构框图

接。而模拟量采集、信号开入量和控制开出量的单元，由数据采集控制机负责管理。保护管理机和数据采集控制机是处于变电站级和功能单元之间的第二层结构。正常运行时，保护管理机监视各保护单元的工作情况，当发现某一保护单元工作不正常，立即报告监控主机，并报告调度中心。如某一保护单元有动作信息，也通过保护管理机将保护动作信息送往监控主机，再送往调度中心。调度中心或监控主机也可以通过保护管理机下达修改保护定值等命令。数据采集控制机则将各数据采集单元所采集的数据和开关状态送给监控主机和送往调度中心，并接受和执行由调度中心或监控主机下达的操作命令。

变电站层的监控主机（或称上位机、后台机）通过局部网络与保护管理机和数据采集控制机通信。在无人值班的变电站，监控主机主要负责与调度中心或集控中心的通信，使变电站综合自动化系统具有 RTU 功能，完成遥控、遥测、遥信、遥调的“四遥”功能；在有人值班的变电站，监控主机除了负责与调度中心通信外，还负责人机联系，使综合自动化系统通过监控主机和键盘、鼠标、显示器和打印机等外围设备，完成当地显示、开关操作、打印制表等功能。

图 1-5 所示的分层分布式的综合自动化系统是典型形式的一种，主要用于规模较小的变电站综合自动化系统。图 1-6 所示的分级分布式的综合自动化系统是又一种典型形式，用于规模较大的变电站综合自动化系统。这种系统在变电站层可能设有通信控制机，专门负责与调度中心的通信，并设有工程师站，负责软件开发与管理等功能。在单元层可能设有故障录波器，用于记录故障量和进行故障测距。

(2) 继电保护相对独立。在电力系统中，对继电保护装置可靠性要求比较高，因此在综合自动化系统中，继电保护单元应相对独立，其功能不依赖于通信网络或其他设备。各

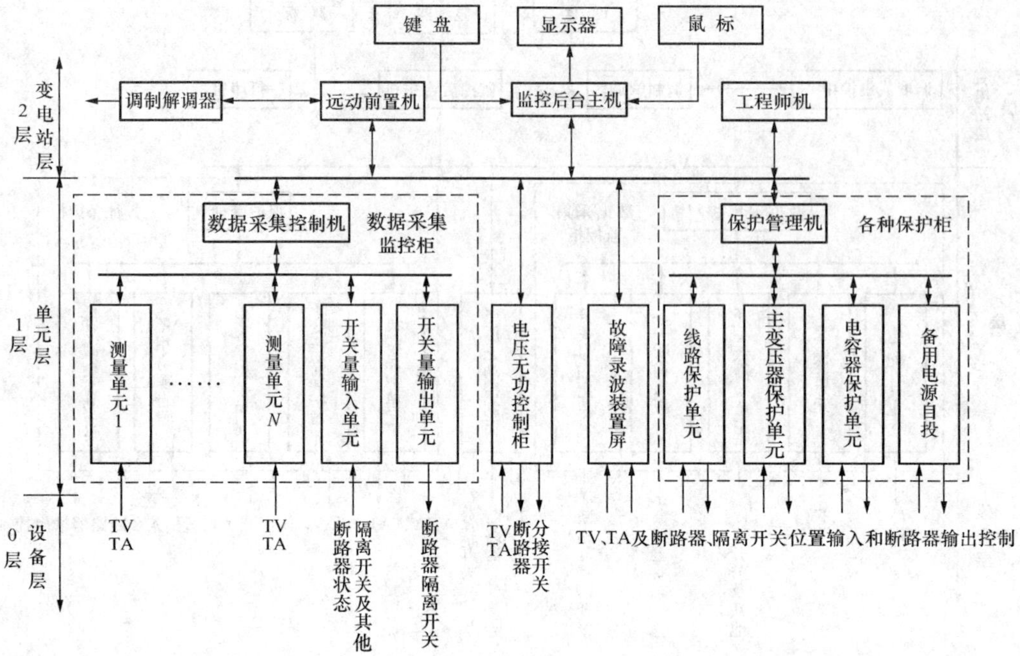

图 1-6　分级分布式集中组屏的综合自动化系统结构框图

保护单元要有独立的工作电源，保护的模拟量输入应由电流互感器和电压互感器通过电缆连接，输出的跳、合闸命令也要通过控制电缆送至断路器的跳、合闸线圈，保护的启动、测量和逻辑功能独立实现，不依赖通信网络交换信息。保护装置通过通信网络与保护管理机传输的，只是保护动作信息或记录数据。

(3) 具有与系统控制中心通信功能。综合自动化系统本身具有对模拟量、开关量、电能脉冲量进行数据采集和数据处理的功能，也具有收集继电保护动作信息、事件顺序记录等功能。可以将采集的信息传输到调度中心，同时也接受调度中心下达的控制、操作命令，不必另设独立的 RTU 装置。

(4) 模块化结构，可靠性高。由于各功能模块都由独立的电源供电，输入、输出回路都相互独立，任何一个模块故障，只影响局部功能，不影响全部。由于各功能模块是面向对象设计的，因而软件结构相对集中式的简单，因此调试简单方便，也便于扩充。

(5) 管理维护方便。分级分布式系统采用集中组屏结构，全部屏柜安装在控制室内，工作环境好，电磁干扰相对开关柜附近较弱，管理维护方便。

对于 35～110kV 中、低压变电站，一次设备比较集中，分布面不广，所用控制电缆不太长，集中组屏虽然比分散式安装增加一些电缆，但集中组屏便于设计、安装、调试和管理，可靠性也比较高，尤其适于老站的改造。

三、分布分散式与集中相结合的结构

随着单片机技术和通信技术的发展，特别是现场总线和局域网络技术的应用，有条件考虑全微机化变电站二次系统的优化设计问题。目前很多厂家是按每个电网元件为对象，例如一条出线、一台变压器、一组电容器等，集保护、测量、控制为一体，设计在同一机箱中。对于 6～35kV 的电压等级，可以将这些一体化的保护测控装置分散安装在各个开关柜中，然后由监控主机通过通信网络对它们进行管理和交换信息，这就是分散式结构。对于 110kV 及以上的高压线路保护装置和主变压器保护装置，仍采用集中组屏安装在控制室内。

这种将配电线路的保护测控装置分散安装在开关柜内，而高压线路和主变压器的保护及测控装置等采用集中组屏的系统结构，称为分布与集中相结合的结构。其结构框图如图 1-7所示，这是当前变电站综合自动化系统的主要结构形式。

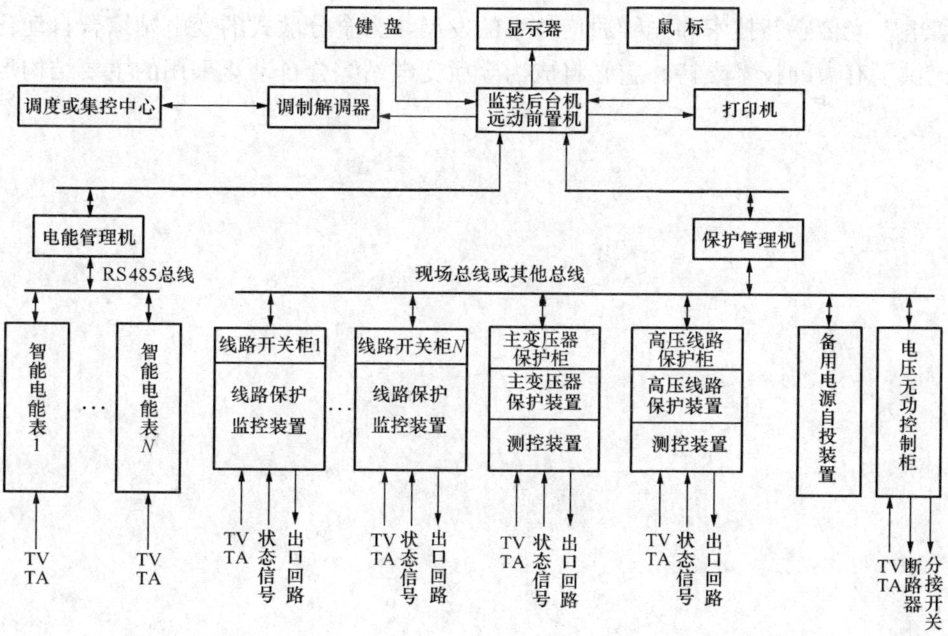

图 1-7　分散与集中相结合的变电站综合自动化系统结构框图

这种系统结构具有如下特点：

（1）6～35kV 配电线路保护测控装置采用分散式结构，就地安装，节约控制电缆，通过现场总线与保护管理机交换信息。

（2）高压线路保护、测控装置，主变压器保护、测控装置采用集中组屏结构，保护屏安装在控制室或保护室中，同样通过现场总线与保护管理机通信，使这些重要的保护装置处于比较好的工作环境，对保护的可靠性比较有利。

（3）其他自动装置，如备用电源自投装置、公用信息采集装置和电压无功综合控制装置等，采用各自集中组屏，安装在控制室或保护室中。

（4）电能计量采用带串行通信接口的智能型电能计量表，通过串行总线，由电能管理机（集抄器）将采集的各电能量送往监控机，再传送给控制中心。

四、全分散式结构

在 6～35kV 配电装置采用分散式结构的基础上，高压线路和变压器也以电气单元为单位，就地设置保护小室，将对应的保护、测控装置组屏安装在保护小室内。这样的变电站综合自动化系统就成为全分散式的结构。这种全分散式结构是今后变电站综合自动化发展的方向，它的优越性如下：

（1）简化了变电站二次部分的配置，大大缩小了控制室的面积。

（2）简化了变电站二次设备之间的互连线，节省了大量连接用的控制电缆。

（3）减少了现场施工、设备安装和调试工程量，施工周期大大缩短。

（4）分散式结构组态灵活，检修方便。由于分散式安装，电缆缩短，减小了电流互感器的二次负担。各装置与监控主机间通过局域网络或现场总线连接，抗干扰能力强，可靠性高。

（5）分散式结构可以降低变电站的总投资。

随着电—光传感新技术和光纤通信技术的发展，为全分散式的变电站综合自动化系统的应用提供了有力的技术支持。它必将成为今后变电站综合自动化采用的主要结构形式。

第二章

变电站电气二次回路概述

第一节 一、二次设备的划分及二次回路的组成

电力系统是由发电厂、输配电网络和用户共同组成的。它的特点是电力生产、输送、分配和使用在同一时间完成。它不仅需要大量的、各种类型的电气设备，以构成电力发、输配、使用的主系统，而且为了使主系统安全、稳定、连续、可靠地向用户提供充足的、合格的电能，还必须有能对主系统进行操作、监视、测量、调节和保护的电气设备。因此，电气设备可根据它们在电力生产中不同的作用分成一次设备和二次设备。

一次设备是指直接生产、输送和分配电能的电气设备，如发电机、变压器、输电线、电力电缆、断路器、隔离开关、母线、避雷器、电流互感器、电压互感器等。由这些设备连接在一起构成的电路，称为一次接线或称为主接线。描述一次接线的图纸称为一次主接线图。

二次设备是指对一次设备的工作状况进行监视、测量、控制、保护、调节所需要的电气设备，如监控装置、继电保护装置、自动装置、信号器具等。通常还包括电流互感器、电压互感器的二次绕组引出线和站用直流电源。这些二次设备按着一定的要求连接在一起构成的电路，称为二次接线或二次回路。描述二次接线的图纸称为二次接线图或二次回路图。

二次回路是电力系统发电厂和变电站的重要组成部分，是电力系统安全、经济、稳定运行的重要保证。二次回路是一个具有多种功能的复杂网络。二次回路主要包括以下内容：

一、控制系统

控制系统的作用是对变电站的开关设备进行就地或远方跳、合闸操作，以满足改变主系统运行方式及处理故障的要求。控制系统由控制器具（装置）、控制对象及控制网络构成。在实现了综合自动化的变电站中，控制系统控制方式有远方控制和就地控制两种。其中，远方控制有变电站端控制和调度（或集控中心）端控制方式；就地控制有操动机构处和保护（或监控）屏处控制方式。

二、信号系统

信号系统的作用是准确及时地显示出相应一次设备的运行工作状态，为运行人员提供操作、调节和处理故障的可靠依据。信号系统由信号发送机构、信号接收显示元件（装置）及其网络构成。按信号性质分为状态信号和实时登录信号，常见的状态信号有断路器位置信号、各种开关位置信号、变压器挡位信号等，常见的实时登录信号有保护动作信号、装置故障信号、断路器监视的各种异常信号等。按信号发出时间分为瞬时动作信号和延时动作信号。按信号复归方式分为自动复归信号和手动复归信号等。

三、测量及监察系统

测量及监察系统的作用是指示或记录电气设备和输电线路的运行参数，作为运行人员掌握主系统运行情况、故障处理及经济核算的依据。测量及监察系统由各种电气测量仪表、监测装置、切换开关及其网络构成。变电站常见的有电流、电压、频率、功率、电能等的测量和交流、直流绝缘监察系统。

四、调节系统

调节系统的作用是调节某些主设备的工作参数，以保证主设备和电力系统的安全、经济、稳定运行。调节系统由测量机构、传送设备、自控装置、执行元件及其网络构成。常用的调节方式有手动、自动和半自动方式。

五、继电保护及自动装置系统

继电保护及自动装置的作用是：当电力系统发生故障时，能自动、快速、有选择地切除故障设备，减小设备的损坏程度，保证电力系统的稳定，增加供电的可靠性；及时反映主设备的不正常工作状态，提示运行人员关注和处理，保证主设备的完好及系统的安全。

继电保护及自动装置系统由电压、电流互感器的二次绕组，继电器，继电保护及自动装置，断路器及其网络构成。继电保护及自动装置是按电力系统的单元进行配置的，由断路器隔离的一次电气设备即构成一个电气单元（也称元件）。有了断路器，可以将电力系统分隔为各种独立的电气元件，如发电机、变压器、母线、线路、电动机等。一次设备被分隔为各种电气单元，相应就有了各种电气单元的继电保护装置，如发电机保护、变压器保护、母线保护、线路保护、电动机保护等。

六、操作电源系统

操作电源系统的作用是供给上述各二次系统的工作电源，供给断路器的跳、合闸电源及其他设备的事故电源等。操作电源系统由直流电源或交流电源供电，一般常用直流电源设备（包括蓄电池及充电机）和供电网络构成。

第二节　二次接线图的分类及二次回路的编号

电气图纸是电气技术的工程语言。二次接线图是为了满足电气设计、制造、安装、运行等各方面的要求而绘制的。使用国际通用的工程语言是电气技术与国际接轨的重要保证。在绘制二次接线图时，应使用最新版本国家标准规定的电气图形符号，并遵守规定的绘图规则。

二次接线图一般分为原理接线图、布置图、安装接线图和解释性图纸四种。

一、原理接线图

原理接线图是用来表述二次回路的构成、相互动作顺序和工作原理的。它有归总式和展开式两种形式。

1. 归总式原理图

归总式原理图是将二次回路与有关一次设备画在一起，以整体图形符号表示二次设备，按实际电路连接关系绘制的图纸。它能清楚表述回路的构成和工作原理。在传统变电站的机电型继电保护和继电保护教科书中常采用这类归总式原理图。

图 2-1 是一条 10kV 线路电流保护的归总式原理图。

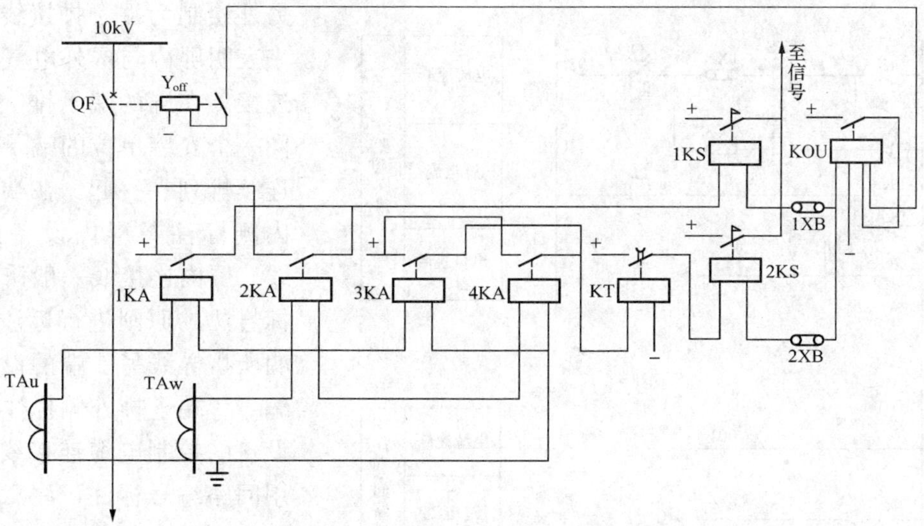

图 2-1　10kV 线路电流保护归总式原理图

2. 展开式原理图

展开式原理图一般简称为展开图，是将二次设备的构成元件，如线圈、触点分别用图形符号表示，按回路性质不同分为几个部分绘制的图纸，如交流电流回路展开图、交流电压回路展开图、直流操作回路展开图、信号回路展开图等。展开式原理图能清晰地表明设备间的连接关系，便于复杂电路的绘制，广泛使用于综合自动化变电站的二次回路中。

展开图中同一个二次设备的不同元件，如线圈、触点必须标以相同的文字符号。小母线及每一回路都要按等电位的原则分别给予回路编号。

图 2-2 是对应于图 2-1 的 10kV 线路电流保护展开式原理图。

二、布置图

布置图是以整体规划和有关原理图为依据，满足二次接线设计的有关规定所绘制的图纸。常用的有控制室平面布置图，控制屏、保护屏面布置图，控制室、配电室小母线布置图等。

三、安装接线图

安装接线图是以原理展开图和屏面布置图为依据，按照有关具体要求绘制的施工用图纸，主要供制造、施工及运行维护人员使用。常用的安装接线图有以下两种：

1. 背面安装接线图

背面安装接线图多用于控制屏、保护屏。在绘制背面安装接线图时，其设备排列只表示屏内各设备的相对位置，不必按实际尺寸绘制。背面安装接线图的主要作用是表明屏上端子排与屏内各设备出线端子之间及屏上各设备之间的连接方法。屏内设备之间连接导线

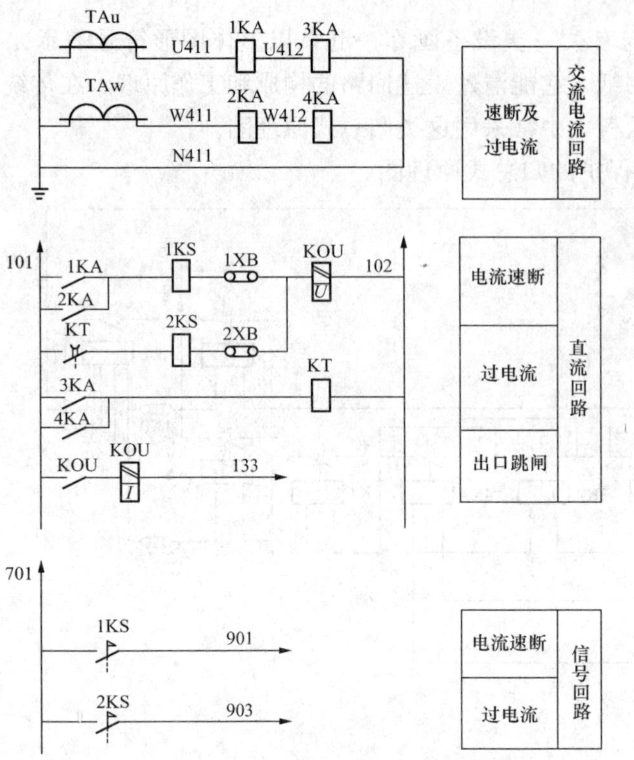

图 2-2　10kV 线路电流保护展开式原理图

采用对面标号法，即同一根导线的甲端标出乙端所接设备的端子标号，乙端则标出甲端所接设备的端子编号。

在设计中，将端子排部分另外绘制为端子排接线图，用来表明屏内与屏外电气设备的连接。在屏的端子排上，属于同一个安装单位的端子应集中连续排列在一起。在端子排的内侧标注与屏内设备的连接线。屏内连接线一般采用对面标号法的原则进行标注，即标明所接导线另一端的设备端子编号。端子排外侧标注与屏外设备的控制电缆连接线，一般用回路编号标注，注意控制电缆每根芯两端采用相同的回路编号。同时，要将各条电缆的编号、去向、电缆型号、芯数、截面等在电缆上悬挂的标志牌中标注清楚。

2. 单元二次安装接线图

单元二次安装接线图多用于配电装置内，如断路器操动机构箱，断路器端子箱，电流、电压互感器端子箱，成套开关柜等。单元二次安装接线图的绘制要求和规则与背面安装接线图相同，要与实际位置、实际连线完全相符合。

四、解释性图纸

解释性图纸是除原理接线图、布置图、安装接线图以外，实际需要绘制的图纸。一般有二次电缆联系图、继电保护及自动装置配置图、保护动作的逻辑框图、二次系统图等。电缆联系图主要用于施工阶段二次电缆的敷设，一般以同一电气单元为单位绘制，应标出各条电缆设计编号、型号及起止位置等。

在绘制二次回路的接线图时，必须用图形符号、文字符号、回路标号进行说明。其中，图形符号和文字符号用以表示和区别二次回路中的各个电气设备，回路标号用以区别电气设备之间互相连接的各个回路。二次接线图中的图形符号、文字符号和回路标号都有国家标准和国际标准。目前国内规定使用的《电气简图用图形符号》（GB/T 4728—2000），国际上使用的《电气简图用图形符号》是 IEC 60617 标准。GB/T 4728—2000 的符号形式、内容、数量等与 IEC 标准完全相同。

（一）图形符号

我国从 20 世纪 60 年代以来，电气简图用图形符号已经发布了三次，依次是GB 312～

314—1994、GB/T 4728—1984～1985 和 GB/T 4728—1996～2000。但由于各种原因，有的部门所绘制、使用的图形符号还是 60 年代的旧符号，甚至是更早的借鉴苏联的符号。所以，二次回路接线图使用的图形符号比较繁杂、混乱，也给电气工作人员，尤其是初学者带来了困难。

（二）文字符号

文字符号可作为限定符号与一般图形符号组合使用，成为新图形符号。目前国家标准规定的是，以《电气技术中文字符号制定通则》（GB 7159—1987）和《电力工程制图标准》（DL 5028—1993）为基础，对常用的电气设备的代号进行编制。其一般规律是，按有关电气名词的英文术语缩写而成，采用该单词的第一位字母构成文字符号，一般不超过三位字母。同一电气单元、同一电气回路中的同一种设备的编序，用平身的阿拉伯数字表示，放在设备文字符号的后面；不同电气单元、不同电气回路中的同一种设备的编序，用平身的阿拉伯数字表示，放在设备文字符号的前面。

但是，当前电力系统现场中大量使用的二次回路接线图中的文字符号，仍多采用汉语拼音字母来标注。它的规律是先从电气名词中选出具有主要表征意义的一个或几个字，然后选用这个字的第一个拼音字母组成。例如，中间继电器的文字符号为 ZJ，自动重合闸继电器的文字符号是 ZCH。

现场中同一设备可能会出现不同时期的文字符号，最为典型的如 CT、LH、TA 都是电流互感器，PT、YH、TV 都是电压互感器。在阅读各种资料和现场图纸中应该注意。

（三）回路标号

二次回路接线图中的各个电气设备，都按一定的要求进行连接。为了区别这些连接回路的功能和便于正确连接，按等电位的原则进行回路标号，即在回路中连于一点（即等电位点）上的所有导线都标以相同的回路标号。由电气设备的线圈、触点、电阻、电容等元件所间隔的导线，都标以不同的回路标号。同时回路标号也为区分回路的功能，如直流回路、交流回路、信号回路等，带来很大的方便。这种回路标号的方法是沿用前苏联的方法，即每根小母线都有文字符号和回路标号，每个回路的等电位点都有回路标号。在表 2-2～表 2-4 中简称这种回路标号为原编号。

随着变电站综合自动化水平不断普及提高，二次回路更趋复杂。在西北电力设计院编纂的《电气工程设计手册》中，提出了对二次回路的标号作适当简化。根据国际 IEC 标准的规定，导线的文字标号不一定要有，也不一定要统一标号。该手册介绍了二次回路标号的两种方法：一种方法是对文字代号基本上不作规定，可以不要，也可以任意编写；另一种方法是要文字代号，而且尽可能与原编号方法保持一致。

现将推荐的二次回路标号的两种方法作一说明。

1. 文字标号的原则

（1）导线允许设有文字代号，可以任意编制文字代号，也可以按照特定的原则编制，还可以按特定要求指定回路标号。

（2）导线的文字编号，以安装单位内部不同导线的文字代号不重复为原则。

（3）导线文字标号的后半部分应是序位数字。

（4）小母线的符号和标号可以一样，也可以不一样。小母线的符号也可以取消。

2. 导线的文字标号实施办法

导线文字标号推荐为：[1　2/3]。

其中：1 为高层代号，相当于原来习惯上的安装单位名称或代号。当高层代号为数字时，可以放在 2 回路代号的左边；当高层代号为字母时，可以放在 2 回路代号的右边。

2 为回路代号，主要用来区分电位，即原来习惯上的回路编号或回路标号。它可由两部分组成，即 [2A　2B]。

2A 段为约定标识，约定的主要标识见表 2-1。

2B 段为序数字，只要能起到区别作用即可。如要约定，建议只约定下面四种：

(1) 正极导线，序数号约定为 01；

(2) 负极导线，序数号约定为 02；

(3) 合闸导线，序数号约定为 03；

(4) 跳闸导线，序数号约定为 33。

约定的目的主要是引起调试和运行人员的重视。当 01 和 03 短接时会引起合闸，当 01 和 33 短接时会引起跳闸。

如果跳闸导线有许多根，可写成 33-1、33-2、33-3 等，或者 33.1、33.2、33.3 等；如果合闸导线有许多根，可写成 03-1、03-2、03-3 等，或者 03.1、03.2、03.3 等。

当要求某些小母线的序数字也要约定时，可参见表 2-1。

表 2-1　　导线的约定标识表

导线名称	IEC 标记	回路(导线)名称	约定标号
交流电源系统 1 相	L1	保护用直流	0
交流电源系统 2 相	L2	$-Q_1\sim-Q_2$ 的控制用直流	1～4
交流电源系统 3 相	L3	励磁回路	6
交流电源系统中线	N	信号回路	7
直流电源系统正极	L+或+	断路器遥信回路	80
直流电源系统负极	L−或−	断路器机构回路	87
直流电源系统中间线	M	隔离开关闭锁回路	88
保护导线	PE	发电机调速回路	99
不接地保护导线	PU	其他回路	9
保护导线兼作中线	PEN		
接地线	E	交流回路	A、B、C、N、L、SC
无噪声接地线	TE	交流电压回路	A6、A7、……
接壳线	MM	交流电流回路(测量及保护)	A1、A2、……
均压线	CC	交流母差电流回路	A3、……

3 为导线代号，主要用来区分导线，原来习惯上无此内容，但在背面安装接线图中有意义。它可由两部分组成，即 [3A　3B]。

3A 段为导线特性。3B 段为序数字。一般情况下，这部分标记可以省略。

表 2-2～表 2-4 给出了两种新的标号与原编号的对照，供读者参考。

表 2-2　　小母线符号和回路标号

序号	小母线名称	原编号		新编号一		新编号二	
		文字符号	回路标号	文字符号	回路标号	文字符号	回路标号
(一)直流控制信号小母线							
1	控制回路电源	+KM、−KM		L+、L−		+、−	
2	信号回路电源	+XM、−XM	701、702	L+、L−		+700、−700	7001、7002
3	事故音响信号(不发遥信时)	SYM	708			M708	708
4	事故音响信号(用于配电装置)	2SYMⅠ、2SYMⅡ 2SYMⅢ	727Ⅰ、727Ⅱ 727Ⅲ			M7271、M7272 M7273	7271、7272 7273
5	事故音响信号(用于直流屏)	1SYM	728			M728	728
6	事故音响信号(发遥信时)	3SYM	808			M808	808
7	预告音响信号(瞬时)	1YBM、2YBM	709、710			M709、M710	709、710
8	预告音响信号(延时)	3YBM、4YBM	711、712			M711、M712	
9	预告音响信号(用于配电装置)	YBMⅠ、YBMⅡ YBMⅢ	729Ⅰ、729Ⅱ 729Ⅲ			M7291、M7292 M7293	7291、7292 7293
10	控制回路断线预告信号	KDMⅠ、KDMⅡ KDMⅢ					
11	灯光信号	(−)XM	726			M726	726
12	配电装置信号	XPM	701			M701	701
13	闪光信号	(+)SM	100			M100	100
14	合闸电源	+HM、−HM		L+、L−		+、−	
15	信号未复归	FM、PM	703、716			M703、M716	703、716
16	指挥装置音响	ZYM	715			M715	715
17	自动调整频率脉冲	1TZM、2TZM	717、718			M717、M718	717、718
18	自动调整电压脉冲	1TYM 2TYM	Y717 Y718			M7171 M7172	7171 7172
19	同步装置越前时间整定	1TQM、2TQM	719、720			M719、M720	719、720
20	同步装置发送合闸脉冲	1THM、2THM 3THM	721、722 723			M721、M722 M723	721、722 723
21	隔离开关操作闭锁	GBM	880			M880	880
22	旁路闭锁	1PBM、2PBM	881、900			M881、M900	881、900
23	厂用电源辅助信号	+CFM、−CFM	701、702	L+、L−		+701、−701	7011、7012

续表

序号	小母线名称	原编号		新编号一		新编号二	
		文字符号	回路标号	文字符号	回路标号	文字符号	回路标号
(二)交流电压、同步和电源小母线							
24	母线设备辅助信号	+MFM、-MFM	701、702	L+、L-		+702、-702	7021、7022
25	同步电压(运行系统)	TQMC	T621	L1、N		L1-621	A621
26	同步电压(待并系统)	TQMC	T611	L1、N		L1-611	A611
27	自同步发电机残压	TQMJ	A780	L1		L1-780	A780
28	第一组或奇数母线段的电压	1YMa、1YMb、1YMc、1YML、1SYMc、YMN	A630、B630、C630、L630、S630、N600	L1、L2、L3、N		L1-630 L2-630 L3-630 N-600	A630、B630、C630、L630、S630、N600
29	第二组或奇数母线段的电压	2YMa、2YMb、2YMc、2YML、2SYMc、YMN	A640、B640、C640、L640、S640、N600	L1、L2 L3、N		L1-640 L2-640 L3-640 N-600	A640、B640、C640、L640、S640、N600
30	6~10kV备用段的电压	9YMa、9YMb、9YMc	A690、B690、C690	L1、L2、L3		L1-690 L2-690 L3-690	A690、B690、C690
31	转角	ZMa、ZMb、ZMc	A790、B790、C790	L1、L2、L3		L1-790 L2-790 L3-790	A790、B790、C790
32	低电压保护	1DYM、2DYM、3DYM	011、013、02			M011、M013、M02	011、013、02
33	电源	DYMa、DYMN		L1、N		L1、N	
34	路母线电压切换	YQMc	C712	L3		L3-712	C712

注 1. 表中交流电压、同步电压小母线的符号和标号,适用于电压互感器二次侧中性点接地、同步设备和接线采用单相式。

2. 扩建工程小母线的符号和标号一般按原工程配合。

3. 母线设备控制屏上有几级电压小母线时,用以下标志加以区分:

6或10kV系统为1YMa-6~1YML-6等;

35kV系统为1YMa-3~1YML-3等;

110kV系统为1YMa-11~1YML-11及1SYMc-11等;

220kV系统为1YMa-22~1YML-22及1SYMc-22等;

330kV系统为1YMa-33~1YML-33及1SYMc-33等;

500kV系统为1YMa-50~1YML-50及1SYMc-50等。

表 2-3　　　　　　　　　　　**二次直流回路数字标号**

序号	回路名称	原编号			新编号一			新编号二		
		Ⅰ	Ⅱ	Ⅲ	Ⅰ	Ⅱ	Ⅲ	Ⅰ	Ⅱ	Ⅲ
1	正电源回路	1	101	201	101	201	301	101	201	301
2	负电源回路	2	102	202	102	202	302	102	202	302
3	合闸回路	3～31	103～131	203～231	103	203	303	103	203	303
4	合闸监视回路	5	105	205				103	203	303
5	跳闸回路	33～49	133～149	233～249	133.1133 1233	233.2133 2233	333.3133 3233	133.1133 1233	233.2133 2233	333.3133 3233
6	跳闸监视回路	35	135	235				133.1133 1233	233.2133 2233	333.3133 3233
7	备用电源自动合闸回路	50～69	150～169	250～269				150～169	250～269	350～369
8	开关设备的位置信号回路	70～89	170～189	270～289				170～189	270～289	370～389
9	事故跳闸音响信号回路	90～99	190～199	290～299				190～199	290～299	390～399
10	保护回路	01～99(或 J1～J99)								
11	发电机励磁回路	601～699								
12	信号及其他回路	701～999						01～099 或 0101～0999		
13	断路器遥信回路	801～809						601～699 或 6011～6999		
14	断路器合闸线圈或机构电动机回路	871～879						701～799 或 7011～7999		
15	隔离开关操作闭锁回路									
16	发电机调速电动机回路									
17	变压器零序保护共用电源回路									

注　1. 无备用电源自动投入的安装单位，序号 7 的编号可用于其他回路。

2. 断路器或隔离开关为分相操动机构时，序号 3、5、14、15 等回路应以 A、B、C 标志相别。

表 2-4　　　　　　　　　　　**二次交流回路数字标号**

序号	回路名称	原回路标号组					
		用途	A 相	B 相	C 相	中性线	零序
1	保护装置及测量仪表电流回路	LH	A4001～A4009	B4001～B4009	C4001～C4009	N4001～N4009	L4001～L4009
2		1LH	A4011～A4019	B4011～B4019	C4011～C4019	N4011～N4019	L4011～L4019
3		2LH	A4021～A4029	B4021～B4029	C4021～C4029	N4021～N4029	L4021～L4029
4		9LH	A4091～A4099	B4091～B4099	C4091～C4099	N4091～N4099	L4091～L4099
5		10LH	A4101～A4109	B4101～B4109	C4101～C4109	N4101～N4109	L4101～L4109
6		29LH	A4291～A4299	B4291～B4299	C4291～C4299	N4291～N4299	L4291～L4299
7		1LLH					LL411～LL419
8		2LLH					LL421～LL429
9	保护装置及测量仪表电压回路	YH	A601～A609	B601～B609	C601～C609	N601～N609	L601～L609
10		1YH	A611～A619	B611～B619	C611～C619	N611～N619	L611～L619
11		2YH	A621～A629	B621～B629	C621～C629	N621～N629	L621～L629

续表

序号	回路名称	原回路标号组					
		用途	A相	B相	C相	中性线	零序
12 13 14 15 16	经隔离开关辅助触点或继电器切换后的电压回路	6～10kV 35kV 110kV 220kV 330kV (500kV)	A(C、N)760～769、B600 A(C、N)730～739、B600 A(B、C、L、S)710～719、N600 A(B、C、L、S)720～729、N600 A(B、C、L、S)730～739、N600 [A(B、C、L、S)750～759、N600]				
17	绝缘监察电压表的公用回路		A700	B700	C700	N700	
18 19 20 21 22	母线差动保护公用电流回路	6～10kV 35kV 110kV 220kV 330kV (500kV)	A360 A330 A310 A320 A330 (A350)	B360 B330 B310 B320 B330 (B350)	C360 C330 C310 C320 C330 (C350)	N360 N330 N310 N320 N330 (N350)	

序号	回路名称	新回路标号组一					
		用途	A相	B相	C相	中性线	零序
1 2 3 4 5 6	保护装置及测量仪表电流回路	T1 T1－1 T1－2 T1－9 T2－1 T2－9					
7 8		T11－1 T11－2					
9 10 11	保护装置及测量仪表电压回路	T1 T2 T3					
12 13 14 15 16	经隔离开关辅助触点或继电器切换后的电压回路	6～10kV 35kV 110kV 220kV 330kV (500kV)					
17	绝缘监察电压表的公用回路						
18 19 20 21 22	母线差动保护公用电流回路	6～10kV 35kV 110kV 220kV 330kV (500kV)					

续表

序号	回路名称	新回路标号组二					
		用途	A相	B相	C相	中性线	零序
1	保护装置及测量仪表电流回路	T1	A11～A19	B11～B19	C11～C19	N11～N19	N11～N19
2		T1－1	A111～A119	B111～B119	C111～C119	N111～N119	N111～N119
3		T1－2	A121～A129	B121～B129	C121～C129	N121～N129	N121～N129
4		T1－9	A191～A199	B191～B199	C191～C199	N191～N199	N191～N199
5		T2－1	A211～A219	B211～B219	C211～C219	N211～N219	N211～N219
6		T2－9	A291～A299	B291～B299	C291～C299	N291～N299	N291～N299
7		T11－1	A1111～A1119	B1111～B1119	C1111～C1119	N1111～N1119	
8		T11－2	A1121～A1129	B1121～B1129	C1121～C1129	N1121～N1129	
9	保护装置及测量仪表电压回路	T1	A611～A619	B611～B619	C611～C619	N611～N619	N611～N619
10		T2	A621～A629	B621～B629	C621～C629	N621～N629	N621～N629
11		T3	A631～A639	B631～B639	C631～C639	N631～C639	N631～N639
12	经隔离开关辅助触点或继电器切换后的电压回路	6～10kV	A(C、N)760～769，B600				
13		35kV	A(C、N)730～739，B600				
14		110kV	A(B、C、L、SC)710～719，B600				
15		220kV	A(B、C、L、SC)720～729，B600				
16		330kV	A(B、C、L、SC)730～739，B600				
		(500kV)	A(B、C、L、SC)750～759，B600				
17	绝缘监察电压表的公用回路		A700	B700	C700	N700	
18	母线差动保护公用电流回路	6～10kV	A360	B360	C360	N360	
19		35kV	A330	B330	C330	N330	
20		110kV	A310	B310	C310	N310	
21		220kV	A320	B320	C320	N320	
22		330kV	A330	B330	C330	N330	
		(500kV)	(A350)	(B350)	(C350)	(N350)	

注 在设计中，序号330kV系统的13、16和序号19、20的标号需加以区分时，330kV系统的序号13和19的标号相应改为A(B、C、L)750～759和A350、B350、C350。

第三节 阅读二次回路的基本方法

现场变电运行人员和二次设备的维护人员，尤其是一些初学者，阅读和使用二次回路接线图时，往往感到比较困难。二次回路接线虽然比较复杂，但它的逻辑性很强。在设计和绘制二次回路接线图时，是按照二次设备的工作原理，遵循一定规律来绘制的。如果能按照以下的方法去学习、理解和阅读二次回路接线图，则掌握起来就比较容易。

一、熟悉一次主接线图和一次设备

二次回路和二次设备是为一次设备服务的，它是对一次设备进行保护、控制、测量、监视的，所以必须对服务的对象，也就是一次设备要熟悉和了解。要熟悉电网结构及变电站的一次主接线。继电保护是按由断路器分割成的电气单元来配置的，相应的控制、测量、监视亦是按对应的断路器配置。每个电气单元都有对应的一套二次回路接线图。一个变电站有多少电气单元，就对应有多少套二次回路接线图。

控制回路主要的控制对象是断路器，对断路器的结构和工作原理要有一个大概的了解。而对断路器操动机构的原理、结构及接线应有比较深入的了解，因为它是构成二次回路接线图的组成部分之一。

在无人值班变电站中，隔离开关、接地开关能够进行远方电气操作，即由电动机带动传动机构来完成分、合闸过程。所选用的电动机有直流的，也有交流的，必须清楚其原理，才能进一步了解它的控制回路原理图。

测量回路主要是通过电流互感器和电压互感器来采集电气模拟量，因此必须熟悉和了解电流互感器和电压互感器的结构和原理。

监视回路主要对一次、二次设备的工作状况实施监视，监视内容主要有气压、液压、油面、温度、工作状态、电源监视、装置异常告警等。所以，必须对监视对象的工作原理和结构有所了解。

二、熟悉电气二次回路的图形符号、文字符号、回路标号及小母线编号

我国电力系统初期采用的是苏联的电气二次回路的图形符号、文字符号、回路标号及小母线编号；后来在此基础上进行了改革，制定了国家标准，主要是文字符号及回路标号采用了汉语拼音字母；近年来对国家标准进行了大的修改，基本上符合了 IEC 标准。这些不同时期的电气二次回路的图形符号、文字符号、回路标号及小母线编号，目前在现场中都有使用。比较广泛使用的是第二阶段的以汉语拼音为代表的符号和标号。

在推广使用新的国家标准方面，一次设备生产厂家做得较好，与一次设备相关的二次回路接线图基本都采用了新的国家标准。二次设备生产厂家为了适应现场的需要，大部分采用的是以汉语拼音为代表的符号和标号。一些国外引进的电气设备，一般采用的是 IEC 标准，也有一些是各国自己的标准。现场变电运行人员和二次设备的维护人员，在使用或阅读二次回路接线图时，应该判明它采用的是哪一种符号、标号和编号，这样才能正确理解和识图。

三、了解二次设备的工作原理

常用的二次设备有继电保护装置、自动装置及测控装置。它们的二次回路接线图是依照其工作原理绘制的。必须了解这些二次设备的工作原理，才能正确地识图。

了解这些二次设备的工作原理时，应着重了解正常工作需要接入哪些电气模拟量，是从何处接入的；需要接入哪些开关量，是从何处接入的；二次设备之间有哪些联系；二次设备的执行输出回路如何连接；有哪些信号需要送出等。

四、二次回路接线图的识图方法

与一次接线图相比，二次回路接线图种类较多，而且比较复杂。所以，要了解各种图纸的不同用途，掌握其表达不同的含义，按一定的顺序识图。

首先，对一个变电站要有总体的了解。在了解变电站一次设备和一次主接线的基础上，要了解二次回路总的概况。例如：二次系统总的配置方式，是常规方式还是综合自动化方式；继电保护及自动装置的配置方式；主控制室或保护小室的保护屏位布置；二次电缆的走向及排列；电流互感器的分配等。这些方面主要通过布置图和解释性图纸来说明。

对变电站一次、二次系统有了总体的了解后，就要按电气设备的单元，逐个去阅读二次回路接线图，如主变压器、输电线路、电容器等。每个电气单元的二次回路接线图都包括屏面布置图、原理接线图和安装接线图。

常用到的屏面布置图有保护屏面布置图、控制屏面布置图、开关柜保护小室屏面布置

图等。屏面布置图是加工制造屏柜和安装屏柜上设备的依据。屏面每个元件的排列布置，是根据运行操作的合理性，并考虑运行维护的方便而确定的。因此，应按一定的比例进行绘制，并标注有具体尺寸。在图中还列有设备表。通过这些图纸，可以看到这些屏面都装有哪些设备，它们是如何排列和安装的。通过图中的设备表，可以了解所装设备的型号、技术参数和安装数量。

如前所述，原理接线图有归总式和展开式两大类。目前现场的继电保护多采用整体的继电保护装置，它的构成相对而言比较复杂，用归总式原理图很难表述清楚，所以，已很少采用归总式原理图。大量采用的是展开式原理图，现场中一般简称展开图。现在一些设备生产厂家在出厂资料中提供的装置触点联系图、装置原理接线图也都属于展开图。展开图是以二次回路的每个独立电源来划分单元而进行编制的，如交流电流回路、交流电压回路、直流控制回路、继电保护回路、信号回路等。根据这个原则，必须将属于同一个仪表、继电器或装置的电流线圈、电压线圈及触点分别划在不同的回路中。为了表述清楚，属于同一个仪表、继电器或装置的电流线圈、电压线圈及触点等都采用相同的文字符号。在展开图中，每个元件每个支路的作用，都标注在右侧的文字框中。看展开图时，一般都是先看交流回路，再看直流回路和信号回路，从上到下从左到右逐行去看。同时，还要了解每个设备的实际安装位置和地点，不在同一处的设备需要连接在一起的，必须通过端子排由控制电缆将其连接。

安装接线图是作为二次设备安装及二次回路配线所使用的图纸。安装接线图是以屏面布置图和原理展开图为依据，按照安装图设计的有关具体要求绘制的。它标明了屏上各个设备的文字符号、安装顺序号，以及每个设备引出端子之间的连接情况和设备与端子排之间的连接情况。在安装接线图中，一般都采用对面标号法（或称相对标号法）来表述这些设备相互的连接情况。对面标号法的含义就是，如果某两个设备的甲乙接线柱相互连接，则在甲接线柱的线头上标注乙接线柱的编号，在乙接线柱的线头上标注甲接线柱的编号，即标的是线头对面的编号，这就表明甲乙两接线柱之间应连接在一起。

安装接线图有两种：

（1）背面安装接线图。常用的是控制屏背面安装接线图和保护屏背面安装接线图。一般如果屏上装的设备少，就整屏绘制其背面安装接线图；如果屏上装的设备太多，就按设备的安装单元分别绘制背面安装接线图。

（2）单元二次安装接线图。单元二次安装接线图多用于配电装置内，是以每个一次设备为单元绘制的二次安装接线图。它一般要求将一次设备单元的主接线及相应的二次设备画在图中，二次安装接线图要与实际位置、实际连线完全符合，如果设备是正面接线，图纸也一定按正面连接绘制。标号的要求也是采用对面标号法。常用的单元二次安装接线图有断路器端子箱二次安装接线图、电流互感器端子箱二次安装接线图、电压互感器端子箱二次安装接线图等。在现场使用中，常将背面接线图的端子排部分另外绘制，称其为端子排安装接线图。端子排的内侧与屏内设备连接，端子排的外侧通过控制电缆与外部设备连接。端子排外侧所接电缆的标号一般是回路编号，如果没有回路编号，也可以标对侧的设备号。通过标号应该能清楚地看到电缆对侧所接的位置。

对于初涉电气二次回路的人员，从原理展开图画出安装接线图是一种基本功，必须从简单到复杂逐渐熟悉，反复练习，才能达到熟练的程度。

五、综合自动化变电站二次回路的特点

综合自动化变电站与传统变电站的二次回路相比，具有接线相对简单、设备相对减少、系统性强、接线方式更合理等特点。

传统变电站的二次回路是一个复杂的网络，包括了控制系统、信号系统、测量与监察系统、继电保护与自动装置系统、调节系统及操作电源系统。其中仅信号系统就包括位置信号、事故音响信号、瞬时预告信号、延时预告信号等。这些二次回路各系统之间全靠硬件连接，所以二次接线就比较繁多。而综合自动化变电站从基本原理上打破了原来的框框，原来靠硬件连接的系统可以通过数字通信的方式联系，原来屏内设备间的连线由装置内部的印制电路板取代，这样二次接线就简单多了。

传统变电站的二次设备，都是一些分散的设备装设在控制屏和保护屏上，每个电气元件都要配置测量仪表、切换开关、控制开关、位置指示灯、光字牌等。而每一套继电保护都要由若干个交流测量继电器、中间继电器、信号继电器组成。一个变电站包括多个电气单元，就会有很多的二次设备。而综合自动化变电站一个电气单元的控制、信号及测量可以在同一个测控装置内实现，继电保护由一套微机保护装置构成。综合自动化变电站取消了中央信号屏和控制屏。这样，二次设备相应减少了许多。

综合自动化变电站中，二次设备是按每一个电气单元配置，二次接线也是按电气单元，以一对一的方式连接。不同电气单元之间，只有保护之间配合的连接和操作闭锁回路需要的连接，其他的连接已没有。对变电站的一些公用二次设备，一些不属于各个电气单元的二次设备，将它们组合为公用屏。这样，从变电站整体来看，二次回路的接线比较合理，系统性强，也有规律，运行和维护人员也更容易掌握。

六、国外进口电气设备二次回路图的特点

近年来，我国电力系统中大量引进国外进口电气设备，由于其技术先进、设计合理，受到运行单位的欢迎。这些电气设备的二次回路图基本是按照 IEC 标准来绘制的，但是不同公司的产品，图纸也有不同的特点。

进口电气设备二次回路图纸的基本绘制方法，要求必须在有横竖坐标的图纸上绘制，以竖向布置画出各电气支路（国内图纸普遍以横向布置画出各电气支路）。不在一张图纸上而相互连接的电气回路有特定的符号，标注其具体连接的页号与坐标位置。组成二次回路的设备由元件明细表说明其用途，其每个设备的各个部件绘制在哪种图纸哪个位置都有标注。有的公司在设计中，二次回路的原理图转换为安装接线图由专用的程序软件来完成，它的接线端子排不一定按自然序号排列，而是以程序设计排列的，在看图中要注意将原理图与端子排接线图一一核对。

例如，西门子公司的高压开关电器二次回路图包括元件布置图、控制原理图、元件明细表和接线端子图。元件布置图表明相关参数，一次设备布置和各二次元件在控制箱及操动机构箱中的位置。在控制原理图中，每副触点均可在原理图中找到相应元件，如在第一张原理图中有一副接触器触点，其标志为/M3.1，则可在第三张原理图的第一列中找到这个接触器。其元件均可在元件表中查到，每个元件下面有标志，如/ZM3，表示在第三张元件表。有时会出现几个 R1，这时就需使用右下角的元件标志判定元件所处位置，如＋

TEA R1 为隔离开关/接地开关操动机构箱中的加热电阻。元件明细表中列出控制原理图中所有元件型号参数及该元件在二次回路中相应的功能等，并与原理图一一对应。如一个接触器共有几副触头，其中每一副触头用于第几张控制原理图，每副触头下面均有标志，如＝ZZA/M3.3，表示这副触头用于第三张原理图的第三列。接线端子图按不同的单元将端子分类，如 X1 为断路器引出接线端子，X11/X12/X13/X14 为隔离开关/接地开关内部线过渡及引出接线端子，X15LA/LB/LC X16LA/LB/LC 为电流互感器接线端子，X41（42）－X31（32）为断路器控制箱到其机构箱之间的连接电缆等。

第三章

6～35kV开关柜的二次回路

在电网中6～35kV电压等级同属小电流接地系统，即变压器中性点不接地或不直接接地系统。在这个系统中所采用的一次电气设备基本相同，城市电网中多采用户内布置的开关柜组成，农村电网中多采用户外布置的柱上开关或其他户外开关组成。它们的继电保护及自动装置的构成原理及控制、测量、信号回路基本相同。

开关柜就是将断路器、隔离开关、电流互感器、电压互感器、变压器、母线等高压电气设备，按照不同的用途分别组合在金属箱体内。根据不同的用途，可分为线路（出线）开关柜、电容器开关柜、接地（站用）变压器开关柜、母联（分段）开关柜、母联（分段）隔离柜、电压互感器柜等。不同的开关柜装设的一次设备不同，与之对应的二次设备和二次回路也有所不同。本章以中置式开关柜为例，按不同用途的开关柜分别叙述。

第一节　6～35kV线路开关柜的二次回路

6～35kV线路开关柜装设的一次设备有小车开关、电流互感器、母线、引线、避雷器和接地开关等，小车开关包括断路器和隔离开关，实际中隔离开关由小车的插头与插座所替代。小车开关一般安装在开关柜的中部，称为中置式开关柜。

综合自动化变电站中，6～35kV线路采用的微机保护测控装置，一般都具有保护、测量、控制、通信功能。在分层分布式综合自动化系统中，作为间隔层的设备就地布置在开关柜上，依靠网络通信和综合自动化系统进行联系。

一、开关柜上二次设备的布置

在开关柜上，设计有继电器室，专门用于安装继电器或保护测控装置，以及控制开关、信号灯、保护出口连接片、开关状态显示器、电能表和端子排等二次设备。

1. 继电器室面板上安装的设备

图3-1是6～35kV线路开关柜继电器室的面板布置图。

从图3-1可以看到，在面板上安装的设备有KZQ开关状态显示器、CSC—211微机线路保护装置（1X）、断路器储能指示灯（1BD）、远方就地切换开关（1KSH）、断路器控制开关（1KK）、电气编码锁（1BS）、柜内照明开关（1HK）、断路器储能开关（HK）、柜内加热开关（2HK）、保护跳闸出口连接片（1CXB1）、重合闸出口连接片（2CXB2）、低频减载投入连接片（1KXB1）、装置检修状态投入连接片（1KXB2）、装置复归按钮（1FA）。在面板上开有用于观察电能表的玻璃窗。

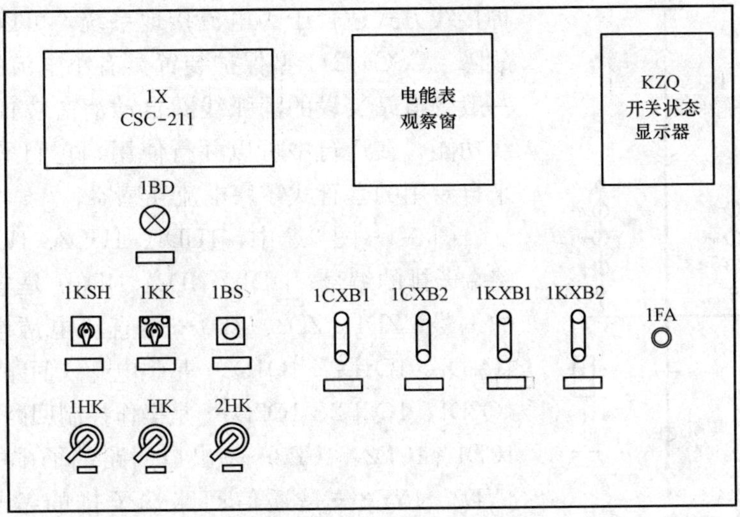

图 3-1　线路开关柜继电器室面板布置图

2. 继电器室内后板上安装的设备

在继电器室的内部，一般在底板上安装端子排，在后板上安装小空气开关、电能表等。图 3-2 是 6～35kV 线路开关柜继电器室的后板布置图。其中有电能表（DSSD331）、保护回路直流电源开关（1Q1）、控制回路直流电源开关（1Q2）、交流电压回路开关（1Q3）、储能电源开关（2Q）、开关状态显示器电源开关（3Q）、交流电源开关（4Q）等。

二、开关柜的交流电流、电压回路

1. 电流互感器的配置

6～35kV 的小电流接地系统中，线路的电流互感器按规定采用两相式布置，即在 A、C 相装设，如图 3-3 所示。

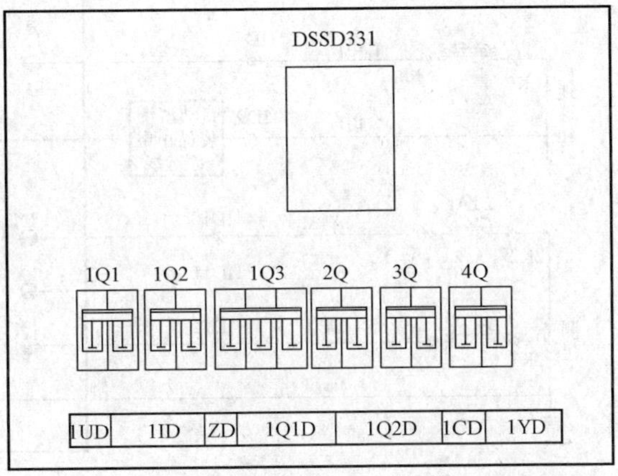

图 3-2　线路开关柜继电器室的后板布置图

电流互感器二次绕组一般配三组。一组供保护用，准确度级别为保护专用的 5P10 级（5P10 的含义是指在电流互感器 10 倍额定电流时，其变比误差不超过 5%）；一组供测量用，准确度级别为 0.5 级（0.5 的含义是指在电流互感器额定电流时，其变比误差不超过 0.5%）；一组供电能表计量用，准确度级别为 0.2 级（0.2 的含义是指在电流互感器额定电流时，其变比误差不超过 0.2%）。6～35kV 线路还装设一只套管式零序电流互感器，作为小电流接地选线用。

2. 保护测控装置的交流电流回路接线

图 3-4 是 6～35kV 线路选用 CSC—211 型保护测控装置的交流电流回路接线图。图中

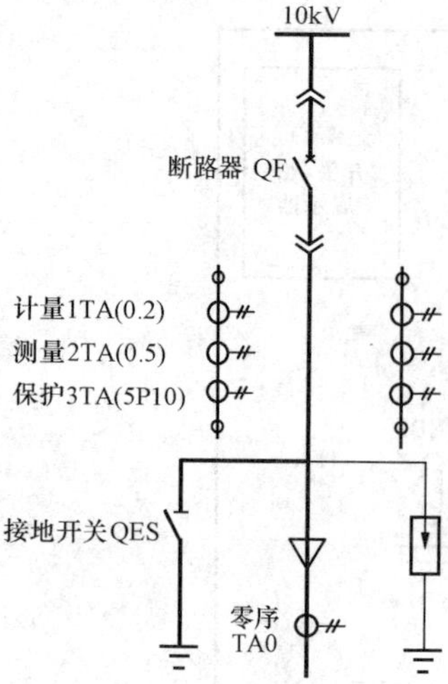

图 3-3　线路开关柜一次接线及电流互感器配置示意图

保护、测量的电流回路都采用两相不完全星形接线，这种接线方式适合于小电流接地系统，可以反映各种相间故障。CSC—211 型保护装置具有小电流接地选线功能，一般变电站装设的消弧线圈自动消谐装置也具有接地选线功能，在运行中可以并行使用。它们采集的零序电流来自专用的套管式零序电流互感器。

图 3-4～图 3-7 中，1UD1、1UD2、1UD3…是电压回路端子排的编号；1ID1、1ID2、1ID3…是电流回路端子排的编号；ZD1、ZD2、ZD3…是直流电源端子排的编号；1Q1D1、1Q1D2、1Q1D3…是强电开入回路端子排的编号；1Q2D1、1Q2D2、1Q2D3…是操作控制回路端子排的编号；1CD1、1CD2、1CD3…是出口回路端子排的编号；1YD1、1YD2、1YD3…是遥信回路端子排的编号；1X1、1X2、1X4…是保护装置背板端子的编号；1K1、1K2、2K1、2K2…是电流互感器二次绕组端子的编号。

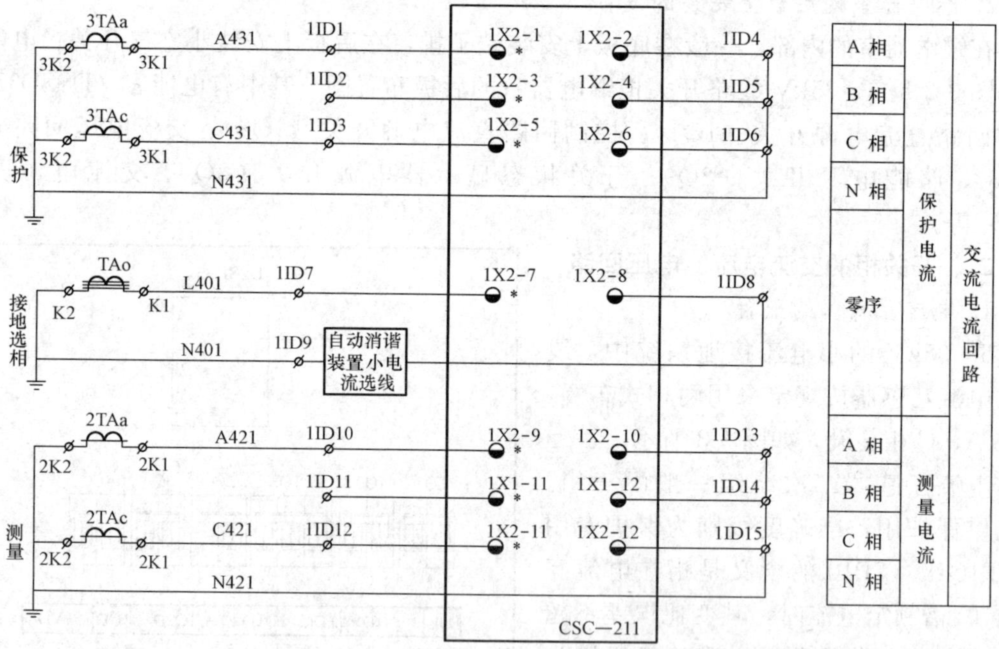

图 3-4　CSC—211 型保护测控装置交流电流回路图

3. 保护测控装置的交流电压回路接线

图 3-5 是 6～35kV 线路选用 CSC—211 型保护测控装置的交流电压回路接线图。图中保护和测量的交流电压共用一组电压小母线，它所接的电压互感器二次绕组准确度级别为 0.5 级，从该线路所接母线的电压互感器二次绕组引入，如 1 段母线引自 1YM（630）的一组电压小母线，Ⅱ段母线引自 2YM（640）的一组电压小母线。小电流接地选线所用的零序电压引自电压互感器开口三角绕组 L630 或 L640 回路。

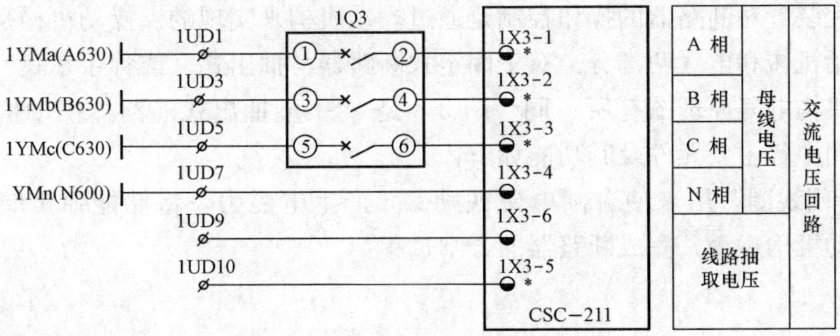

图 3-5　CSC—211 型保护测控装置交流电压回路图

4. 电能表的电流、电压回路接线

图 3-6 是 6～35kV 线路电能表的电流、电压回路接线图。

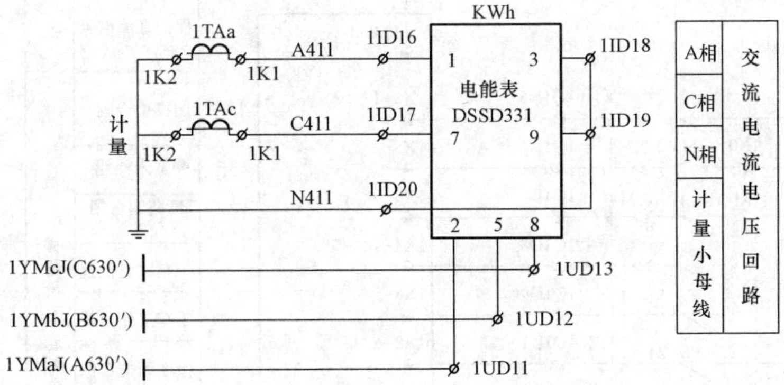

图 3-6　6～35kV 线路电能表的电流、电压回路接线图

电能表采用两相式接线，接入 A 相、C 相电流和 AB、BC 电压。为保证电能计量的精度，电流回路接在专用的 0.2 级电流互感器绕组上，电压回路接计量专用的一组电压小母线 630′或 640′，其电压互感器二次绕组准确度级别为 0.2 级。

三、保护测控装置的直流控制与信号回路

6～35kV 线路的控制对象是断路器。断路器的控制方式有就地控制和远方控制两种。就地控制是指在开关柜上对断路器进行控制；远方控制是指通过监控主机在变电站主控室、集控中心或调度中心对断路器进行控制。

目前使用的 6～35kV 保护测控装置具有保护、测量、控制、信号等功能。断路器的控制与信号回路一般由跳、合闸回路，防跳回路，位置信号，开入信号等部分组成。

图 3-7 是 6～35kV 线路的直流控制与信号回路接线图。回路中的主要设备有 CSC—211 型线路保护测控装置、1KSH 就地与远方控制的切换开关、1KK 控制开关、1BS 电气编码锁、断路器的操动机构等。

1. 断路器的操动机构

保护测控装置对断路器的操作控制是通过操动机构来实现的。操动机构是断路器的组成部分，包括机械和电气两部分。对于固定式断路器与抽出式（或称手车式、小车式）断路器，操动机构电气原理图有所不同。图 3-8 是 VS1 型抽出式断路器操动机构的电气原理接线图，图中各主要元件及其功能如下：

YC 为合闸线圈，用来使合闸电磁铁励磁，产生电磁力，将储能弹簧储存的能量释放，推动操动机构运动，完成断路器的合闸过程。

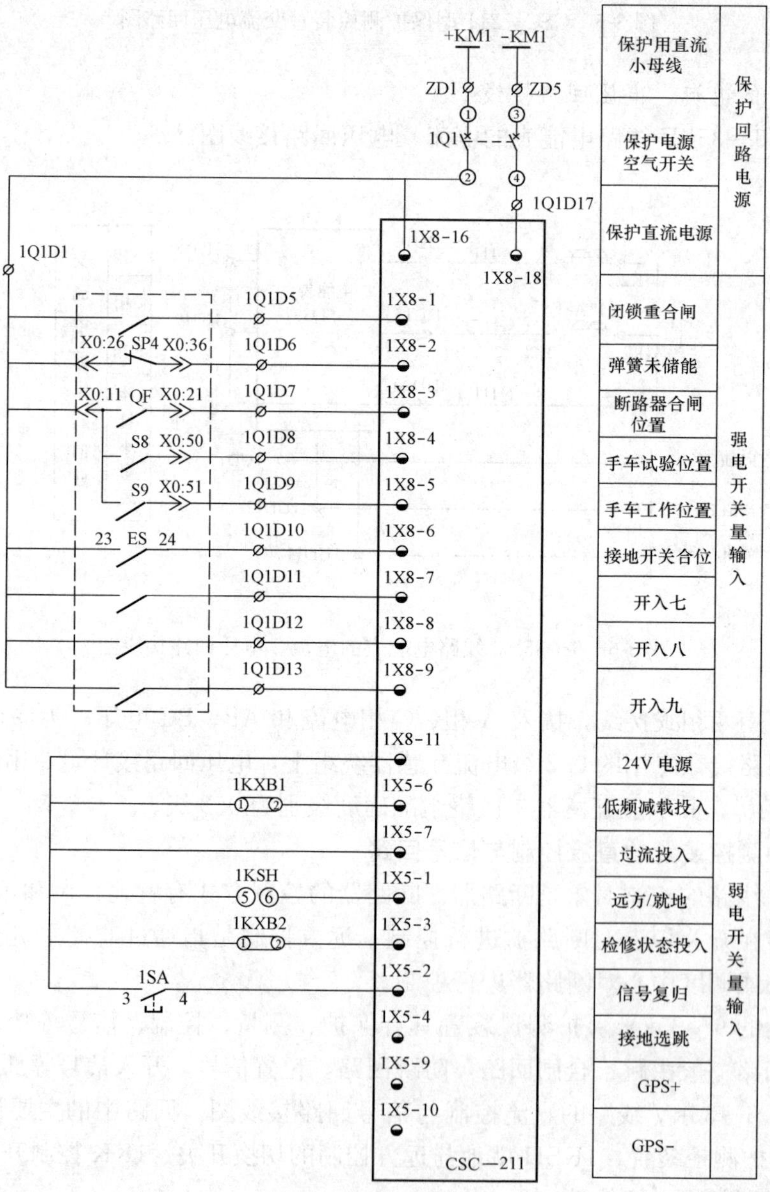

图 3-7 线路开关柜控制信号回路图（一）

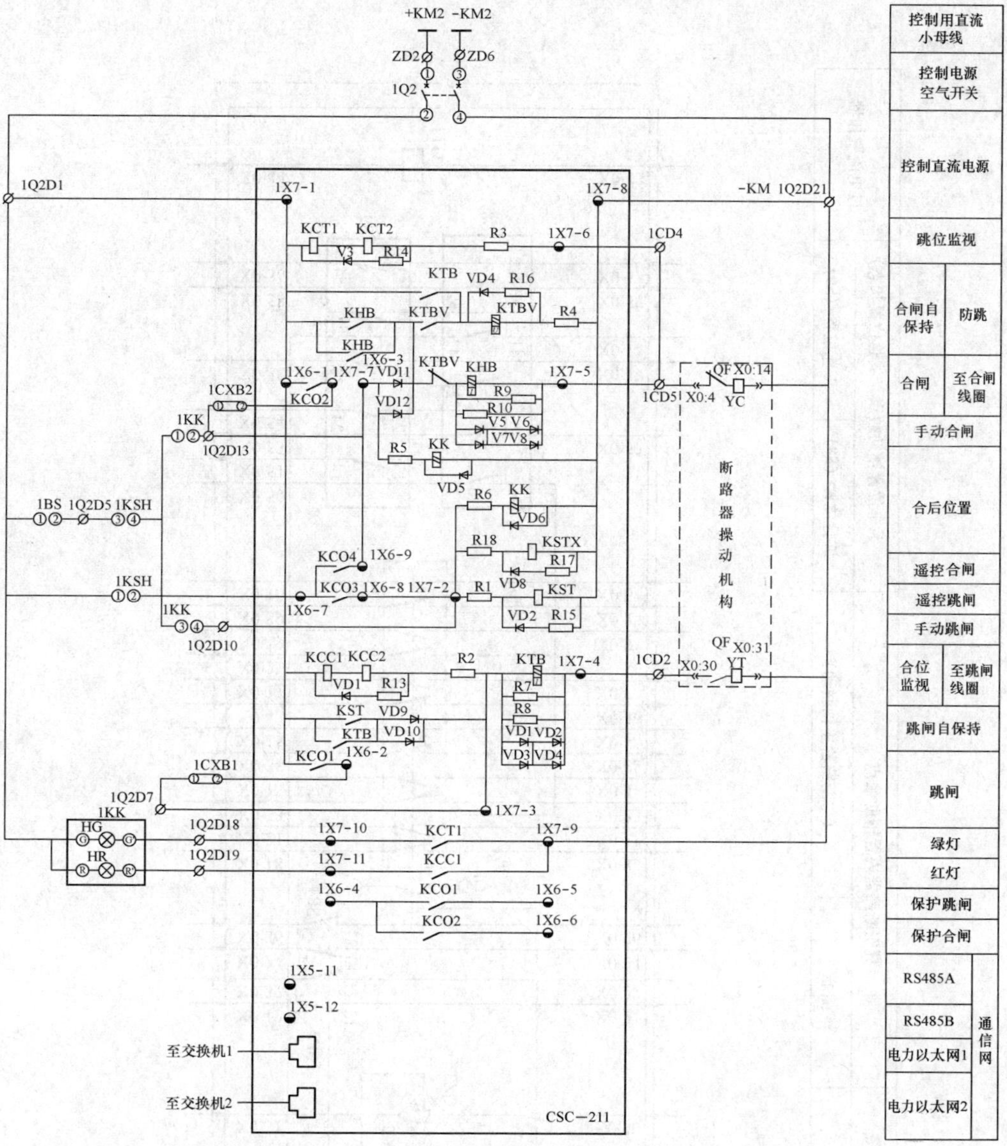

图 3-7　线路开关柜控制信号回路图（二）

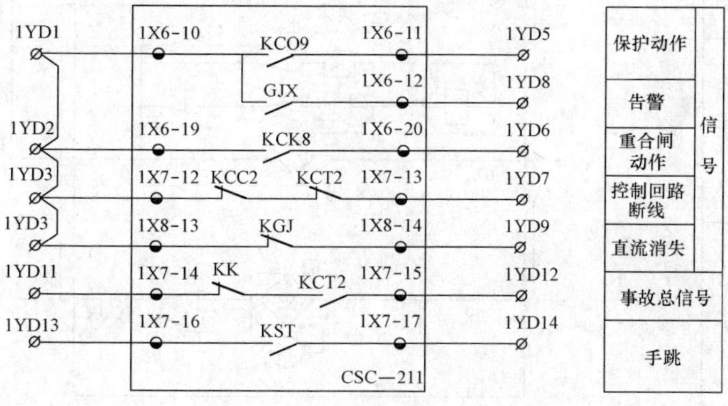

图 3-7　线路开关柜控制信号回路图（三）

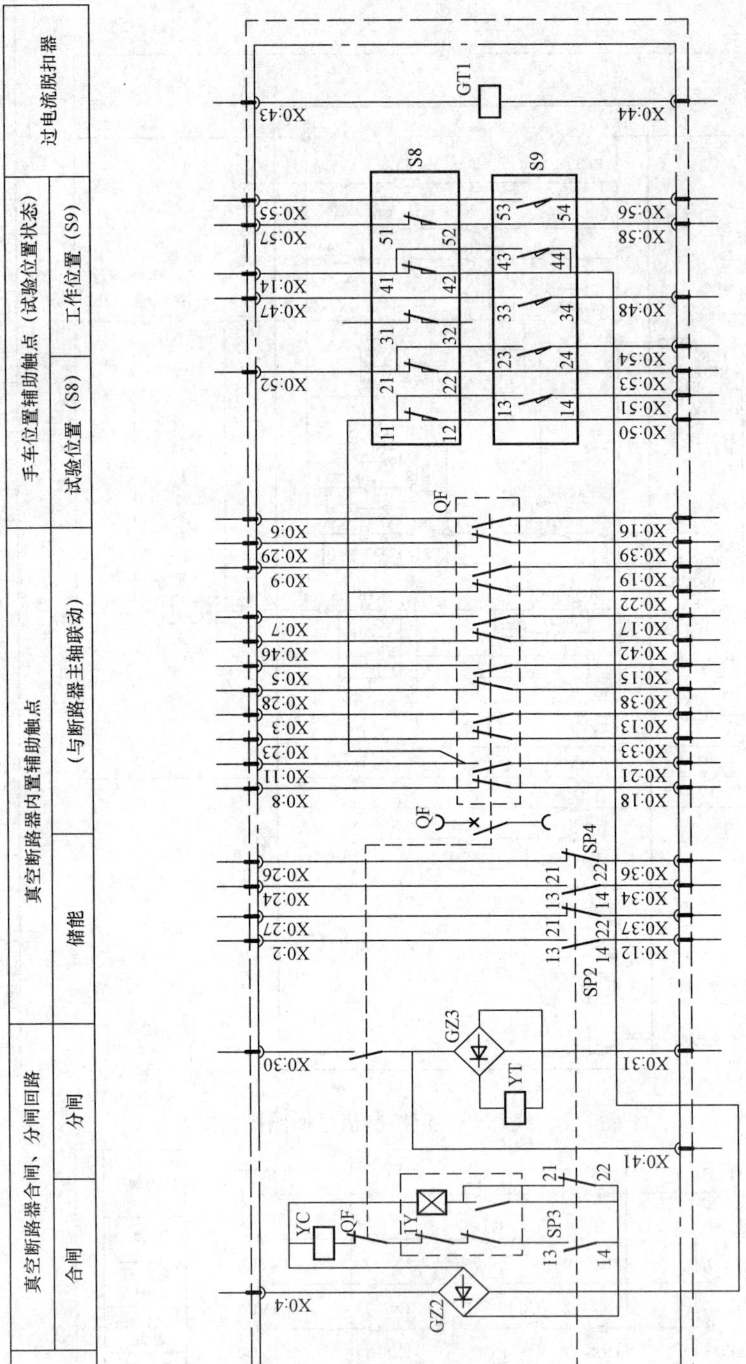

图 3-8 VS1 型抽出式断路器操动机构电气原理接线图

注：图示为 VS1 处于试验位置、未储能、分闸状态。

GZ1 为整流器，为储能电动机提供整流回路。

GZ2 为整流器，可为合闸线圈提供整流回路，使之既可用于直流操作，亦可用于交流操作。

YT 为分闸线圈，用来使分闸电磁铁励磁，产生电磁力，推动操动机构运动，完成断路器的分闸过程。

GZ3 为整流器，为分闸线圈提供整流回路。

M 为储能电机，用来拉伸储能弹簧，使之储存能量用于完成断路器的合闸操作。

QF 为断路器的辅助开关，图中断路器的主触头 QF 与辅助开关 QF 用一条虚线连接，表示辅助开关与主触头的运动过程是同步的。图中和主触头一致的（向左打开）辅助开关是动合触点，它始终与主触头状态保持一致；和主触头相反的（向右封闭）辅助开关是动断触点，它始终与主触头状态相反，即当主触头打开它是闭合的，主触头闭合它是打开的。

S8、S9 为底盘车辅助开关，装在手车推进机构底盘内。当断路器手车拉出处于试验位置时，S8 辅助开关的触点闭合接通；当断路器手车推入处于接通运行位置时，S9 辅助开关的触点闭合接通。

SP1～SP4 为微动开关，它们受控于储能弹簧的状态。当储能弹簧处于拉伸状态能量聚集储存，微动开关的动合触点是闭合接通状态；当储能弹簧处于收缩状态能量释放，微动开关的动断触点是闭合接通状态。在回路中使用时，一般 SP1 用来切断储能电机的运转；SP3 用来控制合闸回路；SP2、SP4 用于储能过程结束发信号。

1KC 为中间继电器（图中未示出），是断路器机构内部的防跳闭锁继电器。其防跳过程在后面叙述。

GT1 为过电流脱扣器线圈，当需要选用时，将它串联在电流互感器二次回路中，发生过电流时使断路器跳闸。

X0 为航空插座的插头位置编号。断路器及手车二次回路引出线分别接在航空插座的不同插头上，插座端的引线按照回路的设计分别接在开关柜的端子排上。当断路器及手车需要拉出检修时，二次回路可以从航空插座处断开。

2. 断路器的就地控制

断路器就地与远方控制的切换，是通过操作 1KSH 切换开关来实现的。断路器的就地控制，是通过操作 1KK 控制开关来实现。控制开关的面板和触点导通图如图 3-9 所示，图中打×的触点表示为接通位置；打—的触点表示为断开位置。

切换开关 1KSH 的操作手柄正常有两个位置，手柄置于垂直位置是远方控制，触点 3-4 打开，切断就地控制回路的正电源；触点 5-6 打开，撤销对远方控制的闭锁，通过监控主机实现对断路器的远方操作。手柄向左旋转 90°呈水平位置时是就地控制，触点 5-6 闭合接通远方操作闭锁的开关量，对远方控制进行闭锁；触点 3-4 闭合为就地进行分、合闸操作接通正电源。

就地控制回路受电气编码锁 1BS 的闭锁，电气编码锁是在线防止电气误操作系统中的一个元件，图中所示的触点 1、2 是用来插入程序钥匙的。当运行条件符合断路器的操作程序时，插入程序钥匙，1、2 触点之间接通，可以进行断路器的就地分、合闸操作。

1KSH LW21-16/9.2208.2 触点位置表

运行方式＼触点		1-2 3-4	5-6 7-8
远方	↑	—	—
就地	←	×	×

1KK LW21 —16D/49.6201.2 触点位置表

运行方式＼触点		1-2 5-6	3-4 7-8
预合 合后	↑	—	—
合	↗	×	—
预分 分后	←	—	—
分	↙	—	×

图 3-9 控制开关的面板和触点导通图

对断路器进行就地合闸操作时，切换开关 1KSH 置于就地位置，触点 3-4 闭合。将控制开关 1KK 向右旋转 45°，其触点 1-2 闭合，正电通过防跳继电器动断触点 KTBV，经合闸保持继电器 KHB 的电流启动线圈，启动断路器的合闸线圈 YC，同时 KHB 动作，其动合触点 KHB 闭合，使合闸脉冲自保持，当断路器操动机构完成合闸过程，接在 YC 前的断路器动断辅助触点 QF 打开，切断合闸脉冲，使 KHB 失电返回，完成合闸过程。

在进行合闸的同时启动合后位置继电器 KK，KK 是一个带磁保持的继电器。当接在 R5 后面的启动线圈励磁时，KK 动作，其一对动合触点闭合，失电后仍一直保持在动作位置，只有在进行跳闸操作 R6 后面的复归线圈励磁时，它才返回，动合触点打开。它的动合触点与跳闸位置继电器的动合触点串联可以构成不对应启动重合闸的逻辑来用。

对断路器进行就地跳闸操作时，切换开关 1KSH 置于就地位置，将控制开关 1KK 向左旋转 45°，其触点 3-4 闭合，正电通过防跳继电器 KTB 的电流线圈启动断路器的跳闸线圈 YT，当断路器操动机构完成跳闸过程，接在 YT 前的断路器动合辅助触点 QF 打开，切断跳闸脉冲，完成跳闸过程。

3. 断路器的远方控制

断路器进行远方控制时，切换开关 1KSH 置于远方位置，在主控制室或集控中心用鼠标操作，通过监控主机和网络传输信号。当进行合闸操作时，驱动保护装置中的远方合闸继电器触点 KCO4 闭合，接通合闸回路；当进行跳闸操作时，驱动保护装置中的远方跳闸继电器触点 KCO3 闭合，接通跳闸回路。回路的动作过程与就地控制的动作过程完全相同。

4. 保护装置对断路器的跳、合闸

当保护装置通过对接入模拟量的测量、计算，判断保护应该动作时，装在逻辑插件上的跳闸继电器 KCO1 触点闭合，经跳闸出口连接片 1CXB1 发出跳闸脉冲。

当断路器跳闸后跳闸位置继电器动作，此时断路器位置与控制开关位置（合后）不对应，逻辑构成启动重合闸。重合闸动作后，KCO2 触点闭合，经重合闸出口连接片 1CXB2 发出合闸脉冲。

当进行手动跳闸时，KK 复归线圈励磁，其动合触点打开，即使跳闸后跳闸位置继电器触点闭合也不会构成启动重合闸的逻辑。需要撤除重合闸时，打开连接片 1CXB2 断开重合闸出口回路。外回路需要解除重合闸时，在强电开入回路 1X8－1 送入正电，在逻辑中将重合闸闭锁。

5. 断路器的防跳回路

防跳就是防止断路器在合闸过程中发生连续跳闸、合闸的跳跃现象。断路器跳跃会使其遮断能力严重下降，长时间跳跃会造成断路器损坏，也会影响到用户和电网的正常工作。使断路器产生跳跃的原因很多，如手动合闸到故障线路上，操作人员未及时使控制开关复归，或合闸触点有卡住现象等，都会出现断路器的跳跃。一般断路器都要求有电气防跳回路。

（1）保护装置操作回路的防跳回路。防跳回路的核心是防跳继电器，常规的防跳继电器是具有双线圈的中间继电器，电流线圈作为启动线圈，电压线圈作为保持线圈。在这里防跳由两个继电器来构成，KTB 作为电流启动继电器，KTBV 作为电压保持继电器。当手动合闸到故障线路上，保护动作发出跳闸脉冲通过防跳的电流启动继电器 KTB 的电流线圈，使 KTB 动作，其一对动合触点 KTB 闭合自保持。另一对动合触点 KTB 闭合，启动防跳的电压保持继电器 KTBV，其动合触点 KTBV 闭合自保持，动断触点 KTBV 保持在打开状态，切断合闸脉冲。保证断路器可靠完成跳闸过程。

（2）断路器操动机构的防跳回路。在断路器的操动机构中装设有防跳继电器，见图 3-8 中的 1Y，当断路器进行合闸操作时，储能弹簧处于拉伸状态微动开关 SP2 的动合触点 13-14 闭合，动断触点 21-22 打开。1Y 继电器处于失磁状态，其动断触点闭合。断路器在合闸操作前，QF 动断触点亦在闭合状态。回路具备合闸条件，使合闸线圈 YC 励磁，断路器进行合闸。当完成合闸过程，储能弹簧能量释放处于收缩状态，SP2 触点切换 13-14 打开，21-22 闭合。若此时合闸脉冲依然存在，将通过 SP2 的 21-22 触点启动 1Y 继电器，1Y 继电器的动合触点闭合使其自保持，1Y 继电器的两对动断触点断开，切断合闸线圈 YC 回路，防止此时断路器如果跳闸，发生再次合闸的现象。当断路器完成合闸过程后，QF 动断触点也将打开，切断合闸线圈 YC 回路。当合闸脉冲撤销，1Y 继电器返回，为下次合闸做好准备。

在运行中，操作回路的防跳与断路器机构的防跳只允许投入一处，一般推荐采用断路器机构中的防跳回路。

6. 信号输出回路

合闸位置继电器的动合触点 KCC1 和跳闸位置继电器的动合触点 KCT1，分别接通装在控制开关面板上的红灯和绿灯，表示断路器在合闸或分闸位置。同时，红灯亮监视了断路器分闸回路的完好，绿灯亮则监视断路器合闸回路的完好。

图 3-7（三）中保护装置的合闸、跳闸、装置告警、直流消失、控制回路断线等信号，可以通过这些继电器的空触点送往常规变电站的中央信号回路。对于综合自动化变电站，这些信号不再由触点传输，而是转换为数字量，通过网络送到监控主机。由于装置直流消失会造成系统通信中断，一般设计中将此信号汇集成小母线，送至公用测控装置，显示开关柜就地装设的保护测控装置发生直流消失的告警。

7. 信号输入回路

变电站的断路器、隔离开关、继电器等常处于强电场中，电磁干扰比较严重，若要采集这些强电信号，必须采取抗干扰措施。抗干扰的方法有很多，最简单有效的方法是采用光电隔离或继电器隔离。

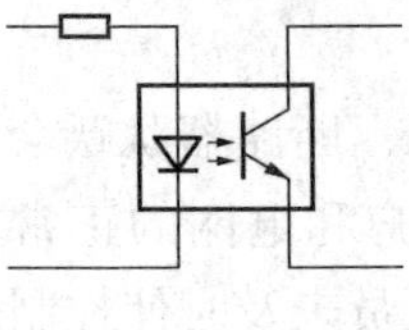

图 3-10 光电隔离原理图

目前大多采用的是光电隔离。光电隔离继电器（也称光耦合器）由发光二极管和光敏三极管组成，发光二极管和光敏三极管之间是绝缘的，两者都封装在同一芯片中。如图 3-10 所示，当有强电输入时，二极管导通发光，使光敏三极管饱和导通，有电位输出。在光电隔离继电器中，信息传输介质为光，但输入和输出都是电信号。信息的传送和转换过程都是在不透光的密闭环境下进行的，它既不会受电磁信号的干扰，也不会受外界光的影响，具有良好的抗干扰性能。

早期保护测控装置强电输入的光隔离继电器，是装设在保护装置外面，布置在屏柜面板或端子排上。目前的保护测控装置的光隔离继电器都是装设在装置箱体内部，强电输入均采用直流 220V，输出为直流 24V。为了保证抗干扰的可靠性，要经过两级光隔离，即将变换为 24V 的信号再经过一级光隔离，变换为 5V 的信号送入 CPU 芯片。一般屏柜内部信号采用弱电输入，如保护装置的功能连接片、远方就地切换开关及信号复归按钮等，输入采用直流 24V。

图 3-7（一）中，强电信号输入接有断路器合闸位置、手车开关的试验位置和工作位置、接地开关 ES 合闸位置和操动机构弹簧未储能信号。这些输入信号可以通过保护测控装置转换为数字量，经网络传输在监控主机的显示器上显示。

四、开关柜的相关二次回路

6～35kV 开关柜包括线路开关柜、电容器开关柜、变压器开关柜等，它们的相关二次回路是完全一致的。

开关柜相关二次回路图中的端子编号分别表示如下：

X0：1、X0：2、X0：3 为手车开关二次线的航空插座编号；X1：1、X1：2、X1：3 为开关状态显示器回路端子；X2：1、X2：2、X2：3 为照明及加热回路端子；X3：1、X3：2、X3：3 为储能及备用回路端子。

1. 断路器操动机构的储能电动机控制回路

目前断路器多采用弹簧储能操动机构，在操动机构中装有储能合闸弹簧，利用弹簧预先储备的能量作为断路器合闸的动力。在合闸操作时，合闸线圈励磁，铁芯运动使合闸弹簧释放能量，带动操动机构完成断路器的合闸操作。为保证断路器的正常运行，合闸弹簧应时刻处于拉伸的储能状态。图 3-11 所示为操动机构弹簧储能电动机的控制回路。

图 3-11 中，由空气小开关 2Q 将电路接在直流合闸母线 HM 上，开关柜面板上装有

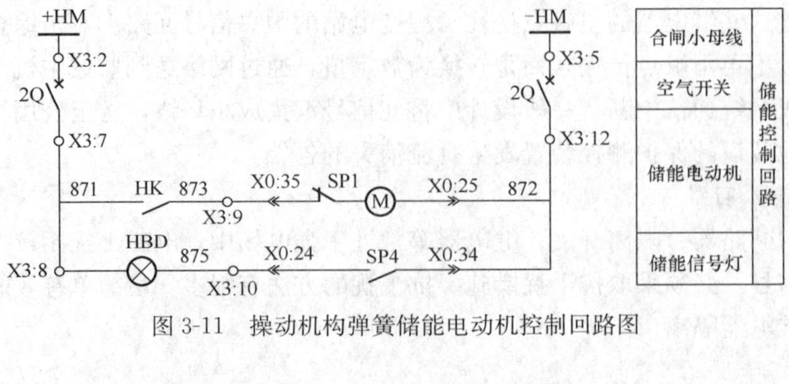

图 3-11 操动机构弹簧储能电动机控制回路图

断路器储能开关 HK。在弹簧储能电动机 M 的启动回路中，接入了受储能弹簧控制的微动开关 SP1。只要储能弹簧能量释放 SP1 触点闭合，电动机便启动将弹簧拉伸储能。在断路器每次完成合闸操作过程后，弹簧都要重新储能。弹簧拉伸到位储能后，微动开关 SP1 触点断开，切断电动机回路；微动开关 SP4 触点闭合，将开关柜面板上装的合闸储能指示灯 HBD 点亮，表示弹簧已储能。

2. 开关状态显示器回路

开关状态显示器是近年我国开关柜市场开发的开关柜智能在线监测设备，它采用微机测量与控制技术，取代了原来开关柜上的电气一次接线模拟指示牌，对断路器的运行状态、手车的试验与工作位置、接地开关位置、高压线路的带电情况都可以显示；可以对开关柜内的温度、湿度进行显示和控制；还可以配置分合闸控制开关、远方就地转换开关、电动机储能开关。它具有 RS485 通信接口，可以与变电站综合自动化系统联网。目前运行的变电站综合自动化系统，一般不采用它的通信功能和控制功能，只是作为就地的信号显示。在开关状态显示器的面板上有相应的一次接线模拟图，并装有元件指示灯。当输入的开关量变位时，对应的指示灯点亮。

如图 3-12 所示，开关状态显示器的指示开入回路有手车试验位置、手车工作位置、断路器合闸位置、储能信号、接地开关状态等。高压带电传感器输出亦接入开关状态显示

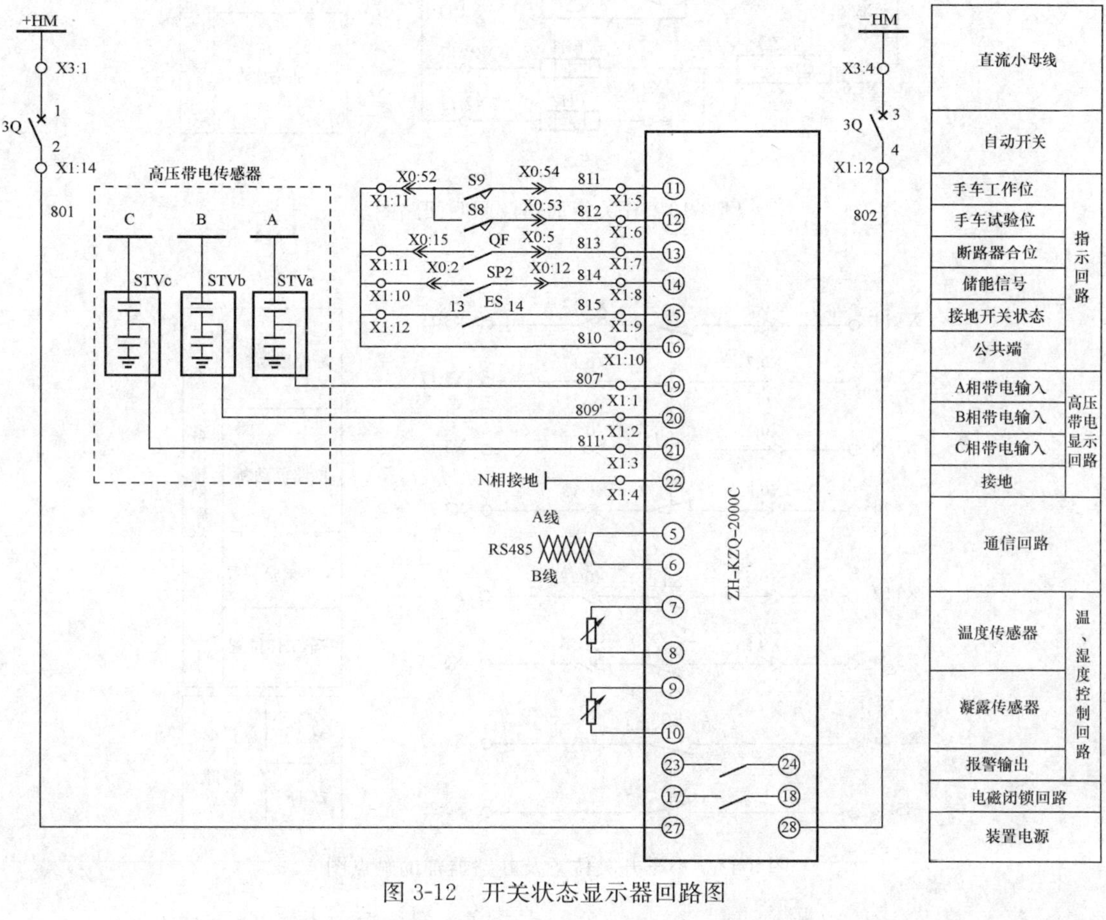

图 3-12　开关状态显示器回路图

器中，用于反映开关柜的出线侧是否带电。高压带电传感器采用电容分压的基本原理，将A、B、C三相高电压降为低电压，通过开关状态显示器的A、B、C三相信号灯在面板上显示出线路是否有高电压。

3. 开关柜的加热、照明及其他回路

图3-13中，由空气小开关4Q将电路接在交流220V母线L、N上，开关柜面板上的小开关1HK直接控制装在柜内的照明灯。电缆室的照明灯由门开关控制。由装设在开关状态显示器中的温度、湿度传感器，根据室温和湿度，在达到条件时将加热器投入进行温、湿度调节。

图3-14中显示有多组断路器的动合和动断辅助触点引出，作为备用，供控制和信号回路选用。

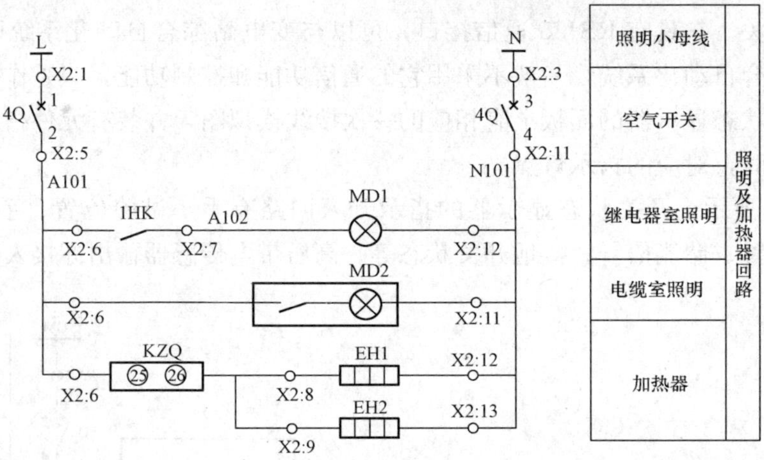

图3-13 开关柜加热及照明回路图

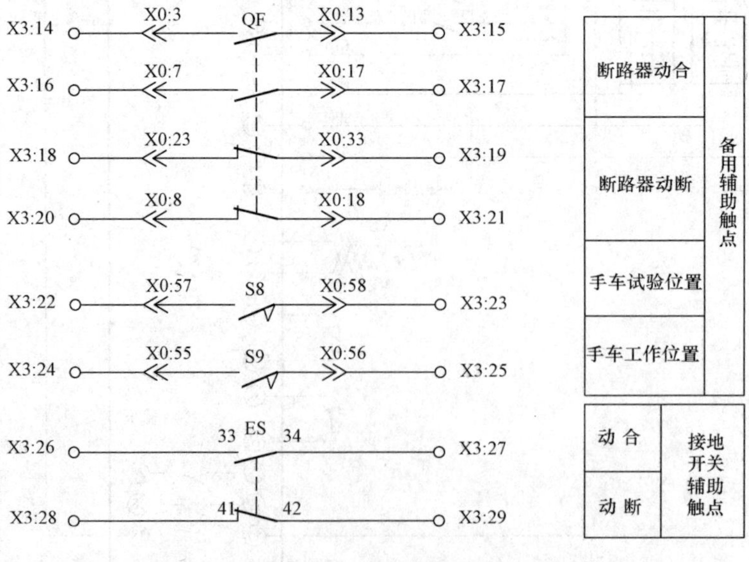

图3-14 小车开关位置及断路器辅助触点图

五、6～35kV线路的保护配置

对于单侧电源供电的6～35kV线路，继电保护采用三段式的电流保护或三段式的电流电压保护，重合闸采用非同期三相一次重合闸；对于双侧电源供电的6～35kV线路，继电保护采用三段式的方向电流保护、三段式的方向电流电压保护或三段式的距离保护，重合闸采用同期或无压检定的三相一次重合闸。

这里例举的CSC—211型微机保护测控装置具有两相（或三相）式的三段电流保护（可经方向或低电压闭锁）、三段零序电流保护（可经方向闭锁）、小电流接地选线、过负荷、三相一次重合闸（检查同期或无压）、低频减载、低压解列等保护功能。

根据不同的线路，不同的整定计算可以选择投入不同的保护功能。

由于保护装置的生产厂家和型号不同，保护装置的配置和功能也不相同。但是微机保护构成的基本原理大致是一样的，保护的逻辑部分都由CPU来完成；保护的信号开出、保护的出口回路都由装置内部的插件组成；保护装置外部的二次回路接线比较简单。

第二节　6～35kV电容器开关柜、接地（站用）变压器开关柜的二次回路

6～35kV电容器开关柜装设的二次设备及二次回路与6～35kV线路开关柜基本相同，这里仅介绍其不同点。

一、开关柜上二次设备的布置

图3-15是6～35kV电容器开关柜继电器室的面板布置图。

由图3-15可见，在面板上安装的设备有开关状态显示器（KZQ），CSC—221型微机电容器保护测控装置（1X），连接片有跳闸出口连接片（1CXB1）、欠电压保护投入连接片（1KXB1）、装置检修状态投入连接片（1KXB2），其他设备与6～35kV线路开关柜相同。继电器室的底板、后板所装的设备与6～35kV线路开关柜完全相同。

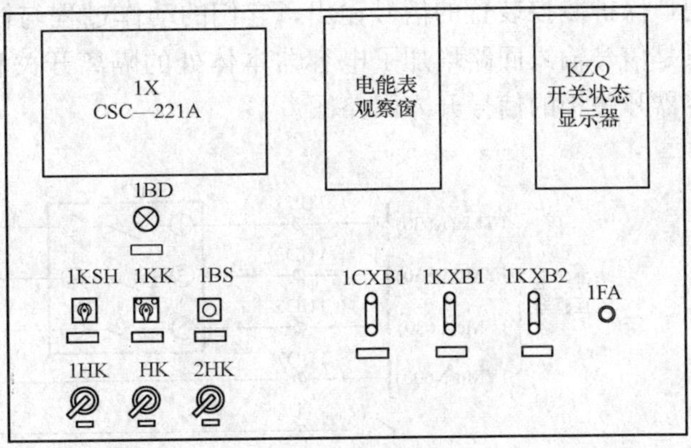

图3-15　6～35kV电容器开关柜继电器室的面板布置图

二、开关柜的交流电流、电压回路

6～35kV小电流接地系统中，电容器的电流互感器都采用三相式布置，即在A、B、C相装设。6～35kV电容器所用的电流互感器二次绕组一般用三组，一组供保护用，一组供测量用，一组供电能表计量用。图3-16是电容器开关柜的一次接线及电流互感器示意图。

6～35kV电容器保护和测量用的三相电压，接自同一组电压小母线，从该电容器所接母线的电压互感器二次绕组引出。由于电容器保护的特殊要求，在它的保护电压回路要

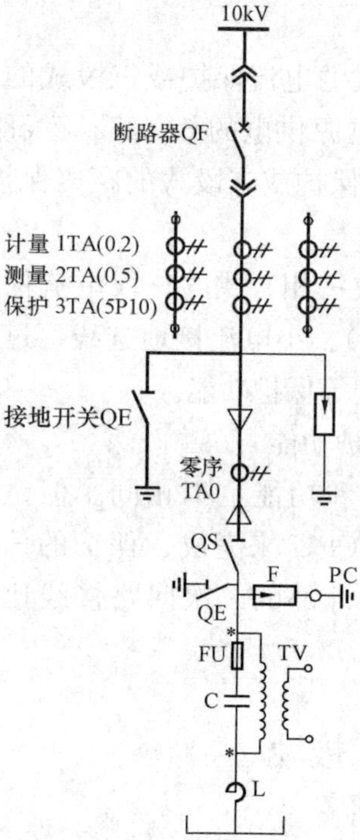

图 3-16　电容器开关柜一次接线及电流互感器示意图

求接入不平衡电压。不平衡电压引自电容器的各相电压互感器（或者将三相电压互感器二次绕组头尾相连引出零序电压）。也有的配置零序电压互感器，接在由电容器组成的三相星形的中性线上。它们均反映了所接对称三相电容器的不平衡电压，当某一组或一只电容器发生故障，会产生不平衡电压。其接线如图 3-17 所示。

图 3-18 是 6～35kV 电容器的交流电流回路接线图。与 6～35kV 线路的电流回路相比，它的保护电流回路是三相电流互感器接成完全星形接线，可以反映各相所接的电容器故障。

6～35kV 电容器电能表的电流、电压回路接线与 6～35kV 线路电能表的接线完全相同。

三、保护测控装置的直流控制及信号回路

电容器保护测控装置的直流控制及信号回路与线路保护测控装置的直流控制及信号回路基本相同，不同之处只是电容器保护与线路保护不同。由于电力电容器发生故障多为永久性故障，一般不考虑瞬时性故障，所以它的保护装置中不设重合闸。这样，在电容器保护测控装置的直流控制及信号回路中，没有重合闸出口连接片、重合闸闭锁连接片，以及相应的回路。

电容器开关柜二次回路中，断路器的就地控制、远方控制、防跳回路，保护的出口跳闸，保护测控装置的信号输出，它们的动作过程与线路开关柜完全相同，这里不再赘述。只是信号输入回路增加了电容器本体处的隔离开关和接地开关的位置信号。图 3-19 为电容器开关柜的信号开入回路图。

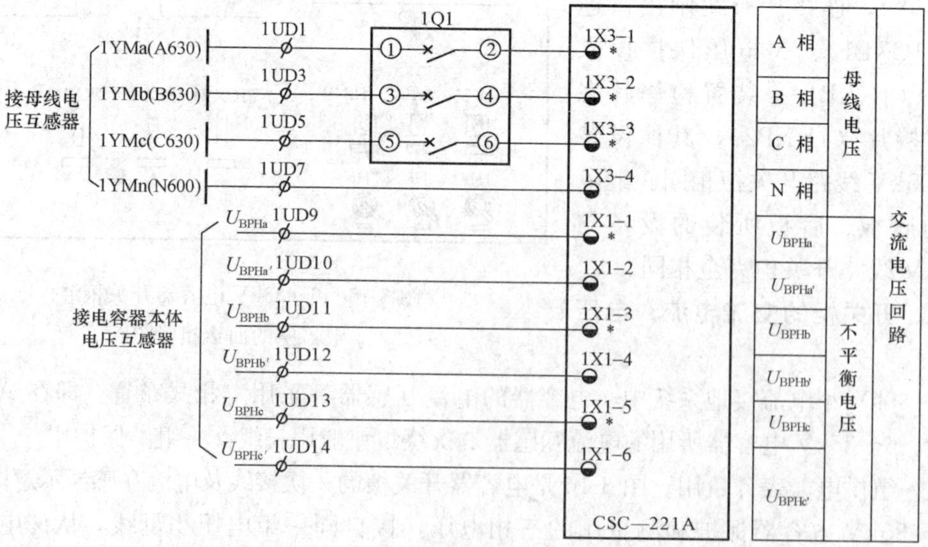

图 3-17　6～35kV 电容器交流电压回路接线图

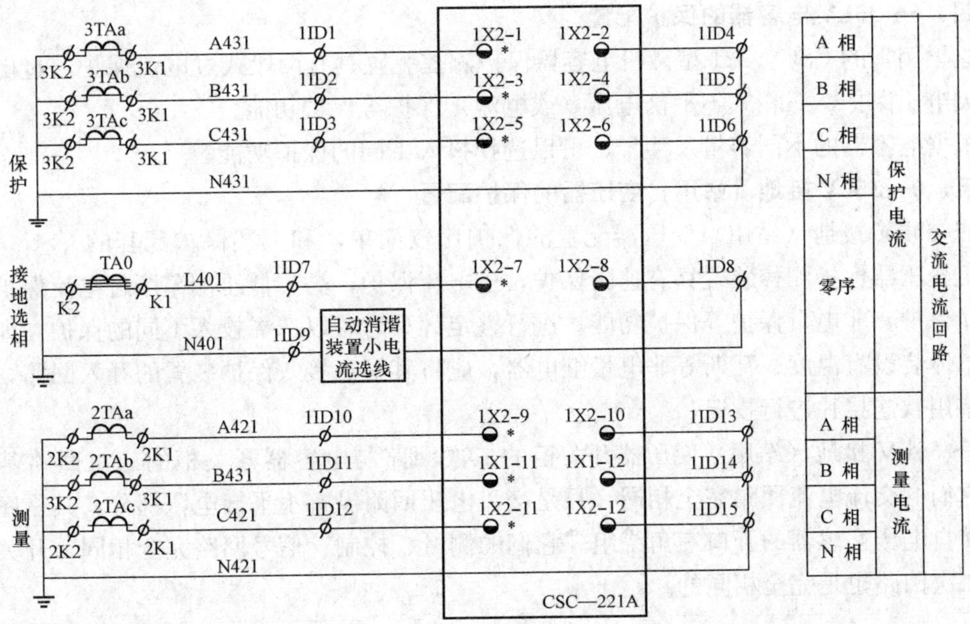

图 3-18　6～35kV 电容器交流电流回路接线图

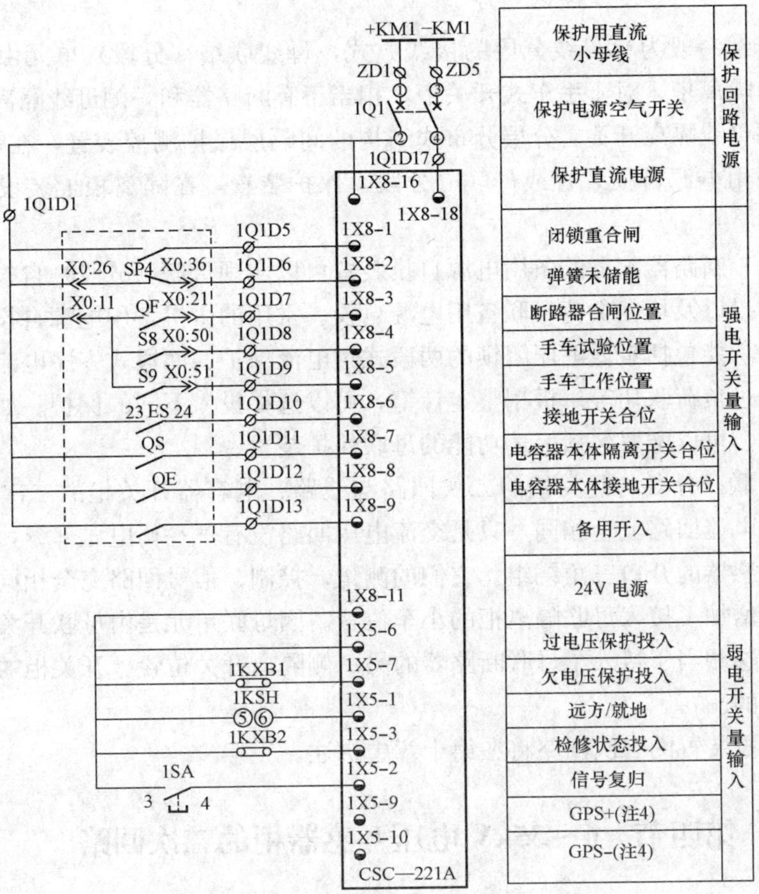

图 3-19　电容器开关柜信号开入回路图

四、6～35kV 电容器的保护配置

这里例举的 CSC—221 型微机电容器保护测控装置具有两段式过电流保护、过电压保护、欠电压保护、三相式不平衡电压（或电流）保护等保护功能。

根据电容器的不同容量及型号，可以选择投入不同的保护功能。

五、6～35kV 接地（站用）变压器的保护配置

6～35kV 接地（站用）变压器配置的保护比较简单，和上述保护配套的 CSC—241E 型微机变压器保护测控装置具有速断保护，过电流保护，高、低压侧零序过电流保护，零序电压保护，非电量保护等保护功能。进行整定计算时可以选择投入不同的保护。如果变压器本体装设有温度、瓦斯等非电量继电器，应将其触点接入保护装置的开入回路，通过控制字用软连接片进行投退。

6～35kV 接地（站用）变压器开关柜的二次回路与电容器开关柜的二次回路基本相同。它们的交流电流回路完全相同，只是交流电压回路没有不平衡电压部分，其零序电压可以接自电压互感器的开口三角绕组。它们的测量、控制、信号回路完全相同，开关柜的相关二次回路也是完全相同的。

第三节　6～35kV 母联（分段）开关柜的二次回路

6～35kV 母线一般为单母线分段的接线方式，母线联络（分段）单元由两个间隔组成，即开关柜和隔离柜。对于手车式开关柜，相当于有断路器和一侧母线隔离开关，隔离柜相当于另一侧母线隔离开关。分层分布式结构的间隔层保护测控装置，在母联（分段）开关柜装设有备用电源自投装置或母联（分段）保护装置，在隔离柜上装设有电压并列装置。

母联（分段）断路器配置的备用电源自投装置可以实现母联（分段）自投、主变压器进线备用电源自投以及均衡负荷母联备用电源自投。常用的微机备用电源自投装置含有母联保护功能，其功能包括带低电压闭锁的两段式过电流保护、两段式零序电流保护、母联充电保护、两轮过负荷联切等。根据整定计算，可以选择投入不同的保护。如果不装设备用电源自投装置，可以配置包括上述功能的母联保护装置。

6～35kV 母联（分段）开关柜的二次回路与线路、电容器开关柜的二次回路基本相同。它们的交流电流回路完全相同，只是交流电压回路没有不平衡电压部分，其零序电压可以接自电压互感器的开口三角绕组。它们的测量、控制、信号回路完全相同，只是在其信号开入部分中增加了接入母联隔离柜的小车位置。因母联单元是由母联开关柜和母联隔离柜共同组成，这相当于接入了母联断路器的另一侧隔离开关位置。开关柜的相关二次回路也是完全相同的。

备用电源自投装置的二次回路将在第十章中讲述。

第四节　6～35kV 电压互感器柜的二次回路

6～35kV 单母线分段接线方式，在每段母线上接一组电压互感器，用来测量该段母线的电压。电压互感器的二次一般有三个绕组：一组为保护和测量共用的，准确度级为 0.5 级，其每相电压 57V，线电压 100V；一组为计量专用的，准确度级为 0.2 级，其每相电压 57V，线电压 100V；另一组准确度为保护专用的 3P 级，它三相头尾相连组成零序电压滤过器，提供保护所需的零序电压，其每相电压为 33V，当系统发生单相接地时，它提供的 $3U_0$＝100V。每段母线的电压互感器装在一个开关柜中。

图 3-20 为电压互感器柜继电器小室面板布置图。在面板上装有消谐器（WNX）、开关状态显示器（KZQ）、电压表（V）、电压指示转换开关（BK）、柜内继电器室照明开关（1HK）。在小室背板上装有交流电压回路小空气开关（1Q、2Q、3Q、1Q′、2Q′、3Q′）、消谐装置投入开关（4Q）、消谐装置直流电源开关（1ZQ）、开关状态显示器直流电源开关（2ZQ）、通信交换机直流电源开关（3ZQ）和照明交流电源开关（4JQ）。

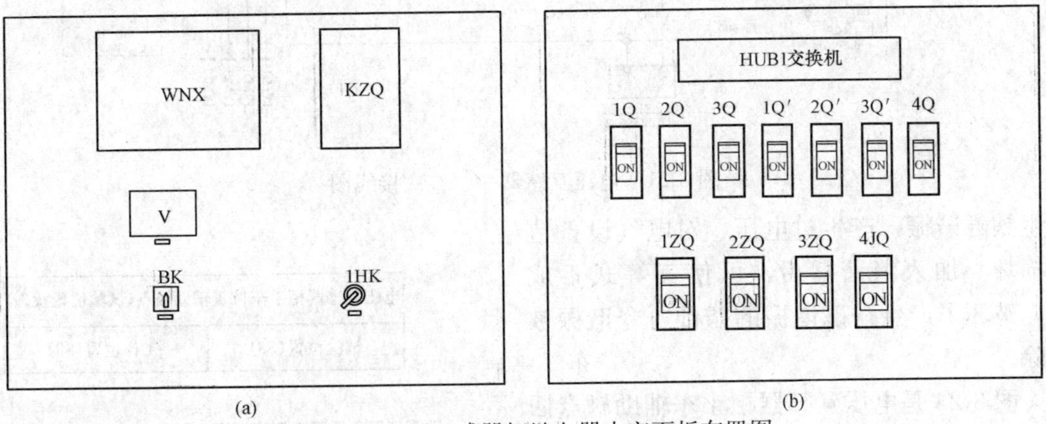

图 3-20　电压互感器柜继电器小室面板布置图

(a) 继电器室面板布置图；(b) 继电器室后板布置图

图 3-21 是电压互感器一、二次接线图。高压熔断器置于小车中，小车的插接主触头相当于电压互感器的隔离开关，电压互感器置于开关柜中。电压互感器的二次回路从二次绕组的接线柱上引出，经各相空气开关接到端子排，再从端子排接到电压并列装置。在电压并列装置中，先经过电压互感器投入控制 1YQJ（或 2YQJ）触点，再引到对应的交流电压小母线，保护、测量、计量装置需要接交流电压的，均从此电压小母线引出。这里所接的 1YQJ（或 2YQJ）触点相当于 TV 隔离开关的辅助触点，是为了防止 TV 二次向一次反供电。所接的空气开关在交流电压回路作为控制和保护用，当交流电压回路发生接地或短路时，空气开关能作为保护自动跳闸。在开关柜上装设有电压表，用于就地观察 6～35kV 母线电压。通过电压指示转换开关 BK 的切换，可以分别测量各线电压 U_{AB}、U_{BC}、U_{CA}和各相电压 U_{AN}、U_{BN}、U_{CN}。图 3-22 为 BK 电压指示转换开关触点状态表。

图 3-21 中，回路编号 A630J、B630J、C630J 是Ⅰ段计量回路电压小母线，供电能表专用；回路编号 A630、B630、C630、L630、N600 是Ⅰ段保护测量回路电压小母线；当用于第Ⅱ段电压小母线时，相应的 630 改为 640 即可。

在开口三角绕组上接有消谐器 WNX，由投入开关 4Q 控制。当系统发生单相接地时，系统的对地电容的容抗总和若等于所接各种线圈产生的感抗总和，即$\Sigma X_C=\Sigma X_L$，将会

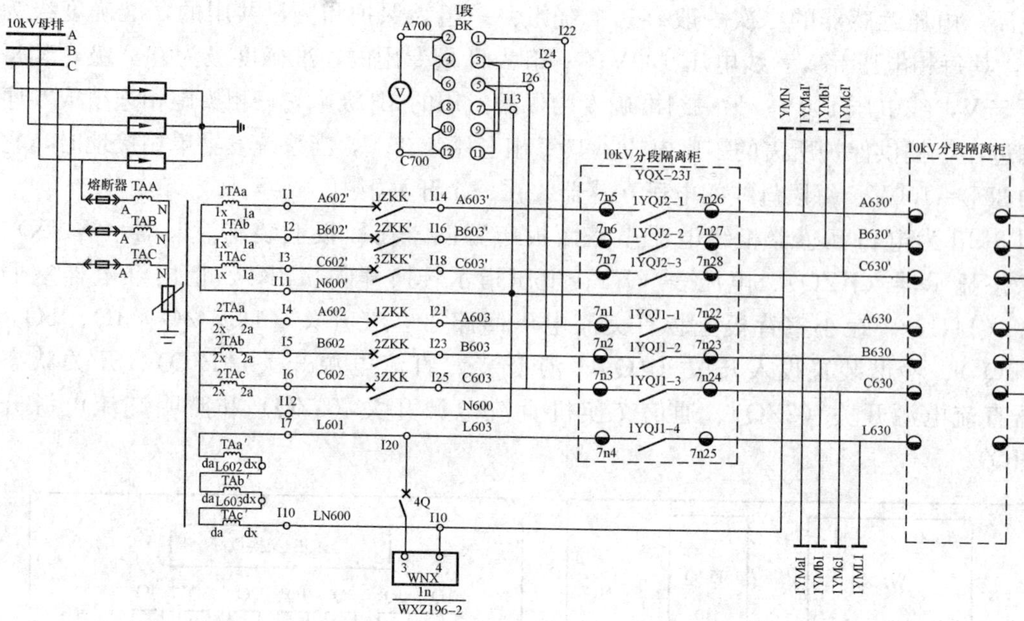

图 3-21　电压互感器一、二次接线图

发生铁磁谐振，产生过电压，对电气设备造成损坏。加入消谐器后，可使其等式不成立，破坏了产生铁磁谐振的条件，令谐振被消除。

图 3-23 是电压互感器柜小车辅助触点插座图，二次回路中需要引用的相关辅助触点，均按此插座图引出。

测量电压	U_c	U_b	U_a		U_{ab}	U_{bc}	U_{ca}
状态 位置 触点	↙ 135°	← 90°	↖ 45°	↑ 0°	↗ 45°	→ 90°	↘ 135°
1–2			×		×		×
3–4		×				×	
5–6	×						
7–8	×	×	×				
9–10					×		
11–12						×	×

图 3-22　BK 电压指示转换开关触点状态表

电压互感器柜手车位置辅助触点(试验位置状态)	
试验位置(S8)	工作位置(S9)

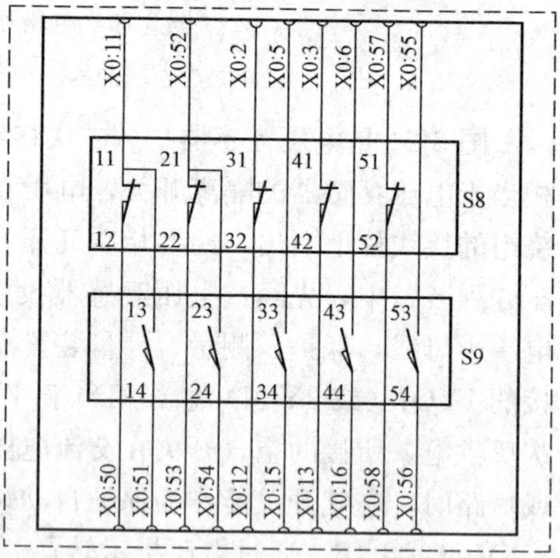

图 3-23　电压互感器柜小车辅助触点插座图

图 3-24 是电压互感器柜信号开出回路图，这些信号接到公用柜的公用测控装置中。开出回路的信号有电压互感器交流电压回路断线，它将交流电压回路空气断路器的动断辅助触点并联后，引至公用测控信号开入回路。当 1Q～3Q 或 1Q′～3Q′中任一断路器跳闸

时，其动断辅助触点闭合，发出“Ⅰ（Ⅱ）段交流电压回路断线”的信号。开出回路还有消谐器告警及 TV 小车运行位置的信号，可在消谐器动作或异常时、TV 小车投入运行时发出信号。

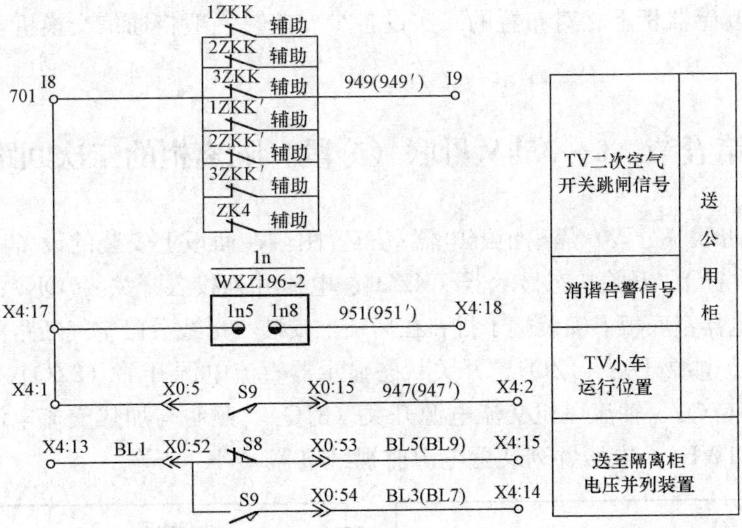

图 3-24 电压互感器柜信号开出回路图

注：括号内编号用于Ⅱ段 TV 柜。

图 3-25 是电压互感器柜其他二次回路图。电压互感器柜与其他开关柜一样，也装设

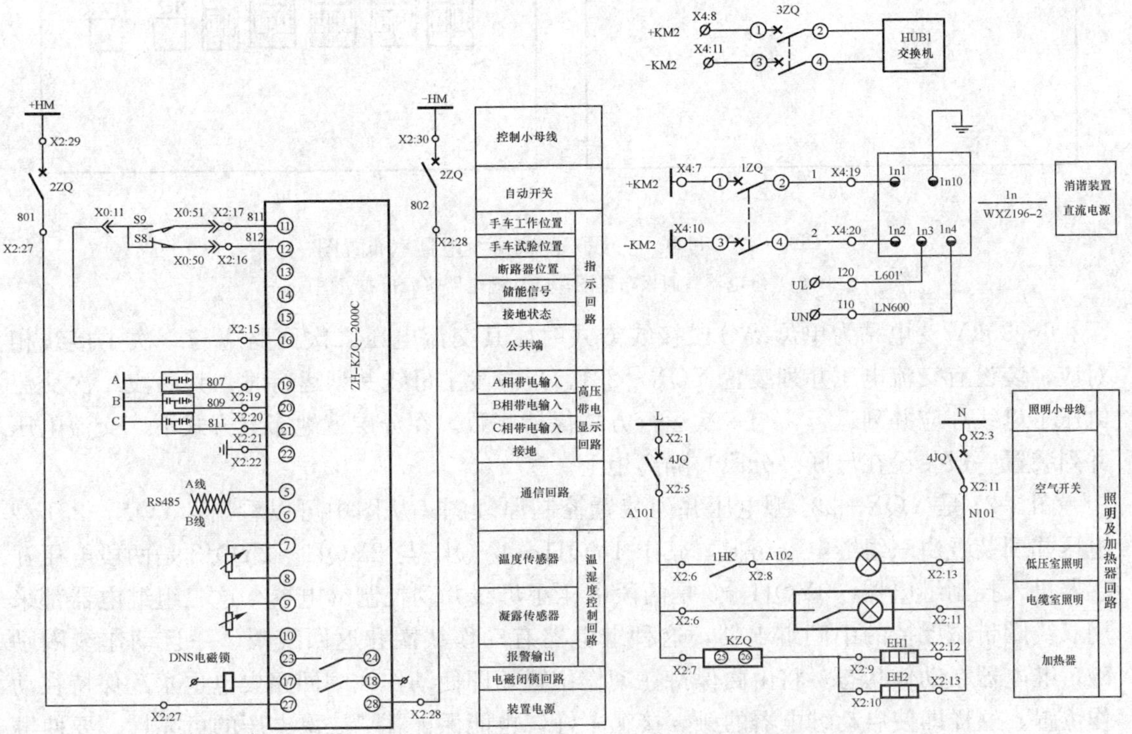

图 3-25 电压互感器柜其他二次回路图

有开关状态显示器，其接线基本相同。另外，还有消谐装置电源、通信交换机电源回路及照明与加热回路等。分层分布式变电站的6～35kV的保护测控装置就地布置在高压室的开关柜上，这些装置的通信线集中连接到通信交换机，再由光纤将交换机与综合自动化系统连接。电压互感器柜上相对布置的二次设备少一些，一般将通信交换机安装在电压互感器柜上。

第五节　6～35kV母联（分段）隔离柜的二次回路

图3-26是母联（分段）隔离柜继电器室布置图。在面板上安装的设备有YQX—23J型电压并列装置（7X）、开关状态显示器（KZQ）、电压并列投入开关（7QK）、柜内照明开关（1HK）；在继电器室底板上安装端子排；在后板上安装小母线分段空气断路器（9Q～12Q）、闭锁电磁铁直流电源开关（1ZQ）、开关状态显示器直流电源开关（2ZQ）、电压并列装置直流电源开关（7Q）、轴流风机交流电源开关（3JQ）、照明与加热交流电源开关（4JQ）、恒温控制器（HWK）、电压并列装置电源监视继电器（7KZ）等。

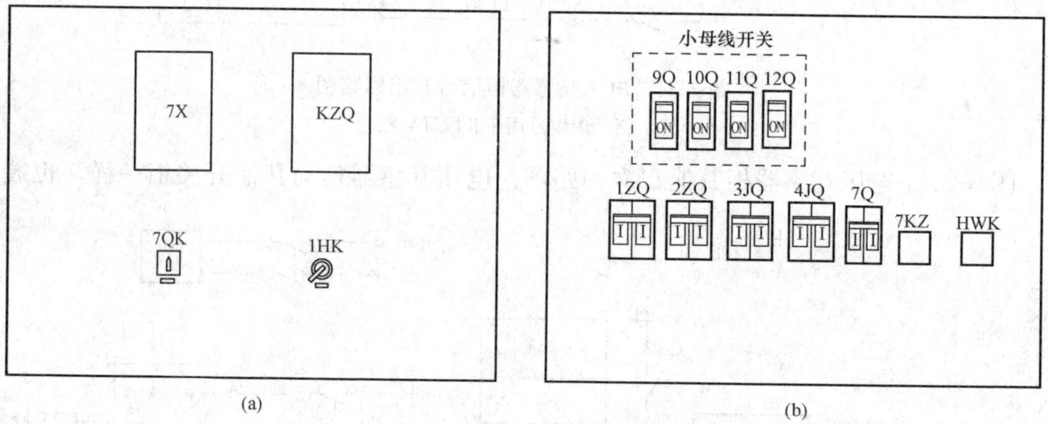

图3-26　母联（分段）隔离柜继电器室布置图

（a）继电器室面板布置图；（b）继电器室后板布置图

6～35kV变电站为单母线分段接线方式时，其交流电压二次回路应与一次主接线相对应，装设有交流电压并列装置YQX—23J。当两段主母线并列运行时，其两段二次交流电压小母线亦应并列运行，与一次运行方式保持一致。在分层就地布置方式下，交流电压并列装置一般装设在母联（分段）隔离柜上。

图3-27是YQX—23J型电压并列装置控制原理图。从图中可以看出，YQX—23J型电压并列装置由三组继电器组成，其中1YQJ1～1YQJ3与2YQJ1～2YQJ3是两段电压互感器投入控制继电器，3YQJ1－3是两段电压小母线并列控制继电器。这三组继电器都采用双线圈带磁保持的中间继电器，这种继电器有动作线圈和返回线圈。一旦动作线圈励磁，继电器在动作状态，将由磁保持在动作位置，即使动作线圈回路失电也永远保持在动作位置。这样即使启动继电器的触点接触不好，也能保证TV二次电压的可靠性。要使继电器返回，必须使继电器返回线圈励磁。

两段母线电压互感器电压二次回路，分别受电压互感器柜的小车位置控制。当小车在

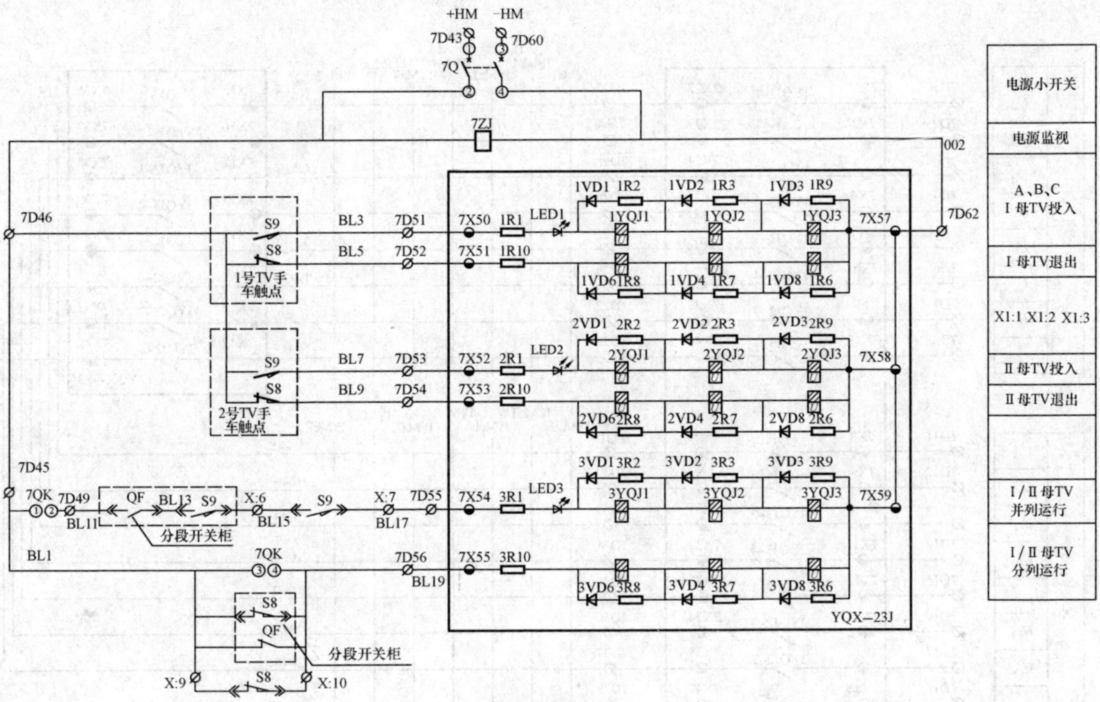

7QK触点位置表

运行方式 \ 触点		1—2 5—6	3—4 7—8
投入	↑	×	—
停用	←	—	×

LW12—16/9.2204.2

图 3-27 YQX—23J 型电压并列装置控制原理图

插入运行位置，其小车运行位置辅助触点 S9 闭合，启动 1YQJ1～1YQJ3 或 2YQJ1～2YQJ3 继电器，将电压互感器二次电压投入至对应的电压小母线。当电压互感器退出运行，其小车试验位置辅助触点 S8 闭合，使 1YQJ1～1YQJ3 或 2YQJ1～2YQJ3 继电器返回，断开对应的电压互感器二次回路，有效地防止了一台电压互感器停运时，另一台电压互感器二次向这台电压互感器一次反充电的情况发生。

YQX—23J 型电压并列装置在投入状态下，即电压并列开关 7QK 投入，其 1—2 触点接通时，它受母联（分段）断路器及母联（分段）开关柜与隔离柜小车位置控制。当两柜小车在插入运行位置，其小车位置辅助触点 S9 闭合，断路器在合闸位置，QF 动合辅助触点闭合，启动 3YQJ1～3YQJ3 并列继电器，将两段交流电压小母线并列运行。要使两段交流电压小母线分列运行，可以切换 7QK 在停用位置，3-4 触点接通，断开母联（分段）断路器，其动断辅助触点闭合，置开关柜或隔离柜小车在退出位置，其试验位置触点 S8 闭合，使 3YQJ1—3 继电器返回线圈励磁，使之返回。

图 3-28 是 YQX—23J 型电压并列装置电压回路原理图。在图的上侧接的是Ⅰ段交流电压小母线 A630、B630、C630、L630、A630′、B630′、C630′、N600；图的下侧接的是Ⅱ段交流电压小母线 A640、B640、C640、L640、A640′、B640′、C640′、N600。当Ⅰ、Ⅱ段高压母线分列运行时，母联（分段）断路器断开，电压并列装置中的 3YQJ1～

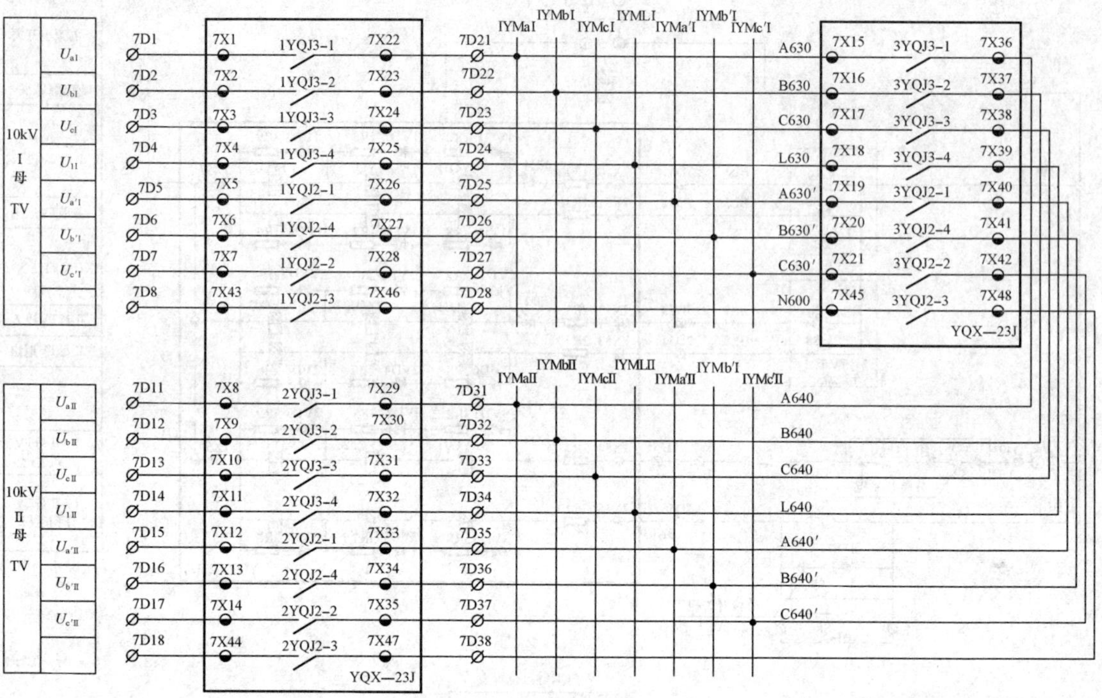

图 3-28　YQX—23J 型电压并列装置电压回路原理图

3YQJ3 继电器不启动，其动合触点打开，两段电压小母线也在分列运行位置；当Ⅰ、Ⅱ段高压母线并列运行时，投入 7QK 并列开关，母联（分段）断路器合闸，开关柜隔离柜小车在运行位置，电压并列装置中的 3YQJ1～3YQJ3 继电器启动，其动合触点闭合，将两段电压小母线对应接通，使之处于并列运行位置，保证二次交流电压与一次运行状态完全一致。

图 3-29 是 YQX—23J 型电压并列装置信号回路图。开出的信号有电压并列装置直流消失、一段电压互感器投入、二段电压互感器投入、两段交流电压小母线并列等。

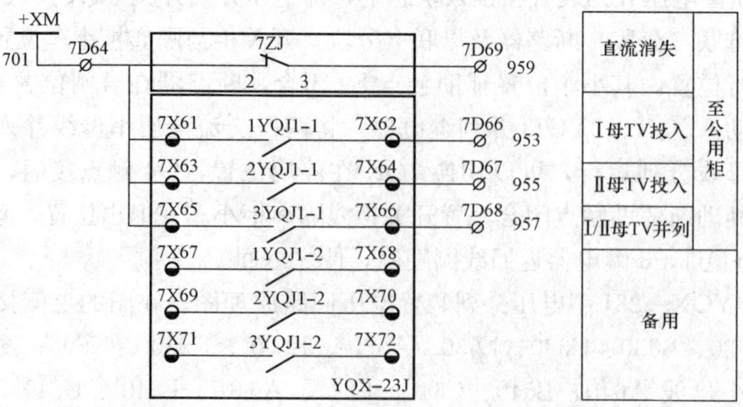

图 3-29　YQX—23J 型电压并列装置信号回路图

图 3-30 是母联隔离柜小车辅助触点插座图，二次回路中需要引用的相关辅助触点可按此插座图引出。

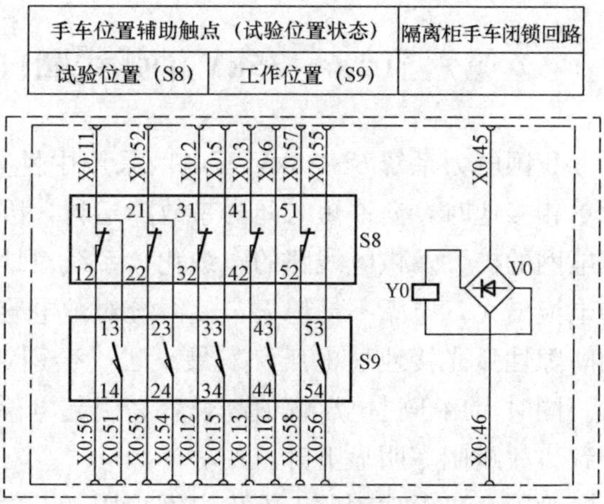

图 3-30　母联隔离柜小车辅助触点插座图

图 3-31 是母联隔离柜相关的二次回路图。隔离柜的小车是作为母联（分段）断路器的隔离开关来用，必须在断路器处于分闸状态才允许推拉它，图中由小车闭锁电磁铁回路来实现。母联隔离柜作为 6～35kV 母线分段用，二次小母线也在此分段，8Q～12Q 作为对应小母线的分段断路器。母联隔离柜装设了轴流通风机，由 HWK 恒温控制器对其进行控制，当环境温度达到一定限度，启动通风机运行。开关状态显示器回路，照明、加热回路及其他相关二次图与上述开关柜相同，不再赘述。

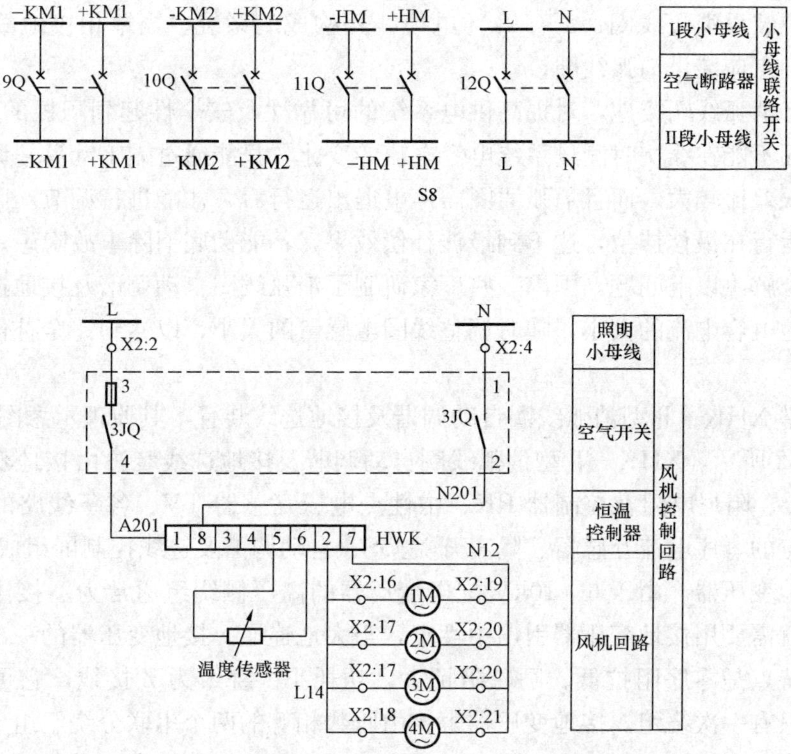

图 3-31　母联隔离柜相关二次回路图

第六节　6～35kV消弧线圈自动调谐及接地选线装置接线

我国电力系统6～35kV配电网采用中性点不接地运行方式。这种运行方式在系统发生单相接地时，允许短时间内带故障运行，因而大大提高了供电的可靠性。但是，随着城乡电网的扩大及供电线路的电缆化，系统对地电容电流急剧增加，单相接地后流经故障点的电流增大，电弧不易熄灭，使系统对地电容充放电而发生振荡，在健全相产生幅值很高的间隙性弧光接地过电压，发展下去，会引起相间短路故障，对电力系统设备危害非常大。同时，由于过电压幅值高，容易引起电磁式电压互感器铁芯饱和，产生谐振过电压，导致事故跳闸率明显上升。

为了解决上述问题，不少电网采用了谐振接地方式，即在中性点装设消弧线圈。当发生单相接地时，由消弧线圈产生的感性电流补偿了故障点的电容电流，使流经故障点的残流变小，电弧能够自动熄灭，抑制故障发展，防止事故扩大。运行经验表明，消弧线圈对抑制间隙性弧光过电压及由于电磁式电压互感器饱和而产生的谐振过电压，降低线路的事故跳闸率，减少人身伤亡及设备的损坏都有明显的作用。有关电力行业标准中明确规定：3～10 kV架空线路构成的系统和所有的35、66kV电网，当单相接地故障电流大于10A时，中性点应装设消弧线圈；3～10kV电缆线路构成的系统，当单相接地故障电流大于30A时，中性点应装设消弧线圈。

中性点经消弧线圈接地，对提高供电系统的可靠性及安全性起到积极的作用。但是，老式消弧线圈不能在线实时测量系统电容电流的变化，只能通过人工计算来调节补偿所需的电感量，误差比较大。而且消弧线圈需停电退出运行后，才能进行调节。因此，老式消弧线圈很难运行在最佳挡位，达不到最佳补偿效果，不能彻底消除事故隐患。

为了综合解决以上问题，国内一些厂家研制了消弧线圈自动调谐及接地选线装置。它根据系统对地电容电流的大小，随时调整线圈电感量的大小，以达到完全补偿来消除弧光接地过电压。

这里例举XHK—Ⅱ型消弧线圈自动调谐及接地选线装置，其原理示意图见图3-32。

如图3-32所示，XHK—Ⅱ型消弧线圈自动调谐及接地选线装置由接地变压器T、调容消弧线圈L、阻尼电阻及控制器RK、中性点电压互感器TV、各条线路的零序电流互感器与中性点的零序电流互感器、隔离开关QS、自动调谐及选线控制屏组成。

（1）接地变压器。由于6～10kV配电变压器的高压侧绕组通常为△接法，无中性点引出，这里就需要用接地变压器引出中性点，与大地连通。接地变压器的一次侧设有无励磁调压，其特点是零序阻抗低、励磁阻抗大、功耗小。绕组为Z接线，它可以带二次绕组，也可以只有一次绕组。接地变压器每相由匝数相等的两个串联分绕组组成。每个铁芯上的两个分绕组之间及它们对二次绕组的零序互感磁通为零。当发生单相接地时，接地变压器每个分绕组上流过的电流是流过消弧线圈电流的1/3。

（2）调容消弧线圈。调容消弧线圈是一个带铁芯的电感线圈，其二次侧接有电容器组。消弧线圈接在变压器的中性点上，当系统发生单相接地时，流过线圈的电感性电流与流入接地点的电容性电流相位相反，接地电弧中的残流即为电感性电流与电容性电流的差

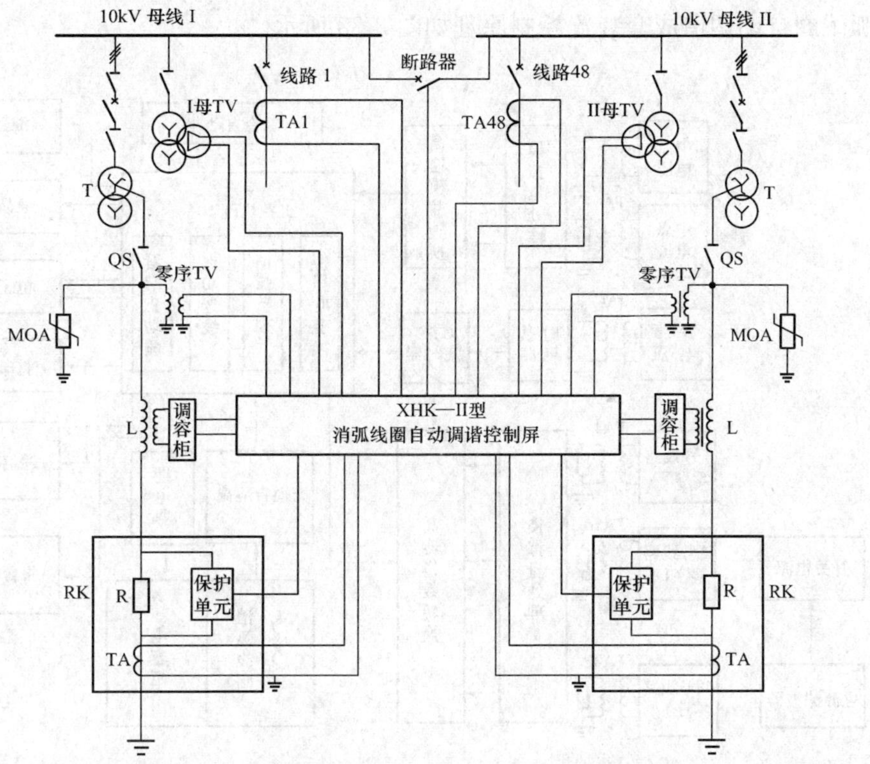

图 3-32　XHK—Ⅱ型消弧线圈自动调谐及选线装置原理示意图

值。调整二次侧的电容值，就可以使残流达到最小值，从而消除接地过电压。系统电容电流的最好补偿方式是预补偿，即在系统发生单相接地前，消弧线圈已处于最佳补偿状态，这也是目前普遍采用的方式。消弧线圈的选型应参考系统的电容电流，根据电容电流的大小来决定消弧线圈的补偿范围。一般来说，系统应按电压等级估算电容电流，变电站每一电压等级总电容电流，应包括所有同电压的线路、母线及其他一次设备的电容电流。

（3）阻尼电阻及控制器。阻尼电阻用来限制谐振过电压，保护整套装置安全有效地运行。当系统发生谐振时，即 $X_C=X_L$，增加阻尼电阻可以保证中性点的位移电压 U_N 小于15%相电压，维持系统的正常运行。当系统发生单相接地时，中性点流过很大的电流，这时必须将阻尼电阻短接。这个功能由保护单元来完成，保护单元采用可靠性高的晶闸管，使一、二次回路完全隔离。当系统发生单相接地时，中性点电压升高，零序电压增加，零序电流增大。当大于设定值时，晶闸管触发，将阻尼电阻短接，当单相接地消失后，晶闸管在过零时自动关断，恢复正常运行。

（4）中性点电压互感器。用来测量中性点电压。当中性点电压超过设定值时，判定系统为接地。

（5）各条线路的零序电流互感器与中性点的零序电流互感器。用来取得系统的零序电流和中性点电流。

（6）隔离开关。用于投切消弧线圈。

（7）自动调谐及接地选线控制屏。屏上安装有两套 XHK—Ⅱ型自动调谐及选线装置、两只电压表、两只电流表、两只信号灯及相关的端子排和电源开关。

消弧线圈自动调谐成套装置控制原理如图 3-33 所示。

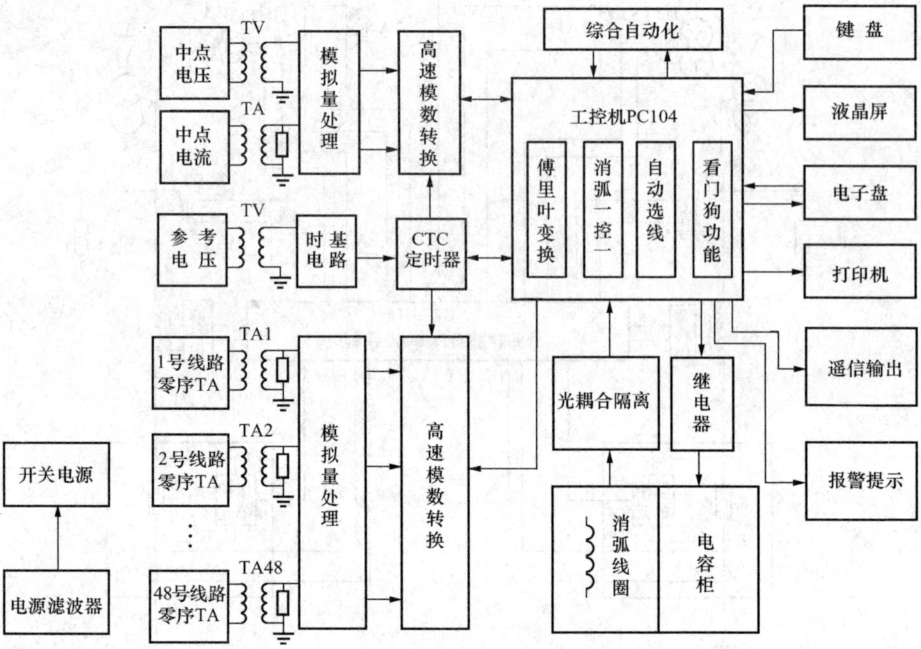

图 3-33　消弧线圈自动调谐成套装置控制原理图

自动调谐是通过微机调谐器来实现的，微机调谐器根据脱谐度来进行调节。电网脱谐度 ε 的计算式为

$$\varepsilon=(I_L-I_C)/I_C$$

式中　ε——脱谐度；

I_L——消弧线圈电感电流；

I_C——电网的电容电流。

由于 I_L 为消弧线圈上的电感电流，为已知量，因此只要测量系统的对地电容电流，即可计算出电网的脱谐度。当系统正常运行时，其零序回路的等效电路如图 3-34 所示。

图 3-34 中：U_0 为系统的不对称电压；C 为系统对地的等效电容；R 为回路电阻；L 为调容式消弧线圈。当消弧线圈在 L1 档时，测量零序回路电流为 I_1；当消弧线圈在 L2 档时，测量零序回路电流为 I_2。回路方程式为

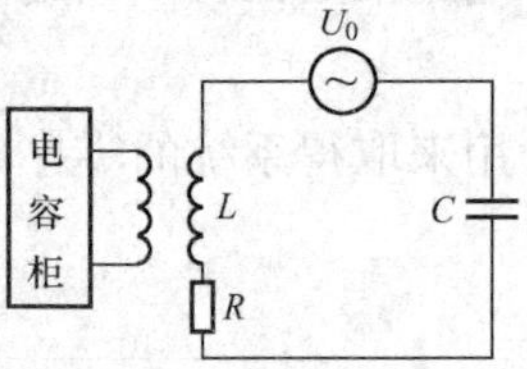

图 3-34　系统的零序等效电路

$$U_0=I_1\quad[R+j(X_{L1}-X_C)]\tag{3-1}$$

$$U_0=I_2\quad[R+j(X_{L2}-X_C)]\tag{3-2}$$

由式（3-1）和式（3-2）可求出 R 和 X_C，即可以计算出 $I_C=U_\varphi/X_C$。

微机调谐控制器以脱谐度和残流作为判断是否需要调节消

弧线圈补偿电流的依据。投入运行前，先将脱谐度和接地残流设定为某一个范围，当系统的脱谐度和残流超出此范围，微机调谐控制器发出指令，控制电容器开关来调整消弧线圈二次侧电容，使调整后的脱谐度和残流满足要求。

自动调谐装置要能够达到最佳补偿效果，必须在线实时测量系统电容电流的变化和系统零序电压、电流的变化。从图 3-32 可以看出，自动调谐装置要求接入所有线路的零序电流，接入中性点电压、电流，接入母线电压互感器的开口三角电压（零序电压）作为参考电压，通过这些在线模拟量数据来计算脱谐度和残流。

为了保证计算和判断的正确性，要求接入装置的电流、电压回路正确，极性正确。如图 3-35 所示，这里电压互感器的二次电压为 100V，二次绕组引出 a 为极性端子，x 为非极性端子；电流互感器的二次电流为 5A，二次绕组引出 K1 为极性端子，K2 为非极性端子。为了防止电磁干扰，接线用的电缆必须是带屏蔽的控制电缆。

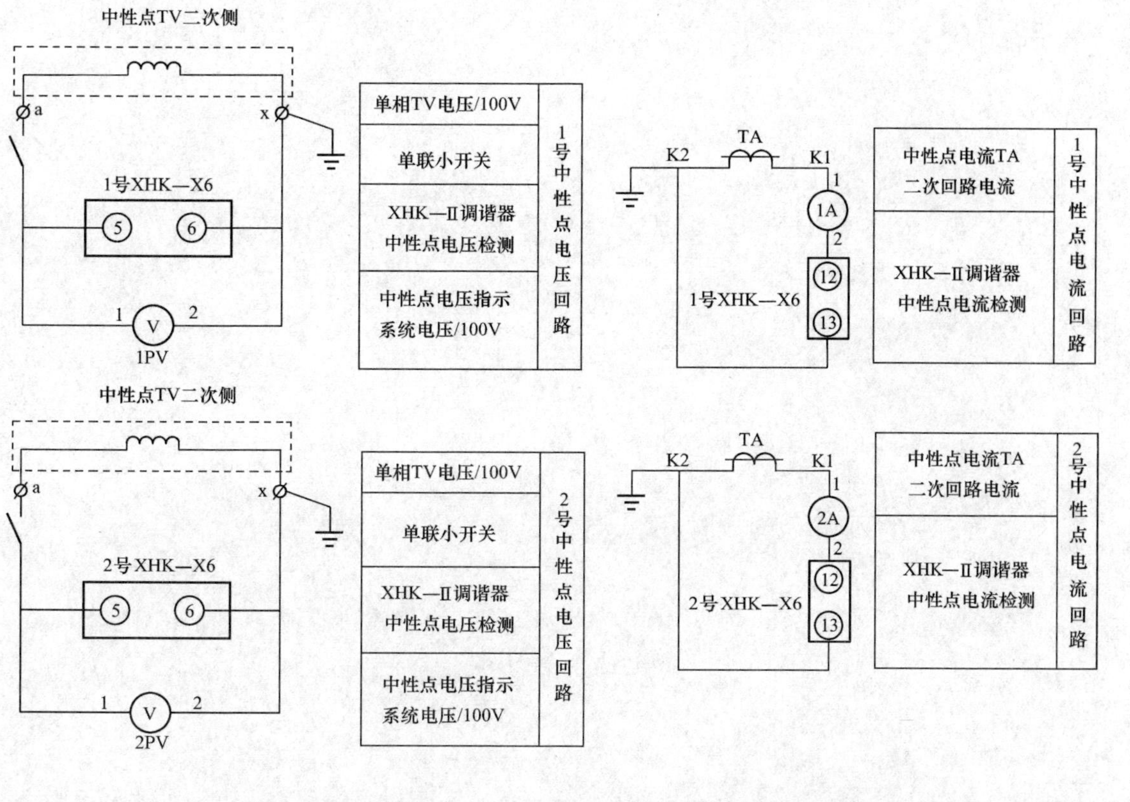

图 3-35　消弧线圈自动调谐成套装置电压、电流二次回路图

在中性点不接地或经消弧线圈接地的小电流接地系统中，当发生单相接地时，在传统变电站中，是由运行人员依据交流绝缘监察装置发出的接地信号，依次跳合各出线断路器，以隔离接地点来寻找故障线路。这样操作既麻烦，又给运行安全、设备安全和供电可靠性造成很大影响。因此，国内有许多生产厂家研制了小电流系统接地选线装置，或在线路保护装置中附设了小电流接地选线功能。

这里例举的成套装置中就包括小电流系统接地选线装置。自动调谐装置按要求已经接入所有线路的零序电流，接入中性点电压、电流，接入母线电压互感器的开口三角电压，小电流系统接地选线装置就可以共享这些资源进行工作。以往小电流接地选线仅采用零序电压、零序电流作为判据，这套装置采用了人工智能、视在功率、零序阻抗变化、谐波变化、五次谐波等多种方式进行综合选线，提高了选线的准确率。

各线路引入的零序电流已在图 3-4 线路开关柜交流电流回路图中画出，零序电流同时进入了线路保护装置和接地选线装置，各线路的保护装置也具有小电流接地选线功能。在运行中可以两套接地选线功能并用，增加了接地选线的可靠性，也可以任选一套运行。

第四章

110kV 六氟化硫组合电器的二次回路

高压开关设备主要有三种形式：①空气绝缘户外敞开式开关设备（air insulated switchgear，AIS）；②SF_6 气体绝缘全封闭组合电器（air insulated switchgear，GIS）；③SF_6 混合绝缘组合电器（hybrid air insulated switchgear，HGIS）。

空气绝缘户外敞开式开关设备 AIS，即为常规户外平面布置的配电装置。AIS 是由连接导线将断路器、隔离开关、接地开关、互感器、避雷器等设备，按照一定的接线方式连接在一起组合构成相应的一次系统。它的特点是接线清晰，投资较小。但是设备占地面积较大，运行环境较差，故障率较高，设备维护检修工作量较大。

SF_6 气体绝缘全封闭组合电器 GIS 由断路器、隔离开关、接地开关、互感器、避雷器、母线、连接件和出线终端等组成，这些设备及部件全部封闭在接地的金属外壳中，在其内部充有一定压力的 SF_6 绝缘气体，故称为 SF_6 全封闭组合电器。GIS 设备自 20 世纪 60 年代实用化以来，已广泛运行于世界各地。GIS 不仅在高压、超高压领域被广泛应用，而且在特高压领域也被使用。与常规敞开式变电站相比，GIS 的优点是结构紧凑、占地面积小、可靠性高、配置灵活、安装方便、安全性强、环境适应能力强，维护工作量很小，其主要部件的维修间隔不小于 20 年。

SF_6 混合绝缘组合电器 HGIS 是一种紧凑型组合式高压开关设备，这种设备综合了敞开式和封闭式开关设备的优势。它将高压电气元件高度集成，使高压开关设备更加紧凑，目前多数人称其为半 GIS（half GIS）。HGIS 与敞开式开关设备相比，是将断路器、隔离开关、接地开关、互感器、避雷器等集成为一个模块，一个模块组成一个电气单元，由导线将它们连接构成所需要的一次系统。与 GIS 设备相比，HGIS 省略了封闭式母线，方便了设备扩建时间隔的接入，节省了费用，节省了占地面积，提高了设备可靠性。

GIS 及 HGIS 组合电器的二次回路包括断路器、隔离开关、接地开关、故障接地开关的控制回路、信号报警回路和连锁回路，同时还包括电压互感器、电流互感器的二次部分。这些相关的二次设备及回路安装在各元件的操动机构和就地控制柜 LCP（汇控柜）中，由控制电缆将它们联系起来。组合电器的二次回路通过就地控制柜 LCP（汇控柜）实现与保护装置、测控装置的连接。

第一节　110kV GIS 组合电器一次主接线及操作连锁条件

二次回路及设备是为一次系统服务的，要理解二次回路构成和二次接线原理，必须对电气主接线及一次设备有所了解。电气主接线是构成电力系统的重要环节，主接线的确定与电力系统整体及发电厂、变电站本身运行的可靠性、灵活性和经济性密切相关，并且对电气设备选择、配电装置布置、继电保护和控制方式的拟订有较大影响。系统中110kV电压等级主要用来构成地区电网，110kV变电站的一次主接线方式，因变电站所处的地位和作用而决定。对于枢纽变电站，多采用双母线、双母线带旁路或双母线分段的接线方式；对于终端变电站，多采用单母线分段或内桥接线方式。

电气主接线的可靠性在很大程度上取决于电气设备的可靠程度，采用可靠性高的电气设备可以简化接线，增长检修周期，缩短检修时间。近年来随着我国经济的发展和国力的增强，在发电厂、变电站中，110kV及以上电压等级的电气设备很多采用了六氟化硫（SF_6）全封闭组合电器。这种全封闭组合电器是将一次设备按各电气元件分成若干封闭的气室（气隔），在每个气室内，装设电器设备并充有SF_6气体作为介质。按照一次主接线设计的要求，将这些电气元件组合在一起，即构成一套完整的组合电器。由于这些电器元件都密闭在SF_6气体中，其氧化和损坏率极低，所以可以免检修或有很长的检修周期。GIS为系统的安全运行和可靠供电提供了保证。

图4-1（a）是一组户内布置的GIS外形图，图4-1（b）是由GIS构成的110kV单母线分段的一次主接线图。

图4-1（b）中共有7个间隔，其中1、5间隔为主变压器；2、6间隔为电压互感器；3、7间隔为110kV线路；4间隔为110kV分段开关。图中的数字编号含义为：QS11中，QS表示隔离开关，第一个1表示为1号间隔，第二个1表示在同一间隔同类设备的序号；M1表示为Ⅰ段母线，M2表示为Ⅱ段母线等。

为了保证电气设备的安全运行，防止发生误操作，对断路器、隔离开关、接地开关的操作必须满足一定的联锁条件才允许进行。对于不同的主接线，各电气设备的联锁条件是不同的。这里仅对110kV单母线分段的一次主接线中各设备的联锁条件作一介绍。

（1）断路器的合闸操作：要求其两侧的隔离开关必须操作到位，才允许进行断路器的合闸操作。图4-1（b）中各断路器合闸的联锁条件如下：

QF11　VXb（QS11＋QS12）

QF51　VXb（QS51＋QS52）

QF31　VXb（QS31＋QS32）

QF71　VXb（QS71＋QS72）

QF41　VXb（QS41＋QS42）

其中，VXb表示相应隔离开关操作到位。例如，断路器QF11要进行合闸操作，必须两侧的隔离开关QS11和QS12同时合闸或分闸到位，QF11的合闸回路才能接通。

（2）变压器间隔（以1号间隔为例）隔离开关、接地开关进行分、合闸操作的联锁条件如下：

母线侧隔离开关　QS11：QF11b＋QES11b＋QES12b＋QES13b＋QES21b

变压器侧隔离开关　QS12：QF11b＋QES11b＋QES12b＋QES13b

接地开关　QES11：QS11b＋QS12b

接地开关　QES12：QS11b＋QS12b

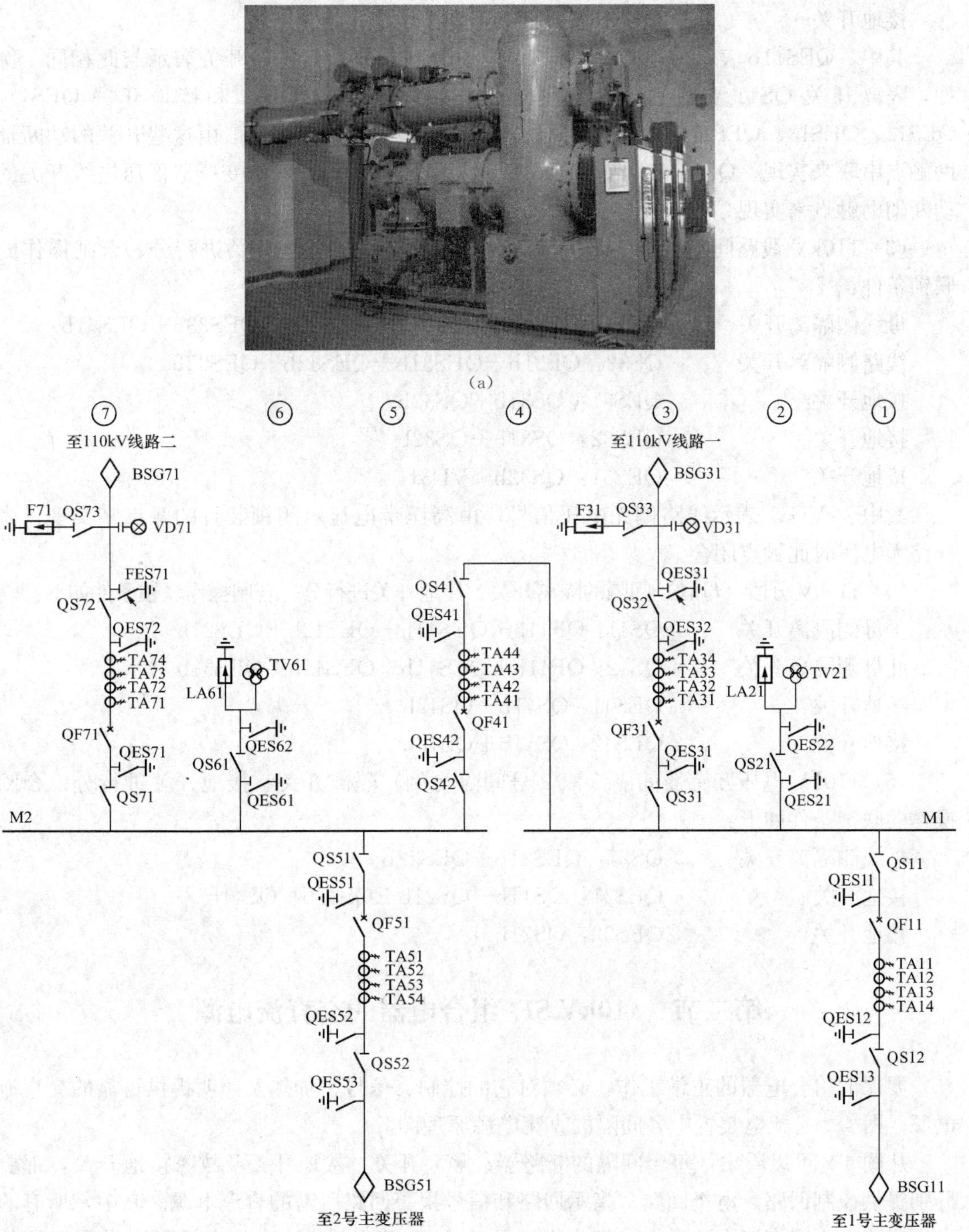

图 4-1　GIS 外形图和单母线分段一次主接线图

（a）GIS 外形图；（b）单母线分段一次主接线图

QF—断路器；QS—隔离开关；QES—接地开关；VD—高压带电显示闭锁装置；FES—接地故障开关；TA—电流互感器；BSG—电缆终端；M—主母线；TV—电压互感器；F—避雷器

接地开关　　　　　　QES13：QS12b＋QF01

其中，QES11b 表示接地开关 QES11 处于分闸状态，其他各开关表示与此相同。例如，隔离开关 QS11 要进行分、合闸操作，必须断路器 QF11 和接地开关 QES11、QES12、QES13、QES21b 都处于分闸位置，其回路才能接通，一般由这些开关的动断辅助触点串联来实现。QF01 表示变压器低压侧无电压信号，一般由变压器低压进线开关的动断辅助触点来实现。

（3）110kV 线路间隔（以 3 号间隔为例）隔离开关、接地开关进行分、合闸操作的联锁条件：

母线侧隔离开关　　　QS31：QF31b＋QES31b＋QES32b＋QES33b＋QES61b

线路侧隔离开关　　　QS32：QF31b＋QES31b＋QES32b＋QES33b

接地开关　　　　　　QES31：QS31b＋QS32b

接地开关　　　　　　QES32：QS31b＋QS32b

接地开关　　　　　　QES31：QS32b＋VD31

其中，VD31 表示线路侧无电压信号，由高压带电显示闭锁装置的触点来实现，当线路无电压时此触点闭合。

（4）110kV 分段（母联）间隔的隔离开关、接地开关进行分、合闸操作联锁条件如下：

Ⅰ母侧隔离开关　　　QS41：QF41b＋QES41b＋QES42b＋QES21b

Ⅱ母侧隔离开关　　　QS42：QF41b＋QES41b＋QES42b＋QES61b

接地开关　　　　　　QES41：QS41b＋QS42b

接地开关　　　　　　QES42：QS41b＋QS42b

（5）110kV 电压互感器间隔（以 2 号间隔为例）隔离开关、接地开关进行分、合闸操作的联锁条件如下：

母线侧隔离开关　　　QS21：QES21b＋QES22b

接地开关　　　　　　QES21：QS11b＋QS21b＋QS31b＋QS41b

接地开关　　　　　　QES22：QS21b

第二节　110kV SF_6 组合电器的交直流电源

要保证组合电器的正常工作，必须对它的控制、信号、加热及照明提供可靠的交直流电源。图 4-2 是配电装置中各间隔的直流电源原理图。

从图 4-2 可以看出，每个间隔的断路器、隔离开关、接地开关及故障接地开关，都要分别提供控制回路、电机回路、指示回路和信号报警回路所需的直流电源。其中，所有的电机回路由一路直流电源供电，接在空气开关 8Q3 之下，这路直流电源可以沿用以往的合闸小母线 HM 作为代号。所有的位置指示回路由一路直流电源供电，接在空气开关 8Q2 之下，这路直流电源可以沿用以往的信号小母线 XM 作为代号。所有的隔离开关、接地开关及故障接地开关的控制回路由一路直流电源供电，接在空气开关 8Q1 之下，这路直流电源可以沿用以往的信号小母线 KM 作为代号。信号报警回路直接接在 KM 小母线上，为了使信号报警回路能监视 8Q1、8Q2、8Q3 的工作状态，断路器的控制回路直接由该保护屏的操作电源供电。图中 BN、BP、1BN1、1BP1 等是回路编号。

110kV 配电装置各间隔的直流电源小母线 HM、KM、XM 各自相互连接，构成小母线。小母线一端与直流屏的 I 段母线连接，另一端与直流屏的 II 段母线连接。运行中可以由直流 I 段母线供电，也可以由直流 II 段供电，规定不允许环网供电。

图 4-3 是图 4-1 所示 110kV 配电装置中各间隔的交流电源原理图。

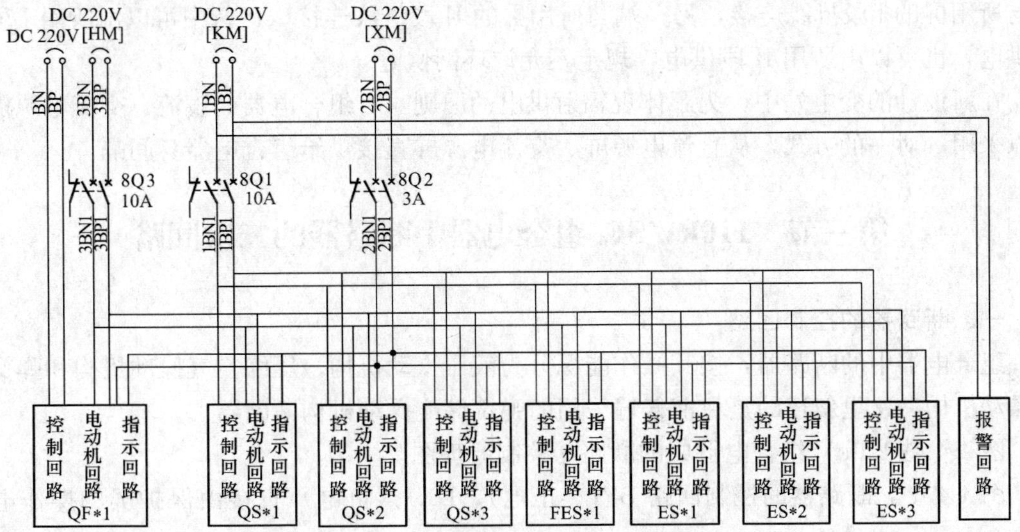

图 4-2　各间隔直流电源原理图

＊表示间隔号 1～7；1、5 间隔无 FES＊1 和 QS＊3；2、6 间隔无 QF＊1、QS＊2、QS＊3、FES＊1 和 ES＊3；3、7 间隔无 ES＊3；4 间隔无 ES＊3、FES＊1 和 QS＊3

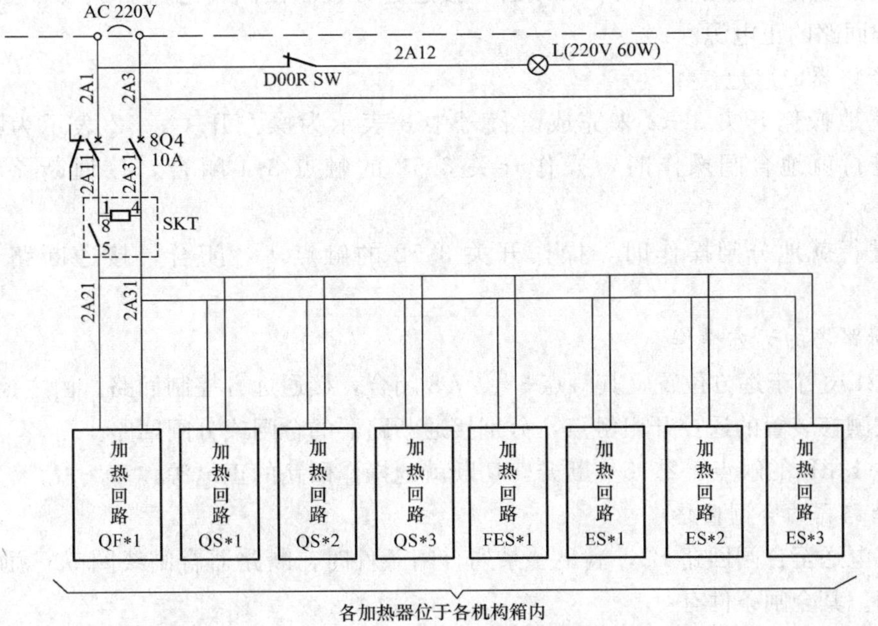

图 4-3　各间隔交流电源原理图

＊表示间隔号 1～7；1、5 间隔无 FES＊1 和 QS＊3；2、6 间隔无 QF＊1、QS＊2、QS＊3、FES＊1 和 ES＊3；3、7 间隔无 ES＊3；4 间隔无 ES＊3、FES＊1 和 QS＊3

图 4-3 中，交流电源 AC220V 在各间隔中用来提供加热回路和照明用电。照明灯 L 直接接在交流 AC220V 母线上，由门开关 DOOR SW 控制，当控制柜的门打开时，照明灯点亮。各加热回路接在空气开关 8Q4 之下，间隔中各气室都接有加热器，由温度控制器控制其投入或退出。图中 2A1、2A、2A12 等是回路编号。

110kV 配电装置各间隔的交流电源母线 AC220V 相互连接，构成小母线。小母线一端与所用屏的 I 段母线连接，另一端与所用屏的 II 段母线连接。运行中可以由所用 I 段母线供电，也可以由所用 II 段供电，规定不允许环网供电。

在新设计的变电站中，为了体现辐射供电的原则，对组合电器的直流、交流电源供电可以采用一对一的方式，从直流电源屏、交流电源屏直接供给组合电器各间隔。

第三节　110kV SF_6 组合电器中断路器的二次回路

一、断路器的控制回路

组合电器中的断路器，按其操作能源分为液压操动机构、压缩空气操动机构和弹簧储能操动机构。这里叙述的是目前普遍采用的弹簧储能操动机构断路器。

图 4-4 是 110kV 组合电器中的断路器控制原理图。

图 4-4 中，断路器的控制回路 BP1（正电）、BN1（负电）直接由保护屏的操作电源供电。

在正电 BP1 上接有远方/就地转换开关 43LR，当 43LR 置于就地位置时，触点 1-2、5-6 接通，将正电送至就地操作回路；触点 3-4、7-8 断开，切断远方控制回路。当 43LR 置于远方位置时，其触点 3-4、7-8 闭合，接通远方控制回路；触点 1-2、5-6 断开，切断就地操作回路的正电源。

1. 断路器的就地操作

由就地操作开关 3-52 来完成。代号中 3 表示为操作开关，52 表示为断路器。

当进行就地合闸操作时，操作开关 3-52 的触点 3-4 闭合，接通断路器的合闸回路；

当进行就地分闸操作时，操作开关 3-52 的触点 1-2 闭合，接通断路器的分闸回路。

2. 断路器的远方操作

将 43LR 置于远方位置，其触点 3-4、7-8 闭合，接通远方控制回路。由主控制室的操作开关或测控装置的遥控开出触点，分别接通断路器的合闸或分闸回路。

同时 43LR 的触点 1-2、5-6 断开，切断就地操作回路的正电源。

3. 断路器的合闸回路

当正电送至合闸回路 B2，满足一系列合闸条件时，断路器合闸线圈 52C 励磁，使断路器合闸。其合闸条件有：

（1）满足联锁条件。如图 4-5 所示，断路器两侧的隔离开关分闸或合闸操作到位，ZX 继电器触点闭合，ZX 继电器线圈安装在断路器两侧的隔离开关操动机构中。

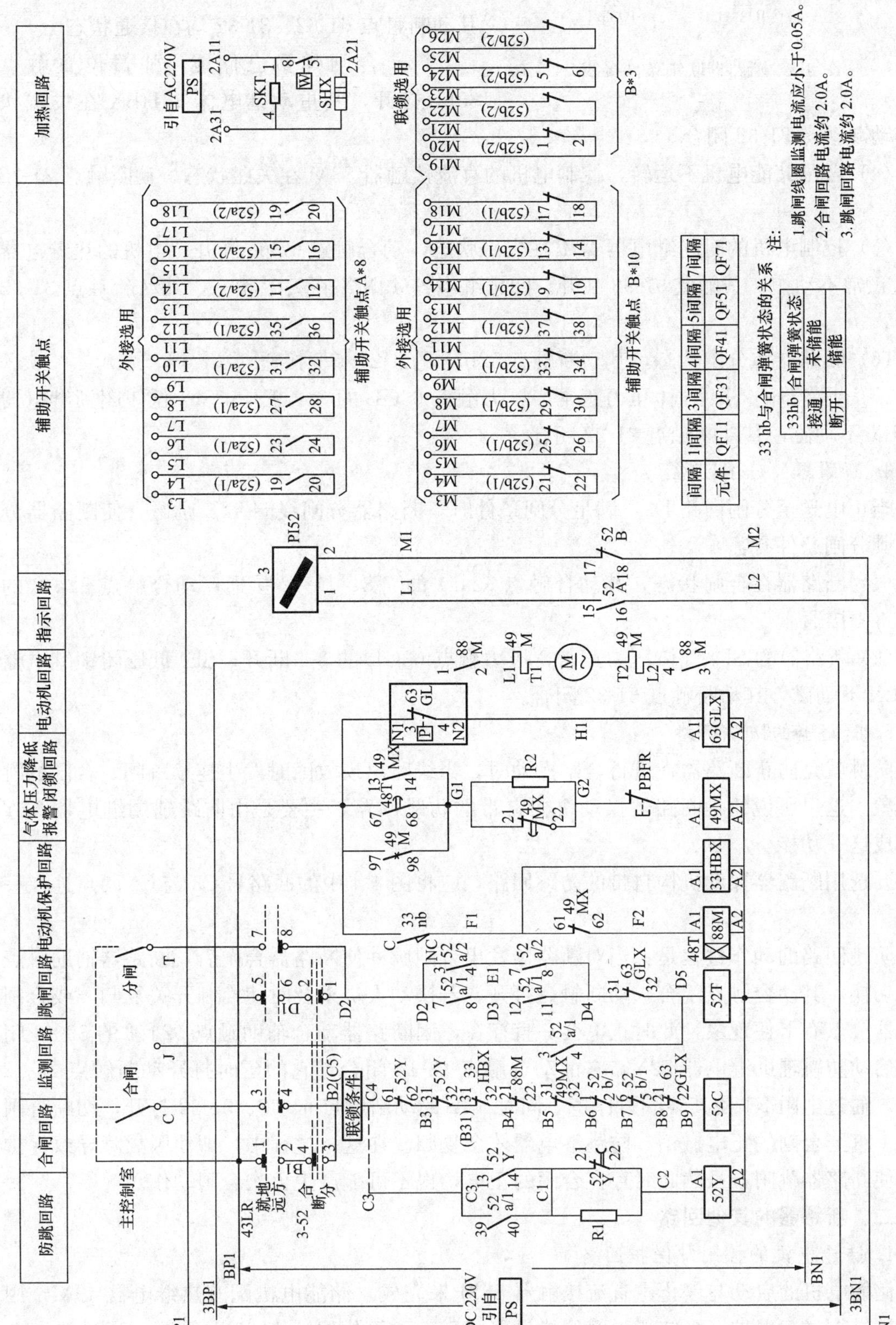

图 4-4 110kV 组合电器中的断路器控制原理图

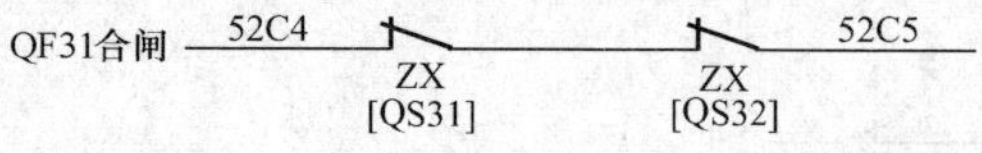

图 4-5 断路器联锁条件接线

(2) 断路器防跳继电器 52Y 在失磁状态，其动断触点 61-62、31-32 均在接通状态。

(3) 合闸弹簧已储能，弹簧位置触点 33hb 打开，其重动继电器 33HBX 在失磁状态，动断触点 31-32 闭合。

(4) 合闸储能电机不运转，控制电机的直流接触器 88M 在失磁状态，动断触点 21-22 闭合。

(5) 控制电机的时间继电器 48T 在失磁状态，动合触点 67-68 断开；电机的热继电器 49M 正常不动作，其触点 97-98 断开。闭锁继电器 49MX 在失磁状态，其动断触点 31-32 闭合。

(6) 断路器在分闸状态，其动断触点 52b/1 的 1-2、5-6 接通。

(7) 断路器的 SF_6 气体压力正常，压力触点 63GL 的 3-4 断开；SF_6 低压闭锁继电器 63GLX 不励磁，其动断触点 21-22 闭合。

4. 断路器的分闸回路

当正电送至分闸回路 D2，满足分闸条件时，断路器分闸线圈 52T 励磁，使断路器分闸。其分闸条件有：

(1) 断路器在合闸状态，其动合触点 52a/1 的 7-8、11-12 接通；动合触点 52a/2 的 7-8、3-4 接通。

(2) 断路器的 SF_6 气体压力正常，压力触点 63GL 的 3-4 断开；SF_6 低压闭锁继电器 63GLX 不励磁，其动断触点 31-32 闭合。

5. 断路器的防跳回路

防跳就是防止断路器在进行合闸操动时，当线路出现故障时发生连续跳闸、合闸的跳跃现象。这里所说的是断路器操动机构自带的防跳回路，主要是由防跳辅助继电器 52Y 来完成这一功能。

要选用断路器操动机构自带的防跳回路，应将图 4-4 中的回路号 C3 与 C4 两点连在一起。

防跳回路的动作过程是：当对断路器发出合闸脉冲使断路器合闸后，断路器辅助触点随之切换，其动合触点闭合，动断触点打开。若操动人员未及时使控制开关复归，或合闸继电器触点有卡住现象，此时正电会一直存在，因断路器动合辅助触点 52a/1 的 39-40 闭合，启动防跳辅助继电器 52Y，它的动合触点 13-14 闭合，它的延时打开动断触点 21-22 断开，通过电阻 R1 使其线圈自保持。同时 52Y 的动断触点 61-62、31-32 打开，切断合闸回路。直至合闸的正电撤销，防跳继电器才会复归。在这一过程中，即使因故障导致保护装置使断路器跳闸，虽然此时存在合闸的正电，也不可能产生再次合闸动作。

二、断路器的其他回路

1. 储能电机的控制与保护回路

储能电机的启动与停止由直流接触器 88M 来完成。储能电机配有热继电器 49M，用于对其进行过载保护。当储能弹簧的能量释放后，弹簧位置触点 33hb 闭合，通过热继电器 49M 的动断触点 61-62，启动直流接触器 88M 励磁。88M 的动合触点 1-2、3-4 闭合，使电机带电运转，电机拖动弹簧张开，使之储能。当弹簧储能饱和后，弹簧位置触点33hb打开，使直流接触器88M失磁返回，其动合触点打开，电机停止运转。

当储能弹簧的能量释放后，弹簧位置触点33hb闭合，启动合闸弹簧状态监视继电器33HBX。

储能电机在运转过程中，若遇到机械故障使电机过载，其热继电器49M动作。49M的动合触点97-98闭合，启动闭锁继电器49MX。49MX动作后，其动合触点13-14闭合，通过电阻R2使其本身线圈自保持；49MX的动断触点61-62打开，使直流接触器88M失磁返回，88M动合触点打开，电机停止运转；49MX的动断触点31-32打开，闭锁断路器的合闸回路。

储能电机在运转过程中，若遇到机械故障使弹簧无法拉开，电机长期运转，当超过一定时间，其时间继电器48T动作。48T的延时动合触点67-68闭合，启动闭锁继电器49MX。49MX动作后，其动合触点13-14闭合，通过电阻R2使其本身线圈自保持；49MX的动断触点61-62打开，使直流接触器88M失磁返回，88M动合触点打开，电机停止运转；49MX的动断触点31-32打开，闭锁断路器的合闸回路。

闭锁继电器49MX的线圈自保持回路，只有在按下复归按钮PBFR后，才能解除其自保持。

2. SF_6 气体压力降低闭锁回路

当断路器的 SF_6 气体压力降低到室温20℃下，密度 $\rho_S=0.40$MPa时，密度继电器63GL的触点3-4闭合，启动压力降低闭锁继电器63GLX。63GLX的动断触点21-22打开，闭锁断路器的合闸回路；63GLX的动断触点31-32打开，闭锁断路器的跳闸回路。

当断路器的 SF_6 气体压力恢复正常，密度继电器63GL的触点3-4打开，闭锁自动解除。

3. 断路器位置指示回路

位置指示器用于显示断路器、隔离开关和接地开关的位置。位置指示器装设在控制柜LCP面板的一次示意图对应的位置上。位置指示器由具有两个线圈的电磁铁和一个可转动的条形衔铁及外壳组成。条形衔铁上面附有黑色模拟牌。模拟牌的位置决定于两个线圈的工作状态，当两个线圈均无电流通过时，衔铁受弹簧的拉力作用，模拟牌停留在45°位置；线圈1-3通过电流时，模拟牌停留在垂直位置，表示断路器在合位，由动合辅助触点控制；线圈2-3通过电流时，模拟牌停留在水平位置，表示断路器在分位，由动断辅助触点控制。即模拟牌的位置可表示断路器所在的位置。

4. 加热器回路

在断路器、隔离开关及接地开关等处安装的加热器均由温度自动控制器SKT控制。当温度降低到设定值时，其触点5-8闭合，将加热器SHX投入；当温度升到设定值时，其触点断开，将加热器断开。

5. 断路器的辅助触点

断路器有作为外部接线选用及联锁回路选用的断路器辅助触点。52a表示断路器动合辅助触点，回路号由L＊表示；52b表示断路器动断辅助触点，回路号由M＊表示。

第四节　110kV SF_6 组合电器中隔离开关、接地开关、故障关合接地开关的二次回路

电动操动的隔离开关、接地开关、故障关合接地开关，根据电动机的不同，有三相交流操作和直流操作之分。三相交流操动的是改变三相交流电动机的相序，控制电动机的转动方向，从而完成开关的分、合闸操动过程。直流操动的是改变直流电动机的正、负极性，控制电动机的转动方向，从而完成开关的分、合闸操动过程。

一、隔离开关的控制回路接线

组合电器中的隔离开关是直流电动操动的，是由电动机的转动带动操作传动机构完成分、合闸过程。

图 4-6 是 110kV 组合电器中的隔离开关控制原理图。

图 4-6 中，①、②、③等表示组合电器 LCP 柜与隔离开关之间的控制电缆编号；①之上的数字为控制电缆芯的编号。

1. 隔离开关的分、合闸回路

隔离开关的控制回路 1BP1（正电）、1BN1（负电）由 110kV 配电装置的控制母线供电。

在正电 1BP1 上接有远方/就地转换开关 43LR，当 43LR 在就地位置时，触点 9-10 接通，将正电送至就地操作回路；触点 11-12 断开，切断远方控制回路。当 43LR 在远方位置时，其触点 11-12 闭合，接通远方控制回路；触点 9-10 断开，切断就地操作回路的正电源。

（1）隔离开关的就地操作：由隔离开关的就地操作开关 3-89-n 来完成。代号中 3 表示为操作开关，89 表示为隔离开关，n 表示为隔离开关的代号，如 31、32 等。进行就地合闸操作时，操作开关 3-89-n 的触点 3-4 闭合，接通断路器的合闸回路；进行就地分闸操作时，操作开关 3-89-n 的触点 1-2 闭合，接通断路器的分闸回路。

（2）隔离开关的远方操作：将 43LR 置在远方位置，其触点 11-12 闭合，接通远方控制回路。由安装在主控制的室测控装置的遥控开出触点，分别接通隔离开关的合闸或分闸回路。同时 43LR 的触点 9-10 断开，切断就地操作回路的正电源。

（3）隔离开关的合闸回路：当正电送至合闸回路 B2，满足一系列合闸条件时，隔离开关的合闸接触器 CX 励磁，使隔离开关合闸。其合闸条件有：

1）隔离开关处于分闸状态，其动断辅助触点 89B 的 M6-M8 闭合。

2）隔离开关的操作电机在正常状态，热继电器 KT 不启动，KT 的动断触点 95-96 在闭合位置。

3）隔离开关的限位装置 SP1 在正常的电动操作位置，SP1 的 NC-C 触点闭合，SP1 的 NO-C 触点打开。

4）满足联锁条件。隔离开关 QS31 的联锁条件如图 4-7 所示，断路器 QF31 在分闸位置，动断触点 52B 的 M19-M20 闭合；接地开关 ES31 在断开位置，动断触点 57B 的 M26-M28 闭合；接地开关 ES32 在断开位置，动断触点 57B 的 M26-M28 闭合；接地开关 ES21 在断开位置，动断触点 57B 的 M34-M36 闭合。

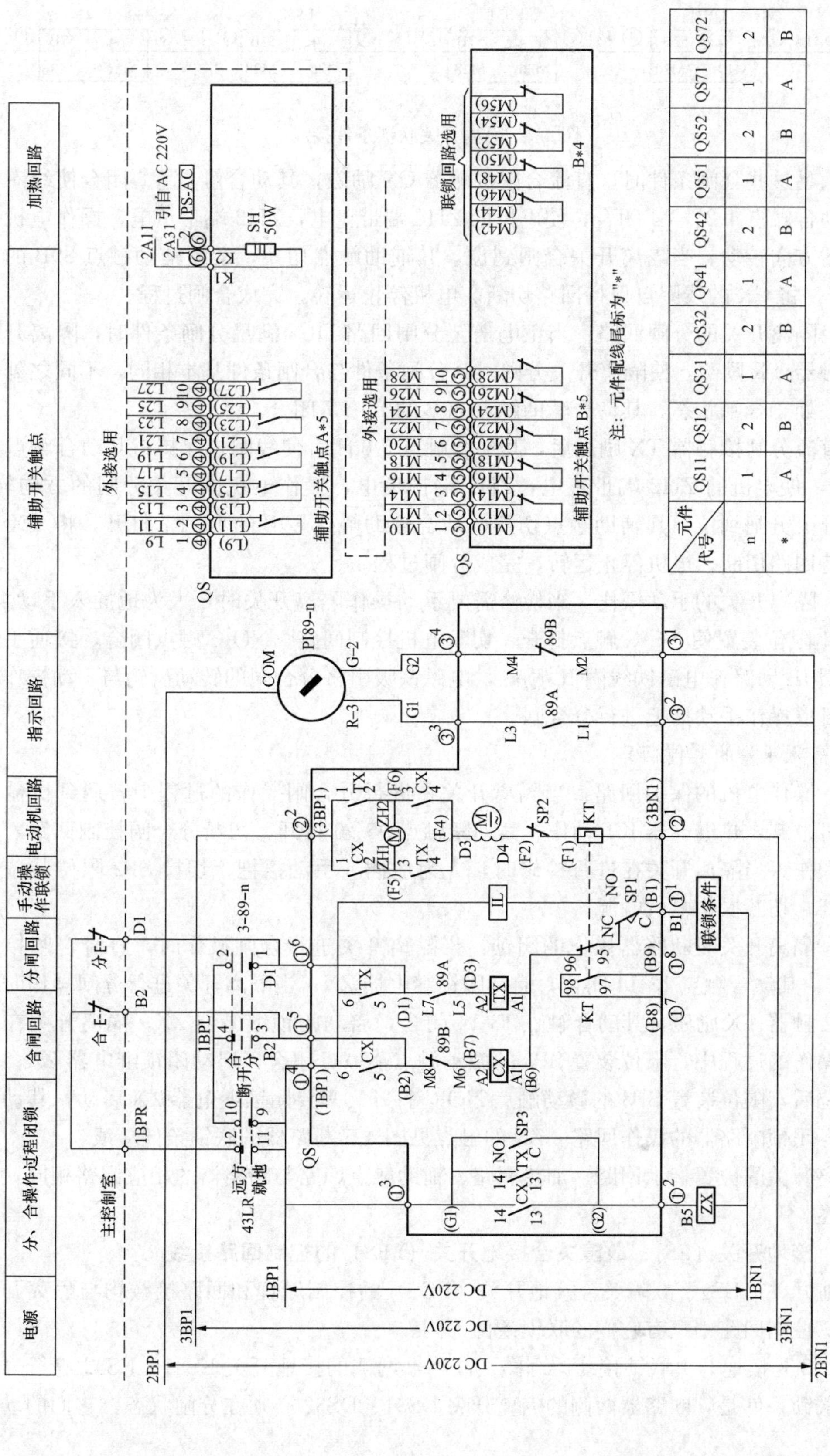

图 4-6　110kV 组合电器中的隔离开关控制原理图

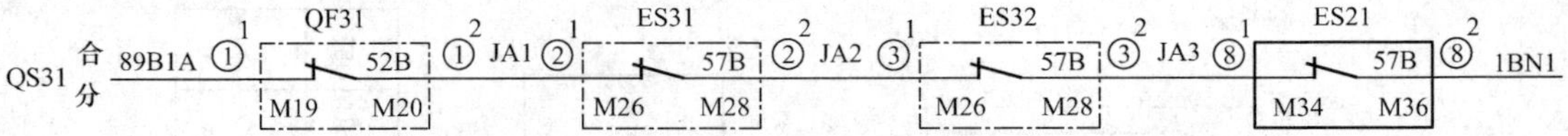

图 4-7 隔离开关联锁条件接线

当满足这些合闸条件时，直流合闸接触器 CX 励磁，其动合触点 5-6 闭合使线圈自保持；其动合触点 1-2、3-4 闭合，使电机的 ZH1 端带正电，ZH2 端带负电，操作电机向开关合闸的方向转动。当隔离开关合闸到位，其辅助触点切换，动断辅助触点 89B 的 M6-M8 打开，将 CX 的线圈自保持回路切断。电机停止运转，完成合闸过程。

（4）隔离开关的分闸回路：当正电送至分闸回路 D1，满足分闸条件时，隔离开关的分闸接触器 TX 励磁，使隔离开关分闸。其分闸条件与合闸条件基本相同，不同之处只是隔离开关处于合闸状态，其动合辅助触点 89B 的 L5-L7 闭合。

当直流分闸接触器 TX 励磁后，其动合触点 5-6 闭合使线圈自保持；其动合触点 1-2、3-4 闭合，使电机的 ZH2 端带正电，ZH1 端带负电，操作电机向开关分闸的方向转动。当隔离开关分闸到位，其辅助触点切换，动合辅助触点 89B 的 L5-L7 打开，将 TX 的线圈自保持回路切断。电机停止运转，完成分闸过程。

（5）隔离开关的手动操作：当检修需要手动操作隔离开关时，人为地插入手动摇把，切换 SP1 限位装置使 NC-C 触点打开，切断电机控制回路；NO-C 触点闭合，接通手动电磁铁线圈 IL 回路。电磁铁线圈 IL 励磁，电磁铁吸引将分合闸的转动齿轮与手动操作齿轮咬合，可以操作手动摇把进行分合闸。

2. 隔离开关的其他回路

（1）操作电机的保护回路：当隔离开关在进行分合闸操作的过程中若遇到机械故障时，电机过载，热继电器 KT 动作，其动断触点 95-96 打开，切断分合闸控制回路，终止分合闸操作。当隔离开关在进行检修时，人为地插入手动摇把，切换 SP2 限位装置使其触点打开，切断操作电机电源。

（2）隔离开关对断路器操作的闭锁：当隔离开关进行合闸操作时，直流合闸接触器 CX 励磁，其动合触点 13-14 闭合，启动闭锁继电器 ZX；当隔离开关进行分闸操作时，直流分闸接触器 TX 励磁，其动合触点 13-14 闭合，启动闭锁继电器 ZX；隔离开关在进行分合闸操作的过程中，限位装置 SP3 的微动触点 NO-C 闭合，启动闭锁继电器 ZX；当分合闸到位后，限位装置 SP3 的微动触点 NO-C 打开。只要闭锁继电器 ZX 启动，其动断触点打开，闭锁断路器的操作回路。ZX 的触点见图 4-5 断路器的联锁条件接线。

隔离开关的位置指示回路、加热回路、辅助触点回路与断路器的相应回路相同，这里不再叙述。

二、接地开关（ES）、故障关合接地开关（FES）的控制回路接线

接地开关（ES）、故障关合接地开关（FES）的控制原理和回路接线均与隔离开关完全相同。控制回路中只有它们的联锁条件不同。

图 4-8 是接地开关联锁接线原理图。断路器两侧的接地开关 ES31、ES32 进行分合闸操作的联锁条件是，断路器两侧的隔离开关 DS31、DS32 必须在分闸状态，它们的动断触

点 89B 的 M42-M44 闭合。

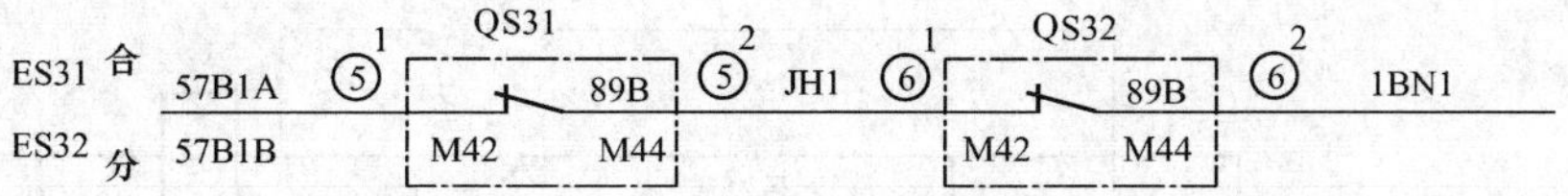

图 4-8 接地开关联锁条件接线

图 4-9 是故障关合接地开关联锁接线原理图。线路侧的故障关合接地开关 FES31 进行分合闸操作的联锁条件是，断路器线路侧的隔离开关 DS32 必须在分闸状态，它的动断触点 89B 的 M42-M44 闭合，同时高压线路无电压，线路高压带电显示装置 VD31 的动断触点闭合。

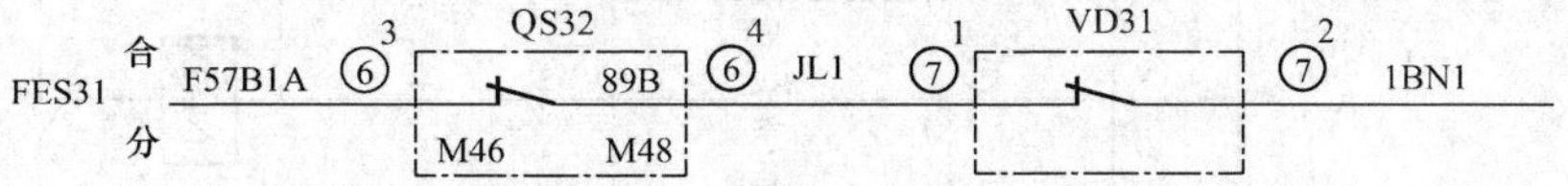

图 4-9 故障关合接地开关联锁条件接线

第五节 110kV SF_6 组合电器信号报警二次回路

在组合电器的每个间隔中，都要将所需报警的信号触点去启动对应的重动继电器，由重动继电器的一对触点点亮就地显示信号灯，另一对触点送至测控装置的信号开入回路，在综合自动化系统的后台机或集控中心的监控机进行报警显示。

图 4-10 是一个线路间隔信号报警启动回路的原理接线图。图中显示的报警信号有：

(1) 断路器气室 SF_6 气体压力降低报警。当断路器气室 SF_6 气体压力降低到室温 20℃以下，密度 $\rho_S=0.45$MPa 时，SF_6 气体低压报警开关 63GA 触点闭合，启动重动继电器 30GAX。重动继电器 30GAX 的动合触点 13-14 闭合，接通线圈自保持回路。重动继电器 30GAX 的动合触点 43-44 闭合，点亮就地显示信号灯 30GAL，如图 4-11 所示。重动继电器 30GAX 的动合触点 33-34 闭合，送至测控装置的信号采集开入回路，如图 4-12 所示。

(2) 断路器气室 SF_6 气体压力降低闭锁报警。当断路器气室 SF_6 气体压力降低到室温 20℃以下，密度 $\rho_S=0.40$MPa 时，SF_6 气体低压闭锁开关 63GL 触点闭合，启动重动继电器 63GLX，如图 4-4 所示。在闭锁分合闸回路的同时，重动继电器 63GLX 的动合触点 43-44 闭合，送至测控装置的信号采集开入回路，如图 4-12 所示。

(3) 断路器储能电机过流、过时报警。如图 4-4 所示，当断路器储能电机过载而发生过电流时，其热继电器 49M 动作，或电机运转超时，其时间继电器 48T 动作，均启动闭锁继电器 49MX。49MX 的动合触点 43-44 闭合，启动重动继电器 30MXX，如图 4-10 所示。重动继电器 30MXX 的动合触点 13-14 闭合，接通线圈自保持回路。重动继电器 30MXX 的动合触点 43-44 闭合，点亮就地显示信号灯 30MXL，如图 4-11 所示。重动继电器 30MXX 的动合触点 33-34 闭合，送至测控装置的信号采集开入回路，如图 4-12 所示。

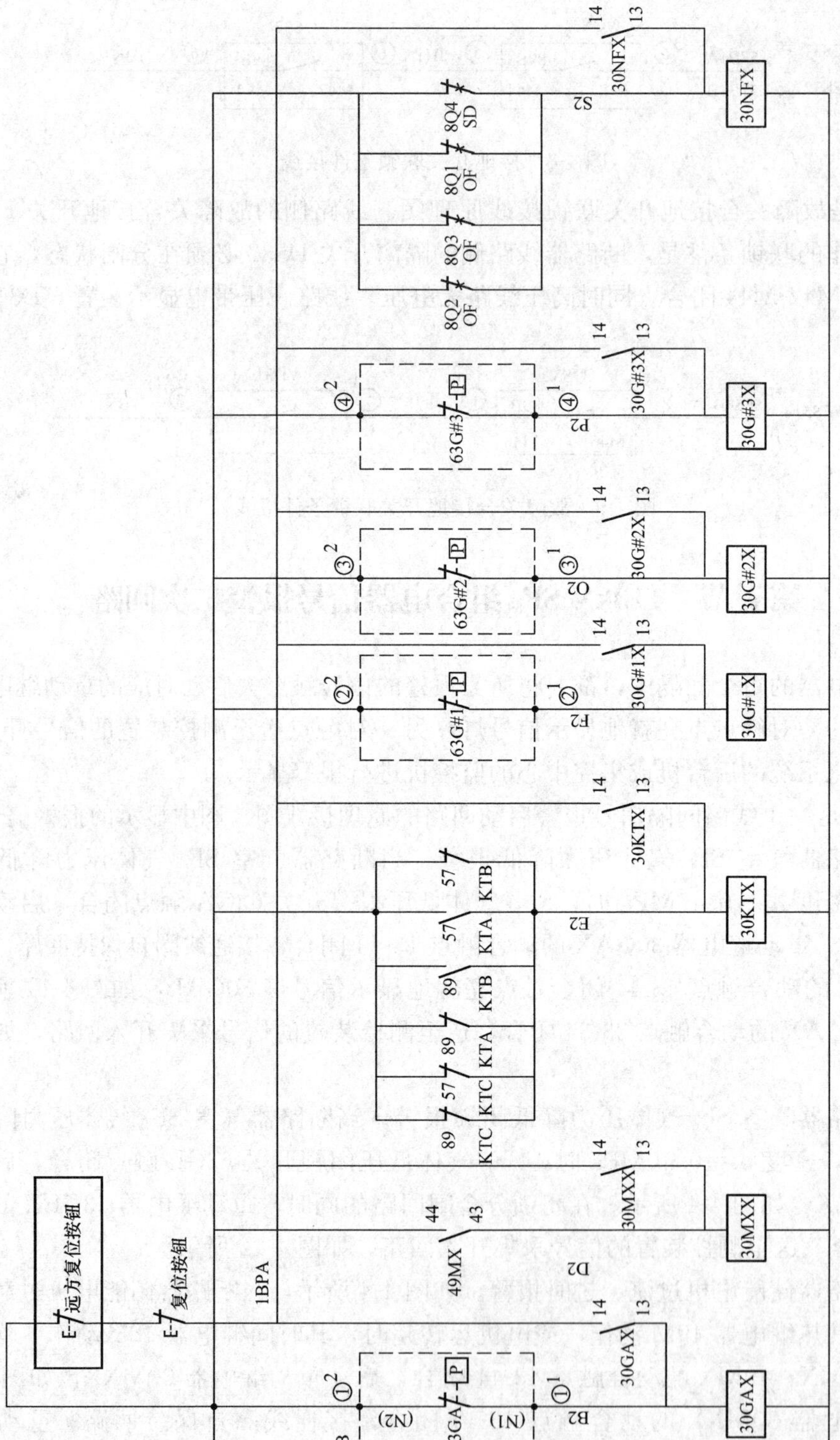

图 4-10 信号报警启动回路原理接线图

(4) 隔离开关、接地开关、故障关合接地开关操作电机过电流报警。如图 4-6 所示，当操作电机过载而发生过电流时，其热继电器 89KT 动作，它的动合触点 43-44 闭合，启动重动继电器 30KTX，如图 4-10 所示。重动继电器 30KTX 的动合触点 13-14 闭合，接通线圈自保持回路。重动继电器 30KTX 的动合触点 43-44 闭合，点亮就地显示信号灯 30KTL，如图 4-11 所示。重动继电器 30KTX 的动合触点 33-34 闭合，送至测控装置的信号采集开入回路，如图 4-12 所示。启动重动继电器 30KTX 的回路还有其他的隔离开关、接地开关及故障关合接地开关的热继电器动合触点 89KTA、89KTB、89KTC、57KTA、57KTB、57KTC。

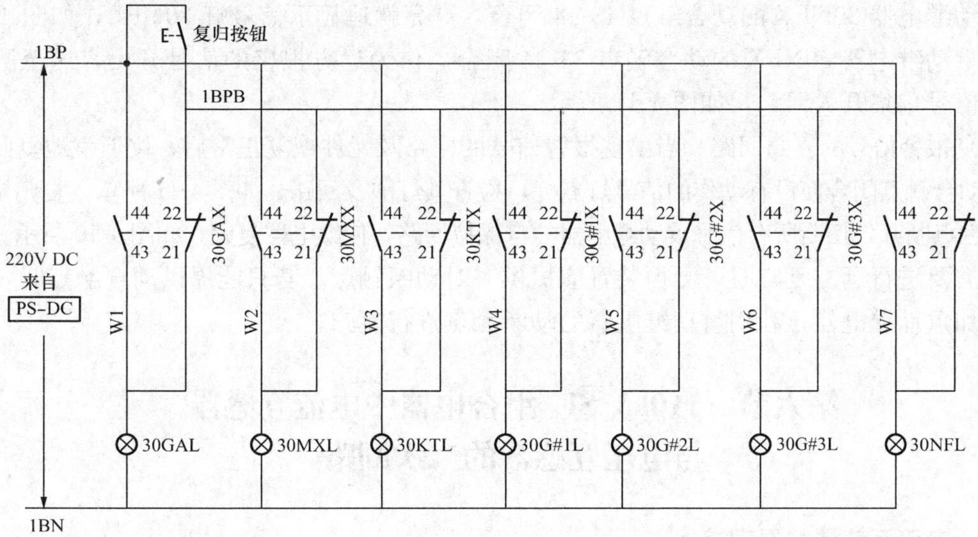

图 4-11　就地信号报警回路原理接线图

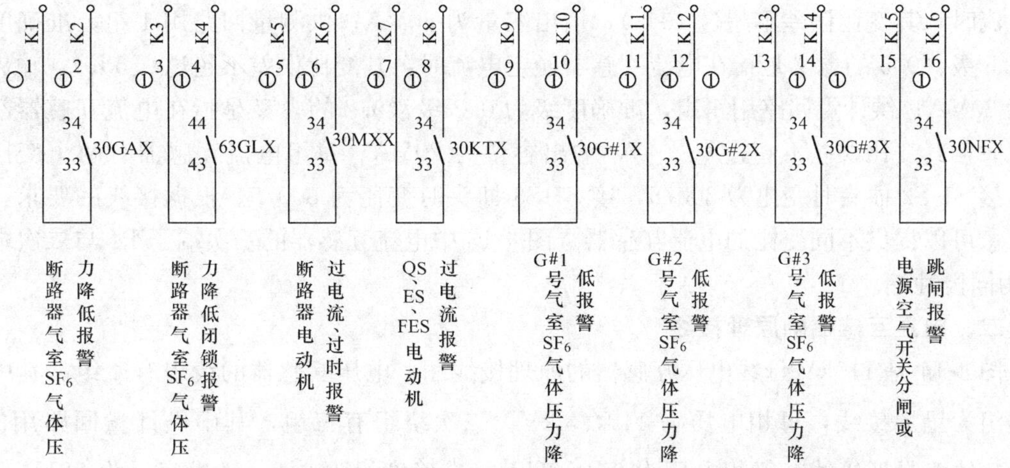

图 4-12　远方报警信号开出回路原理接线图

(5) 隔离开关气室 SF_6 气体压力降低报警。在出线间隔装有三组隔离开关，它们各自气室的 SF_6 气体压力降低到室温 20℃以下，密度 $\rho_S=0.3$MPa 时，SF_6 气体低压报警开关 63G1、63G2、63G3 触点闭合，启动重动继电器 30G1X、30G2X、30G3X。重动继电器 30GAX 的动合触点 13-14 闭合，接通线圈自保持回路。重动继电器的动合触点 43-44 闭合，点亮就地显示信号灯 30G1L、30G2L、30G3L，如图 4-11 所示。重动继电器的动合触点 33-34 闭合，送至测控装置的信号采集开入回路，如图 4-12 所示。

（6）电源空气开关跳闸报警。当本间隔电动机回路的直流电源开关 8Q3、位置指示回路的直流电源开关 8Q2、隔离开关接地开关控制回路的直流电源开关 8Q1 跳闸后，以及加热回路的交流电源开关 8Q4 跳闸后，这些开关的动断辅助触点闭合，启动重动继电器 30NFX，如图 4-10 所示。重动继电器 30NFX 的动合触点 13-14 闭合，接通线圈自保持回路。重动继电器 30NFX 的动合触点 43-44 闭合，点亮就地显示信号灯 30NFL，如图 4-11 所示。重动继电器 30NFX 的动合触点 33-34 闭合，作为远方报警的信号开出，送至测控装置的信号采集开入回路，如图 4-12 所示。

（7）报警信号的复归回路。当出现报警信号的回路及元件恢复正常后，按下就地复归按钮，其动合触点闭合使没有动作的信号灯点亮，检查其灯泡及回路，如图 4-11 所示。复归按钮的动断触点断开，切断所有信号重动继电器的自保持回路，使继电器复归，如图 4-10 所示。

当需要进行远方复归时，测控装置应提供一对动断触点。若只能提供动合触点时，则必须增加重动继电器，利用重动继电器的动断触点进行复归。

第六节　110kV SF_6 组合电器中电流互感器与电压互感器的二次回路

一、电流互感器的原理接线

图 4-13 是 110kV 线路间隔电流互感器的原理接线图。电流互感器的二次绕组共有 4 组，其中供保护用 2 组，准确度级为 10P20 级（10P20 的含义是指在电流互感器 20 倍额定电流时，其变比误差不超过 10%），输出容量为 30VA；供测量回路用 1 组，准确度级为 0.5 级（0.5 的含义是指在电流互感器额定电流时，其变比误差不超过 0.5%），输出容量为 20VA；供计量回路用 1 组，准确度级为 0.2 级（0.2 的含义是指在电流互感器额定电流时，其变比误差不超过 0.2%），输出容量为 20VA。每组电流互感器有两个变比抽头，接 S1-S2 抽头时变比为 300/5，接 S1-S3 抽头时变比为 600/5。根据接线的要求，制造厂家可以提供不同变比的电流互感器。图 4-13 中电流互感器的一次端子 P1 与二次端子 S1 为同极性端。

二、电压互感器的原理接线

图 4-14 是 110kV 母线电压互感器的原理接线图。电压互感器的绕组有 4 组。其中一次绕组为星形接线，每相电压为 $110/\sqrt{3}$kV。二次绕组有三组，其中供计量回路用的 1 组，接线为星形接线，每相电压为 $0.1/\sqrt{3}$kV，准确度级为 0.2，输出容量为 75VA；供测量和保护回路用 1 组，接线为星形接线，每相电压为 $0.1/\sqrt{3}$kV，准确度级为 0.5，输出容量为 100VA；供保护专用 1 组，接线为开口三角形接线，输出电压为 0.1kV，准确度级为 3P，输出容量为 300VA。

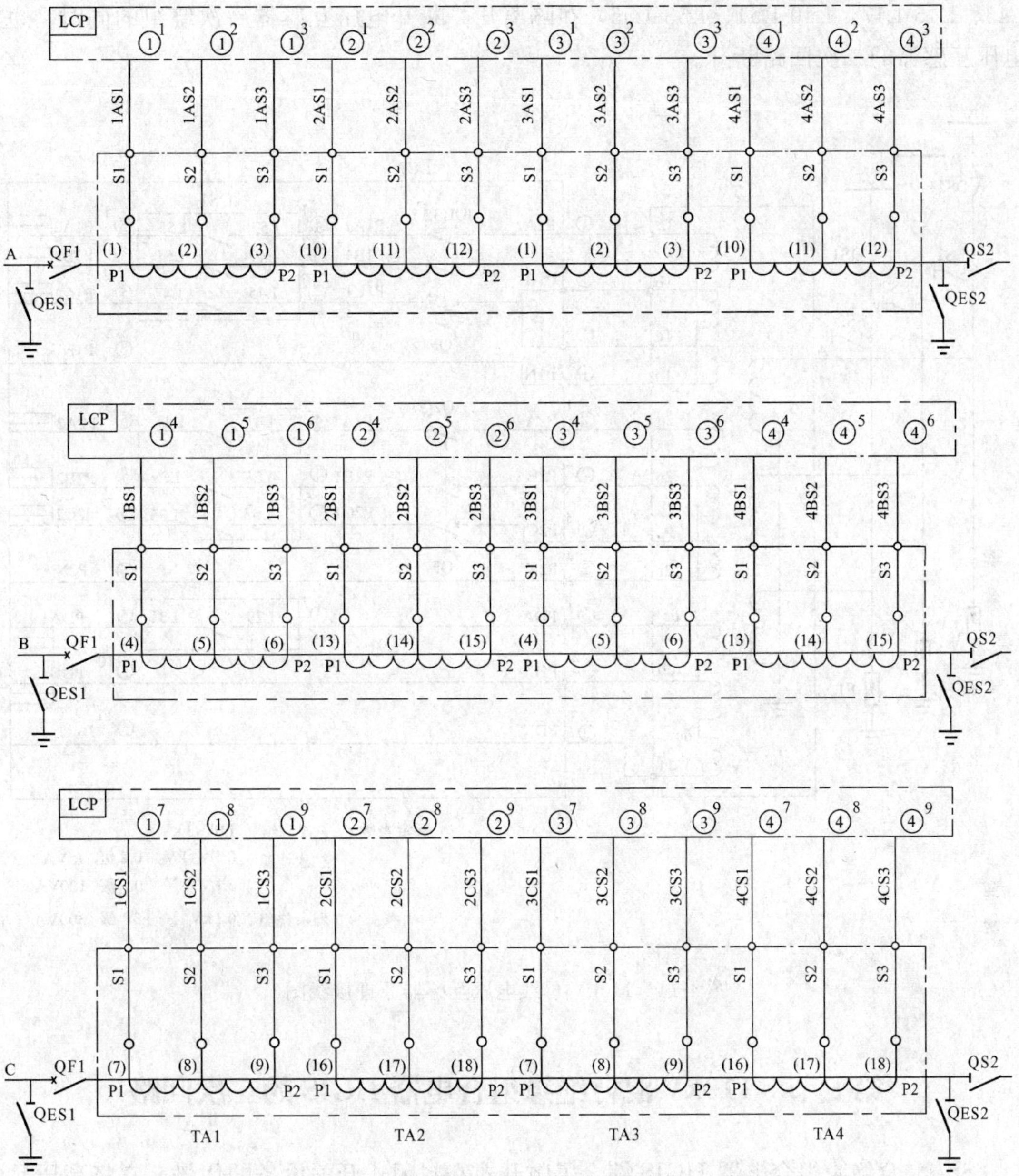

电流互感器参数一览表

线圈	额定电流比	输出容量	准确级
TA1	S1:S2 300/5	30VA	10P20
TA2		30VA	10P20
TA3	S1:S3 600/5	20VA	0.5
TA4		20VA	0.2

图 4-13 110kV 线路间隔电流互感器原理接线图

电压互感器的二次输出，两组星形接线绕组由空气开关 8P1、8P2 控制，开口三角形绕组不经控制直接输出。为了防止停电检修时二次加电压向一次反送电，在二次输出回路均接入隔离开关的辅助触点，如图 4-14 中 QS1 的 L29-L31、L33-L35、L37-L39、L41-

L43、L45-L47、L49-L51、L53-L55，在隔离开关断开电压互感器一次绕组的同时，也将电压互感器的二次回路断开。

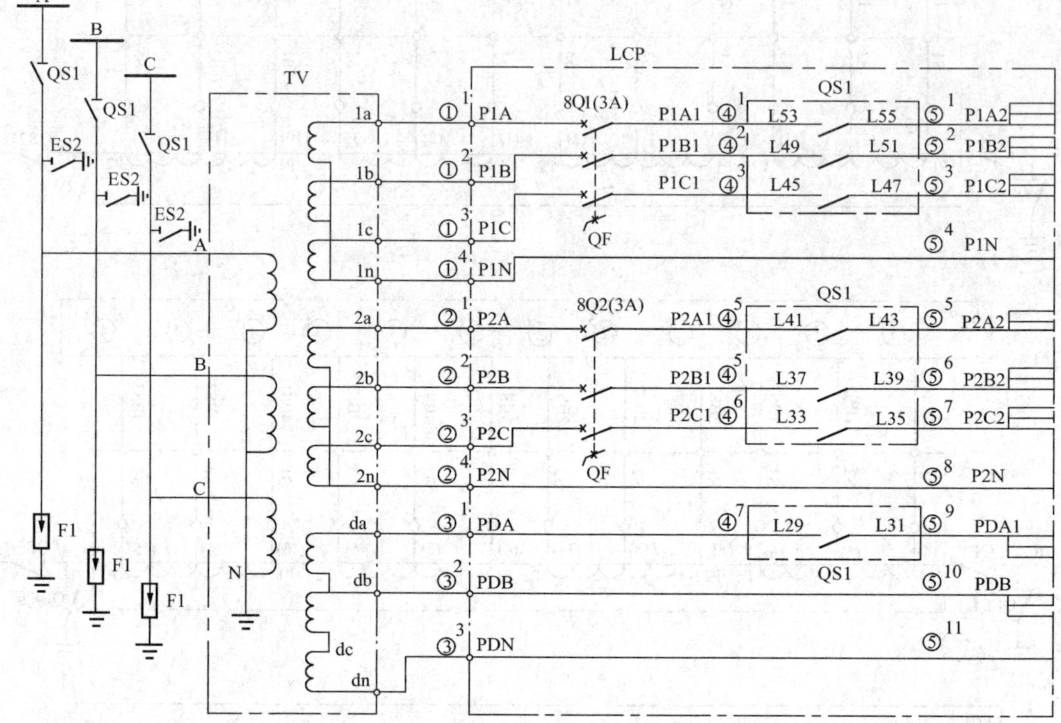

额定参数：一次绕组	110/√3 kV		
二次绕组	0.1/√3 kV	0.2 级	75VA
	0.1/√3 kV	0.5 级	100VA
剩余绕组	0.1kV	3P 级	300VA

图 4-14　110kV 母线电压互感器原理接线图

第七节　110kV 混合绝缘组合电器 HGIS 的二次回路

SF_6 混合绝缘组合电器 HGIS 综合了敞开式和封闭式开关设备的优势。它将高压元件高度集成，使高压开关设备更加紧凑。它以一个电气间隔为单元，把断路器、隔离开关、接地开关、互感器、避雷器等组装在一个箱体内，将电气单元两端用套管引出，一端与母线连接，另一端与线路或变压器等电气元件连接。目前在电力系统中运行的有 ABB 公司的 PASS 型、三菱公司的 MITS 型、西门子公司的 HIS 型等。随着 HGIS 设备的推广使用，我国高压开关制造厂家也已研制生产出这类设备，图 4-15 是一组 ABB 公司生产的 PASS（即 HGIS 的一种）外形及各方向视图。

图 4-15 是一组用于双母线的 PASS 外形照片，图 4-15（b）是用于单母线 PASS 的一次接线图，图 4-15（c）、(d)、(e）是一组用于单母线的 PASS 外形图。将图 4-15（a）与图 4-15（c）、(d)、(e）对照可以看到，用于双母线的 PASS 有 9 只套管，其中 6 只套管

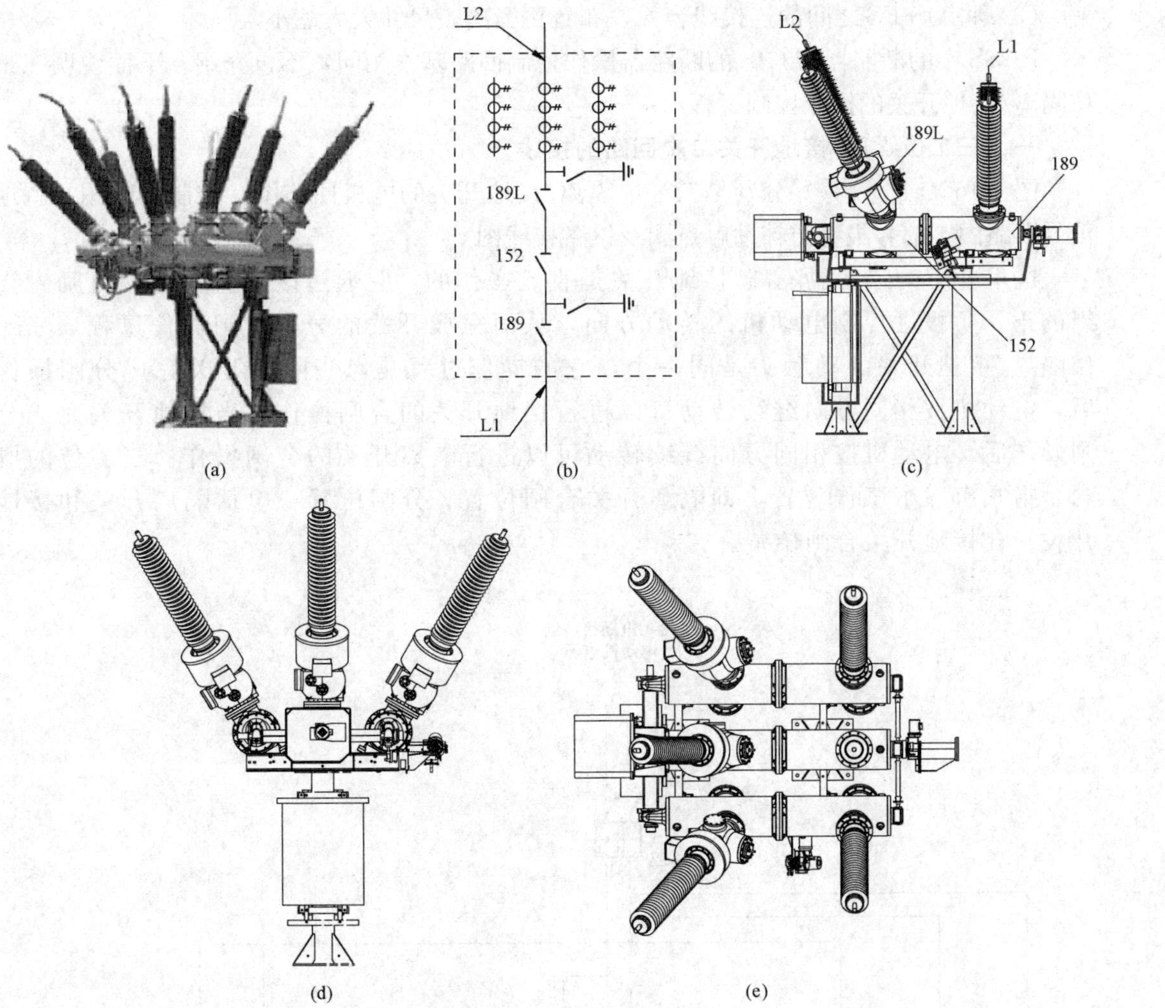

图 4-15　110kV PASS 外形图

(a) 外形图；(b) 一次示意图；(c) 正视图；(d) 侧视图；(e) 俯视图

分别接两组母线，3 只套管连接对应的电气元件；用于单母线的 PASS 有 6 只套管，其中 3 只套管接母线，3 只套管接对应电气元件。将图 4-15（b）与图 4-15（c）对照，可以看到对应的电气元件在实际设备中安放的位置。图 4-16（a）中 152 是断路器，189 与 189L 是三工位隔离/接地开关。PASS 中的断路器与 GIS 的断路器从原理到结构基本相同，但是隔离与接地开关采用新型的 SF_6 密封三工位隔离/接地开关，它使用新型的结构，使隔离开关（QS）与接地开关（ES）合二为一。它的动触头公用，变直动操作为转动操作，且公用一个操动机构。这种新型全密封组合隔离开关的特点是：

（1）完全解决了户外高压隔离开关经常出现的问题，如绝缘子断裂、操作失灵、触头导体过热、锈蚀等。

（2）隔离与接地开关合一，整体结构简化，尺寸显著变小。QS 与 ES 结合的三工位结构，不存在常规 QS 和 ES 之间可能出现的误操作，因此可以省略本间隔 QS 和 ES 之间的电气操作联锁，运行可靠性明显提高。

（3）将 QS-ES 之间的连接线合并，布置更紧凑，尺寸大大缩小。

PASS 中的断路器与 GIS 的断路器操作控制回路基本相同，不再介绍。下面说明三工位隔离/接地开关的操作控制过程。

一、三工位隔离/接地开关二次回路的接线

图 4-16（a）～（e）分别是三工位隔离/接地开关的电机回路图、控制回路图、就地信号回路图、信号报警与辅助触点图及设备接线图。

这里介绍的三工位隔离/接地开关是直流操作的，它通过改变直流电动机励磁绕组的正、负极性控制电动机的转动方向，从而完成开关的分、合闸操作过程。三工位隔离/接地开关的动触头是同一个，它的操作过程是，当隔离开关完成分闸操作后，电动机按相同方向继续转动可以进行接地开关的合闸操作。当接地开关完成分闸操作后，电动机按相同方向继续转动可以进行隔离开关的合闸操作。三工位的概念是指它有三个工作位置，即隔离开关合闸位置、分闸位置（包括隔离开关和接地开关）和接地开关合闸位置。

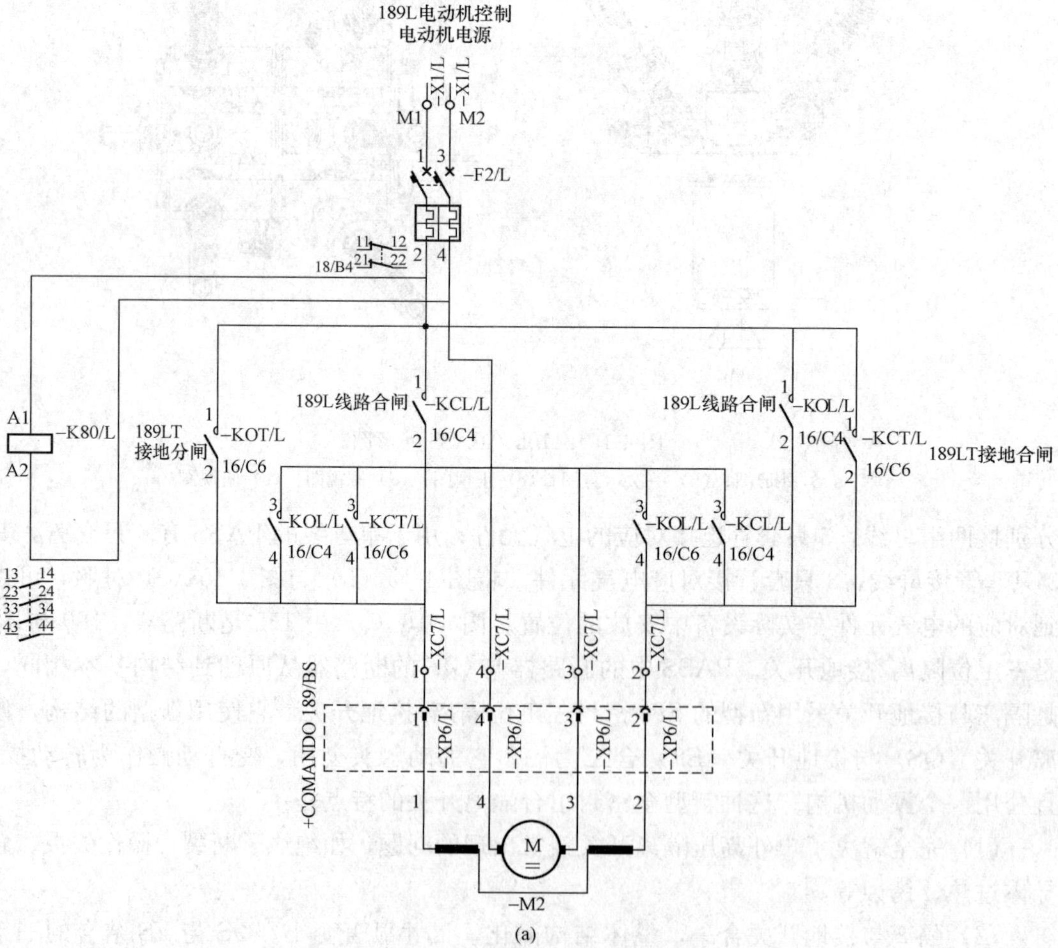

(a)

图 4-16 三工位隔离/接地开关二次回路图（一）

（a）110kV 三工位隔离/接地开关电机回路图

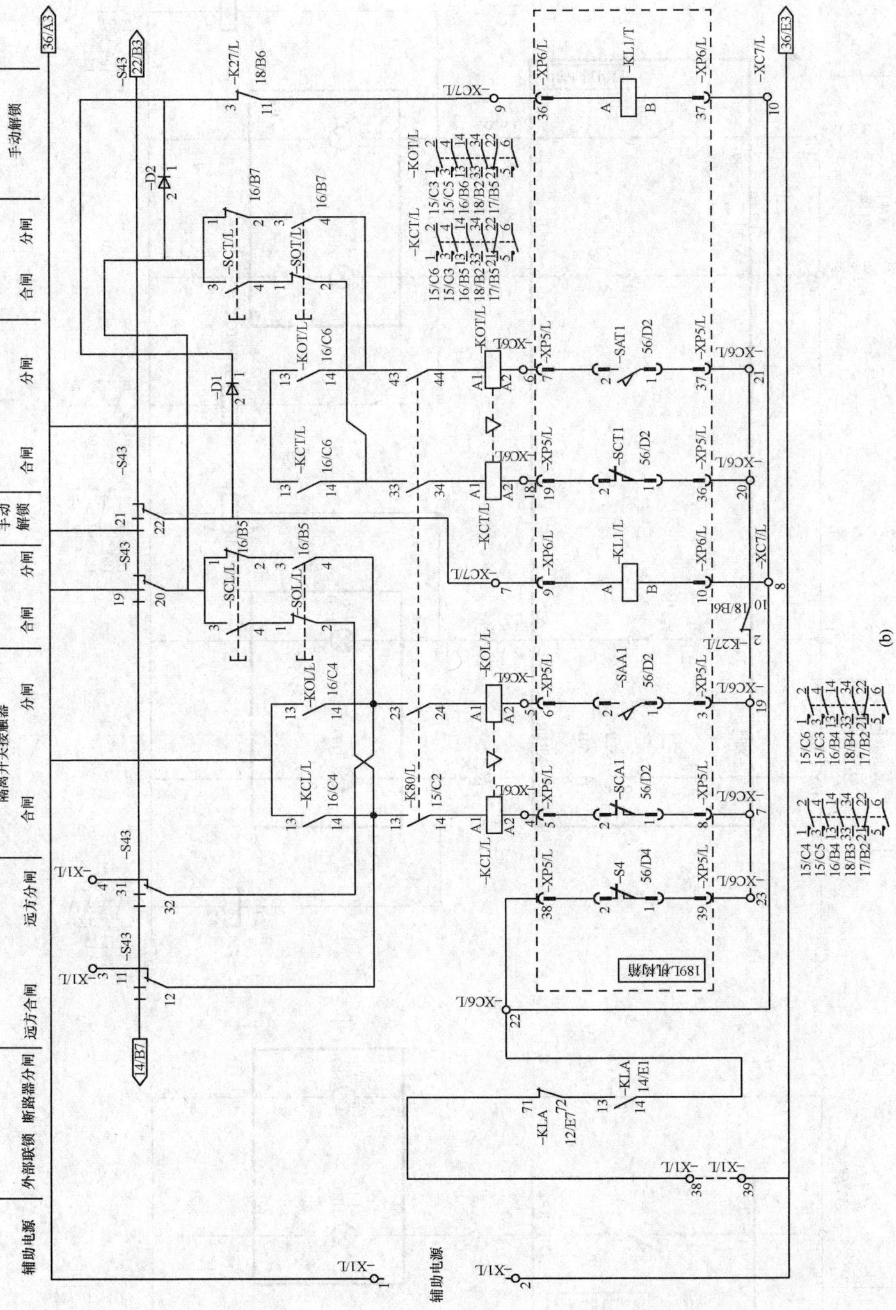

(b) 110kV 三工位隔离/接地开关控制回路图

图 4-16　三工位隔离/接地开关二次回路图（二）

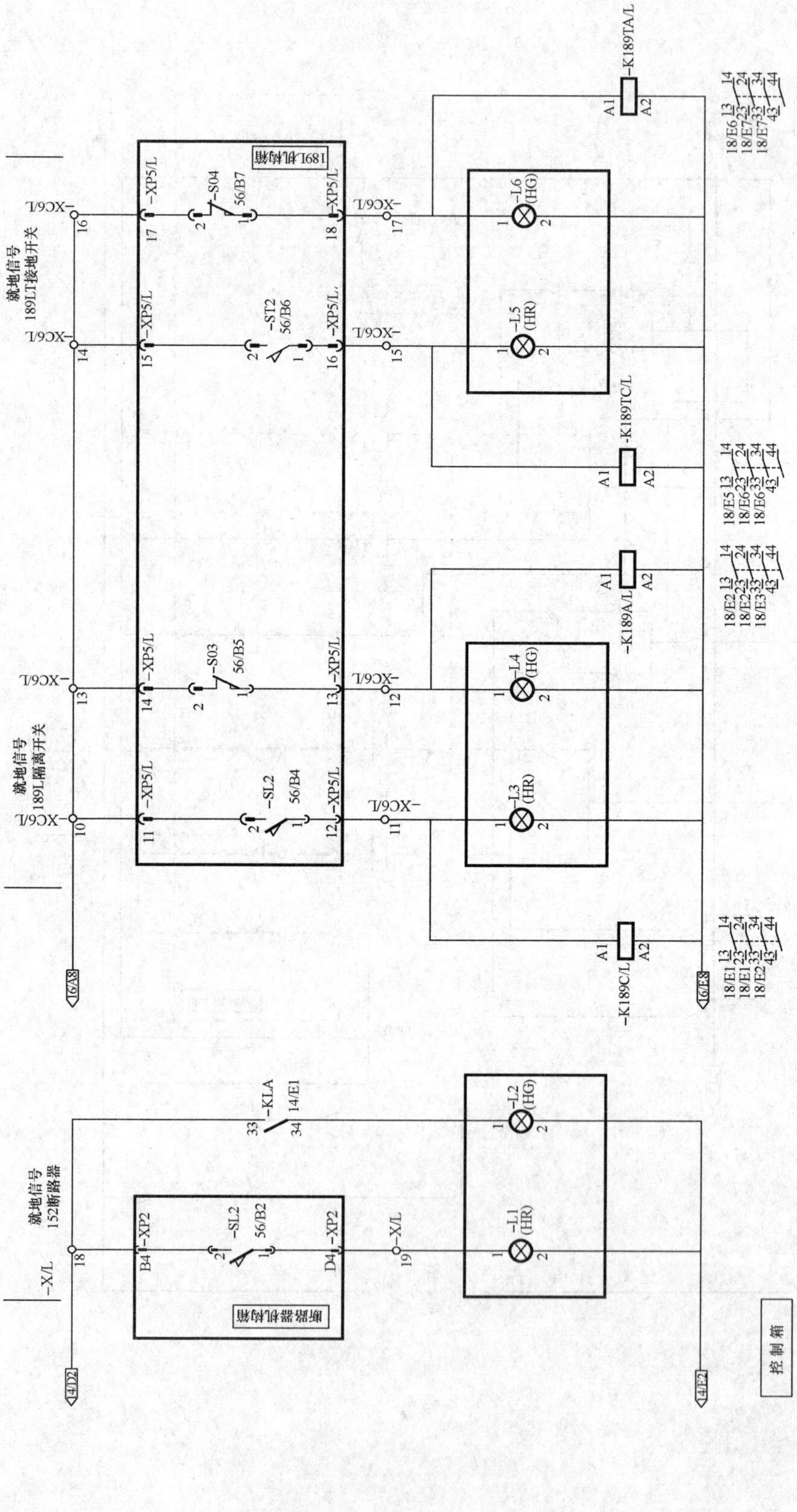

(c)

图 4-16 三工位隔离/接地开关二次回路图（三）

（c）110kV三工位隔离/接地开关就地信号回路图

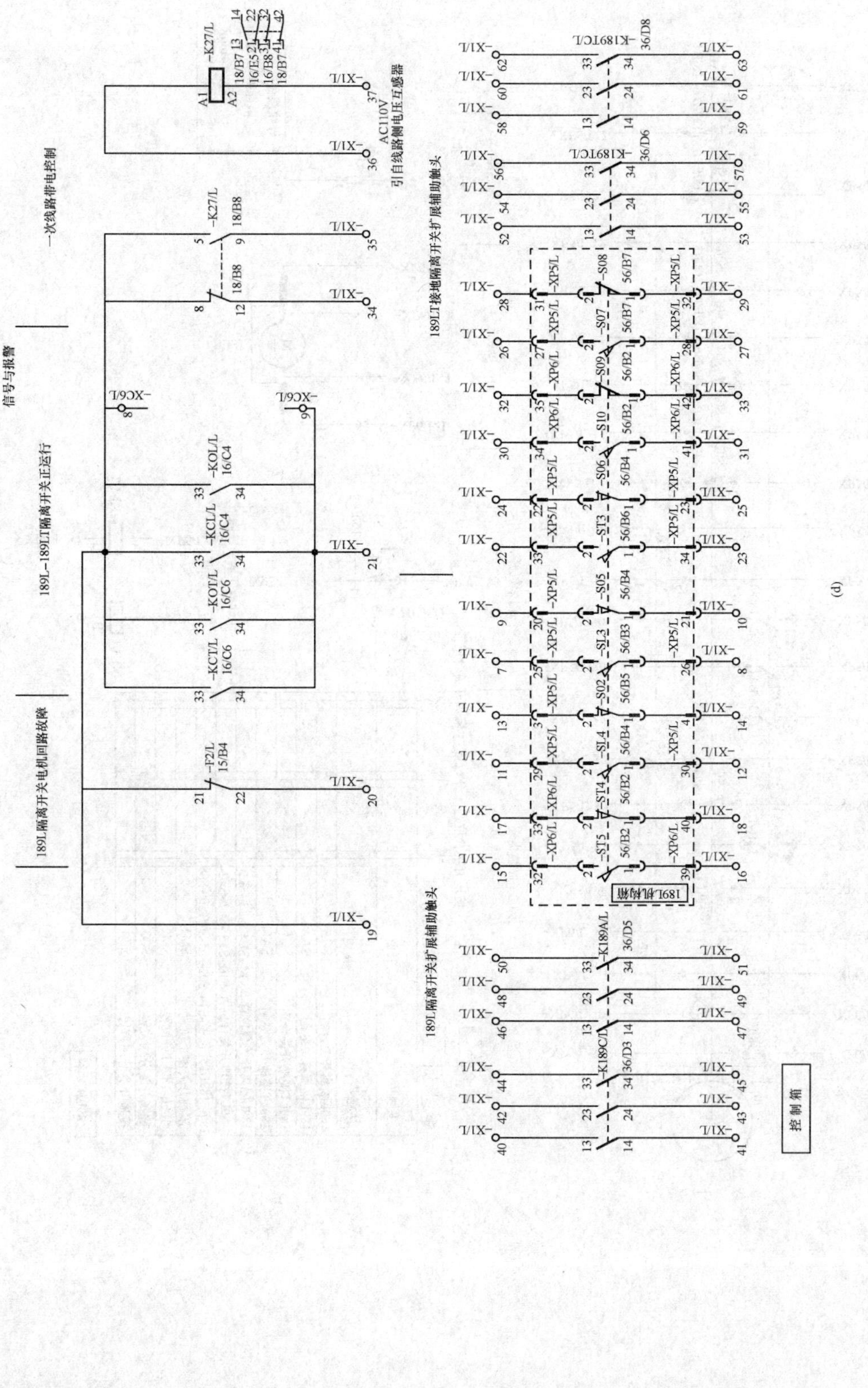

图 4-16　三工位隔离/接地开关二次回路图（四）

(d) 110kV 三工位隔离/接地开关信号报警辅助触点图

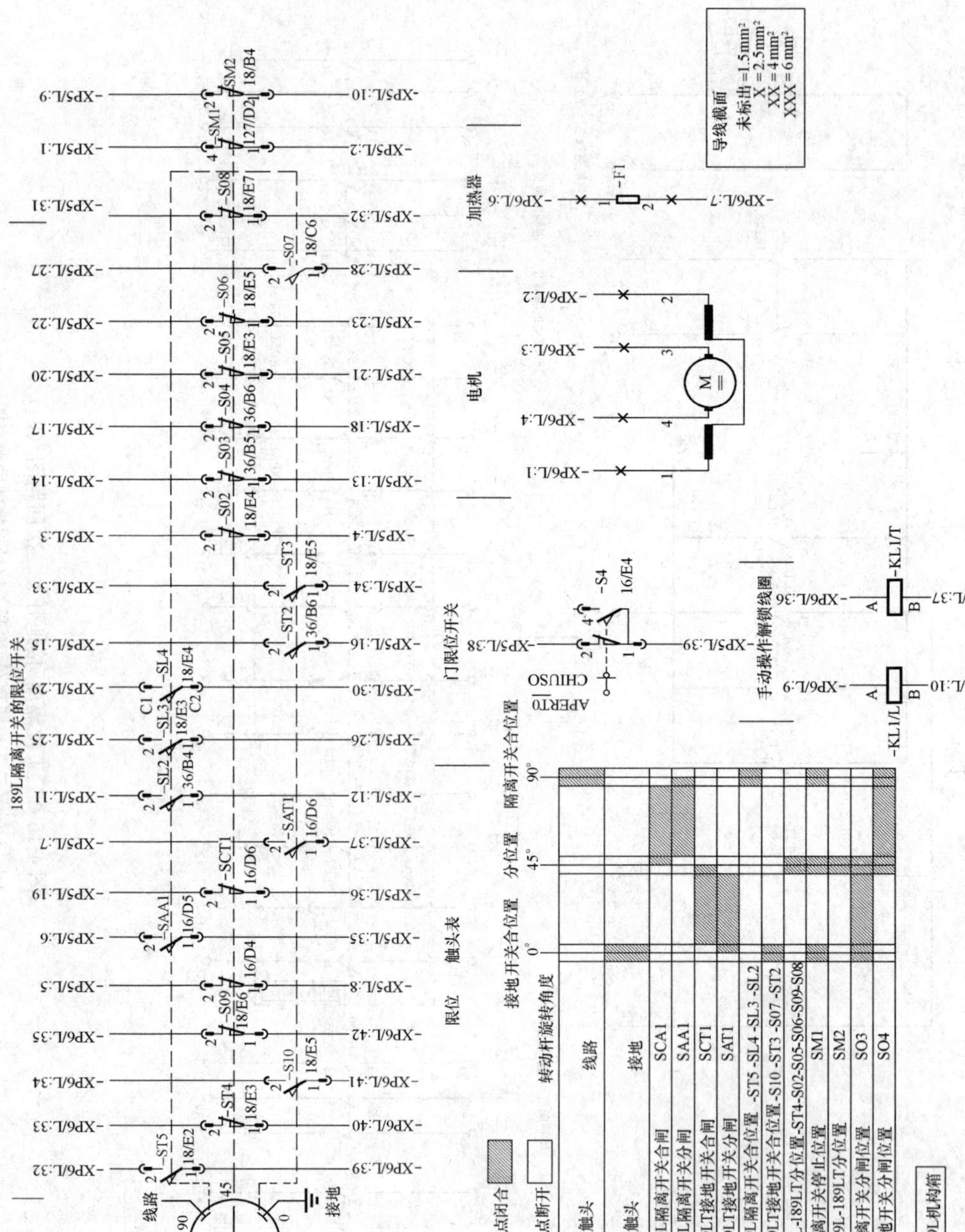

(e)

图 4-16 三工位隔离/接地开关二次回路图（五）

（e）110kV 三工位隔离/接地开关设备接线图

二、三工位隔离/接地开关的电机回路

110kV 三工位隔离/接地开关电动机回路如图 4-16（a）所示，需要说明的是，图纸中在元件旁出现很多符号，如 16/C4，它表示某设备元件所连接的回路在什么位置，其中 16 表示在本册第 16 张图，C 表示图中的行坐标（A，B，C，D，E），4 表示图中的列坐标（1，2，3，4，5，6，7，8）。有的电路没有画完，用箭头表示其去向，箭头里也有这样的符号，说明电路与本册另一张图的某回路相连。图中：-F2/L 是电机电源小空气开关，它的 1、3 端接在-X1/L 端子排的 M1、M2 端子，它的动断触点 21、22 去发“隔离开关电动机电源故障”信号，接在本册第 18 张图的行坐标 B，列坐标 4 的位置；-K80/L 是电动机电源监视继电器的线圈，它的 4 组动断触点标示在下方，用于进行失压闭锁控制，即当电机失压时切断三工位隔离/接地开关的控制电源。具体各触点接在本册第 16 张图纸的坐标位置是 C4、C4、C5、C6。

图 4-16（a）中的 189L 表示为线路侧隔离开关，189LT 表示为线路侧接地开关，M 为三工位隔离/接地开关的操作电机。当隔离开关进行合闸操作时，KCL/L 合闸接触器触点 1-2，3-4 闭合，接通电机绕组，其回路为：电源正 - F2/L1-2 -KCL/L1-2 - M1-2 -KCL/L3-4 -M3-4 - 电源负。其中 M1-2 为励磁绕组，M3-4 为电机定子绕组。隔离开关合闸操作时电机 M1 端为正，M4 端为负。当隔离开关进行分闸操作时，KOL/L 合闸接触器触点 1-2，3-4 闭合，接通电机绕组，其回路为：电源正 - F2/L1-2 -KOL/L1-2 - M2-1 -KOL/L3-4 -M3-4 - 电源负。隔离开关分闸操作时电机 M2 端为正，M4 端为负。隔离开关分闸操作时改变了电机励磁绕组的极性，从而改变了电机的转动方向。

接地开关进行合闸操作时，KCT/L 合闸接触器 1-2，3-4 闭合，其回路与隔离开关分闸操作过程相同；接地开关进行分闸操作时 KOT/L 合闸接触器 1-2，3-4 闭合，其回路与隔离开关合闸操作过程相同。

三、三工位隔离/接地开关的控制回路

图 4-16（b）是 110kV 三工位隔离/接地开关控制回路图，其控制电源从端子排-X1/L的 1、2 接入，同时将直流正引出至 36/A3，直流负引出至 36/E3。

1. 操作回路的联锁

三工位隔离/接地开关的操作联锁接在负电源回路，本单元的联锁条件有 4 个：

（1）要在断路器分闸状态下才允许操作。这里接的是-KAL 继电器的 13-14 动合触点，-KLA 是断路器动断触点的扩展继电器，所以 13-14 触点闭合表示断路器在分闸状态。

（2）要保证本开关气室的密度正常。这里接的是-KIA 闭锁继电器的 71-72 动断触点，-KIA 继电器的线圈由-63GB2/1 密度计触点控制，当密度低于 0.5MPa 时触点闭合，-KIA 继电器启动（正常的工作密度为 0.58MPa），71-72 触点断开，闭锁开关操作回路。-KIA 继电器线圈启动回路可以在图 12/E7 中（断路器控制回路）找到，书中没有画出。

（3）要求操作必须在机构箱门在关闭状态下进行。这里接的是-S4 1-2 机构箱门的限位开关触点，当机构箱门关闭时触点接通。-S4 限位开关参见图 4-16（e），图的坐标为

56/D4。

(4) 外部联锁的回路在-X1/L端子排的38、39中留出，根据主接线的要求可以接入，如果不用可以短接38-39端子。

2. 接地开关的联锁

接地开关的联锁除满足上述条件外，还应根据其在主接线中的位置，满足其他的联锁条件。这里所举的是线路侧的三工位隔离/接地开关，线路接地开关的操作要求线路必须在无电压的状态方可进行。在三工位隔离/接地开关控制回路中，对接地开关的操作采用了高压线路无电压联锁，图中的-K27/L继电器动断触点2-10、3-11，当高压线路不带电时，此触点闭合，允许操作。-K27/L是一个交流电压继电器，其线圈接在线路电压互感器二次绕组上，见图4-16 (d)，图的坐标为18/B6。

-K27/L的2-10触点接在负电源侧，用于闭锁接地开关的分合闸操作。-K27/L的3-11触点用于闭锁接地开关手动解锁电磁铁的线圈-KL1/L。

3. 隔离开关的分合闸操作

图4-16 (a) 中的-S43是远方就地切换开关，每一组PASS中断路器、三工位隔离/接地开关共用一只远方就地切换开关。它有三个位置，图示每组远方就地切换开关的触点处有三道小竖线，它表示左侧是手动（解锁）位置，中间是试验（就地）位置，右侧是运行（远方）位置。

(1) 隔离开关的就地操作。将-S43切在就地位置，其触点19-20闭合，接通就地控制回路正电源。合闸操作过程是：按下-SCL/L隔离开关合闸操作按钮，其触点3-4接通合闸回路，1-2断开分闸回路。经-K80/L触点13-14（电机失压闭锁）启动隔离开关合闸接触器-KCL/L，合闸回路为电源正—-S4319-20—-SCL/L3-4— -SOL/L1-2— -K80/L13-14— -KCL/L A1-A2— -SCA1 2-1— -S4 1-2 - KLA14-13— -KIA72-71 - 外部联锁端子 - 电源负。当隔离开关合闸接触器-KCL/L启动后，其动合触点13-14闭合，接通其自保持回路，同时接通电机回路，进行隔离开关的合闸过程。当隔离开关合闸到位后，微动开关-SCA1触点1-2断开，切断隔离开关合闸操作回路。微动开关-SCA1的动作行程可以参照图4-16 (e)，坐标为56/D2。

分闸操作过程是：按下-SOL/L隔离开关分闸操作按钮，其触点3-4接通分闸回路，1-2断开合闸回路。经-K80/L触点23-24（电机失压闭锁）启动隔离开关分闸接触器-KOL/L,分闸回路为电源正— -S4319-20— -SCL/L1-2— -SOL/L3-4— -K80/L23-24— -KOL/L A1-A2— -SAA1 2-1— -S4 1-2 - KLA14-13— -KIA72-71 - 外部联锁端子 - 电源负。当隔离开关分闸接触器-KOL/L启动后，其动合触点13-14闭合，接通其自保持回路，同时接通电机回路，进行隔离开关的分闸过程。当隔离开关分闸到位后，微动开关-SAA1触点1-2断开，切断分闸操作回路。微动开关-SAA1的动作行程可以参照图4-16 (e)，坐标为56/D2。

(2) 隔离开关的远方操作。远方控制在端子排-X1/L的3、4分别接入装在控制室的测控装置的合闸及分闸触点。将-S43切在运行位置，其触点11-12，31-32闭合，接通远方控制回路，同时触点19-20断开，切断就地操作的正电源。由测控装置的遥控开出触点分别接通隔离开关的合闸或分闸启动回路。

4. 接地开关的分合闸操作

接地开关分合闸操作只能就地操作，没有远方操作回路（符合运行操作规程的规定）。将-S43 切在就地位置，其触点 19-20 闭合，接通就地控制回路正电源。合闸操作过程是：按下-SCT/L 接地开关合闸操作按钮，其触点 3-4 接通合闸回路，1-2 断开分闸回路。经-K80/L 触点 33-34（电机失压闭锁）启动接地开关合闸接触器-KCT/L，合闸回路为电源正- -S4319-20— -SCT/L3-4— -SOT/L1-2— -K80/L33-34— -KCT/L A1-A2— -SCT1 2-1— -K27/L10-2 -S4 1-2 - KLA14-13— -KIA72-71 - 外部联锁端子 - 电源负 。当接地开关合闸接触器-KCT/L 启动后，其动合触点 13-14 闭合，接通其自保持回路，同时接通电机回路，进行接地开关的合闸过程。当接地开关合闸到位后，微动开关-SCT1 触点 1-2 断开，切断隔离开关合闸操作回路。微动开关-SCT1 的动作行程可以参照图 4-16（e），坐标为 56/D2。

分闸操作过程是按下-SOT/L 接地开关分闸操作按钮，其触点 3-4 接通分闸回路，1-2 断开合闸回路。经-K80/L 触点 43-44（电机失压闭锁）启动接地开关分闸接触器-KOT/L，分闸回路为电源正- -S4319-20— -SCT/L1-2— -SOT/L3-4— -K80/L43-44— -KOT/L A1-A2— -SAT1 2-1 -K27/L10-2— -S4 1-2 - KLA14-13— -KIA72-71 - 外部联锁端子 - 电源负。当接地开关分闸接触器-KOT/L 启动后，其动合触点 13-14 闭合，接通其自保持回路，同时接通电机回路，进行接地开关的分闸过程。当接地开关分闸到位后，微动开关-SAT1 触点 1-2 断开，切断分闸操作回路。微动开关-SAT1 的动作行程可以参照图 4-16（e），坐标为 56/D2。

5. 手动操作的解锁回路

三工位隔离/接地开关进行检修或调试时，需要进行手动操作。在进行手动操作时，要插入手柄，才能转动操动机构。手柄的插入依靠电磁铁进行闭锁，图 4-16（b）中-KL1/L是隔离开关手动操作解锁电磁铁的线圈，-KL1/T 是接地开关手动操作解锁电磁铁的线圈。当远方就地切换开关-S43 置于手动（解锁）位置，-S43 的 21-22 触点闭合接通-KL1/L 隔离开关手动操作解锁电磁铁的线圈回路，同时通过二极管-D1，-K27/L 3-11 接通-KL1/T 接地开关手动操作解锁电磁铁的线圈回路。

四、三工位隔离/接地开关就地信号回路

图 4-16（c）是 110kV 三工位隔离/接地开关就地信号回路图，其电源与控制回路相连，直流正引自 18/A8，直流负引自 18/E8，见图 4-16（b）。

图 4-16（c）中位置信号包括断路器 152、隔离开关 189L、接地开关 189LT 的分合状态。其中-L1、-L2 分别是断路器的合闸与分闸位置指示；-L3、-L4 分别是隔离开关的合闸与分闸位置指示；-L5、-L6 分别是接地开关的合闸与分闸位置指示。

图 4-16（c）中-K189C/L 是隔离开关合闸状态触点的扩展继电器；-K189A/L是隔离开关分闸状态触点的扩展继电器；-K189TC/L是接地开关合闸状态触点的扩展继电器；-K189TA/L是接地开关分闸状态触点的扩展继电器。图中-SL2 是隔离开关的动合触点；-ST2是接地开关的动合触点；-SO3、-SO4 是隔离、接地开关的动断触点。它们何时闭合可以参照图 4-16（c）的触头表。当其中某触点闭合时，对应的位置指示信号灯点亮，表明开关所处的状态，同时对应的触点扩展继电器启动，其触点作为外引信号所用。

五、三工位隔离/接地开关的信号报警及辅助触点回路

图 4-16（d）是三工位隔离/接地开关的信号报警及辅助触点回路。信号报警回路有：

（1）电机电源故障信号。由电机电源小空开-F2/L 动断触点 21-22 实现，当电机电源回路故障，-F2/L 小空气开关跳闸，21-22 触点闭合，发出电机电源故障信号。

（2）三工位隔离/接地开关正在运行信号。当进行隔离开关或接地开关的分、合闸操作时，相应的接触器启动，-KCL/L、-KOL/L、-KCT/L、-KOT/L 的 33-34 触点，其中之一在闭合状态，发出三工位隔离/接地开关正在运行信号。

（3）高压线路带电信号。交流电压继电器-K27/L 的线圈 A1-A2 接在高压线路电压互感器的二次绕组上，当高压线路带电时，继电器-K27/L 启动，其动合触点 5-9 闭合，发出高压线路带电信号；当高压线路无电时，继电器-K27/L 返回，其动断触点 8-12 闭合，发出高压线路无电信号。

图中所画的三工位隔离/接地开关的辅助触点，在引用时要对照触点图，了解它在何时闭合，何时断开，按照回路的要求正确引用。扩展继电器的动作情况前面已有说明，它们的触点可以按照需要引用。

六、三工位隔离/接地开关的辅助设备回路

图 4-16（e）是三工位隔离/接地开关的辅助设备接线图。图中包括三工位隔离/接地开关操动机构箱内安装一些辅助设备的接线图，有三工位隔离/接地开关的限位开关接线图及与之对应的触头表，有机构箱的门限位开关、手动操作解锁线圈、电机、加热器的接线图。这里主要说明一下三工位隔离/接地开关的限位开关，它在使用中和以往分列的隔离开关、接地开关的辅助触点是相同的，只是这里隔离开关与接地开关的操动机构是同一个，三工位隔离/接地开关的限位开关要能正确反映在操作过程中主触头在不同位置时的状态。在触头表中可以看到反映不同位置的辅助触点有不同的文字标号，这与以往的辅助触点不同，在看图时要注意。在触头表中阴影部分表示触头是接通的，可以看到当操动机构旋转到不同的角度，各限位开关触点的状态是不同的，在看二次回路图时要按照机构的操作过程，结合触头表去分析回路的动作情况。

第五章

110kV 空气绝缘敞开式开关设备的二次回路

110kV 户外敞开式配电装置即是空气绝缘户外敞开式开关设备 AIS，以往为常规户外平面布置或半高层布置的配电装置。它由连接导线将断路器、隔离开关、接地开关、互感器、避雷器等设备，按照一定的接线方式连接在一起组合构成相应的一次系统。其特点是接线清晰，投资较小。但是设备占地面积较大，运行环境较差，故障率较高，设备维护检修工作量较大。

第一节　110kV 断路器的二次回路

110kV 断路器有多种形式，按其介质分有多油、少油、真空、六氟化硫的，按其操作能源分有电磁、气压、液压、弹簧储能的。这里仅介绍目前常用的几种。

一、SW6—110 型少油断路器

SW6—110 型少油断路器配置 CY3 液压操动机构，是常用的户外高压电气设备。它的工作介质是变压器油。操动机构采用液压原理，将油箱内常压的航空液压油经过电动油泵加压变成高压油，并储藏在储压筒内。当分闸或合闸线圈带电励磁时，吸合不同的球形阀门开启，改变高压油路的方向，使工作缸中的活塞分别向左或向右运动，带动传动机构使断路器进行分闸或合闸的操作。要使操动机构处于正常工作状态，必须使储压筒内液压油的压力保持在一定的压力范围内。在储压筒下装有微动开关，用来控制油泵电机的运转。图 5-1 是电动油泵自动控制的原理接线图。

图 5-1 中的电动机可以是直流的，也可以是交流的，这里采用直流电机，其电源接在直流合闸母线环网中。1CK、2CK 是反映储压筒压力的微动开关，当储压筒压力低于

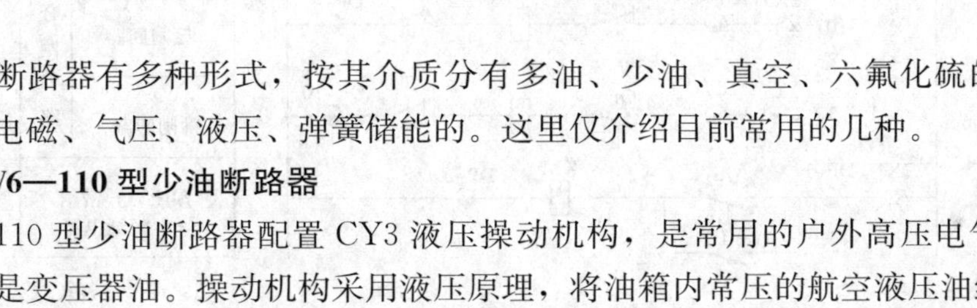

图 5-1　电动油泵自动控制原理接线图

22.7MPa 时，1CK 触点闭合，当储压筒压力低于 22MPa 时，2CK 触点闭合。运行中当储压筒压力低于 22.7MPa 时，1CK 触点闭合，但是直流接触器 KAD 没有启动，其动合辅助触点并未闭合，不可能使 KAD 启动。当储压筒压力低于 22MPa 时，2CK 触点闭合，使直流接触器 KAD 启动，KAD 的触点接通电动机的电源，使电动机转动带动油泵加压。同时 KAD 的动合辅助触点闭合，通过 1CK 触点使之自保持。当加压使储油筒压力高于 22.7MPa 时，1CK 触点断开，切断 KAD 的自保持回路，使 KAD 失磁返回，电动机停止运转，将储压筒的液压油始终维持在 22～22.7MPa 之间。电动机运转中，KAD 的动合辅助触点闭合，发出“电动机油泵运转”的信号，如图 5-3 所示。

当储压筒压力处于异常状态下，中间继电器 KM 的动断触点打开，不允许电动机运转。由图 5-2 可见，中间继电器 KM 由电触点压力表的触点 KVP1、KVP2 控制，当储压筒预压力低于 10MPa 时，KVP1 触点闭合，当高于 28MPa 时 KVP2 闭合。在这种状态下启动中间继电器 KM，一方面闭锁电动机的运转，另一方面 KM 动合触点闭合，发出“断路器操动机构压力异常”的信号，如图 5-3 所示。

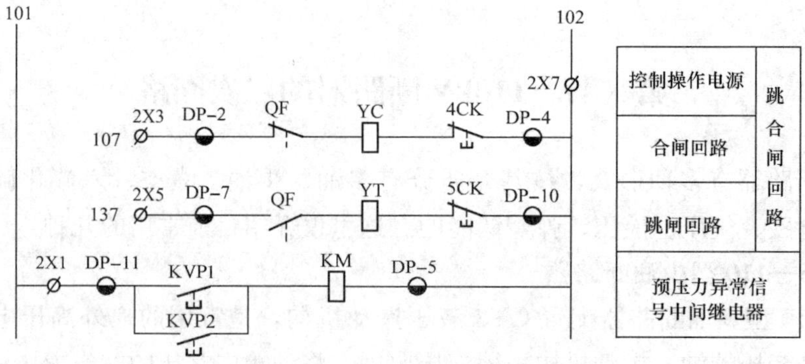

图 5-2　SW6—110 型断路器操动机构直流回路接线图 1

从图 5-2 中可以看到储压筒压力降低闭锁操作的回路。在合闸回路中串接了微动开关 4CK 的触点，在分闸回路中串接了微动开关 5CK 的触点。当储压筒压力低于 19.3MPa 时，4CK 的触点打开，不允许合闸操作。当储压筒压力低于 18.5MPa 时，5CK 的触点打开，不允许分闸操作。

当 SW6—110 型少油断路器用于综合自动化变电站时，图 5-2 所示的直流回路接在对应的断路器操作箱中，图中 101、102、107、137 与对应回路连接，参照图 6-9。如果要用操作箱中的压力闭锁辅助继电器，操动机构中的有关回路应有所改变。

如图 5-4 所示，微动开关用的触点与图 5-2 中不同，当压力低于规定压力时，其触点闭合，启动操作箱中相关的压力闭锁辅助继电器。微动开关与操作箱回路的连接参照第六章第二节所述。图 5-3 所示的断路器操动机构信号，接在对应测控装置的开关量开入回路中，具体连接参照第六章第三节所述。

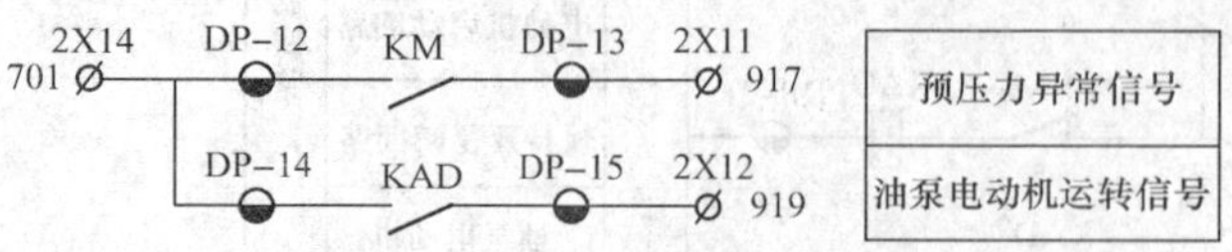

图 5-3　SW6—110 型断路器操动机构信号回路接线图

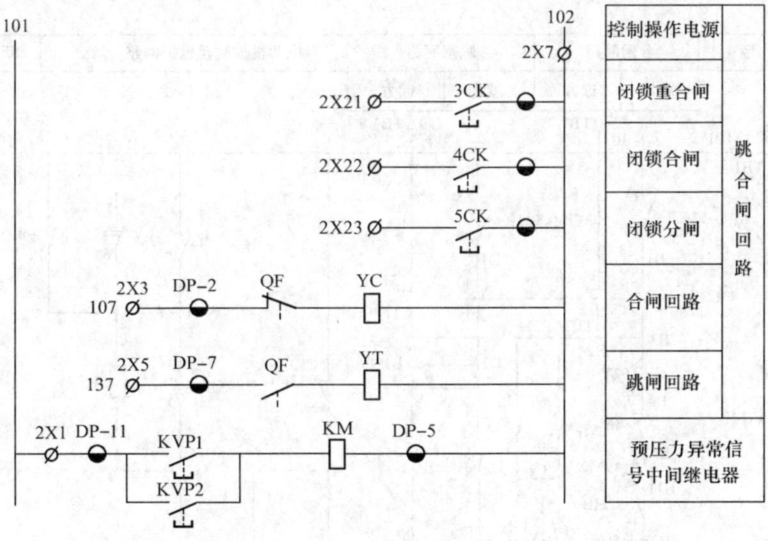

图 5-4　SW6—110 型断路器操动机构直流回路接线图 2

二、LW25—126 型六氟化硫断路器

LW25—126 型六氟化硫断路器配置弹簧操动机构，是近年来普遍选用的户外高压电气设备。它的工作介质是六氟化硫，其操作能源是电动机拉紧弹簧所储存的机械能。

图 5-5 是 LW25—126 型断路器操动机构原理接线图。

图 5-5 所接的电气元件作用及动作过程如下：

(1) 8D：就地直流电源自动开关。当开关跳开，其辅助触点可以发出“电源故障”报警信号。

(2) 43LR：就地远方操作切换开关。切在远方位置，其触点 11-12、31-32 闭合，接通远方分、合闸回路；切在就地位置，其触点 23-24、43-44 闭合，接通就地分、合闸回路。

(3) 11-52T：就地手动分闸按钮。

(4) 11-52C：就地手动合闸按钮。

(5) 52a/1、52a/2：断路器的动合辅助触点。

(6) 52b/1、52b/2：断路器的动断辅助触点。

(7) 63QSA：SF_6 密度继电器的低压监视触点。断路器正常工作的 SF_6 气体压力是 0.5MPa，当 SF_6 气体压力等于或低于 0.45MPa 时，其触点 1-2 闭合，发出“SF_6 低气压报警”信号。

(8) 63QSL：SF_6 密度继电器的低压闭锁触点。当 SF_6 气体压力等于或低于 0.4MPa 时，其触点 3-4 闭合，启动 63QSLX 低压闭锁继电器，63QSLX 的动断触点 31-32 打开，切断断路器的分、合闸回路。63QSLX 的动合触点闭合，发出“SF_6 低气压闭锁”信号。

(9) 33hb：储能弹簧的限位开关。当断路器合闸后，弹簧能量释放，33hb 限位开关闭合。其触点闭合后，启动 88M 直流接触器，电动机 M 运转将弹簧拉开储能。同时启动 33HBX 弹簧状态监视继电器，其动断触点 31-32 打开，断开合闸回路；其动合触点 13-14 闭合，发出“合闸弹簧未储能”信号。当弹簧储能到位后，限位开关 33hb 断开。

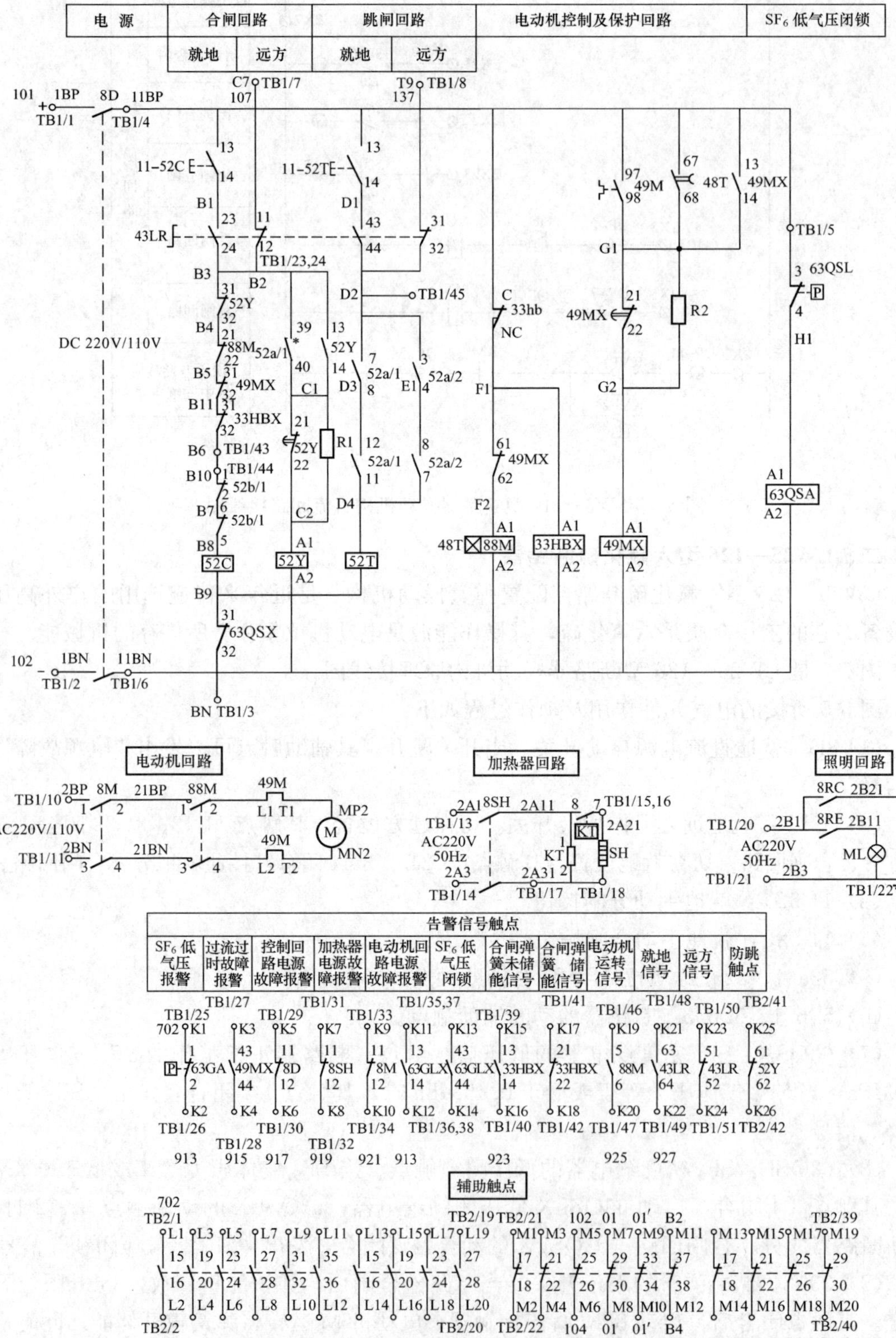

图 5-5　LW25—126 型断路器操动机构原理接线图

（10）49MX：电动机回路辅助继电器。当储能电动机运转超时，48T 电动机时间继电器动作，其触点 67-68 闭合，或者储能电机运转过载，49M 热继电器动作，其触点 97-98 闭合，都将启动辅助继电器 49MX，并自保持。49MX 启动后动断触点 61-62 打开，使直流接触器 88M 返回，断开电动机的直流电源。

（11）52C：合闸线圈。当远方或就地发出合闸脉冲时，52C 励磁完成合闸过程。52C 受以下元件控制：当合闸弹簧储能过程中，88M 启动，其动断触点 21-22 打开；33HBX 启动，其动断触点 31-32 打开；电机运转若出现过载、超时，49MX 启动，其动断触点 31-32 打开，都会将合闸回路断开。

（12）52T：分闸线圈。当远方或就地发出分闸脉冲时，52T 励磁完成分闸过程。

（13）52Y：防跳辅助继电器。在合闸脉冲持续的过程中，当断路器已合闸，其辅助触点切换 52a/1 的 39-40 闭合，启动并自保持 52Y 继电器，同时 52Y 的动断触点 31-32 打开，切断合闸脉冲，防止断路器因故障跳闸，发生再次合闸而造成跳跃。

（14）8M：电机控制自动开关。当开关跳开，其辅助触点可以发出“电源故障”报警信号。

（15）8SH：加热器自动开关。当开关跳开，其辅助触点可以发出“电源故障”报警信号。

（16）KT：温湿度控制器。用于控制 SH 加热器。

（17）RC：交流电源插座。由 8RC 开关控制。

（18）ML：照明灯。由 8RE 开关控制。

（19）R1、R2：继电器自保持电阻。

（20）TB：接线端子排。

当 LW25—126 型六氟化硫断路器用于综合自动化变电站时，图 5-5 中的直流操作回路接在对应的断路器操作箱中，图中 101、102、107、137 与对应回路连接，参照图 6-9。图 5-5 中的告警信号回路，根据设计的情况和具体接线的要求，全部或部分接在对应的测控装置回路中，具体连接参照第六章第三节所述。断路器的辅助触点用于反映断路器的位置，根据需要接入测控装置或保护及自动装置。电机电源一般取自直流合闸母线网络。照明与加热电源取自交流电源供电网络。

三、GL312—F1/4031/VR1750 型断路器

GL312—F1/4031/VR1750 型断路器是国内引进 ALST 公司生产的六氟化硫断路器，以下简称 ALST 断路器。

ALST 断路器与国产的 LW25—126 型断路器相似，其工作介质是六氟化硫，操作能源是弹簧所储存的机械能。

图 5-6 是 ALST 断路器操动机构原理接线图。

图 5-6 所接的电气元件作用及动作过程如下：

（1）－S3：远方就地操作切换开关。切在远方位置，其触点 1-2、5-6、9-10 闭合，接通远方分、合闸回路；切在就地位置，其触点 3-4、7-8、11-12 闭合，接通就地分、合闸回路。

（2）－S4：就地手动合闸按钮。

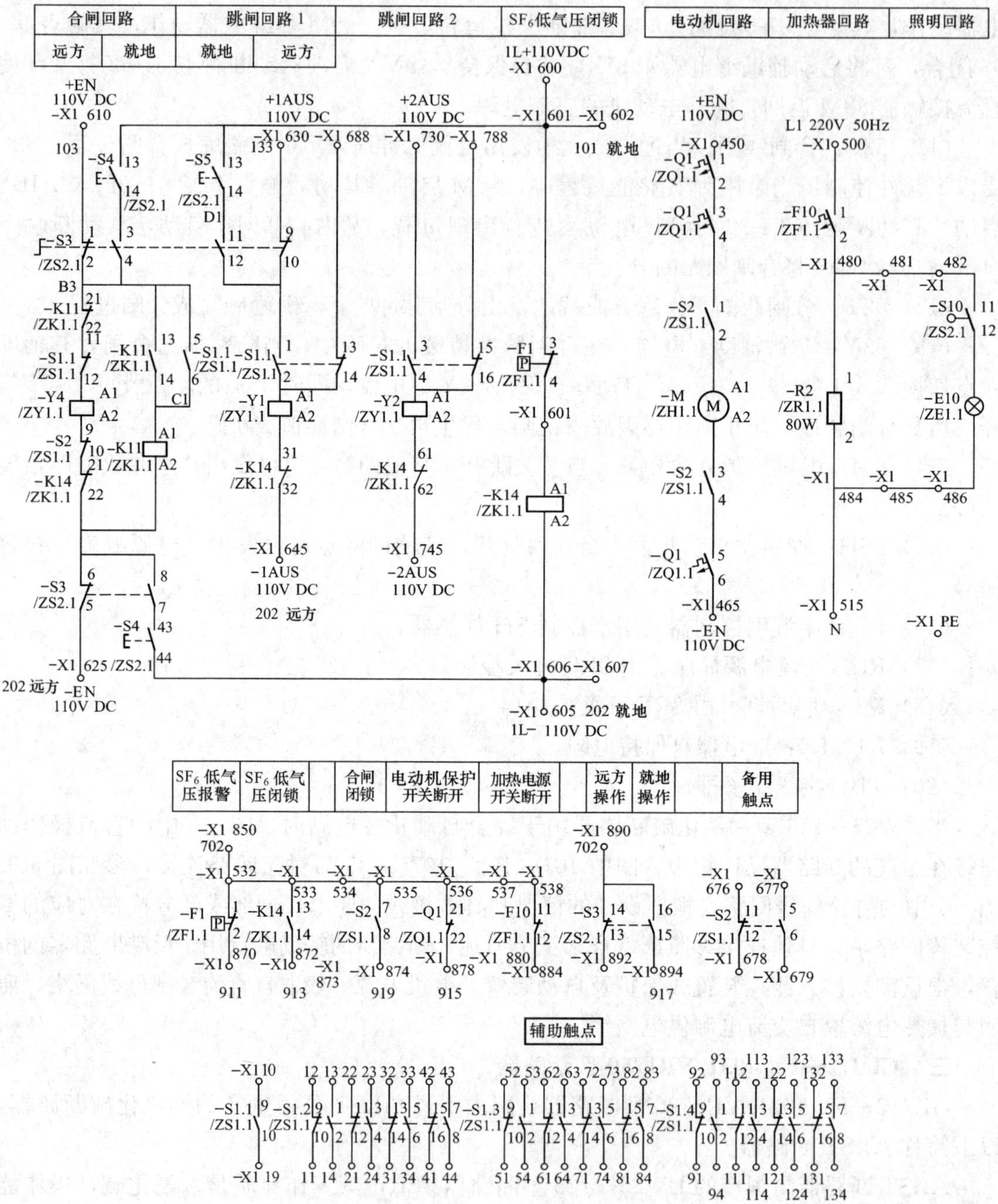

图 5-6　ALST 型断路器操动机构原理接线图

（3）—S5：就地手动分闸按钮。

（4）—S1.1、—S1.2、—S1.3、—S1.4：断路器辅助触点。

（5）—F1：SF_6 密度监控继电器。当 SF_6 气体压力等于或低于 0.45MPa 时，其触点 1—2 闭合，发出“SF_6 低气压报警”信号；当 SF_6 气体压力等于或低于 0.4MPa 时，其触点 3—4 闭合，启动—K14 低压闭锁继电器。—K14 的动断触点 21-22、31-32、61-62 打开，切断断路器的分、合闸回路。—F14 的动合触点 13-14 闭合，发出“SF_6 低气压闭锁”信号。

（6）—Q1：带保护的电机自动开关。其主触点 1-2、3-4、5-6 用于接通电机 M 的电源；辅助触点 21-22 用于发出“电机保护开关断开”信号。

（7）—S2：弹簧限位开关。当弹簧能量释放，其触点 1-2、3-4 闭合，启动电机运转；触点 9-10 打开，闭锁合闸回路；触点 7—8 闭合，发出“闭锁合闸”信号；触点 5-6、11-12 为备用。

（8）—Y4：合闸线圈。—Y4 受以下元件控制：当合闸弹簧能量释放，触点 9-10 打开，闭锁合闸回路；SF_6 压力降低闭锁继电器—K14 动作，其触点 21-22 打开，闭锁合闸回路；防跳继电器—K11 启动，触点 21-22 打开，切断合闸回路。

（9）—Y1：分闸线圈 1。

（10）—Y2：分闸线圈 2。

（11）—K11：防跳继电器。在合闸脉冲持续的过程中，当断路器已合闸，其辅助触点切换—S1.1 的动合触点 5-6 闭合，启动并自保持—K11 继电器。—K11 的动断触点 21-22 打开，切断合闸脉冲，防止断路器因故障跳闸，发生再次合闸而造成跳跃。

（12）—F10：带保护的加热器自动开关。其主触点 1-2 用于接通加热器的电源；辅助触点 11-12 用于发出“加热电源开关断开”的信号。

（13）—S10：照明开关。

（14）—X：接线端子排。

（15）—R2：加热器。

当 ALST 断路器用于综合自动化变电站中，其回路接线与 LW25—126 型断路器基本相同。

第二节　110kV 隔离开关的二次回路

隔离开关的电动操作，是借助电动机作为动力，拉开或合上隔离开关。110kV 隔离开关要求具有电动机双向旋转的操动机构，即拉开隔离开关的过程中，电动机向某一方向旋转，而合上隔离开关过程，电动机向反方向旋转。根据电动机的不同，有三相交流操作的和直流操作的。在第四章 110kV 组合电器中介绍的电动操作隔离开关都是直流操作的，这里介绍的是三相交流操作的电动隔离开关。三相交流操作通过改变三相交流电动机的相序控制电动机的转动方向，从而完成隔离开关的分、合闸操作过程。

图 5-7 是三相交流操作的隔离开关原理接线图。

图 5-7 中所接的电气元件如下：

（1）SAH：三相电源空气开关。

（2）KM1、KM2：三相交流接触器。

（3）KT：保护电动机的热继电器。

（4）SB1：就地合闸按钮。

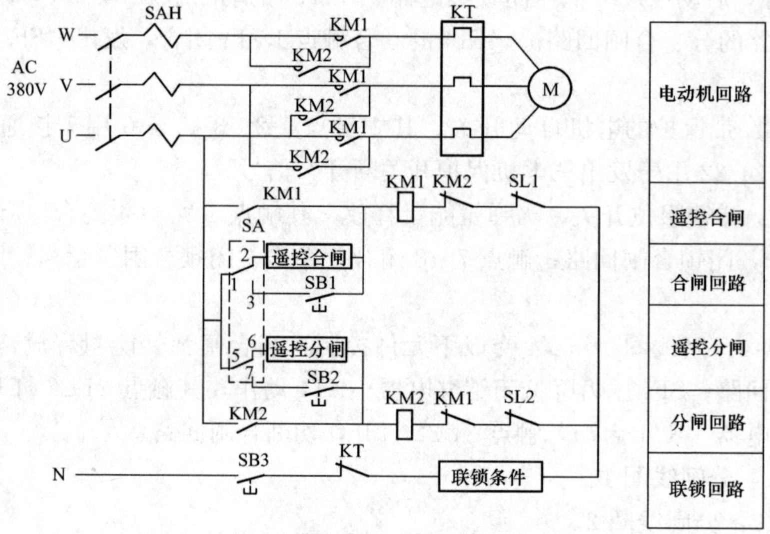

图 5-7　三相交流操作的隔离开关原理接线图

（5）SB2：就地分闸按钮。

（6）SB3：就地急停按钮。

（7）SA：远方就地切换开关。

（8）SL1：合闸限位开关。

（9）SL2：分闸限位开关。

正常运行中，电源开关 SAH 处于接通位置。当就地操作隔离开关合闸时，将切换开关 SA 置于就地位置，其触点 1-2、5-6 闭合。瞬时按下 SB1 合闸按钮，交流接触器 KM1 动作并自保持。电动机正方向旋转，直到合闸到位，限位开关 SL1 断开再接通，KM1 失电返回，隔离开关合上。进行分闸操作时，瞬时按下 SB2 分闸按钮，交流接触器 KM2 动作并自保持，改变电动机接入的相序，电动机反方向旋转，直到分闸到位，限位开关 SL2 断开再接通，KM21 失电返回，隔离开关分闸。在就地操作过程中，若遇到意外情况，可以按下 SB3 急停按钮，切断电源，终止操作。

在 KM1 的启动回路中串接了 KM2 的动断触点，在 KM2 的启动回路中串接了 KM1 的动断触点，使 KM1 与 KM2 的动作相互闭锁，防止合闸与分闸的同时操作。如操作过程中遇到机械故障，电动机的热继电器 KT 动作，其动断触点打开，终止操作。

在操作回路中，加入了联锁条件。对简单的一次接线如单母线，只要断路器在断开状态，即可进行隔离开关的操作，这时联锁条件就是断路器的动断辅助触点。在复杂的一次接线中，必须满足多项条件才允许操作隔离开关，具体条件在下一节中叙述。

对隔离开关进行远方操作，应将 SA 开关置于远方位置。将遥控合闸与遥控分闸分别接到测控装置的遥控开出回路，通过综合自动化系统进行远方操作。为正确反映运行状态，应将隔离开关的位置、远方就地切换开关的位置传送至综合自动化系统，即将其隔离开关的动合触点，SA 切换开关的相应触点接到测控装置的信号开入回路中，具体连接参照第六章第三节所述。

第三节　110kV 隔离开关操作闭锁的二次回路

变电站的电气误操作可能造成大面积停电、设备损坏、人身伤亡，甚至引起电网振荡、瓦解等严重后果。为了有效防止运行电气设备误操作引发的重大人身和设备事故，我国相关部门以法规形式规定了电气防误操作的管理、运行、设计和使用原则。电力系统的电气“五防”是指：①防止带负荷误拉、误合隔离开关；②防止误拉、误合断路器；③防止带地线或接地开关合闸；④防止带电挂接地线或合接地开关；⑤防止误入带电间隔。电气“五防”功能的实现成为电力安全生产的重要措施之一。随着电网的不断发展，技术的不断更新，防误装置得到不断改进和完善。防误装置的设计原则是：凡有可能引起误操作的高压电气设备，均应装设防误装置和相应的防误电气闭锁回路。

以往传统变电站隔离开关及接地开关都是手动操作的，防误操作措施是采用电磁锁闭锁及机械闭锁方式。变电站实现综合自动化后，变电站的隔离开关都采用电动操动机构，可以在本地进行电动操作，也可以在远方进行操作。对于电动操作的隔离开关或接地开关，要通过控制操作电源即电气联锁实现防误操作，电气联锁回路在前一章已有详细叙述。目前，变电站综合自动化系统普遍采用微机“五防”系统及电气联锁回路来确保电气操作的正确。微机“五防”系统的防误思路和构成逻辑与传统变电站的电磁锁闭锁和机械式闭锁基本相同。具体实施是，微机“五防”系统与综合自动化系统联网，信息共享，从变电站综合自动化系统数据库中采集变电站的所有断路器、隔离开关、接地开关运行的实时状态信息，按照要求的防误操作闭锁逻辑进行编程，将这些程序输入到电动钥匙中，分别去打开不同位置的程序锁。

不同的一次接线方式所构成的隔离开关操作闭锁回路是不同的，下面用一些实例加以说明。

一、连接于单母线的线路隔离开关操作闭锁回路接线

图 5-8 是单母线的线路隔离开关操作闭锁接线图。

图 5-8 中 1DS、2DS 分别为隔离开关 1QS、2QS 的电磁锁插座。从一次接线可以看出，只要断路器 QF 断开，线路无负荷电流，即可拉、合 1QS、2QS。操作闭锁回路即按此原理设置，只要断路器断开，其动断触点 QF 接通，1DS、2DS 电磁锁插座均有电源接通，可使用电磁钥匙打开电磁锁，对 1QS、2QS 进行操作。如果是电动操作机构，只需将 QF 动断触点接入操作电源的联锁回路即可。

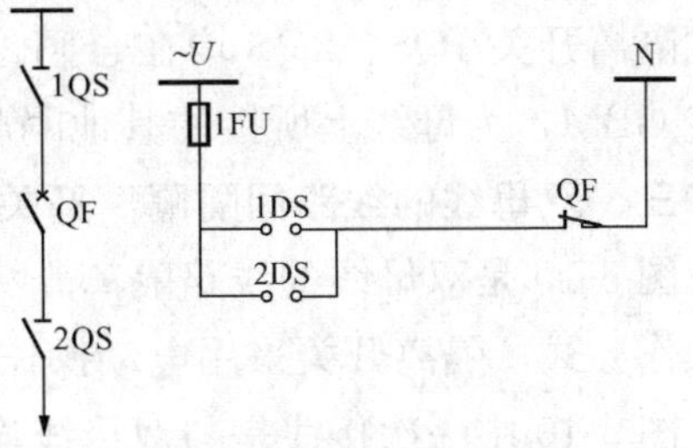

图 5-8　单母线的线路隔离开关操作闭锁接线图

二、双母线的母联间隔隔离开关与接地开关的操作闭锁回路接线

图 5-9 是双母线母联间隔隔离开关与接地开关操作闭锁接线图。这里介绍的双母线，母线上没有装设接地开关。

图 5-9 中一次接线是双母线的母联断路器，断路器两侧有接地开关 1ES、2ES 及两组

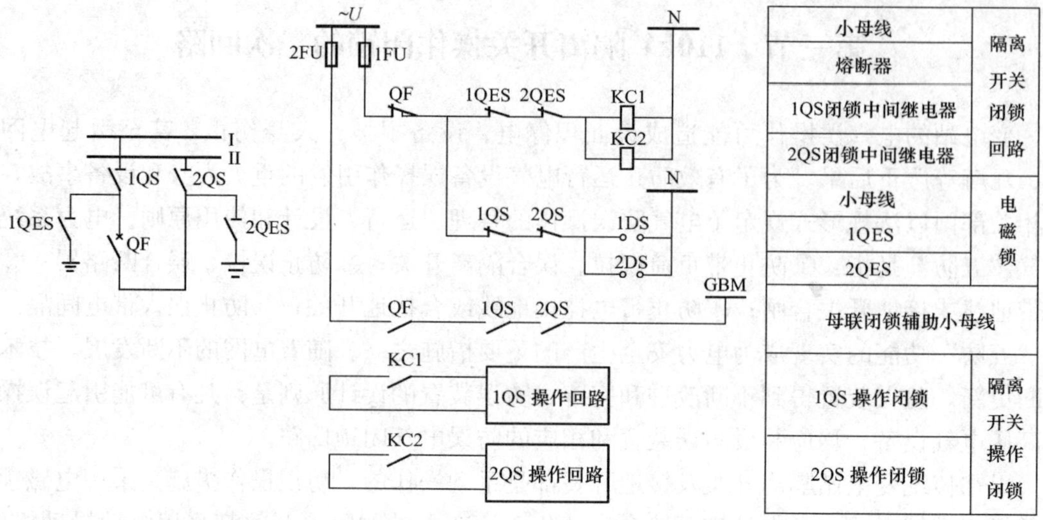

图 5-9　双母线母联间隔隔离开关与接地开关操作闭锁接线图

母线的隔离开关 1QS、2QS。在此图中，接地开关采用手动操作方式，隔离开关采用电动操作方式。

从一次接线图中可以看出，两组隔离开关的操作条件是；母联断路器应在断开位置，两组接地开关应在断开位置。在隔离开关闭锁回路中，由母联断路器 QF、接地开关 1ES、2ES 的动断辅助触点启动闭锁中间继电器 KC1、KC2。中间继电器 KC1、KC2 动作后，其动合触点闭合，接通隔离开关 1QS、2QS 的操作联锁条件，可以分别对隔离开关 1QS、2QS 进行分、合闸操作。

两组接地开关的操作条件是：母联断路器应在断开位置，两组隔离开关应在断开位置。在接地开关电磁锁回路中，由母联断路器 QF、隔离开关 1QS、2QS 的动断辅助触点接通电磁锁插座，可以分别对接地开关 1ES、2ES 进行分、合闸操作。

图 5-9 中还接有母联闭锁辅助小母线，当两组母线在并列运行时，母联断路器 QF 与两侧隔离开关 1QS、2QS 均在合闸位置，其动合触点接通，将电源引至母联闭锁辅助小母线 GBM，为母线上所接的其他隔离开关操作准备条件。

三、双母线的线路间隔隔离开关与接地开关的操作闭锁回路接线

图 5-10 是双母线的线路隔离开关与接地开关操作闭锁接线图。图中接地开关采用手动操作方式，隔离开关采用电动操作方式。

图 5-10 中一次接线是与双母线连接的线路断路器，断路器经隔离开关 1QS 与Ⅰ母连接，经隔离开关 2QS 与Ⅱ母连接，3QS 是线路侧隔离开关。在断路器的两侧装设有接地开关 1ES、2ES，在线路侧装设有线路接地开关 3ES 及线路带电显示器 DXQ。

在双母线接线中，当母联断路器及两侧隔离开关在分闸位置时，即两条母线在分列运行方式下，接在双母线上各单元的隔离开关操作条件是：线路断路器应在断开位置，断路器两侧接地开关应在断开位置，本单元接在两组母线上的隔离开关，其中一组隔离开关在断开位置，则允许另一组隔离开关进行操作。隔离开关闭锁回路中，由线路断路器 1QF、

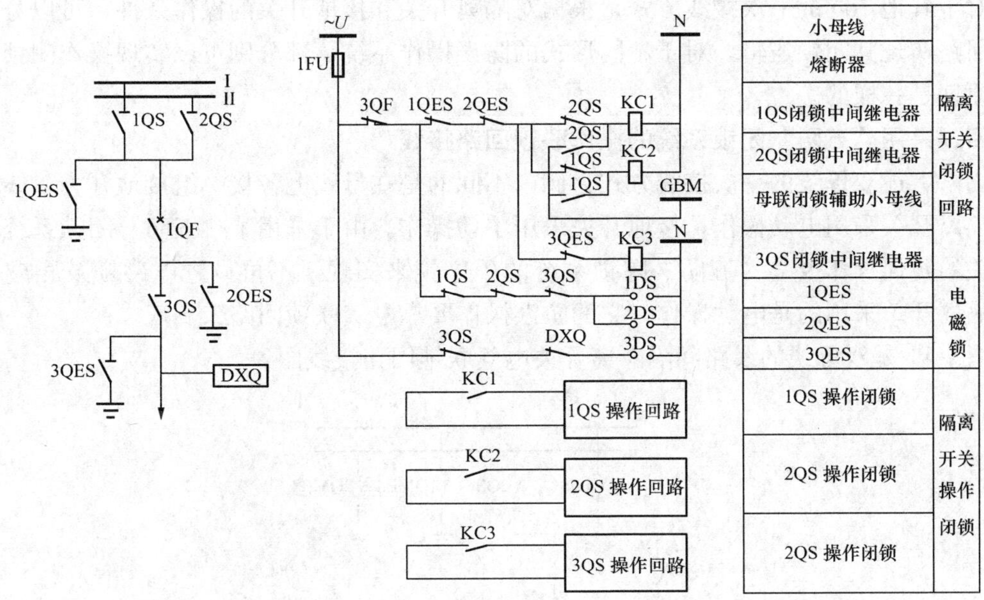

图 5-10　双母线的线路间隔隔离开关与接地开关操作闭锁接线图

接地开关 1ES、2ES 的动断辅助触点和一组隔离开关的动断辅助触点 2QS（或 1QS）启动闭锁中间继电器 KC1（或 KC2）。中间继电器 KC1、KC2 动作后，其动合触点闭合，接通隔离开关 1QS、2QS 的操作联锁条件，可以分别对隔离开关 1QS、2QS 进行分、合闸操作。

当母联断路器及两侧隔离开关在合闸位置，即两条母线在并列运行方式下，母联闭锁辅助小母线带有电压，本单元接在两组母线上的隔离开关，当其中一组隔离开关在合闸位置，则允许另一组隔离开关进行操作。这是为在运行中的线路单元带电倒换母线创造条件。

在隔离开关闭锁回路中，当 GBM 小母线带电，一组隔离开关合闸，其动合辅助触点 2QS（或 1QS）闭合，则启动闭锁中间继电器 KC1（或 KC2）。中间继电器 KC1、KC2 动作后，其动合触点闭合，接通隔离开关 1QS、2QS 的操作联锁条件，可以分别对隔离开关 1QS、2QS 进行分、合闸操作。

线路侧隔离开关的操作条件是：线路断路器与三组接地开关都在分闸位置，可以操作。即 1QF、1QES、2QES、3QES 的动断触点启动闭锁中间继电器 KC3，由 KC3 的动合触点接通隔离开关 3QS 的操作联锁条件，可以对 3QS 进行分、合闸操作。

断路器两侧接地开关 1QES、2QES 操作的条件是：线路断路器应在断开位置，三组隔离开关应在断开位置。在接地开关电磁锁回路中，由母联断路器 1QF、隔离开关 1QS、2QS、3QS 的动断辅助触点接通电磁锁插座，可以分别对接地开关 1QES、2QES 进行分、合闸操作。

线路侧接地开关 3QES 操作的条件是：线路隔离开关 3QS 应在断开位置，其动断触点闭合，输电线路上确无电压，线路带电显示器的触点 DXQ 闭合。此时接通 3QES 电磁锁插座，可以对接地开关 3QES 进行分、合闸操作。

对于其他不同的一次接线方式，根据对隔离开关和接地开关的操作条件，可以分别在操作回路实现其闭锁逻辑。对于不同形式的防误操作系统，都分别可以实现操作闭锁，其基本原理是一样的。

四、采用“五防”闭锁系统的操作联锁回路接线

仍以上述双母线的一次接线方式为例，不同的是在母线上各接一组接地开关，线路间隔的隔离开关采用电动操作，接地开关采用手动操作。由于采用了“五防”闭锁系统，接地开关的防误操作要靠“五防”闭锁系统的程序锁来实现，不再设置电磁锁及相应的回路。隔离开关采用的是电动操作，它的防误操作要靠电气联锁回路来实现。

图 5-11 是双母线的线路间隔隔离开关电气联锁回路接线图。

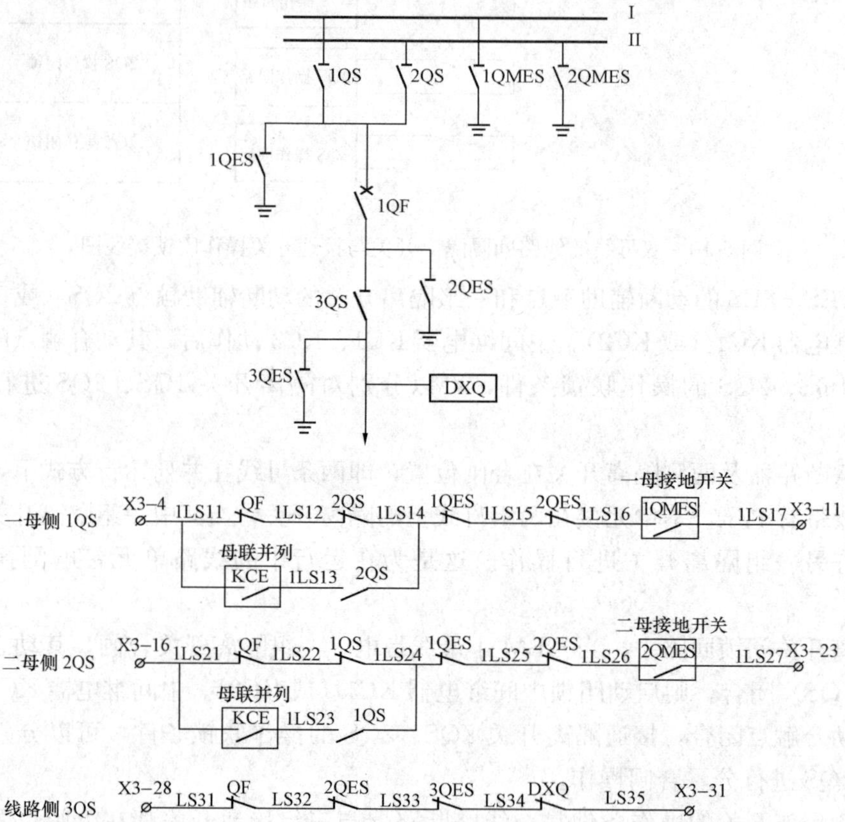

图 5-11　双母线的线路间隔隔离开关电气联锁回路接线图

图 5-11 是将需要联锁的电气元件构成回路，接入需要闭锁的隔离开关操作回路中，如图 5-7 中的联锁条件处。

图 5-11 中，母联并列重动继电器 KCE 是装设在母联间隔的中间继电器，它的线圈由母联断路器及两侧隔离开关的动合触点来控制。

连接母线的隔离开关 1QS 或 2QS 要进行电动操作，必须满足如下联锁条件：

（1）两条母线在分列运行方式下，即母联断路器及两侧隔离开关在分闸位置，其联锁条件是：断路器在断开位置，另一组隔离开关在断开位置，断路器两侧接地开关在断开位置，对应的母线接地开关在断开位置。

（2）两条母线在并列运行方式下，即母联断路器及两侧隔离开关在合闸位置，其联锁条件是：母联并列重动继电器 KCE 在动作状态，另一组隔离开关在合闸位置，断路器两侧接地开关在断开位置，对应的母线接地开关在断开位置。

线路侧的隔离开关 3QS 进行电动操作必须满足如下联锁条件：断路器在断开位置，断路器两侧接地开关在断开位置，高压线路不带电，带电显示器 DXQ 动断触点在闭合状态。

第四节　110kV 敞开式空气外绝缘 COMPASS 组合电器的二次回路

110kV COMPASS 是一种敞开式空气外绝缘 SF_6 高压组合电器，它应用模块化设计，将断路器、电流互感器、隔离开关、接地开关及避雷器等多种元件压缩在一个功能设备上。其主要特点是采用抽出式结构，将断路器水平布置在可移动的盘车上，通过电机带动盘车移动，将断路器移位，使断路器与母线及电气元件的连接桩头之间产生距离，起到了隔离开关的作用。它的压缩式结构大大节省了设备的占地面积，而水平式布置使之既能用于户外，也能用于户内。图 5-12 是一组 110kV COMPASS 组合电器的外形照片。

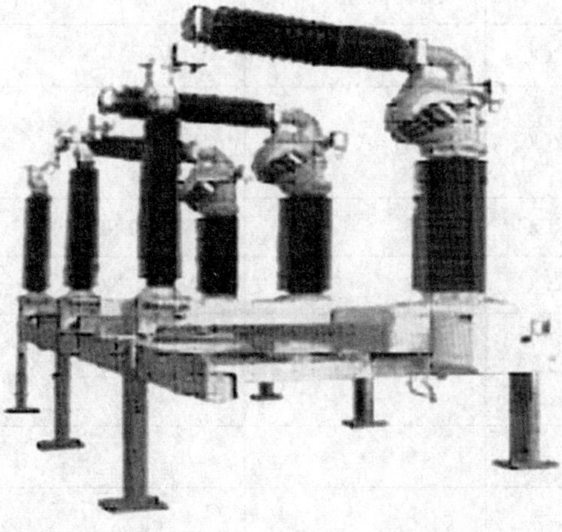

图 5-12　110kV COMPASS 组合电器外形图

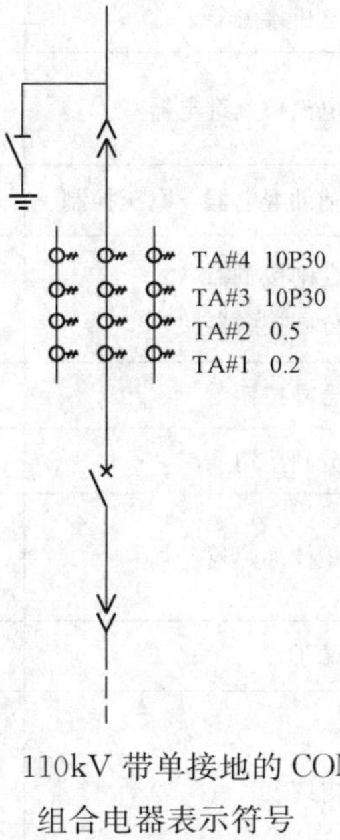

图 5-13　110kV 带单接地的 COMPASS 组合电器表示符号

这里例举一组单侧带接地开关的 COMPASS 组合电器，它在主接线中的表示符号如图 5-13 所示，组合电器包括断路器、电流互感器、隔离开关（盘车）及接地开关。

COMPASS 组合电器的二次回路包括断路器控制回路、隔离开关（盘车）控制回路、接地开关联锁回路、加热回路等。其元件明细表见表 5-1。

表 5-1　　COMPASS（单接地）元件明细表

控　制　箱				
代号	名　称	厂　家	型　号	技术数据
－QF1	小型 2 极断路器	ABB ELETTROC	S282UC	K6A
－QF2	小型 3 极断路器	ABB ELETTROC	MS325-4	4-6.3A
－QF3	小型 2 极断路器	ABB ELETTROC	S271NA	C6A
－SY1	分闸按钮	ABB ELETTROC	SK6	1NO＋1NC
－SY2	分闸按钮	ABB ELETTROC	SK6	1NO＋1NC
－SY4	合闸按钮	ABB ELETTROC	SK6	1NO
－S43	选择开关	BRETER	LE 2-12XXX	15 CONTACTS
－K1	辅助继电器－SF6 闭锁	RELECO	C4-A40	10A－4 CONTACTS 220Vdc
－K2	辅助继电器－SF6 闭锁	RELECO	C4-A40	10A－4 CONTACTS 220Vdc
－K3	辅助继电器－合闸闭锁	RELECO	C4-A40	10A－4 CONTACTS 220Vdc
－K4	辅助继电器－合闸闭锁	RELECO	C4-A40	10A－4 CONTACTS 220Vdc
－KN	操作计数器	BRETER	CSK	5 DIGITS
－KM	电机接触器	ABB ELETTROC	BC6 3010	4kW 220Vdc
－KR	电流检测继电器	MTI	RPMZ 04 B550 0.55	0.55A
－K27	辅助继电器－电压控制	ABB ELETTROC	B6 3001	380Vac
－KC －KO	合闸接触器 分闸接触器	ABB ELETTROC	VCB 6A 3010	4kW 220Vdc
－SC	合闸按钮	ABB ELETTROC	5K6	1NO＋1NC
－SO	分闸按钮	ABB ELETTROC	5K6	1NO＋1NC
－R/1A －R/1B	柜体加热器	RS	RHS 50	50W 150Ω
－X1/－X2	端子	CABUR		
－C1 －C1 … －C15	电缆	CMS		
－K5	辅助继电器－分闸闭锁	RELECO	C4－A40	220Vdc－4CONTACTS
－R1X/ －X	加热器	RS	SRA6.19	SW 22kΩ

续表

代号	名 称	厂 家	型 号	技术数据
断路器机构箱				
-Y1	第一个分励分闸脱扣器			
-Y2	第二个分励分闸脱扣器			
-Y4	分励合闸脱扣器			
-M1	弹簧电机储能			
-S1	断路器辅助触点			
-S2	弹簧储能限位开关			
-S4/1-2	门限位开关			
-X1	端子排			
-XP1	多极插头			
-XP2	多极插头			
-R1	柜体加热器			
隔离开关控制箱				
-SA	隔离开关分闸辅助开关			
-SC	隔离开关合闸辅助开关			
-S5	手动曲柄限位开关			
-S4	罩限位开关			
-X1	端子排			
-XP5	多极插头			
-XP6	多极插头			
-R1	柜体加热器			
-KL1	手动操作线圈			
接地开关控制箱				
-S1	接地隔离开关辅助开关			
-SL1	操作解锁按钮			
-KL1	手动操作线圈			
-R1	柜体加热器			
-XP7	多极插头			
-XP8	多极插头			

一、COMPASS 断路器的二次回路

图 5-14 是 COMPASS 组合电器断路器二次回路图，其中：图 5-14(a)是 COMPASS 断路器弹簧储能电机回路；图 5-14(b)是 COMPASS 断路器合闸与分闸 1 回路；图 5-14(c)是 COMPASS 断路器合闸联锁与分闸 2 回路；图 5-14(d)是 COMPASS 断路器机构箱元件接线图。这里断路器以 SF_6 为介质，采用弹簧储能操动机构。

1. 断路器弹簧储能电动机回路

在图 5-14（a）COMPASS 断路器弹簧储能电动机回路中，当断路器合闸后储能弹簧能量释放，弹簧储能限位开关 S2 触点闭合，启动储能控制继电器 K6，K6 的动合触点 2-3 闭合，并且断路器机构箱门在闭合位置，其门限位开关 S4 的 13-14 触点在接通位置，启动电动机接触器 KM，使储能电动机运转，拉伸合闸弹簧储能，拉伸到位后 S2 触点断开，切断储能电动机电源。在电动机回路中 QF1 是带热保护的微型断路器，当 QF1 过载跳闸时，其动断触点 21-22 闭合发出告警信号。这里有括号［14.4］，说明此触点用在本册 14 张图的第 4 列中，注意本书中引用的图纸没有用原来的图纸编号和图框，不能做到一一对应，实际工程可以按图纸编号和图框坐标去看图。

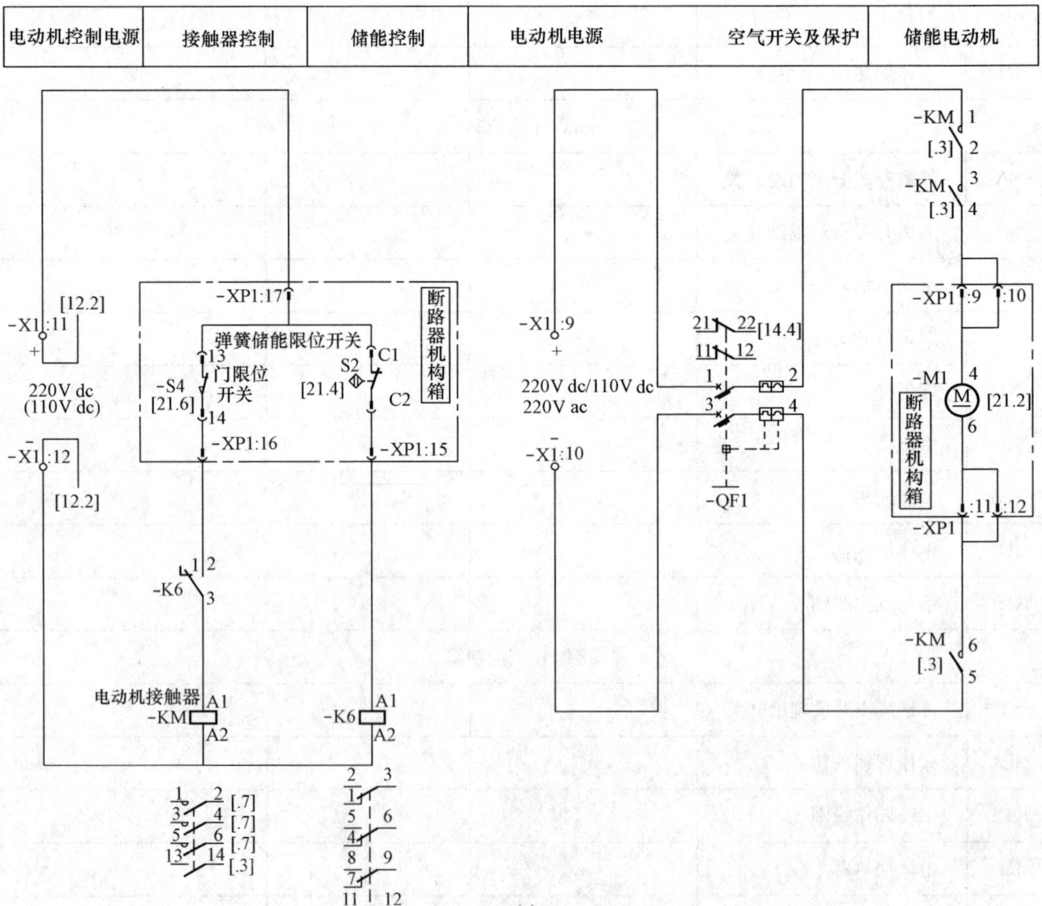

(a)

图 5-14　COMPASS 组合电器断路器二次回路图（一）

（a）COMPASS 断路器弹簧储能电动机回路

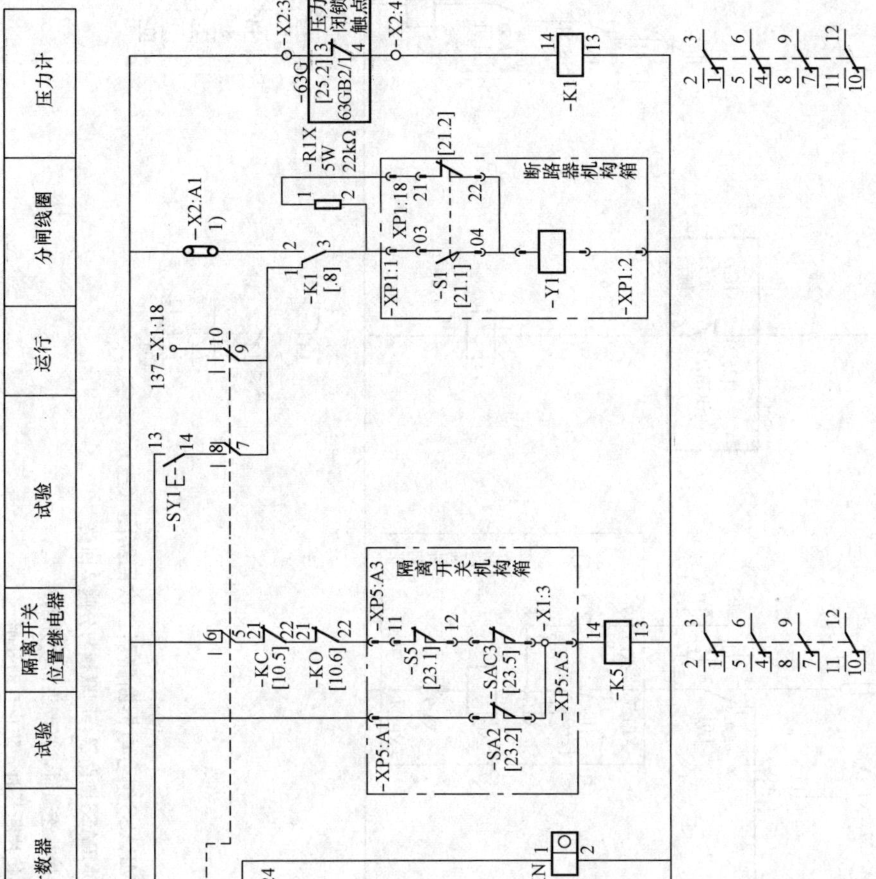

(b)

图 5-14　COMPASS 组合电器断路器二次回路图（二）

（b）COMPASS 断路器合闸与分闸 1 回路

注：连接片连通时，将产生自动分闸；

连接片断开时，防止自动分闸。

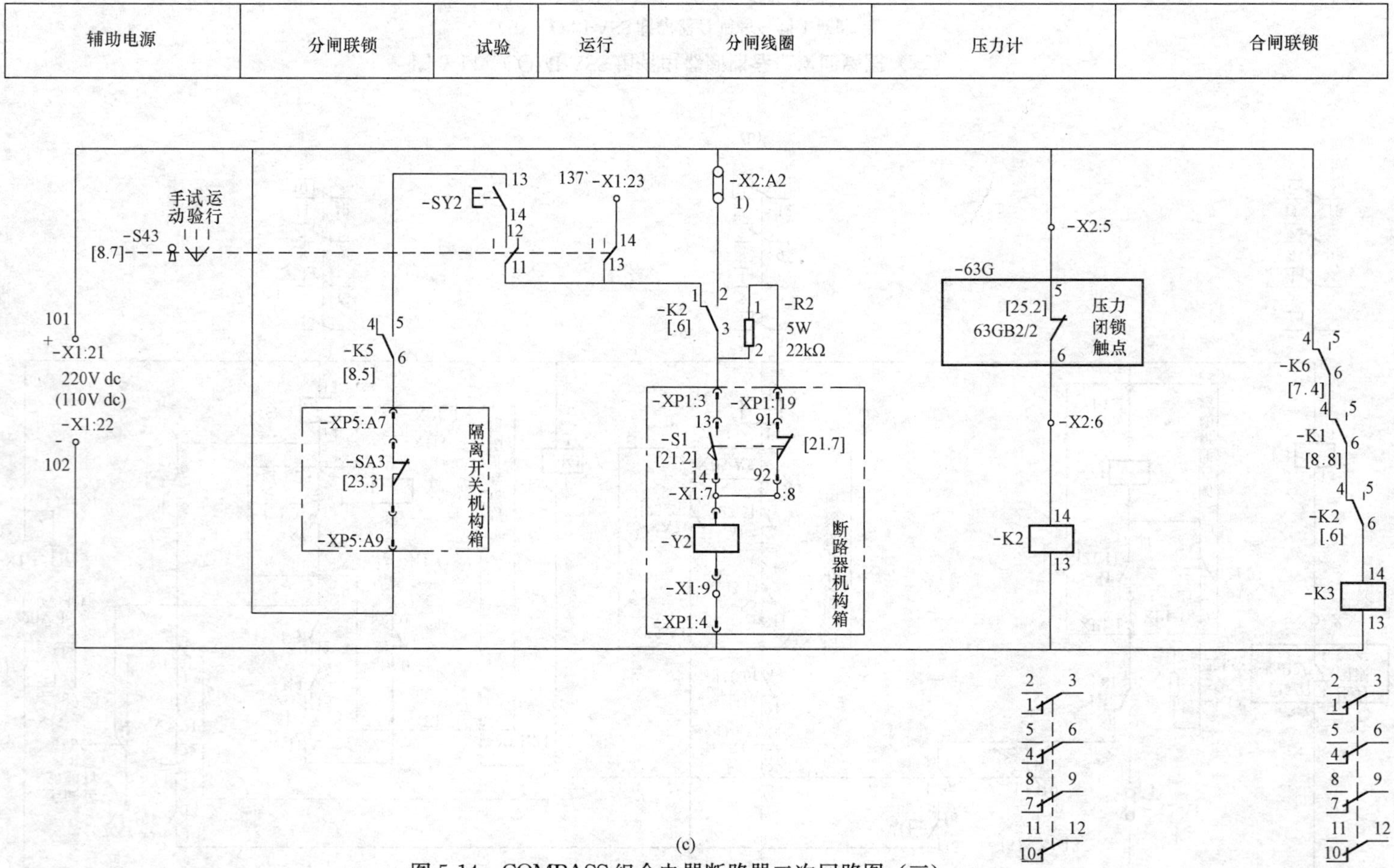

(c)

图 5-14 COMPASS组合电器断路器二次回路图（三）

（c）COMPASS 断路器合闸联锁与分闸 2 回路

注：连接片连通时，将产生自动分闸；

连接片断开时，防止自动分闸。

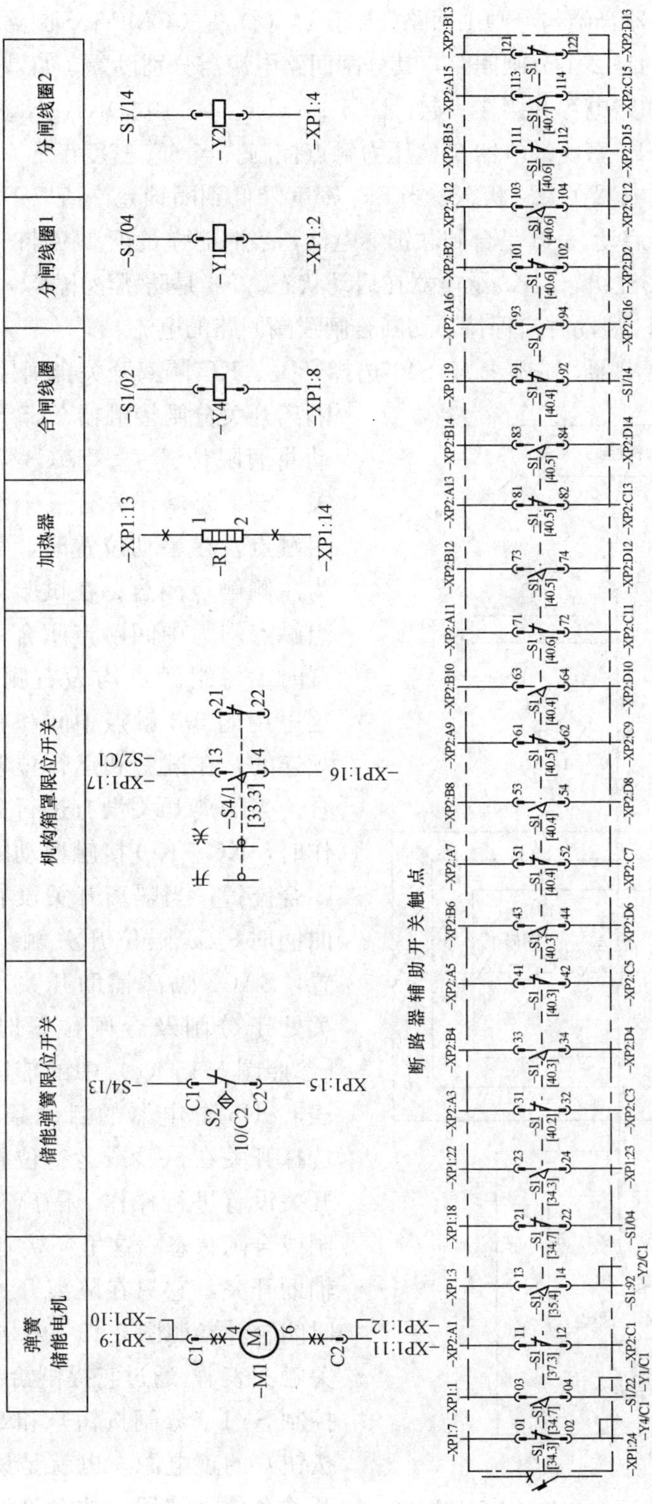

(d)

图 5-14 COMPASS组合电器断路器二次回路图（四）

（d）COMPASS断路器机构箱元件接线图

2. 断路器的控制回路

这里例举的断路器控制回路具有1个合闸线圈及2个分闸线圈，即有双分闸回路。图5-14（b）是COMPASS断路器合闸与分闸1回路，图5-14（c）是COMPASS断路器合闸联锁与分闸2回路，如果采用的是2个分闸回路，其分闸回路电源需分别设置。如果采用1个分闸回路，可以将2个分闸回路电源并接在一起。图5-14（b）、（c）中，K1、K2是SF_6闭锁继电器，它们由断路器的SF_6密度继电器63G压力触点控制。当SF_6密度正常，63G压力触点在断开位置，K1、K2继电器在失磁状态；当SF_6密度降低到闭锁允许值以下，63G压力触点闭合，K1、K2继电器启动。K3是合闸联锁继电器，当储能弹簧正常拉伸时，SF_6密度正常，K6、K1、K2均在失磁状态，K3继电器在启动状态。K4是防跳继电器，当有合闸脉冲存在断路器已合闸时，K4启动并自保持，切断合闸线圈回路的电流。

K5是隔离开关位置继电器，它受控于S43选择开关、KC隔离开关合闸接触器、KO隔离开关分闸接触器、S5隔离开关手动曲柄限位开关、SAC3隔离辅助开关。S43选择开关有三个位置，有多组触点，在手动位置时，每组触点均为左侧触点闭合；在试验位置时，每组触点均为中间触点闭合；在运行位置时，每组触点均为右侧触点闭合。这里用的5-6触点中间和右侧位置是短连的，在试验和运行位置触点均闭合。当隔离开关没有进行分、合闸操作时，KC、KO接触器动断触点均在闭合位置；当隔离开关没有插入手动曲柄时，S5限位开关触点在闭合位置，SAC3隔离辅助开关，在隔离开关处于分闸及合闸位置时均为闭合［参照图5-15（c）中的辅助开关触头表］。K5继电器的启动条件为：S43选择开关在试验或运行位置，对隔离开关没有进行操作，隔离开关处于分闸或合闸状态。这里还接有SA2隔离辅助开关，它只在隔离开关分闸位置时闭合［参照图5-15（c）中的辅助开关触头表］，通过它提供给断路器就地控制SY1（分闸按钮）和SY4（合闸按钮）的正电源，也就是说只有隔离开关在分闸位置，才允许对断路器就地用按钮进行分、合闸操作。

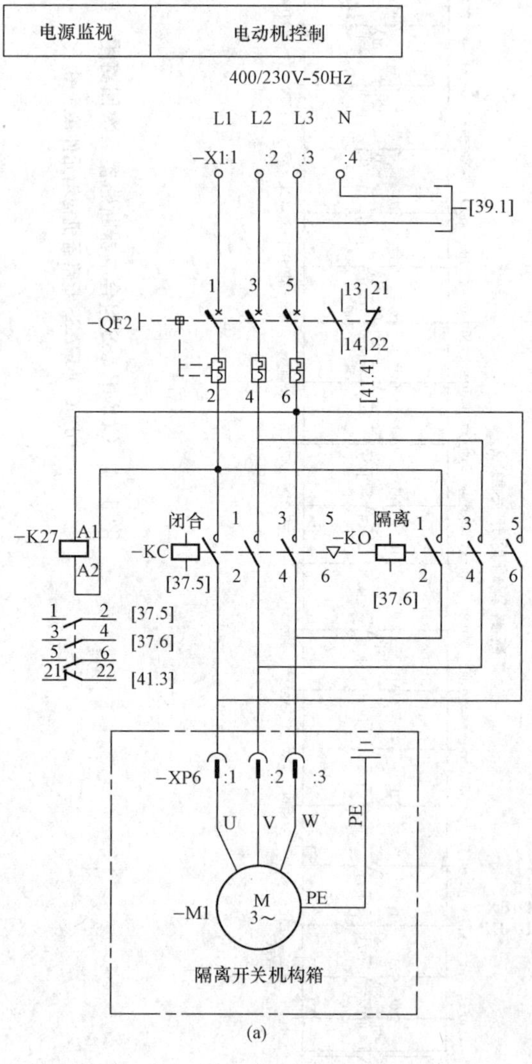

(a)

图5-15　COMPASS组合电器隔离开关二次回路图（一）

（a）COMPASS隔离开关电机回路

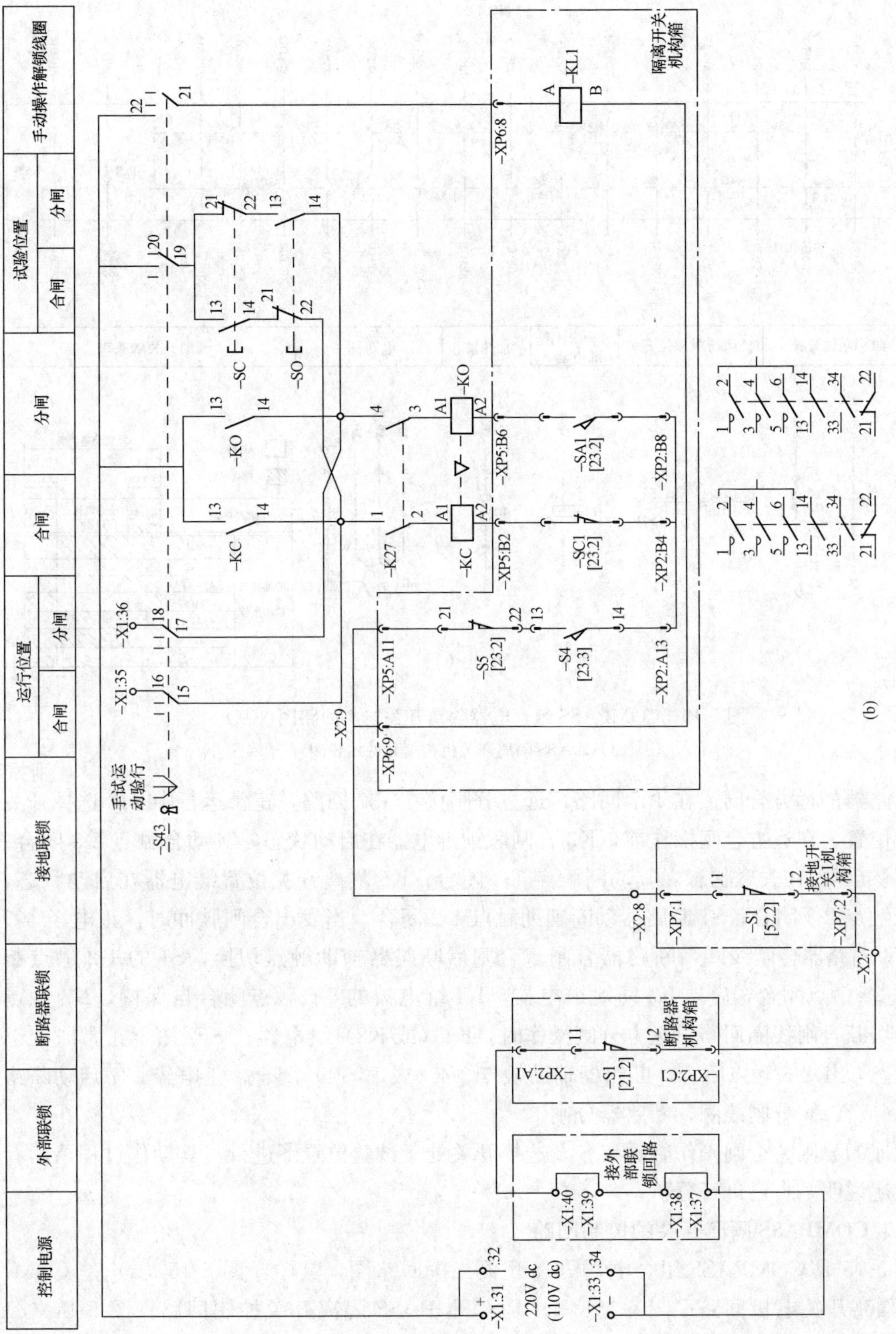

图 5-15　COMPASS组合电器隔离开关二次回路图（二）

（b）COMPASS隔离开关控制回路

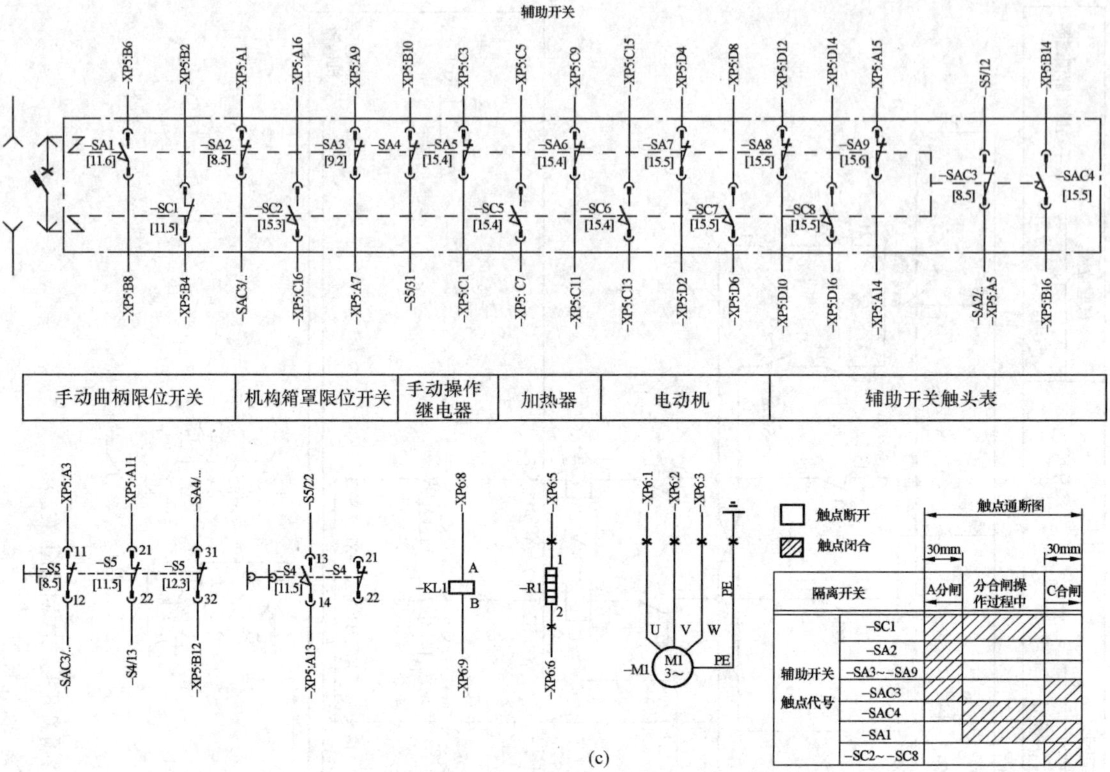

图 5-15　COMPASS 组合电器隔离开关二次回路图（三）

（c）COMPASS 隔离开关机构箱元件接线图

断路器的远方合闸接在 107 回路，远方分闸接在 137 回路，正常运行中 S43 选择开关在运行位置。在远方合闸操作前，K3 合闸联锁继电器在启动状态，其动合触点 2-3 闭合；K4 防跳继电器在失磁状态，其动断触点 1-3 闭合；K5 隔离开关位置继电器在启动状态，其动合触点 2-3 闭合；S1 断路器动断辅助触点 1-2 闭合。当发出合闸脉冲时，正电经 107 启动 Y4 断路器合闸线圈，断路器合闸。合闸后断路器辅助触点切换，S1 的 1-2 触点断开，23-24 触点闭合，启动 K4 防跳继电器，K4 继电器的 5-6 触点闭合自保持，1-3 触点断开，切断合闸线圈回路。远方分闸操作时，K1（或 K2）继电器在 SF_6 密度正常时处于失磁状态，其 2-3 触点闭合，断路器辅助触点 3-4（或 13-14）闭合，正电经 137 启动断路器 Y1（或 Y2）分闸线圈，断路器分闸。

就地的分闸、合闸操作必须在 S43 选择开关处于试验位置下进行，其动作过程请读者参照上述说明，自己进行分析。

二、COMPASS 隔离开关的控制回路

图 5-15 是 COMPASS 组合电器隔离开关二次回路图，其中：图 5-15（a）是 COMPASS 隔离开关电机回路；图 5-15（b）是 COMPASS 隔离开关控制回路；图 5-14（c）是 COMPASS 隔离开关机构箱元件接线图。

1. 隔离开关电机回路

图 5-15（a）COMPASS 隔离开关电机回路中，隔离开关电机采用的是三相交流电

机，它通过切换三相交流电源的相序改变电动机的转动方向，完成隔离开关（盘车）的分闸（隔离）、合闸（闭合）过程。当合闸接触器KC启动，电动机接入的是正相序；当分闸接触器KO启动，电动机接入的是反相序。在电机回路中F2是带热保护的微型断路器，当F2过载跳闸时，其动断触点21-22闭合发出报警信号。K27是电机电源监视继电器，当电机电压正常时，继电器K27在启动状态，其动合触点1-2、3-4闭合，分别接通KC、KO接触器线圈回路；当电机失压时K27失磁，其动断触点21-22闭合，发出报警信号。

2. 隔离开关的控制回路

图5-15（b）是COMPASS隔离开关的控制回路，其控制回路接的是直流220V或110V电源，远方操作合闸接在X1∶35端子，分闸接在X1∶36端子。

隔离开关控制回路中控制合闸、分闸过程的元件有：①S43选择开关，在运行位置接通远方操作回路，在试验位置接通就地操作回路；②KC合闸接触器，KO分闸接触器；③SC就地合闸按钮，SO就地分闸按钮，这两个按钮在操作中相互闭锁；④K27电机电源监视继电器；⑤SC1隔离辅助开关，它在隔离开关分闸位置及操作过程中是闭合的，当隔离开关合闸到位时断开；⑥SA1隔离辅助开关，它在隔离开关合闸位置及操作过程中是闭合的，当隔离开关分闸到位时断开［参照图5-15（c）中的辅助开关触头表］；⑦当隔离开关没有插入手动操作曲柄时，S5限位开关触点在闭合位置；⑧S4隔离开关机构罩限位开关，当机构罩盖好时S4触点是闭合的；⑨断路器动断辅助触点S1的11-12，接地开关动断辅助触点S1的11-12，当断路器断开、接地开关断开时，均在闭合位置。如果对隔离开关操作有其他闭锁要求，可以接在图中外部联锁回路。了解了回路中各元件的作用及状态，远方或就地分、合闸动作过程，读者可以自己分析。

如果隔离开关在检修中需要手动操作，在操作前必须使解锁线圈KL1励磁，切换离合器，才可以插入手动曲柄，摇动机构进行分闸或合闸。条件是断路器、接地开关均在分闸位置，切换S43选择开关至手动位置，KL1即可励磁进行手动操作。

三、COMPASS接地开关的联锁回路

图5-16（a）是COMPASS接地开关解锁回路，图5-16（b）是COMPASS接地开关机构箱元件接线图。

接地开关只允许进行手动操作，接地开关进行手动操作的条件是：隔离开关不能插入手动操作曲柄，S5限位开关触点在闭合位置；隔离开关在分闸位置，SA4隔离辅助开关是闭合的［参照图5-15（c）中的辅助开关触头表］。需要进行接地开关操作时，将S43选择开关置于手动位置，按下SL1手动解锁按钮，KL1解锁线圈励磁，即可进行接地开关的手动操作。

四、COMPASS组合电器的加热回路

图5-17是COMPASS组合电器加热回路，加热回路由带热保护的QF3微型断路器接入交流220V电源，由恒温控制器KT进行控制。当温度降低至整定温度时，分别接通装设在断路器机构箱、隔离开关机构箱、接地开关机构箱及COMPASS控制箱中的加热器，进行加热。加热器回路中串接有KR电流检测继电器，当回路或元件发生故障时，KR继电器动作，发出报警信号。

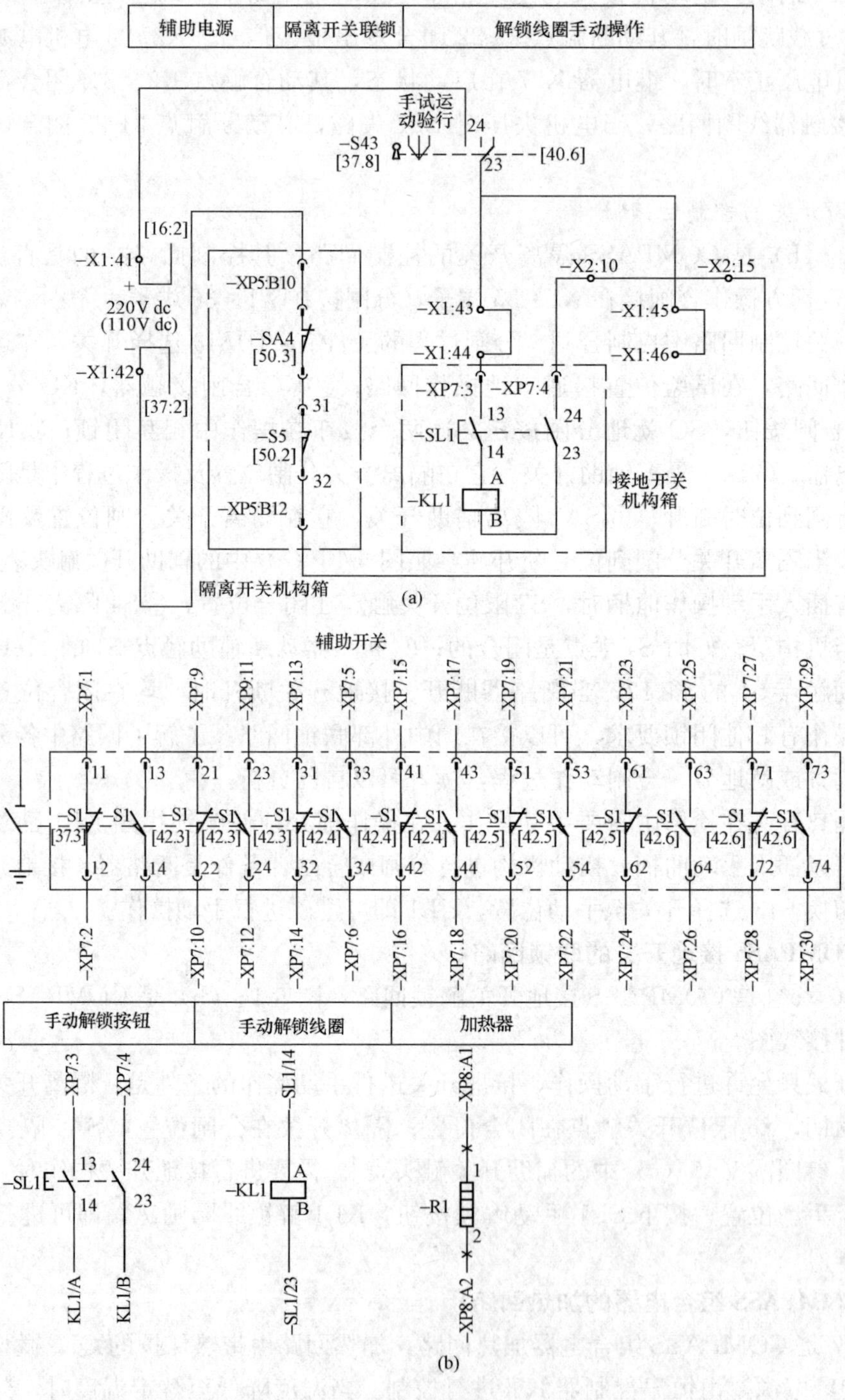

图 5-16　COMPASS 接地开关的联锁回路

（a）COMPASS 接地开关解锁回路；（b）COMPASS 接地开关机构箱元件接线图

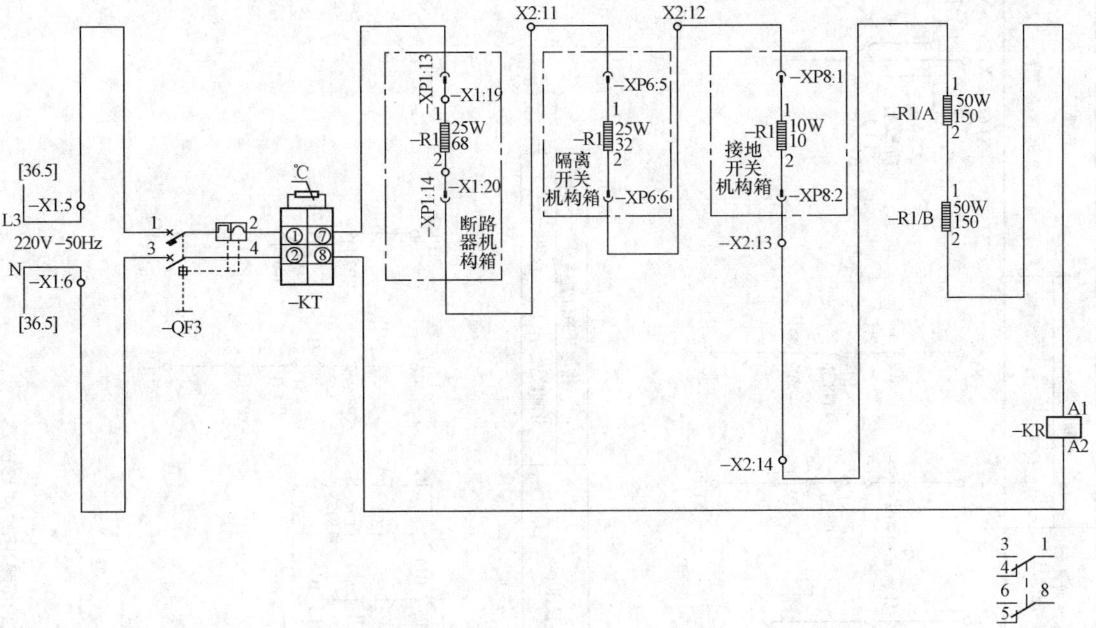

图 5-17　COMPASS 组合电器加热回路

五、COMPASS 组合电器的报警信号回路

图 5-18 是 COMPASS 组合电器的报警信号回路，报警及位置信号包括：

（1）断路器、隔离开关、接地开关的分闸及合闸位置信号；

（2）断路器中 SF_6 气体密度降低发出报警信号，SF_6 密度进一步降低闭锁分、合闸操作由 K1、K2 发出闭锁信号；

（3）K3 继电器动作发出的合闸联锁信号；

（4）QF1 发出的储能电机电源空气开关断开报警信号；

（5）KR 发出的加热回路报警信号；

（6）K6 继电器发出的储能弹簧为储能信号；

（7）R43 选择开关发出的选择开关位置信号；

（8）QF2 发出的隔离开关电机电源空气开关断开信号；

（9）K27 继电器发出的隔离开关电机电源失压信号；

（10）由 KC、KO 接触器及隔离辅助开关 SAC4 发出的隔离开关操作过程中信号。

这些报警或位置信号可以根据需要接到测控装置，传递到综合自动化系统中。

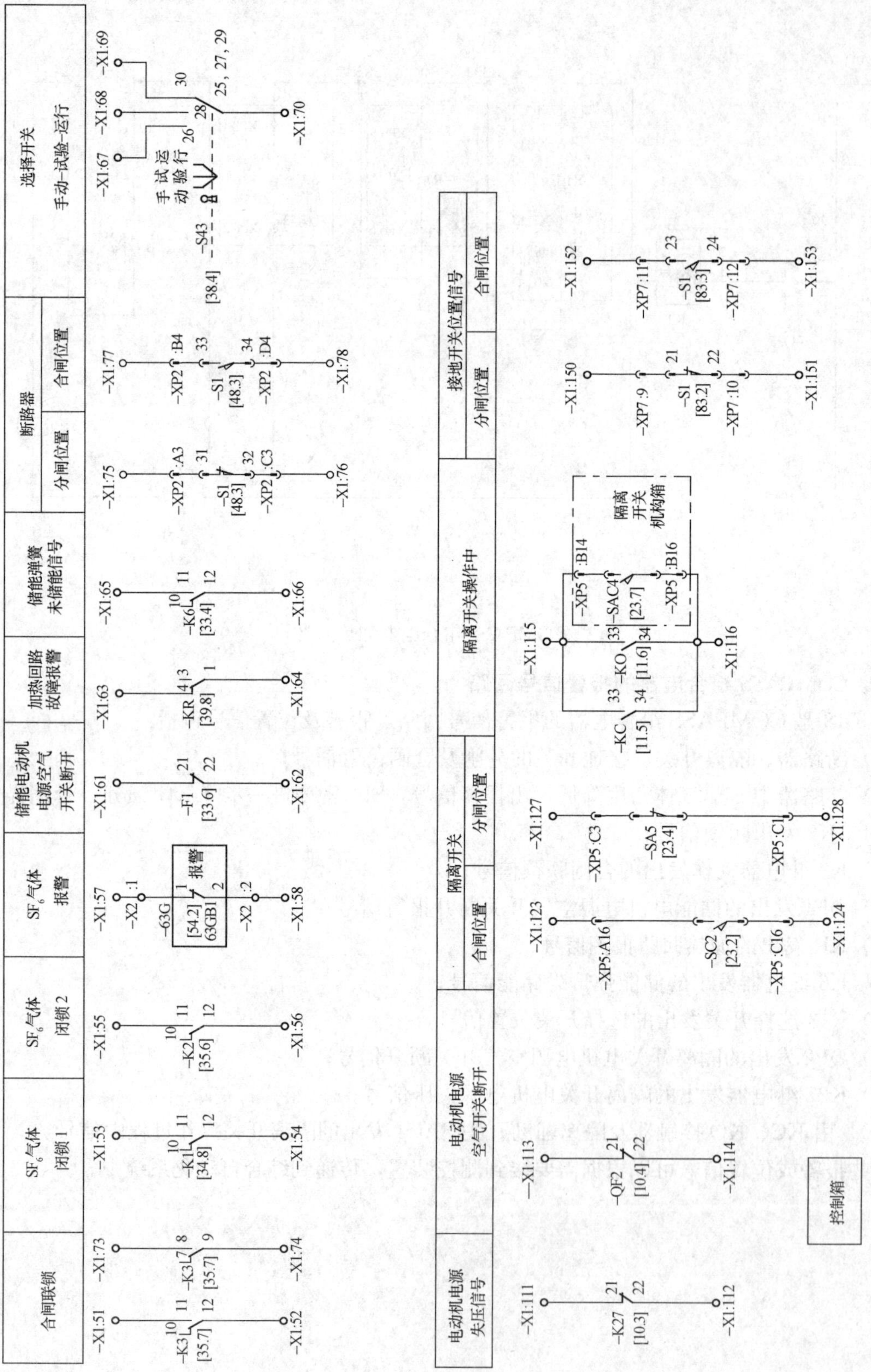

图 5-18　COMPASS组合电器报警信号回路

第六章

110kV线路的二次回路

110kV线路的二次回路主要包括电压互感器二次回路并列与切换装置、线路继电保护装置二次回路、测控装置二次回路、操作箱及断路器操动机构的二次回路等。

第一节　电压互感器二次回路并列与切换装置

电压互感器二次回路接线的合理与可靠是继电保护及自动装置正确工作，电能计量和电气测量准确不可缺少的条件。电压互感器二次回路接线应与一次电气系统运行方式取得一致，当一次运行方式改变时，二次交流电压回路要随之改变，确保二次交流电压能正确反映一次系统的运行状况。

一、电压互感器二次回路并列装置的接线

一次主接线方式为单母线分段接线、内桥接线、双母线接线时，都应该在电压互感器二次回路装设并列装置。

1. 单母线分段与双母线接线方式的电压互感器二次回路并列装置

单母线分段或双母线的接线方式，设有分段或母联断路器，用以连接两段母线，每段母线上装一组电压互感器，用以测量该段母线的电压。根据不同运行方式的要求，分段或母联断路器可以断开，将两段母线分列运行；也可以合上，将两段母线并列运行。随着一次运行方式的变化，交流电压二次回路也应能随之分列或并列，这就要求在电压互感器二次回路装设并列装置。

图4-1是单母线分段的主接线图，图中M1是110kV的Ⅰ段母线，Ⅰ段母线所接的电压互感器为TV21，控制它的隔离开关是QS21；M2是110kV的Ⅱ段母线，Ⅱ段母线所接的电压互感器为TV61，控制它的隔离开关是QS61。分段断路器是QF41，它两侧的隔离开关是QS41、QS42。在这种主接线中，电压互感器二次回路装设了并列装置。

这里例举了YQX—23J型电压并列装置（其他型号的电压并列装置接线也基本类同），其直流回路接线图如图6-1所示。

图6-1中：7n50、7n51、7n52……是电压并列装置的端子号；

7D73、7D74、7D75……是电压并列装置单元端子排的端子号；

GD5、GD11……是过渡端子排的端子号。

电压并列装置主要是由双线圈、带磁保持的直流继电器组成。其中，1KYQ1、1KYQ2、1KYQ3为第一组，是Ⅰ段母线电压互感器的二次电压投入控制继电器；

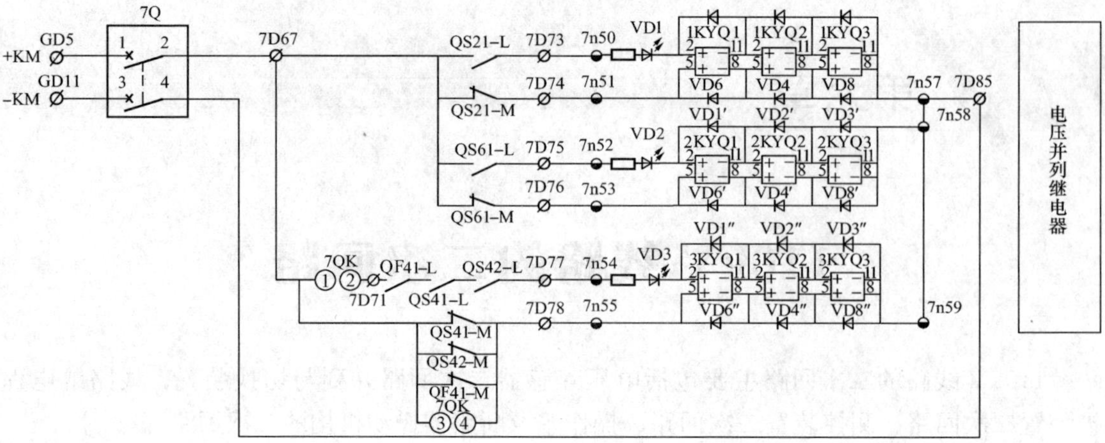

图 6-1 YQX—23J 型电压并列装置直流回路接线图

2KYQ1、2KYQ2、2KYQ3 为第二组，是Ⅱ段母线电压互感器的二次电压投入控制继电器；3KYQ1、3KYQ2、3KYQ3 为第三组，是Ⅰ段与Ⅱ段母线电压互感器的二次电压并列控制继电器。

电压并列装置由空气开关 7QK 接在直流控制小母线 KM 上。当Ⅰ段母线电压互感器投入时，合上隔离开关 QS21，其动合辅助触点 QS21-L 闭合，第一组继电器 1KYQ1、1KYQ2、1KYQ3 的动作线圈 2-11 励磁，使继电器启动，它们的触点接通Ⅰ母电压二次回路，同时点亮发光二极管 VD1，在装置面板上显示Ⅰ母 TV 运行。由于继电器是带磁保持的，即使直流电源消失，继电器仍然保持在启动状态，确保交流电压回路正常。当Ⅰ段母线电压互感器因检修而撤出时，断开隔离开关 QS21，其动合辅助触点 QS21-L 打开，发光二极管 VD1 熄灭，继电器动作线圈 2-11 断电，动断辅助触点 QS21-M 闭合，第一组继电器 1KYQ1、1KYQ2、1KYQ3 的返回线圈 5-8 励磁，使继电器返回，它们的触点断开，切断Ⅰ母电压二次回路。

当Ⅱ段母线电压互感器投入时，合上隔离开关 QS61，其动合辅助触点 QS61-L 闭合，第二组继电器 2KYQ1、2KYQ2、2KYQ3 的动作线圈 2-11 励磁，使继电器启动，它们的接点接通Ⅱ母电压二次回路，同时点亮发光二极管 VD2，在装置面板上显示Ⅱ母 TV 运行。当Ⅱ段母线电压互感器因检修而撤出时，断开隔离开关 QS61，其动合辅助触点 QS61-L 打开，发光二极管 VD2 熄灭，继电器动作线圈 2-11 断电，动断辅助触点 QS61-M 闭合，第二组继电器 2KYQ1、2KYQ2、2KYQ3 的返回线圈 5-8 励磁，使继电器返回，它们的触点断开，切断Ⅱ母电压二次回路。

当运行方式为Ⅰ段母线与Ⅱ段母线并列运行时，合上分段断路器 QF41 及两侧隔离开关 QS41、QS42，同时它们的动合辅助触点 QF41-L、QS41-L、QS42-L 闭合。为与一次运行方式保持一致，将母线电压并列转换开关 7QK 切在并列位置，它的触点 1-2 接通，第三组继电器 3KYQ1、3KYQ2、3KYQ3 的动作线圈 2-11 励磁，使继电器启动，它们的触点将Ⅰ母与Ⅱ母电压二次回路连接在一起，同时点亮发光二极管 VD3，在装置面板上显示Ⅰ母与Ⅱ母 TV 并列运行。当运行方式为Ⅰ段母线与Ⅱ段母线分列运行时，只要断开分段断路器 QF41 或两侧隔离开关 QS41、QS42 中任意一个，就已构成分列运行的条件。此时动合辅助触点 QF41-L、QS41-L、QS42-L 打开发光二极管 VD3 熄灭，继电器动作线圈 2-11 断电，它们的动断辅助触点 QF41-M、QS41-M、QS42-M 只要任意一个闭合，或者将母线电压并列转换开关 7QK 切在断开位置，它的触点 3-4 接通，第三组继电器 3KYQ1、3KYQ2、3KYQ3 的返回线圈 5-8 励磁，使继电器返回，它们的触点打开，将Ⅰ母与Ⅱ母电压二次回路断开。

电压并列装置的信号开出回路如图 6-2 所示。

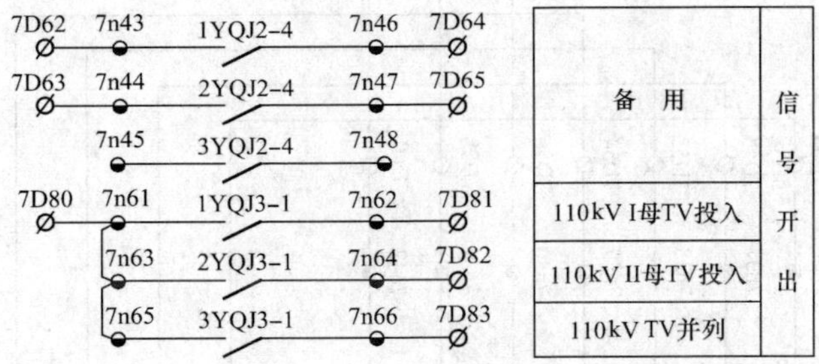

图 6-2　YQX—23J 型电压并列装置信号回路接线图

图 6-2 显示，当Ⅰ母 TV 加入运行时，一组继电器启动，其动合触点 1KYQ3-1 闭合，信号开出，送至测控装置，在后台机上打出“110kV Ⅰ母 TV 投入”信号。当Ⅱ母 TV 加入运行时，二组继电器启动，其动合触点 2KYQ3-1 闭合，信号开出，送至测控装置，在后台机上打出“110kV Ⅱ母 TV 投入”信号。当Ⅰ母与Ⅱ母 TV 并列运行时，三组继电器启动，其动合触点 3KYQ3-1 闭合，信号开出，送至测控装置，在后台机上打出“110kV TV 并列”信号。

电压并列装置的交流电压并列回路如图 6-3 所示。

图 6-3 中：IA602、IB602、IC602、IL601 是Ⅰ母 TV 保护测控用绕组送出的电压回路；

ⅠA602J、ⅠB602J、ⅠC602J 是Ⅰ母 TV 计量用绕组送出的电压回路；

ⅡA602、ⅡB602、ⅡC602、ⅡL601 是Ⅱ母 TV 保护测控用绕组送出的电压回路；

ⅡA602J、ⅡB602J、ⅡC602J 是Ⅱ母 TV 计量用绕组送出的电压回路；

A630、B630、C630、L630 是Ⅰ母保护测控用的电压小母线；

A630J、B630J、C630J 是Ⅰ母计量用的电压小母线；

A640、B640、C640、L640 是Ⅱ母保护测控用的电压小母线；

A640J、B640J、C640J 是Ⅱ母计量用的电压小母线。

当一组继电器启动时，它们的动合触点闭合，将Ⅰ母 TV 的各二次电压送至对应的电压小母线，供Ⅰ段母线各间隔的保护、测量、计量装置采用。当二组继电器启动时，它们的动合触点闭合，将Ⅱ母 TV 的各二次电压送至对应的电压小母线，供Ⅱ段母线各间隔的保护、测量、计量装置采用。当Ⅰ母和Ⅱ母并列运行时，三组继电器启动，它们的动合触点闭合，将Ⅰ母和Ⅱ母对应的电压小母线连接起来。

N600 作为公用接地电压小母线，图中没有画出。

2. 内桥接线方式的电压互感器二次回路并列装置

内桥主接线为简化接线、节约设备，一般在每条线路上装一组电压互感器，用以测量该条线路的电压。图 6-4 是内桥式主接线图。

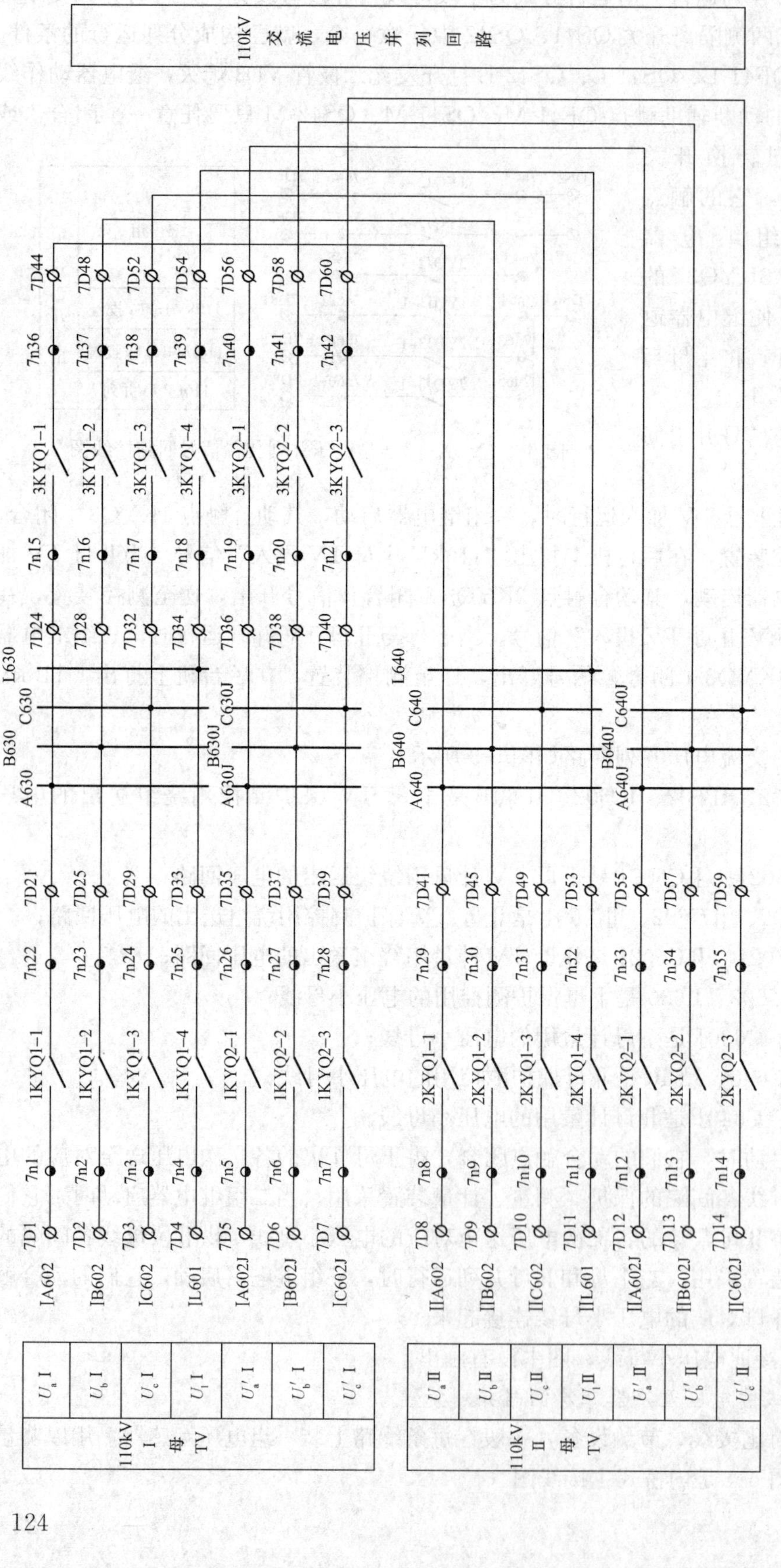

图 6-3 YQX—23J 型电压并列装置交流电压并列回路接线图

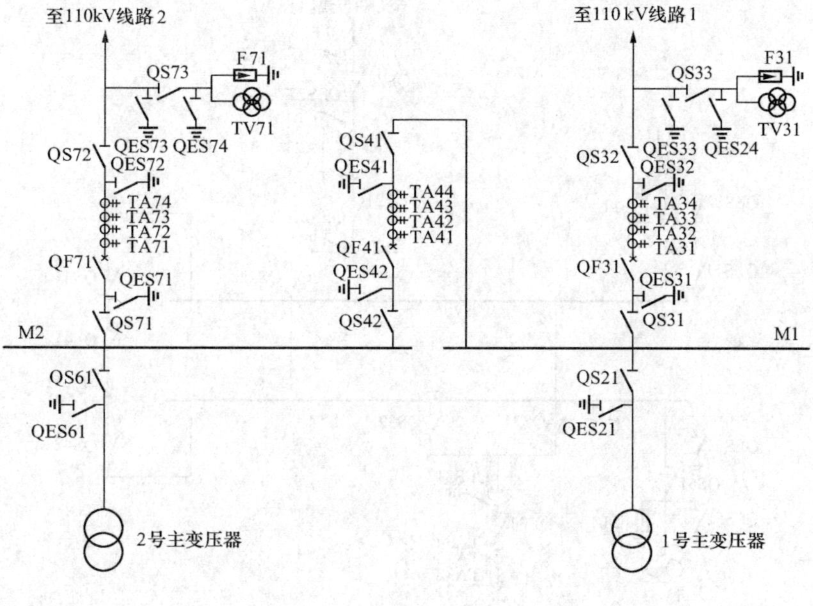

图 6-4　内桥式主接线图

图 6-4 中线路 1 的断路器 QF31 兼作 1 号主变压器的高压侧断路，线路 2 的断路器 QF71 兼作 2 号主变压器的高压侧断路。内桥断路器 QF41 断开时，将两条线路和两台变压器分开，各为一组线路—变压器组运行；内桥断路器 QF41 合上时，将两条线路和两台变压器并列运行。随着一次运行方式的变化，交流电压二次回路也应能随之改变，以满足线路、变压器保护及自动装置的不同要求。

内桥主接线交流电压二次回路的并列装置接线与单母线分段的情况完全相同，只需将内桥断路器看作分段断路器，将两组线路电压互感器看作母线电压互感器就可以了，这里不再详述。

二、电压互感器二次回路切换装置的接线

双母线的主接线图，如图 6-5 所示。接在双母线上的线路或主变压器等电气单元通过隔离开关的操作，可以分别接在Ⅰ母上或接在Ⅱ母上运行。当接在Ⅰ母运行时，其电压回路必须接在Ⅰ母 TV 的二次回路中；当接在Ⅱ母运行时，其电压回路必须接在Ⅱ母 TV 的二次回路中。这种电压互感器二次回路的转换是通过切换装置来实现的。

这里例举 YQX—22J 型双母线电压切换装置，其用在 110kV 线路一中的电压切换装置直流回路接线图，如图 6-6 所示。

电压切换装置的组成与电压并列装置基本相同。其中，1KYQ1、1KYQ2、1KYQ3 为第一组，是切换至Ⅰ段母线电压互感器二次回路的控制直流继电器；2KYQ1、2KYQ2、2KYQ3 为第二组，是切换至Ⅱ段母线电压互感器二次回路的控制直流继电器。

电压切换装置由空气开关 7QK 接在直流控制小母线 KM 上。当线路一连接在Ⅰ段母线运行时，合上隔离开关 QS21，其动合辅助触点 QS21-L 闭合，第一组继电器 1KYQ1、1KYQ2、1KYQ3 的动作线圈 2-11 励磁，使继电器启动，它们的触点接通Ⅰ母电压二次回路，同时点亮发光二极管 VLD1，在装置面板上显示投在Ⅰ母 TV 运行。由于继电器是

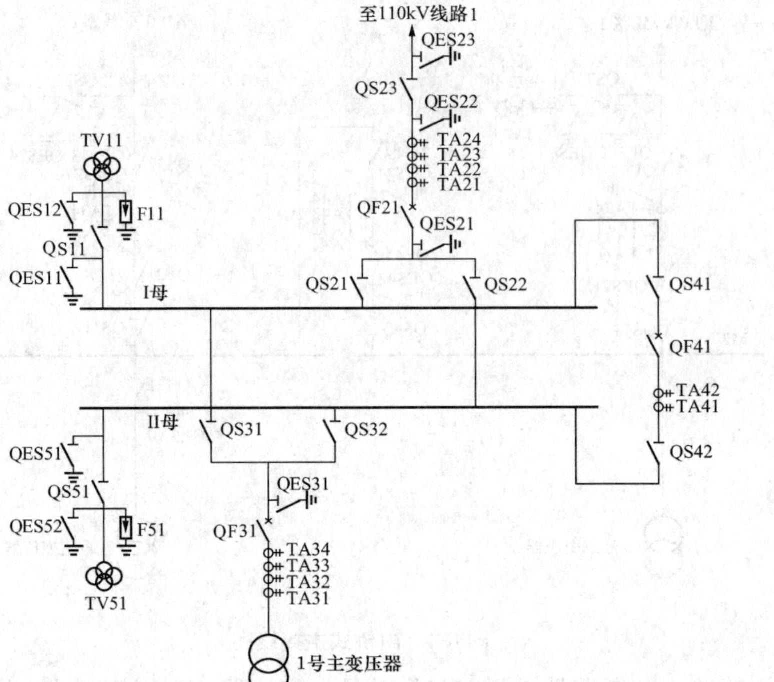

图 6-5　双母线主接线图

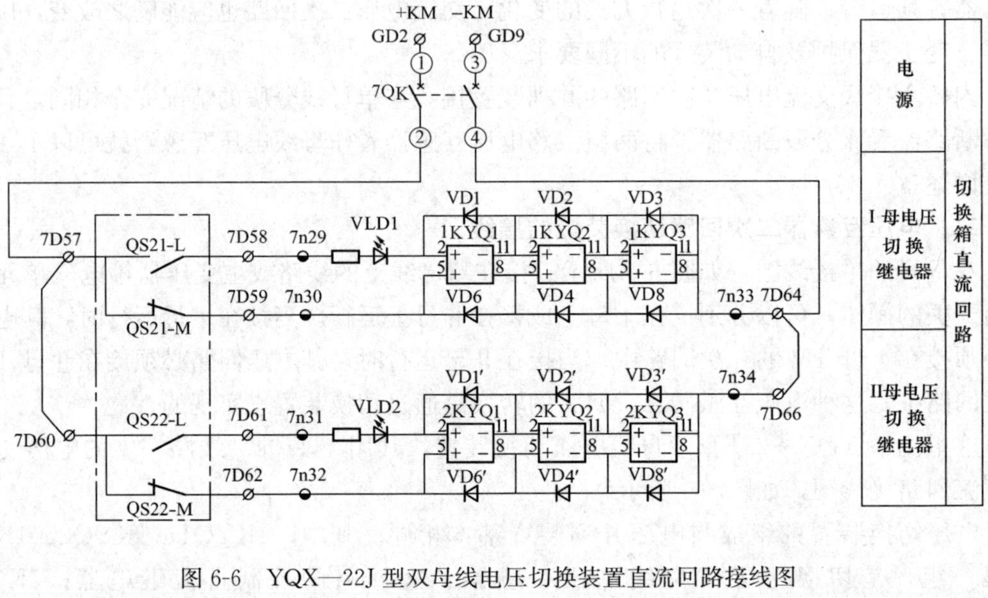

图 6-6　YQX—22J 型双母线电压切换装置直流回路接线图

带磁保持的，即使直流电源消失，继电器仍然保持在启动状态，确保交流电压回路正常。当断开隔离开关 QS21 时，其动合辅助触点 QS21-L 打开，发光二极管 VLD1 熄灭，继电器动作线圈 2-11 断电，动断辅助触点 QS21-M 闭合，第一组继电器 1KYQ1、1KYQ2、1KYQ3 的返回线圈 5-8 励磁，使继电器返回，它们的触点断开，切断Ⅰ母电压二次回路。

当线路一连接在Ⅱ段母线运行时，合上隔离开关 QS22，其动合辅助触点 QS22-L 闭合，第二组继电器 2KYQ1、2KYQ2、2KYQ3 的动作线圈 2-11 励磁，使继电器启动，它们的触点接通Ⅱ母电压二次回路，同时点亮发光二极管 VLD2，在装置面板上显示投在Ⅱ母 TV 运行。由于继电器是带磁保持的，即使直流电源消失，继电器仍然保持在启动状态，确保交流电压回路正常。当断开隔离开关 QS22 时，其动合辅助触点 QS22-L 打开，发光二极管 VLD2 熄灭，继电器动作线圈 2-11 断电，动断辅助触点 QS22-M 闭合，第一组继电器 2KYQ1、2KYQ2、2KYQ3 的返回线圈 5-8 励磁，使继电器返回，它们的触点断开，切断Ⅱ母电压二次回路。

电压切换装置的信号开出回路如图 6-7 所示。当投入在Ⅰ母运行时，一组继电器启动，其动合触点 1KYQ3-1 闭合，信号开出，送至测控装置，在后台机上打出“110kV XX 线 投入Ⅰ母 TV”信号；当投入在Ⅱ母运行时，二组继电器启动，其动合触点 2KYQ3-1 闭合，信号开出，送至测控装置，在后台机上打出“110kV XX 线 投入Ⅱ母 TV”信号。当电压切换装置的直流工作电源断开，即空气小开关 7QK 断开，其动断辅助触点 7QK-BD 闭合，信号开出，送至测控装置，在后台机上打出“切换装置直流消失”信号。

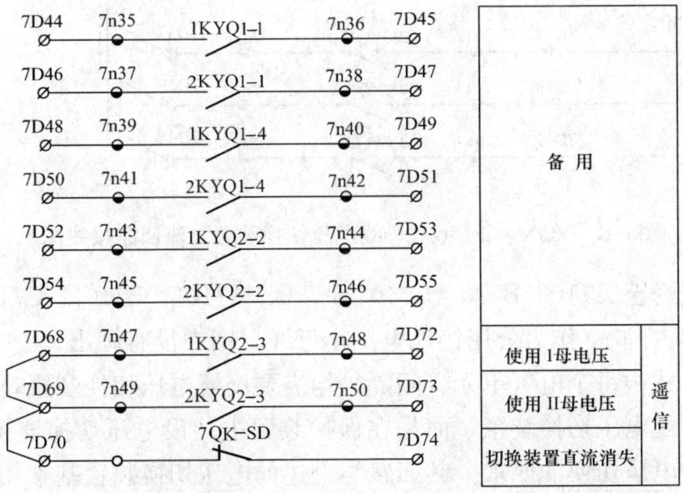

图 6-7　YQX—22J 型双母线电压切换装置信号回路接线图

双母线电压切换装置的交流电压回路接线如图 6-8 所示。

图 6-8 中：A630、B630、C630、L630 是Ⅰ母电压小母线；

A630J、B630J、C630J 是Ⅰ母计量用的电压小母线；

A640、B640、C640、L640 是Ⅱ母电压小母线；

A640J、B640J、C640J 是Ⅱ母计量用的电压小母线；

A710、B710、C710、L710 是接入保护测控装置的电压小母线；

A710J、B710J、C710J 是接入电能表的电压小母线。

当线路或主变压器投在Ⅰ母运行时，一组继电器启动，它们的动合触点闭合，将Ⅰ母电压小母线送至 A710、B710、C710、L710、A710J、B710J、C710J，供保护、测量、计量装置采用；当线路或变压器投在Ⅱ母运行时，二组继电器启动，它们的动合触点闭合，

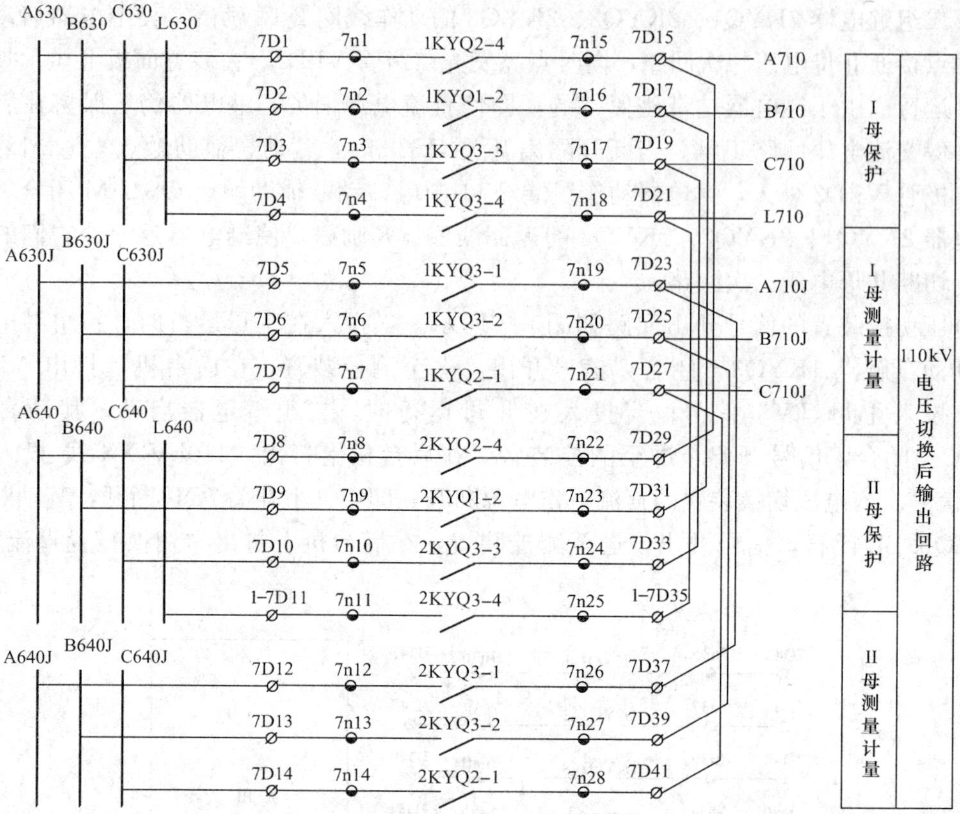

图 6-8 YQX—22J 型双母线电压切换装置交流回路接线图

将Ⅱ母电压小母线送至 A710、B710、C710、L710、A710J、B710J、C710J，供保护、测量、计量装置采用。N600 作为公用接地电压小母线，图中没有画出。

双母线接线方式中每个电气单元（间隔）均需要配置电压切换装置，目前很多厂家为简化配置，不再单配电压切换装置，而是在保护装置中装设电压切换连接片，满足保护、测量、计量对母线电压切换的要求，其回路与上述的电压切换装置基本相同。

第二节 110kV 断路器操作箱的二次回路

在断路器的控制回路中，需要配置不同类型的中间继电器，作为辅助继电器来完善对断路器进行控制的需要，同时需要配置作为保护出口跳闸和重合闸出口合闸的重动继电器及信号继电器。在传统变电站中，这些继电器都是以分立元件的形式安装在对应断路器的控制屏或保护屏上。现在则将这些继电器小型化并集中组合在一个箱体内（称为断路器操作箱），安装在断路器对应的保护屏上。对应断路器的不同操作形式，配置的操作箱亦不同。110kV 断路器是三相同步操作的，采用的是三相操作箱；220kV 及以上的断路器是分相操作的，采用的是分相操作箱。目前，各厂家的操作箱大都以插件的形式组装在不同的保护装置中，根据需要也可以独立组成操作箱装置。

下面以 CSC—163A 型保护装置为例，介绍断路器操作箱的二次回路。其配置的三相断路器操作箱回路展开图如图 6-9 所示。

在图 6-9 中，有 J1、J2、J3 三处跳线。当不需要接入压力闭锁回路时，断开跳线 J1，短接跳线 J2、J3；如果需要接入压力闭锁回路时，断开跳线 J2、J3，短接跳线 J1。下面以不接压力闭锁采用本操作箱的防跳回路为例，讲述各种动作过程。

1．断路器合闸操作的动作过程

通过测控装置的遥控合闸继电器触点或就地操作开关 KK1-2，将正电送至 4D40，通过跳线 J2 启动合闸保持继电器 KLC，KLC 启动并经过其动合触点自保持在动作状态，同

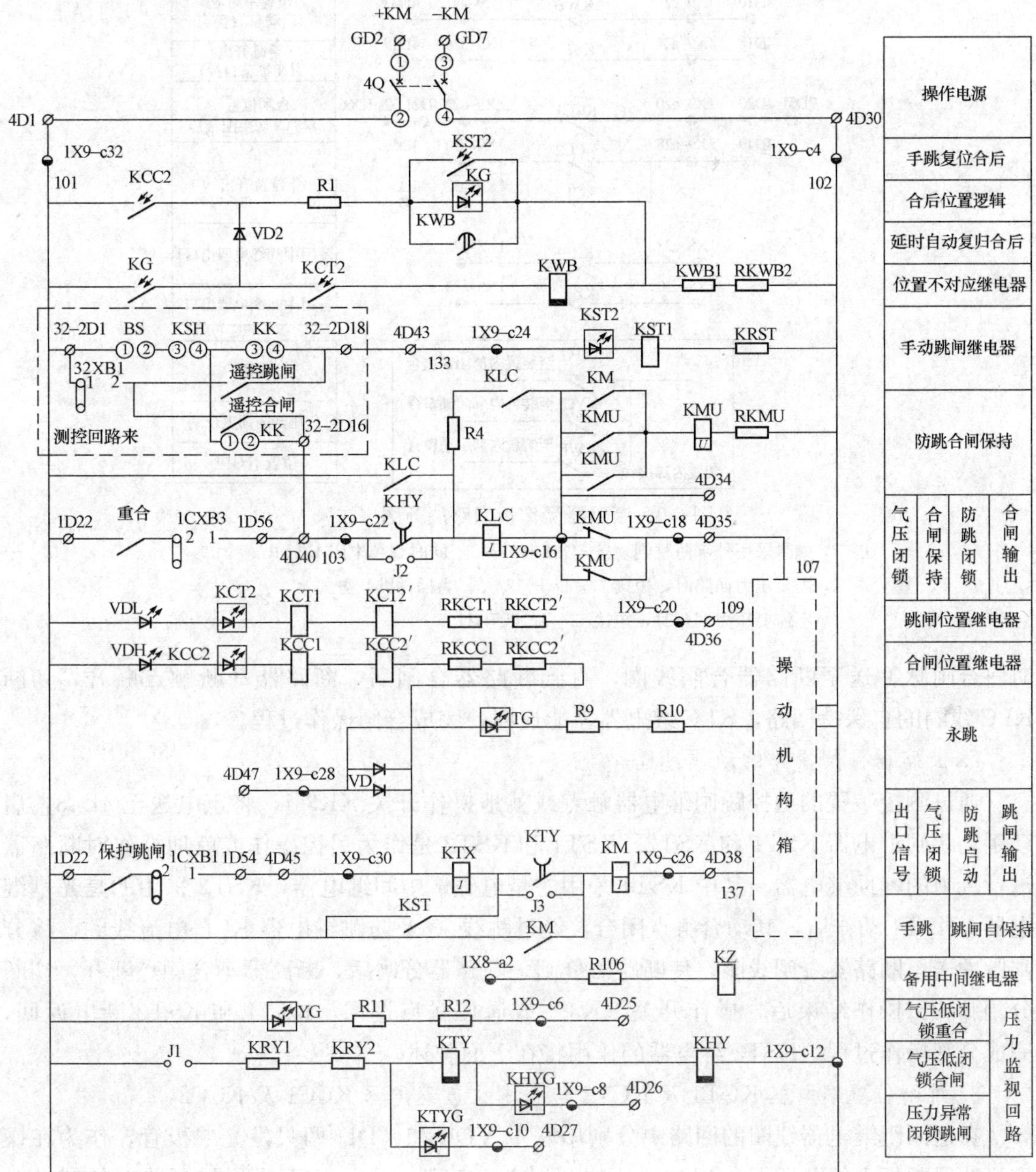

图 6-9　三相断路器操作箱回路展开图（一）

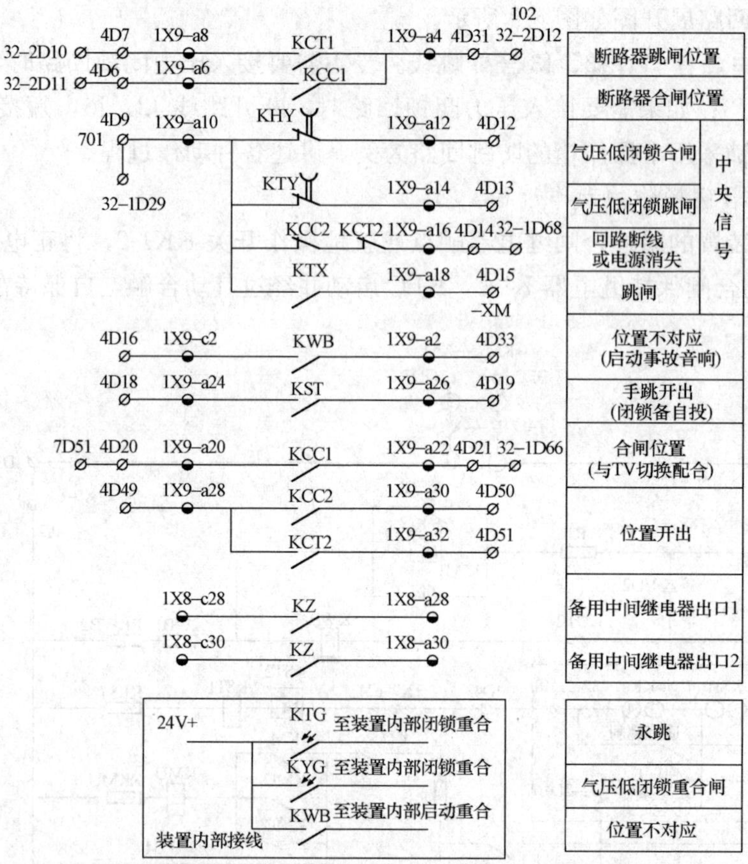

图 6-9　断路器操作箱回路展开图（二）

注：1. 如果采用外部防跳则短接 4D34 和 4D35，同时焊掉电阻 RKMU；
2. 需要压力回路时，短接 J1，断开 J2/J3；为插件默认方式；
3. 不需要压力回路时，短接 J2/J3，断开 J1。

时将合闸脉冲送至断路器合闸线圈，直到断路器合闸后，断路器动断触点断开，切断 KLC 线圈的自保持回路，KLC 继电器才能返回，完成合闸操作过程。

2. 断路器分闸操作的动作过程

通过测控装置的遥控跳闸继电器触点或就地操作开关 KK3-4，将正电送至 4D43，启动手动跳闸继电器 KST1 和 KST2。KST1 和 KST2 是作为遥控操作或就地操作对断路器进行跳闸的辅助继电器。其中 KST1 采用的是电磁式中间继电器，KST2 采用的是光耦继电器。KST1 动作后，其动合触点闭合，经过跳线 J3 及防跳继电器 KCF 电流线圈，将分闸脉冲送至断路器分闸线圈，使断路器分闸。断路器分闸后，断路器动合触点断开，切断分闸脉冲。操作结束后，操作开关 KK3-4 或遥控触点返回，KST1 和 KST2 断电返回，完成分闸操作过程。KST2 继电器的作用将在下面叙述。

3. 跳闸位置继电器 KCT1 及 KCT2 与合闸位置继电器 KCC1 及 KCC2

在这两组继电器线圈的回路中分别串联了 VDL 和 VDH 两只发光二极管，作为在操作箱装置面板上的断路器位置指示。这两组继电器的作用一方面是增加断路器的辅助触点，满足电路中的需要，另一方面是分别监视断路器合闸回路及跳闸回路的完好性。由于在操作回路中这两组继电器线圈直接与断路器的合闸回路及跳闸回路串联，在选择继电器时应满足正常运行，通过跳、合闸回路电流小于跳闸线圈、合闸线圈的最小动作电流和长期热稳定电流要求；同时应满足当控制电源母线电压为额定电压的85%时，加在继电器线圈上的电压应不小于额定电压的70%的要求。在正常运行中，当控制回路电源消失，KCC2 与 KCT2 同时失电，继电器返回动断触点闭合，发出“控制回路断线”信号。

4. 重合闸的位置不对应启动及闭锁

当断路器在合闸位置时 KCC2 继电器动作，其触点闭合，经电阻 R1 启动合后位置继电器 KG，其动合触点闭合，经 VD2 二极管使之自保持。当线路故障，保护动作使断路器跳闸，断路器跳闸位置继电器 KCT2 启动，其动合触点闭合，启动位置不对应继电器 KWB。KWB 的动合触点闭合，在保护装置内部启动重合闸，KWB 的另一对延时闭合的动合触点经延时后闭合短接 KG 继电器，使之返回断开 KWB 启动回路。KWB 返回，完成重合闸的不对应启动过程。

对重合闸装置的基本要求之一是，当运行人员进行远方或就地手动操作合闸合到故障线路上，继电保护动作将断路器跳开时，重合闸装置不应该动作。对电磁型的重合闸装置，采用电容器充电原理来满足这一要求，电容器必须充电满 15～20s 后，才允许重合闸装置动作，而充电必须在断路器合闸后才开始进行。微机保护中的重合闸部分也采用了这一原理，只是通过软件程序来实现。由合后位置逻辑继电器 KG 去接通装置内类似的重合闸充电回路。当运行人员进行合闸操作时，若线路上有故障，继电保护立即动作将断路器跳开，这段时间不会达到 15～20s 因而重合闸不动作，满足了对重合闸的这一要求。

对重合闸装置的基本要求之二是，线路正常运行时重合闸装置应投入运行，当运行人员进行远方或就地手动操作跳闸时，重合闸装置不应动作。在人为手动操作断路器跳闸时，手动跳闸继电器 KST2 动作，其动合触点闭合，短接 KG 继电器使之返回，其动合触点断开，切断位置不对应继电器 KWB 的启动回路，保证在手动分闸过程中不会启动重合闸。

5. 操作箱中的防止断路器跳跃（以下简称防跳）回路

防跳回路由中间继电器 KM 和 KMU 组成。KM 是电流启动的中间继电器，KMU 是电压启动的中间继电器。KM 的电流启动线圈串接在断路器的跳闸回路，在每一次断路器跳闸时，跳闸电流通过 KM 电流线圈使其启动，并通过其动合触点自保持到跳闸动作完成。它的另一组触点去启动 KMU 继电器，KMU 继电器动作后其二组动断触点打开切断合闸回路。如果此时存在来自手动合闸回路或重合闸装置的合闸脉冲，则 KMU 的两组动合触点闭合自保持，即使断路器已跳开，KM 电流线圈中已无电流，KMU 会一直保持在动作状态，直至合闸脉冲消失，这样就有效防止了断路器跳跃现象的产生。

如果接线中需要使用断路器操动机构的防跳回路，在操作箱中应将电阻 RKMU 焊掉，至断路器合闸线圈的 107 线从 4D34 接出。

这里有一处接线需要说明，一般厂家是将 4D35 与 4D36（或 4D34 与 4D26）连接，接到 107 合闸回路。而此图中是将它们分开，将跳闸位置继电器 KCT1 的 4D36 独立引出（109）至断路器操动机构。原因是断路器机构的防跳继电器 52Y 有一处经电阻 R1 的自保持回路（参照图 5-5），在合闸操作过程中，此回路与 KCT1 线圈回路连接，使 KCT1 与

52Y长期处于动作状态，即使断路器合闸后亦无法返回，一直出现断路器合闸与分闸信号同时存在。只有断开直流电源使继电器返回，再合上直流电源，断路器指示信号才能正常。为此增加了109回路，将KCT1线圈经断路器一组动断触点接到合闸线圈的正电端，即图5-5的合闸线圈回路B5处。这样保证了断路器位置信号指示正确，也起到监视合闸线圈完好的作用。

6. 操作箱装置的1X9-c28（4D47）端子

该端子是永跳端子，母差保护的跳闸回路接在此端子。母差保护动作，在接通跳闸回路的同时，启动光耦继电器KTG，其触点去保护装置内部闭锁重合闸。

7. 断路器操作的压力闭锁回路

当断路器的操作为液压或气压机构时，对断路器的跳、合闸是利用跳、合闸电磁铁开启高压油门或高压气门，靠油或气体的压力完成跳、合闸过程的。断路器采用液压或气压操动机构时，应保持油压或气压的压力在允许范围内，通常装设加压泵自动进行补压，当自动补压回路出现异常时，会发出信号。当油压或气压严重下降，不能达到故障状态下断路器跳闸、合闸、重合闸的要求时，应自动将相关回路闭锁。

当断路器采用的是液压或气压操动机构时，在断路器操作箱的回路中应作以下连接：压力降低闭锁重合闸的压力触点接在端子4D25与4D30之间；压力降低闭锁合闸的压力触点接在端子4D26与4D30之间；压力降低闭锁跳闸的压力触点接在端子4D27与4D30之间。在需要接入压力闭锁回路时，将跳线J1连接，跳线J2、J3断开。一般液压或气压降低闭锁的顺序是，先闭锁重合闸，再闭锁合闸，最后闭锁跳闸，如果闭锁到跳闸，则闭锁了断路器的全部操作。

当压力降到不允许断路器重合闸时，接在端子4D25与4D30之间的压力触点闭合（图中未画出），启动KYG光耦继电器，其动合触点闭合，在装置内部闭锁重合闸。

当压力降到不允许断路器合闸时，接在端子4D26与4D30之间的压力触点闭合（图中未画出），将KHY继电器线圈短路，使正常运行中一直动作的KHY继电器返回，其延时闭合的动合触点打开，切断断路器的合闸回路。其延时断开的动断触点闭合，发出“气压降低闭锁合闸”信号。

当压力降到不允许断路器跳闸时，接在端子4D27与4D30之间的压力触点闭合（图中未画出），将KTY与KHY继电器线圈短路，使正常运行中一直动作的KTY与KHY继电器返回，其延时闭合的动合触点打开，切断断路器的跳闸与合闸回路。其延时断开的动断触点闭合，发出“气压降低闭锁跳闸”和“气压降低闭锁合闸”信号。

断路器压力闭锁回路的接线要由断路器操动机构的形式而定，不一定要使用所有的压力闭锁继电器。根据液压或气压机构对压力闭锁的不同要求，接入相应的闭锁回路。对于弹簧储能式的断路器操动机构，一般不需要接入压力闭锁继电器。

第三节　110kV线路测控装置的二次回路

在变电站中，必须具备对电气设备进行控制、测量、监视、调节的功能。传统变电站对断路器的控制是采用万能转换开关直接进行操作，并由红、绿信号灯监视断路器的位置。测量是通过电流表、电压表、有功功率表、无功功率表、频率表等强电仪表连接在电流互感器、电压互感器的回路中实现。信号是通过光字牌及中央信号系统与相关设备连接来构成。这些分散的设备装设在控制屏及中央信号屏上。在变电站综合自动化系统中，这些都属于监控子系统的功能。为了实现这一功能，在变电站综合自动化系统的结构中设置了单元层，其中包括了测量监控装置（简称测控装置）。

一、测控装置的功能

测控装置首先要能正确测量交流电流、电压、功率等。这些物理量不能直接接入计算机中，一是因为这些量都属强电，它们的电压高、电流大，会烧坏计算机芯片；二是因为这些量都属于模拟量，而模拟量都是随时间连续变化的物理量，计算机无法识别这些量。必须经过测控装置将电流互感器 TA 和电压互感器 TV 送出的电流、电压转换为弱电信号，并进行隔离，将这些连续变化的模拟信号转换为数字信号。通过通信网络将这些数字信号传送到监控计算机中，然后通过数学运算得到所需要测量的电流、电压的有效值（或峰值）和相位，以及频率、有功功率、无功功率等量，并在计算机中进行存储、处理和显示。测控装置是模拟信号源和计算机系统之间联系的桥梁。

在变电站中，有大量的电气设备，如断路器、隔离开关、继电器的触点、按钮和普通的小开关等，都具有通、断或分、合两种工作状态，这些物理量都属于开关量。这些量也要通过测控装置经过通信网络送到监控计算机中。这些要传送量的两种工作状态可以用 0、1 来表示，这正是计算机所能识别的数字。因此，它们工作状态可以表示为数字量的输入，这些数字量按一定的编码标准（如二进制数的格式或 ASCⅡ码标准）输入计算机，每若干位（一般为 8 位、16 位或 32 位）组合为一个数字或符号，这些不同的数字或符号表示了不同开关量的不同状态。

测控装置具有对电气设备进行控制的功能，如断路器、隔离开关的分合，变压器有载调压开关的升降等。这些控制命令一般也只是两种状态，当需要对电气设备进行控制时，从监控计算机发出指令，这些指令按照规定的编码标准，组合为若干二进制的数，经过通信网络的传输送入测控装置，在测控装置中将这些数字量还原为命令，通过开关量输出接口电路去驱动继电器，再由继电器触点接通跳、合闸回路或变压器有载调压分接开关的控制回路。

二、110kV 线路的测控装置

110kV 线路需要进行测量的模拟量有各相电压、各相电流的有效值和相位，有功功率和无功功率。

110kV 线路需要采集的开关量有断路器的状态，断路器的远方、就地操作状态，隔离开关的状态，接地开关的状态，断路器、隔离开关操动机构中的告警信号，断路器操作箱中的动作信号和告警信号，保护装置中无法通过网络传输的信号等。

110kV 线路需要进行远方控制的开关量有断路器的分、合闸，隔离开关的分、合闸，接地开关的分、合闸。

这里例举的 CSI—200ED 型装置是由 32 位微处理器实现的综合测量控制装置，采用按间隔的设计原则，主要适用于 110kV 及以下电压等级的线路间隔。遥控开出量及遥信开入量按不同的一次设备形式可以有不同的配置。这种装置面板上有汉化液晶屏，可用汉字显示信息内容。当装置没有任何操作时，液晶屏上循环显示测控装置的交流量有效值、装置当前投入的连接片及本间隔主接线图。测控装置具有远方就地操作状态的切换功能，当切换在远方状态时，由监控主机或集控中心进行远方操作；当进入就地操作状态时，可以用显示切换键在间隔主接线图、交流量有效值、投入连接片状态这三个界面中选择切换；当进入间隔主接线图界面时，由元件选择键选择需要控制且可以控制的元件，用分闸键、合闸键及确认键进行分、合闸操作。

下面以图 4-1 所示电气主接线中的 3 号间隔对应的 110kV 线路为例，说明测量、控制及信号回路展开图的接线。

1. 110kV 线路测控装置接入的模拟量

图 6-10 是 110kV 线路配置 CSI—200ED 型测控装置的交流电流、电压展开图。图中交流电流回路接在电流互感器 31TA，这一组电流互感器应选择准确度为 0.5 级的测量用绕组。交流电压回路接在 110kV Ⅰ段母线的电压互感器上，所接的电压互感器绕组应是测量保护共用的 0.5 级绕组。电压回路经小空气开关 32Q1 接入，32Q1 作为测控装置交流电压回路的保护设备，亦作为检验测控装置时切断交流电压用。测控装置的线路电压接入视具体需要而定。接入测控装置的交流电压、电流经过软件的计算可以得到交流电压电流的有效值、有功功率、无功功率和频率等需要测量的值。

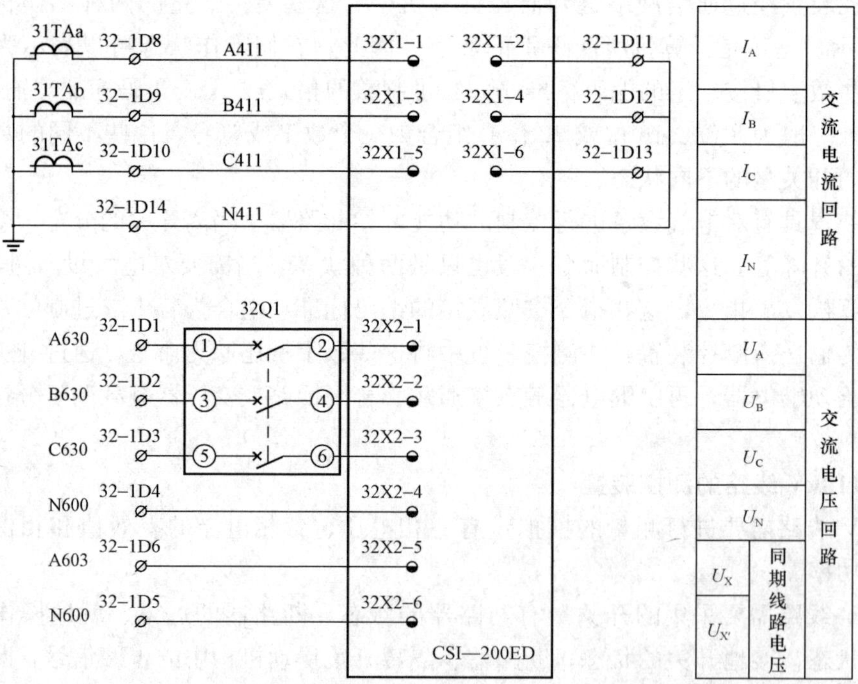

图 6-10 CSI—200ED 型测控装置交流电压、电流回路展开图

2. 110kV 线路测控装置的遥控开出量

图 6-11 是 110kV 线路配置 CSI—200ED 型测控装置的遥控开出回路展开图。对于线路间隔的遥控一般只针对断路器、隔离开关及故障关合接地开关（线路接地开关）进行。在图中对应 3 号间隔将断路器 31QF，隔离开关 QS31、QS32、QS33，故障关合接地开关

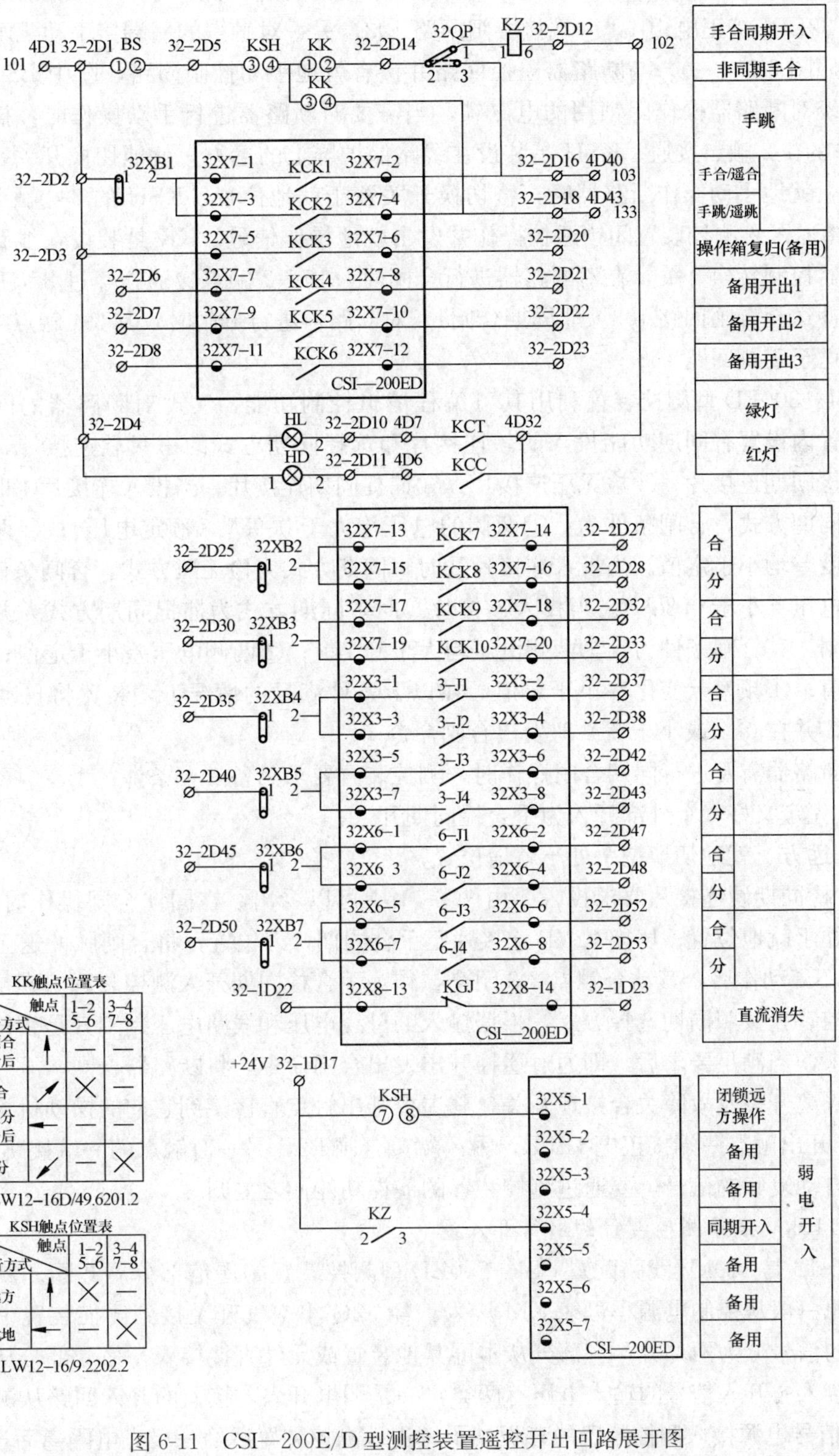

图 6-11　CSI—200E/D 型测控装置遥控开出回路展开图

FES31 的跳、合闸回路分别接入。测控装置的遥控开出回路中，合闸与分闸各占一对开出触点。

对断路器的遥控开出一般接在断路器操作箱（或操作回路）中，开出触点一端经遥控连接片 32LP1 接正电 101，一端接合闸回路 103，另一对触点的一端接手动跳闸回路 133，可以对照图 6-9（一）。与断路器遥控回路并接有就地手动控制回路，图中 BS 是“五防”操作系统对断路器操作闭锁用的电磁锁，当需要对断路器进行手动操作时，插入程序钥匙，BS 的 1-2 触点接通。KSH 是装设在线路保护屏上的远方—就地切换开关，当需要在保护屏上就地手动操作断路器时，将切换开关置于就地位置，KSH 的 3-4 触点接通，同时 7-8 接通开入测控装置闭锁遥控操作并发出就地操作信号。KK 是装设在线路保护屏上的断路器控制转换开关，在对断路器进行合闸时，其 1-2 触点接通，经过 32QP 连接片将合闸脉冲送至合闸回路 103（非同期合闸）。对断路器进行分闸时，其 3-4 触点接通，将分闸脉冲送至手跳回路 133。

CSI—200ED 型测控装置利用其可编程逻辑控制功能，实现对断路器的同期合闸控制。装置内设置有同期功能投入的软连接片和选择同期方式的三只软连接片，它们分别是：①检同期连接片；②检无压连接片；③捕捉同期连接片。当投入连接片①时，同期方式为检同期方式，合闸条件为：①两侧的电压均大于 $0.9U_n$（额定电压）；②两侧的电压差和角度差均小于定值。当投入连接片②时，同期方式为检无压方式，合闸条件为一侧或两侧无电压（小于 $0.3U_n$）。当投入连接片③时，同期方式为捕捉同期方式，并默认无压不可合闸，其合闸条件为：①两侧电压均大于 $0.7U_n$；②两侧电压差小于定值；③频率差小于定值；④频率差变化率小于定值。在以上条件满足的情况下，装置将自动捕捉 0°合闸角度，并在 0°（或小于 3°）时发出合闸命令。

当断路器需要进行同期合闸操作时，测控装置要求具备三个条件：

1）先定义好一个外部开入为手合检同期开入；

2）远方、就地切换把手处于就地位置；

3）检同期硬连接片要求投入。由图 6-11 中可以看出，在同期合闸操作时，KSH 切换开关处于就地位置；切换 32XB 连接片至手合同期开入位置，将合闸脉冲送至中间继电器 KZ，KZ 动作后，其动合触点 2-3 闭合，作为手合检同期开入测控装置。满足上述条件后，测控装置按照同期选择方式，根据输入的母线电压和线路电压判别其是否符合选择的同期要求，当满足要求后，即通过遥控开出发出合闸命令，将断路器合闸。

对隔离开关及故障关合接地开关，其遥控开出触点直接接到它们的操动机构上，如图 4-6 中。开出触点一端接正电 1BPR，另一端接合闸 B2，另一对触点的一端接跳闸 D1。对于不能自动复归的信号，要通过测控装置的遥控功能使之复归。

3. 110kV 线路测控装置的遥信开入量

图 6-12 是 110kV 线路配置 CSI—200ED 型测控装置的遥信部分展开图。测控装置的直流电源一般从控制电源小母线 KM 接入，经 32Q 小空气开关接到测控装置中。接入测控装置的信号分为两部分，一部分从本屏其他装置或元件直接接入，另一部分从配电装置经电缆接入。开入信号的输入电压有两类：一是弱电开入，接入的开入回路从测控装置上取 24V 信号电源接入测控装置的背板端子，进入测控装置后经一级光电隔离后送入 CPU，

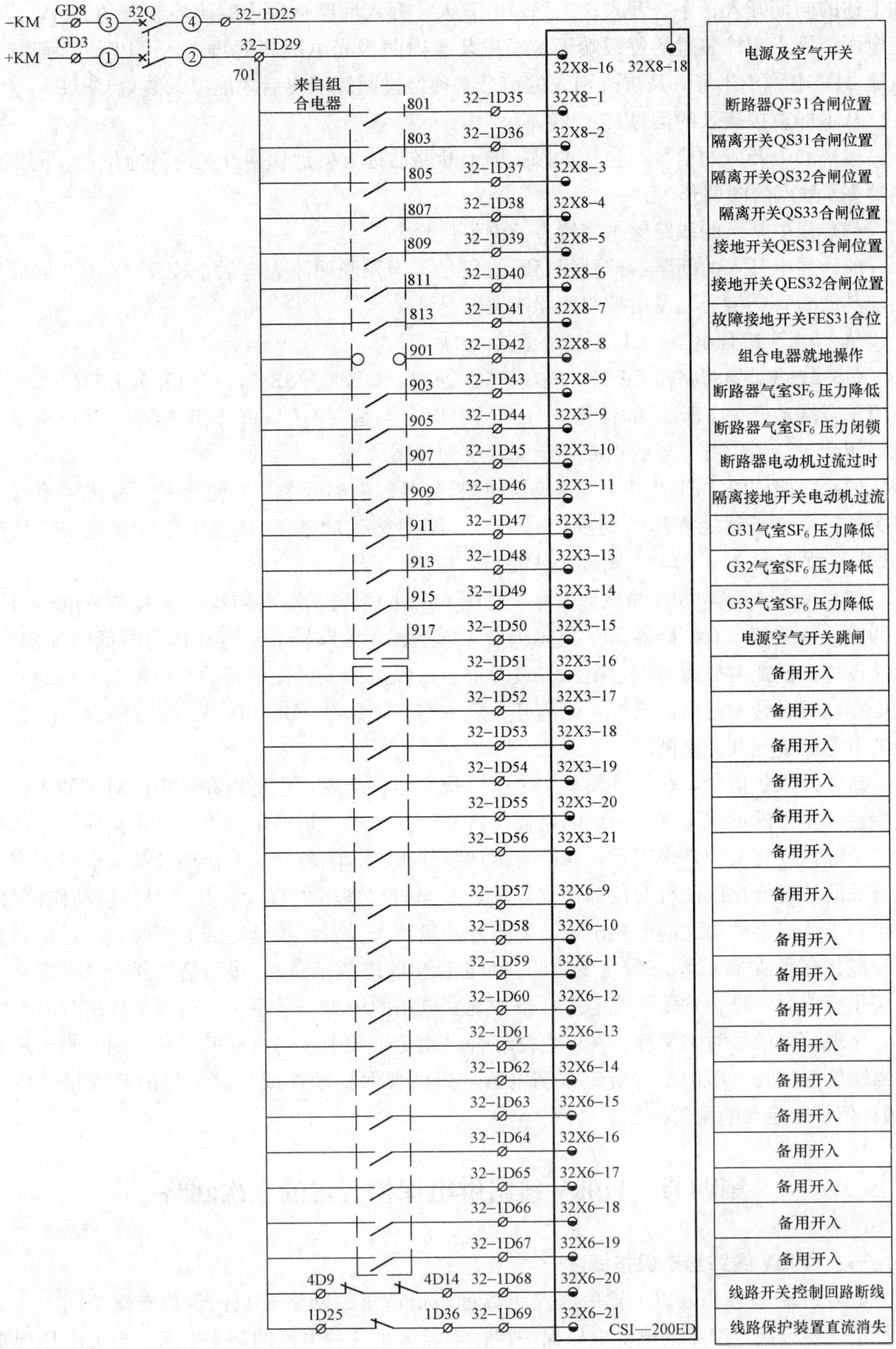

图 6-12 110kV 线路配置 CSI—200ED 型测控装置的遥信部分（开入回路）展开图

如上述的同期开入、手合开入；二是强电开入，开入回路从屏内取测控装置的220V信号正电源，接入测控装置的背板端子，经过装置内两级光电隔离后再送入CPU。一般规定直流24V电源不出屏，从屏外引入的信号必须经过两级隔离后才能接入装置CPU。

从本屏直接接入的信号有：

(1) 弱电开入的信号，包括本保护屏上断路器远方就地切换开关的就地位置、同期继电器KZ触点的同期开入。

(2) 强电开入的线路保护装置直流消失信号。

(3) 强电开入的断路器控制回路断线信号，当控制回路失电后，KCC与KCJ同时返回，其动断触点接通，发出控制回路断线信号。

从110kV组合电器LCP柜经电缆接入的信号有：

(1) 线路间隔断路器QF31，隔离开关QS31、QS32、QS33，接地开关ES31、ES32，故障关合接地开关FES31的位置信号。图中接入的是它们的动合辅助触点，这里定义当触点闭合为合闸位置，当触点断开定义取反为分闸位置。

(2) 线路间隔LCP柜中，对本间隔的断路器、隔离开关、接地开关、故障关合接地开关进行远方或就地操作的切换信号显示。图中接入的是LCP柜中远方就地切换把手43LR的触点33-34，当触点闭合反映的是就地操作信号。

(3) 接入本间隔GIS的报警信号，将图6-12的报警信号触点接入测控装置的信号开入回路。这些信号有断路器SF_6气体压力降低报警，断路器SF_6气体压力降低闭锁操作，断路器弹簧储能电机运转中过电流、过时报警，隔离开关、接地开关、故障关合接地开关的操作电机运转中过电流报警，隔离开关气室G31、G32、G33中SF_6压力降低，LCP柜中的电源小空气开关跳闸等。

这些开入量信号，在软件编程中可以以报文形式出现，也可以在模拟图对应的图符中以变色或变位的形式出现。一般断路器位置变位在监控主机显示器上，以主接线图中图符的红、绿色变化及闪烁来表示，并同时出现事件报文。隔离开关、接地开关、故障关合接地开关的位置变化以图符变位的形式表示，并同时出现事件报文。其他的保护动作信号、告警信号均以事件报文的形式出现。每路开关量均可设置为长延时或短延时，还可以设置为一般状态量或SOE状态量（变位的同时也产生状态量信息）。每路信号开入量可定义当开关量变位时，是否响警铃或电笛。按常规变电站的中央信号系统，出现事故信号时响电笛，出现预告信号时响警铃。在变电站综合自动化系统中，仍然遵循这一原则，当出现断路器跳位变位时（事故信号）定义响电笛，当出现保护动作或告警信号的开入量变位时（预告信号）定义响警铃。

第四节　110kV线路继电保护装置的二次回路

一、110kV线路继电保护概述

电力系统110kV及以上输电线路距离远、负荷重、网络复杂、参数变化范围大、运行稳定性要求高，简单的电流电压保护往往不能满足这种电网的基本要求。电流电压保护的保护范围随系统运行方式的变化而变化。在系统最小运行方式下，电流速断保护或延时电流速断保护的范围将变得很小，电流速断保护有时甚至没有保护区，不能满足电力系统对快速切除故障的要求。此外，一些远距离重负荷线路，由于线路的最大负荷电流可能与线路末端短路时的短路电流相差不多，对这样的线路，即使采用过电流保护，其灵敏度也常常不能满足要求。为此，在多侧电源的环形电网线路上配置了选择性较强的距离保护。这是一种反映保护安装处至故障点的距离，并根据距离远近而确定动作时限的一种保护装置。它不受运行方式变化的影响，被广泛采用。微机型距离保护与常规距离保护一样，其基本原理是相同的，不同的仅仅是采用微机的软件方式来完成距离保护的阻抗计算与逻辑判断。

在我国，110kV 及以上电压等级的电网均为中性点直接接地电网。在中性点直接接地电网中，发生一点接地故障即构成单相接地短路，产生很大的故障相电流。从对称分量角度分析，则出现了很大的零序电流。从故障发生几率的统计来看，在中性点直接接地电网中，线路发生接地故障占所有故障次数中的大多数，约占到 80%。因此，除在距离保护中设置反应接地故障的接地距离保护外，还应装设反应接地故障的零序方向电流保护，用以加强对接地故障的保护，提高电网供电的可靠性。微机型零序方向电流保护与常规的零序方向电流保护一样遵循国家四统一设计要求，在许多基本原则上是一致的。

此外，从保护的配置上讲，输电线路应配置能反映全线任一处故障的快速动作保护作为主保护。但由于保护的构成原理和选择性的要求，上述的距离保护、零序方向电流保护都不可能满足这个要求。因为它们只反映一端电气量的变化，不能区别是被保护线路末端短路还是相邻线路首端短路，为了保证保护动作的选择性，反映线路末端故障的保护必须带有一定的延时，这样，就不可能做到无时限切除被保护线路上任一处的故障。只有纵联保护是反映线路两端电气量的变化，能区分被保护线路内部故障还是外部故障，可以无时限切除被保护线路上任一处的故障。这类保护主要应用的是纵差保护和高频保护。为了提高电网供电的可靠性，在 110kV 线路中还配置了三相一次重合闸装置。

目前，我国 110kV 电网的线路配置有距离保护、零序方向电流保护及三相一次重合闸；重要的 110kV 线路，如双回线、联络线等配置有纵差保护或高频保护、距离保护、零序方向电流保护及三相一次重合闸。虽然这些微机保护的配置不同，但是它们输入的模拟量，即交流电压量和交流电流量是相同的。构成不同的保护由不同的软件程序来分别实现。不同配置的微机保护，输入的开关量信号是不同的，保护的输出部分也是不同的。

二、CSC—163A（T）型微机保护装置的二次回路接线

这里例举的 CSC—163A（T）型微机线路保护装置是用于综合自动化变电站的 110kV 输电线路的保护装置。它的保护功能基本配置有电流纵差全线速动保护、三段相间距离保护、三段接地距离保护、四段零序电流保护、TV 断线后的两段过电流保护、过负荷保护、三相一次重合闸。当电流纵差保护不投时，可以选择投入双回线相继速动功能。这种保护装置还可以选配低频、低压减载，相电流、零序电流反时限，相电流、零序电流后加速等功能。

保护装置中能保证全线速动的电流纵差保护是主保护。CSC—163A 型保护是两端纵差，用于单回线路中。CSC—163T 型保护是三端纵差，用于 T 接线路中。电流纵差保护的基本原理是比较输电线路两端（三端）的电流，关键是需要可靠的传输通道来传输输电线路两端（三端）的电流信号，目前采用最多的是光纤数字通信专用通道。通过保护装置将电流信号转换为数字信号，再由发信环节将电信号转换为光信号，经光导纤维传输到对端，对端的收信环节再将光信号还原为电信号，通过保护装置的比较判别确定是否输电线路内部故障。保护装置中的距离保护和零序电流保护是后备保护，作为本线路及相邻线路发生故障时的后备保护。

1. 交流电压、电流回路与直流电源的接入

对于任何微机保护装置来讲，都必须接入所需要保护电气单元的工作电压与工作电流，根据接入的电压、电流列出不同类型、不同原理的动作方程，从而构成不同的保护。

图 6-13 是接于单母线的 110kV 输电线路的 CSC—163A 型微机保护装置的交流电压回路。交流电压回路接在 110kV Ⅰ段母线的电压互感器上，所接的电压互感器绕组应是测量保护共用的 0.5 级绕组。A、B、C 三相电压回路经小空气开关 1Q1 接入保护装置，1Q1 作为保护装置交流电压回路的保护设备，亦作为检验保护装置时切断交流电压用。如果 110kV 线路的重合闸要考虑检同期或检无压的条件，必须将线路电压互感器（UX、UXN）接入保护装置，线路电压取值 1～120V，线路电压的相别可以由控制字来选择。

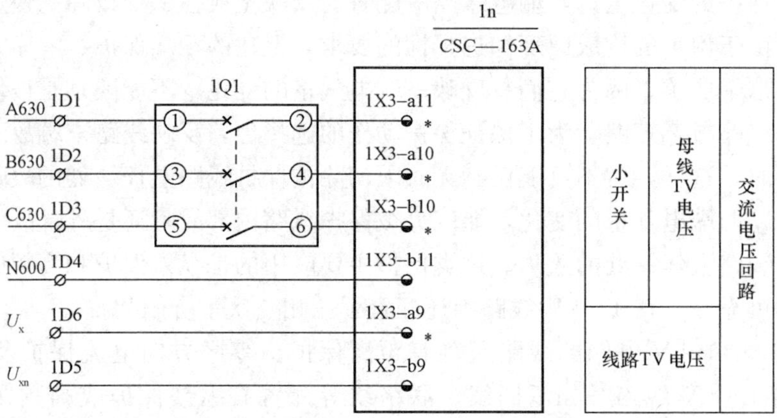

图 6-13 CSC—163A 型微机保护装置的交流电压回路接线图

以往传统保护中，零序功率方向继电器接入零序电压的正确性判断，一直是困扰继电保护人员并影响保护正确动作的问题。自从微机保护问世以来，这个问题得到了彻底的解决。微机保护中零序功率继电器所采用的零序电压都是自产的，即由三相电压组成的零序电压滤过器产生，它的正确性在保护装置的生产厂家已得到保证，无需再考虑与零序电流极性的配合问题。其接入正确性，可由保护装置的自检判定。当系统发生故障保护启动时，如果所接零序电压有误，保护装置即可打出报文提示。

图 6-14，是接于单母线的 110kV 输电线路的 CSC—163A 型微机保护装置的交流电流回路。交流电流回路接在电流互感器 32TA，这一组电流互感器要选择准确度为 10P20 级的保护专用绕组。

图 6-15 是接于单母线的 110kV 输电线路的 CSC—163A 型微机保护装置的直流电源回路。保护装置的直流电源从控制电源小母线 KM 接入，供保护装置工作所需。按照规

程要求，保护装置的工作电源与断路器控制电源是各自独立的，分别由 1Q 与 4Q 小空气开关供电。

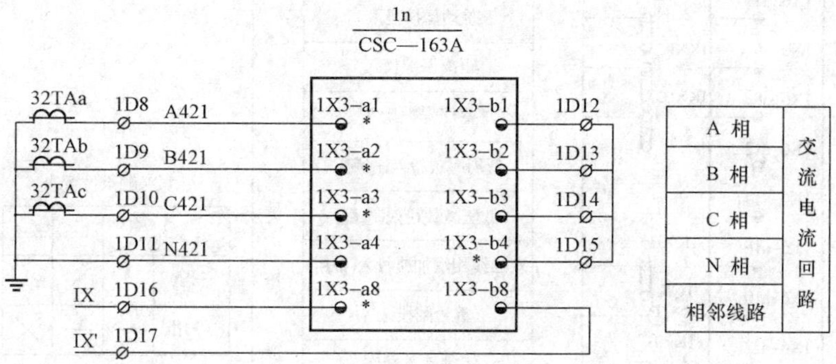

图 6-14　CSC—163A 型微机保护装置的交流电流回路接线图

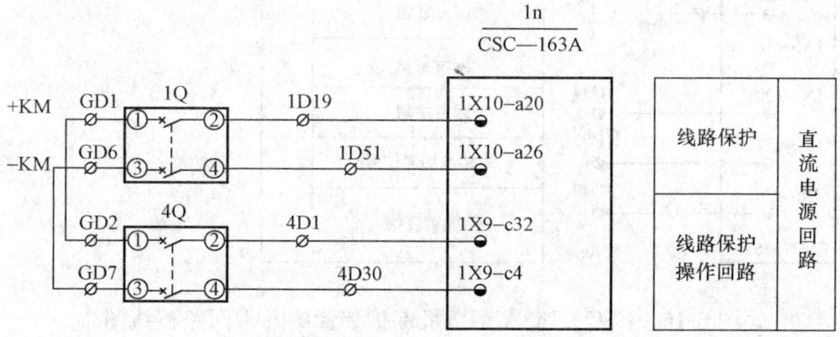

图 6-15　CSC—163A 型微机保护装置的直流电源回路接线图

2. 保护装置的开入、开出回路

由于微机保护的配置及构成逻辑通过软件程序来实现，各套保护的投入与退出可以通过控制字或程序中的软连接片来操作，因此保护装置的直流回路接线就比较简单。保护装置直流回路接线主要包括开关量的输入回路、保护出口与开关量的输出回路及保护装置的网络通信回路等。

图 6-16 是接于单母线的 110kV 输电线路的 CSC—163A 型微机保护装置的开入回路接线图。

保护装置输入的开关量主要有：

（1）为了符合运行常规习惯的要求，给运行人员一个明确的提示，生产厂家将一些保护的投入仍以硬连接片的形式设置在保护屏上。如图 6-16 中的 1KXB1、1KXB2、1KXB3 分别为纵差保护、距离保护、零序保护的投入连接片。

（2）低频、低压减载可以根据需要选择，如果需要可以设置投退连接片。

（3）三相一次重合闸的投入与退出通过切换开关 1QK 来操作。

（4）闭锁重合闸的开入。当接入母差保护经继电器 KT 跳开断路器时，用 KT 的动合触点闭锁重合闸；若断路器是气压或液压操动机构，当压力降至不允许重合闸时，使压力闭锁继电器 2KYJ 返回，其动断触点闭锁重合闸；手动跳闸时合后位置继电器 KHH 返回，其动断触点闭锁重合闸。

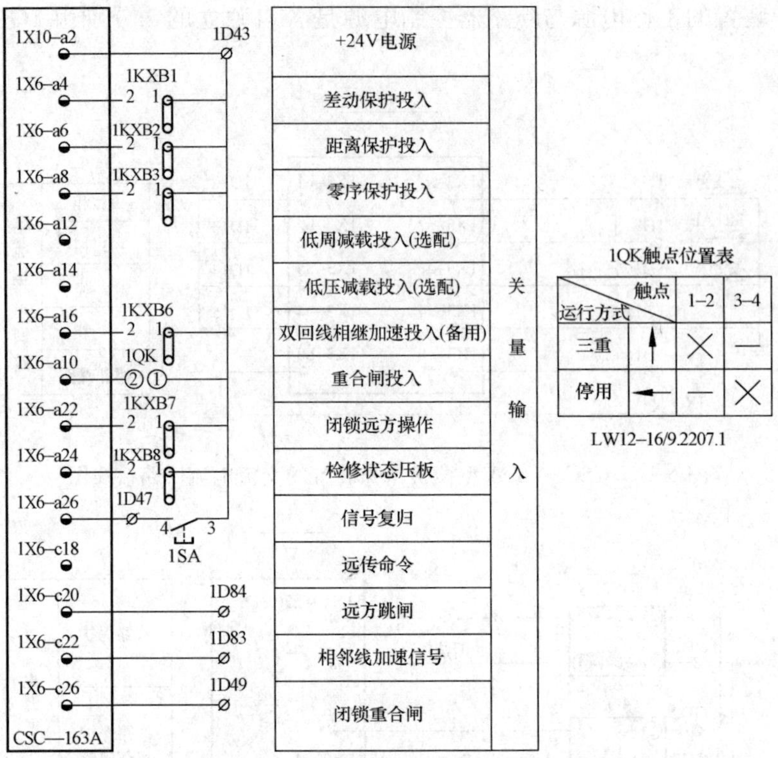

图 6-16　CSC—163A 型微机保护装置的开入回路接线图

（5）双回线相继加速的开入。由双回的另一条线路保护装置的加速相邻线出口接到本开入回路。双回线相继加速的投入与退出由 1KXB6 连接片来操作。双回线相继加速的原理在下面讲述。

（6）远方跳闸的开入。为了使母线故障及断路器与电流互感器之间故障时线路对侧保护快速跳闸，装置设置了远方跳闸开入端子，用于传送母差、失灵等保护的动作信号。对侧收到远方跳闸信号后，判别满足定值中的条件后，驱动远传命令出口继电器，接通永跳回路。如果需要撤出远方跳闸，由 1KXB7 连接片操作。

（7）检修状态连接片。在定期检验中，当进行单装置自环，模拟 A、B、C 相区内故障试验时，应将 1KXB8 检修状态连接片投入，运行中此连接片必须打开。

（8）信号复归的开入。保护装置具有网络通信功能，一般通过监控主机操作，直接复归保护装置的动作信号。如果需要外控复归信号时，由 1FA 复归按钮操作。

图 6-17 是接于单母线的 110kV 输电线路的 CSC—163A 型微机保护装置的开出回路接线图。

保护装置输出的开关量主要有：

（1）保护的跳闸出口与重合闸出口。保护跳闸出口 KCK2 和重合闸出口 KH 经过屏上的连接片 1CXB1、1CXB3，接到断路器操作箱回路端子排 4D1、4D40、4D55 上，如图6-9 所示。

（2）保护跳闸出口触点 KCK1 与断路器失灵电流启动元件 KL 串联，组成启动断路器失灵保护开出回路，由连接片 1ZXB1 进行投入、退出操作。

图 6-17　CSC—163A 型微机保护装置的开出回路接线图

（3）双回线相继加速的出口，接到双回的另一条线路保护装置中的开入回路。加速相邻线的投入与退出由 1ZXB2 连接片来操作。

（4）需要投入远方跳闸回路时，可以将远传命令出口回路经连接片接出，接至永跳回路。

（5）送至常规变电站中央信号系统的开关量有保护动作、重合闸动作、保护装置告警、通道告警及保护装置直流消失。在综合自动化系统中，这些信号通过网络通信已送往监控计算机。

（6）还有一些开出触点作为故障录波用及常规变电站发遥信用。

3. 双回线保护相继速动功能的介绍

当用于双侧电源的双回线路保护中没有设置全线速动的保护，如纵差保护或高频保护，或者是全线速动保护因故未能投入运行，此时可以投入其相继速动功能，加速切除全线范围内的故障。双侧电源的双回线路相继速动功能是在保留阶段式保护的前提下，取其超范围距离元件构成，采用线路末端故障相继速动方式。其动作原理分析见图 6-18。图

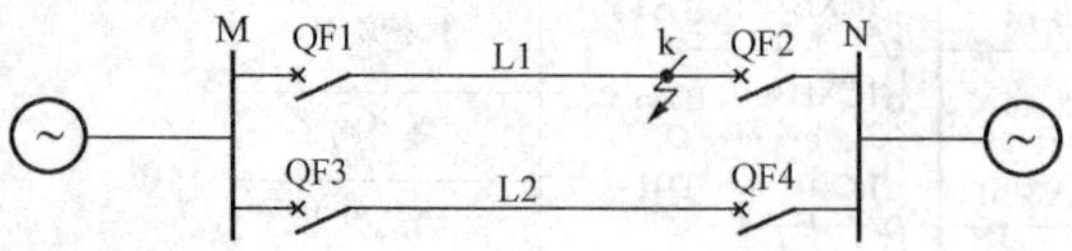

图 6-18　双侧电源的双回线路保护相继速动原理图

中线路 L1、L2 两端分别装设三段式距离保护，其三段阻抗元件分别为 $Z_{Ⅰ}$、$Z_{Ⅱ}$、$Z_{Ⅲ}$。

在 L1 线路末端 k 点发生故障时，M 侧 QF1 的距离保护Ⅱ段阻抗元件（$Z_{Ⅱ}$）和Ⅲ段阻抗元件（$Z_{Ⅲ}$）都动作；M 侧 QF3 的距离保护Ⅲ段阻抗元件（$Z_{Ⅲ}$）动作（$Z_{Ⅱ}$ 可能动，也可能不动）；N 侧故障点靠近 QF2，由 QF2 的距离Ⅰ段速动保护跳闸。QF2 将故障隔离后，由于功率倒向，不满足 QF3 的动作方向，QF3 的Ⅲ段阻抗元件（$Z_{Ⅲ}$）返回。利用相邻线路距离保护Ⅲ段阻抗元件的这种动作变化行为，可以构成双回线相继速动功能。

故障开始 QF3 的Ⅲ段阻抗元件 $Z_{Ⅲ}$ 动作，当 QF2 跳开后，$Z_{Ⅲ}$ 马上返回，此时 QF3 的距离保护向 QF1 的距离Ⅱ段输送一个“加速相邻线信号”。如果 QF1 的距离Ⅱ段收到“加速信号”且满足以下相继速动的条件：

（1）双回线相继速动连接片投入；

（2）故障开始时没有收到“加速信号”，其后又收到同一侧另一回线送来的“加速信号”；

（3）本线的距离保护阻抗Ⅱ段 $Z_{Ⅱ}$ 动作，并经一个短延时（20ms）仍不返回。

此时，本线的距离保护Ⅱ段加速出口，跳开 QF1。

当使用单侧电源的双回线路负荷端保护的相继速动功能，即 M 侧无电源为负荷端时，因为在 K1 点故障时，QF3 的 $Z_{Ⅲ}$ 不可能动作，上述相继速动的条件不能满足，此时可以利用负荷端保护在对侧 QF2 跳闸前和跳闸后感受的电流变化来实现加速功能。故障开始，QF3 的电流方向从线路流向母线，故 QF3 的 $Z_{Ⅲ}$ 不可能动作。当 QF2 跳开后 QF1 和 QF3 的保护感受的电流，相对故障初期会突然增大，根据以下判据：

（1）双回线相继速动连接片投入，同时控制字“双回线负荷端”投入；

（2）本侧 QF1 的阻抗Ⅱ段 $Z_{Ⅱ}$ 动作；

（3）收不到同一侧另一回线送来的“加速信号”；

（4）300ms 内 QF1 的相电流相对故障开始时增大 4 倍以上；

（5）同侧另一回线有电流；

（6）本侧 QF1 的阻抗Ⅱ段 $Z_{Ⅱ}$ 在满足上述条件后，经小延时（40ms）不返回。

在满足上述判据后，本侧的距离Ⅱ段加速出口，跳开 QF1。

在这里用作双回线相继速动的开出触点，接入相邻线保护装置的相继速动开入端子。具体接线为：本线保护装置的 1X7-c2（1D77）、1X7-a2（1D80）接入相邻线保护装置的 1X10-a2（1D43）、1X6-c22（1D83）；相邻线保护装置的 1X7-c2（1D77）、1X7-a2（1D80）接入本线线保护装置的 1X10-a2（1D43）、1X6-c22（1D83）。

4. CSC—163A 型微机保护装置的其他回路接线

微机保护装置采用硬触点对时，其接线如图 6-19 所示，由光耦隔离接到 GPS 对时装置中。对于线路电流纵差保护，通信时钟非常重要，它直接影响保护的正确动作，因此对时接线必须正确无误。

保护装置提供两个以太网接口和两个 RS485 接口，可以按不同的网络方式及规约进

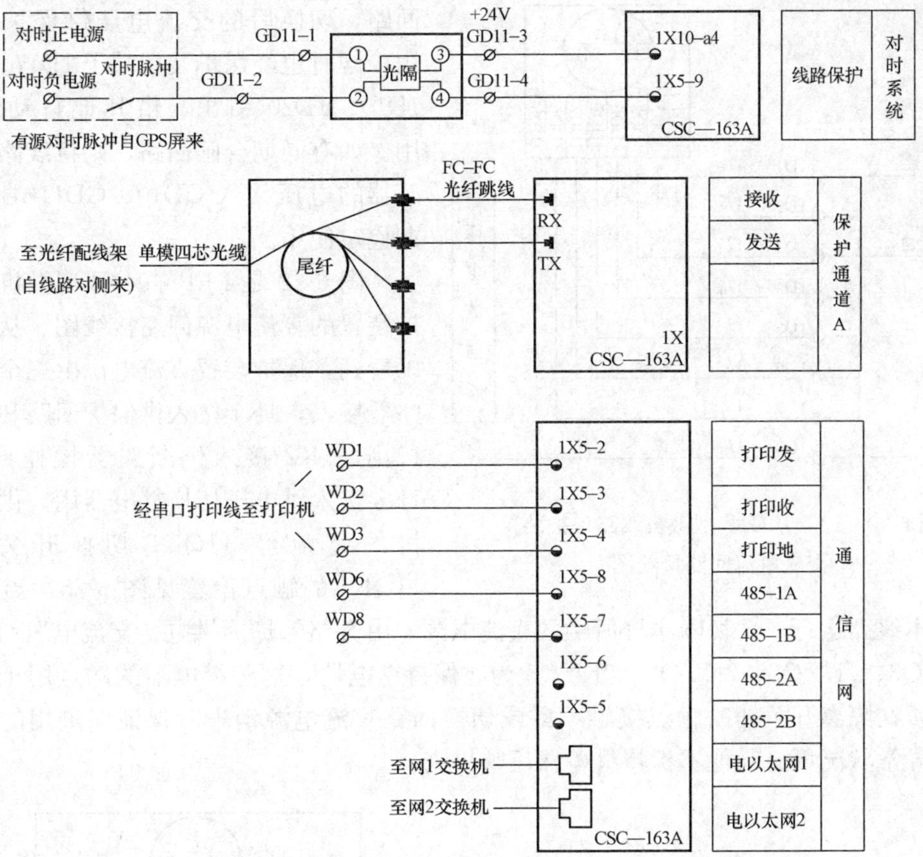

图 6-19　CSC—163A 型微机保护装置对时、网络及光纤接入图

行连接。

图 6-19 中的保护装置配置了两个光纤通信接口，可以实现一主一备两个通道的通信方式，满足双通道切换的要求。也可以实现三端纵差保护时与线路另外两个终端的通信，满足 T 接线路全线速动保护的要求。

三、LFP—941B 型微机保护装置的二次回路接线

LFP—941B 是由微机实现的数字式高压线路成套快速保护装置，它包括三段相间和接地距离及四段零序方向过电流保护，还包括以复合式距离方向元件和零序方向元件为主体的高频保护，配合高频收发信机可以构成全线路快速跳闸的高频闭锁方向保护。为了简化装置及二次回路接线，它将断路器操作箱、电压切换箱等设备集中安装在保护装置一个箱体内。现将 LFP—941B 型微机保护装置的二次回路简述如下。

这里所例举的 110kV 线路接在双母线带旁路的主接线中，110kV 线路保护及二次接线应考虑能适应旁路断路器代线路断路器的运行方式。

图 6-20 是 LFP—941B 型微机线路保护装置的交流电流回路接线图。其接线与前面所述 CSL—163A 型保护装置完全相同。

图 6-21 是 LFP—941B 型微机线路保护装置的交流电压回路接线图。交流电压分别从Ⅰ母电压互感器与Ⅱ母电压互感器的二次侧引入，经微型断路器接到保护装置的电压切换

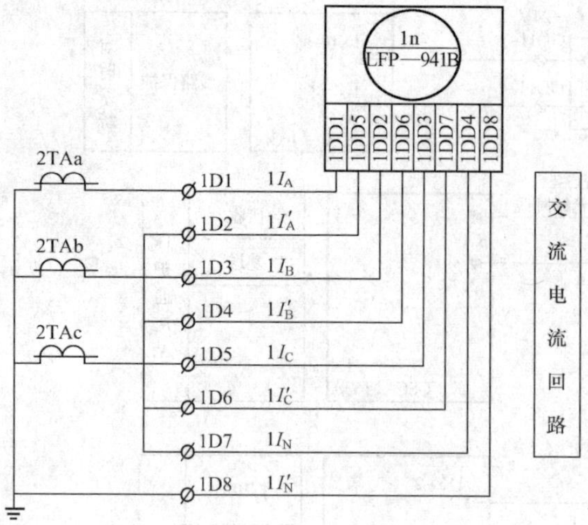

图 6-20　LFP—941B 型微机线路保护装置交流电流回路接线图

回路，切换后的交流电压供保护装置使用，同时也经保护装置端子 1D17、1D18、1D19、1D20 引出，供其他自动装置使用。如有同期合闸回路，则将线路电压互感器的电压接入 GD10、GD11 端子供同期检定使用。

图 6-22 是 LFP—941B 型微机线路保护装置的直流电源回路接线图。从图中可以看到，保护装置直流电源由三个微型断路器接入，1K1 接入供保护回路和收发信机用，1K2 接入供断路器操作回路用，1K3 接入供电压切换继电器用。供收发信机的直流经 11QK1 切换开关接入，11QK1 的触点位置见图 6-25，当旁路断路器带本线路运行时，切断本屏所供的直流电源，由旁路保护屏供电。交流电压切换回路中 1KYQ3、1KYQ5、2KYQ3、2KYQ5 为磁保持继电器，这些继电器的触点用于母线电压切换，在隔离开关辅助触点接触不良或切换回路直流电源消失时保证保护用的电压正常，而异常状况可经其他不保持继电器反映出来。

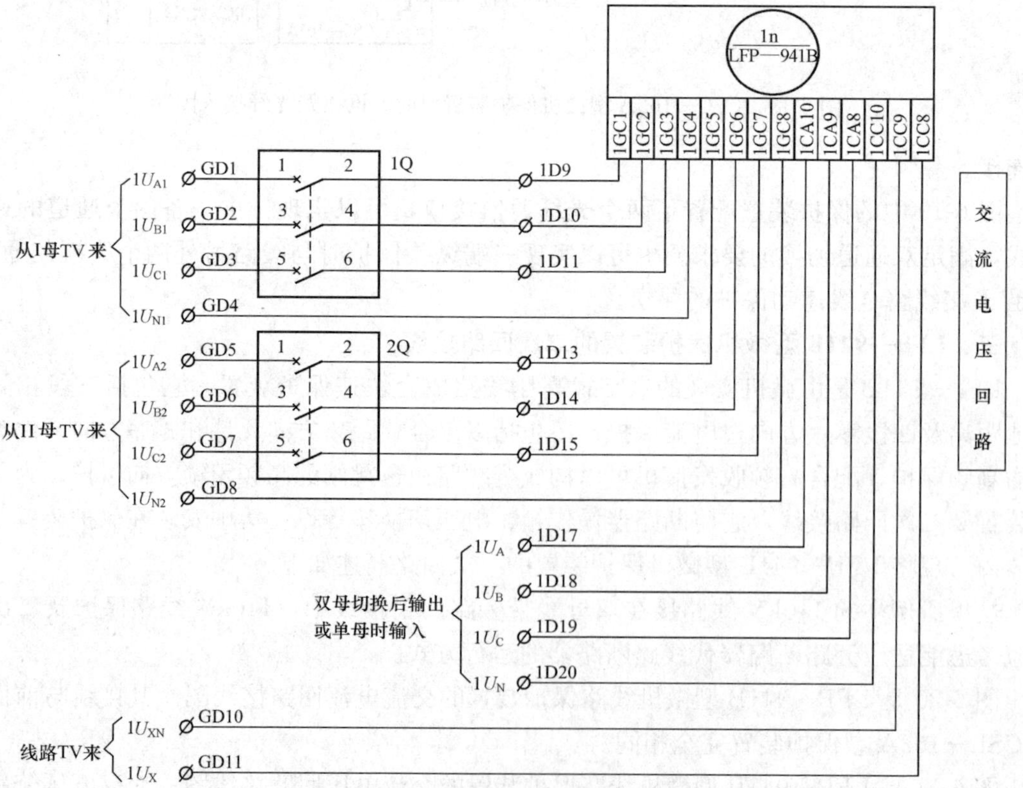

图 6-21　LFP—941B 型微机线路保护装置交流电压回路接线图

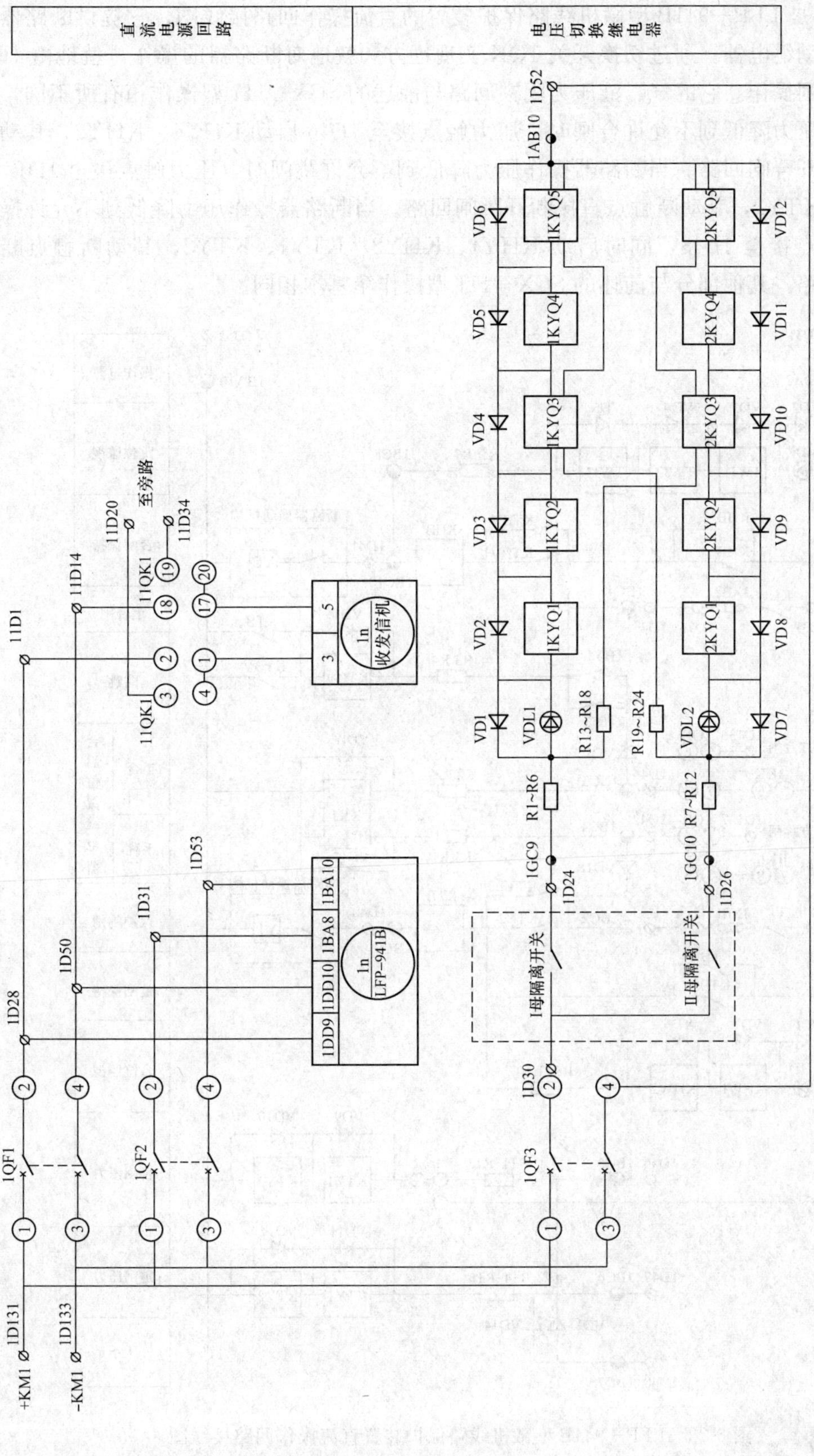

图 6-22　LFP—941B 型微机线路保护装置直流电源回路接线图

图 6-23 是 LFP—941B 型微机线路保护装置的直流操作回路接线图，它提供断路器操作回路的辅助继电器。通过切换开关 1QK 实现远方和就地对断路器的操作，就地由 1KK 进行分、合闸操作。它的气、液压力闭锁回路与前述的 SCX—11J 型操作箱有所不同，当断路器操作压力降低到不允许合闸时，压力触点接至 1D46 启动 KHY1、KHY2，其动断触点直接断开合闸回路。当断路器操作压力降低到不允许跳闸时，压力触点接至 1D47 启动 KTY1、KTY2，其动断触点直接断开跳闸回路。当断路器操作压力降低到不允许操作时，压力触点接至 1D48，同时启动 KHY1、KHY2、KTY1、KTY2，其动断触点断开跳、合闸回路。其他部分与前述的 SCX—11J 型操作箱基本相同。

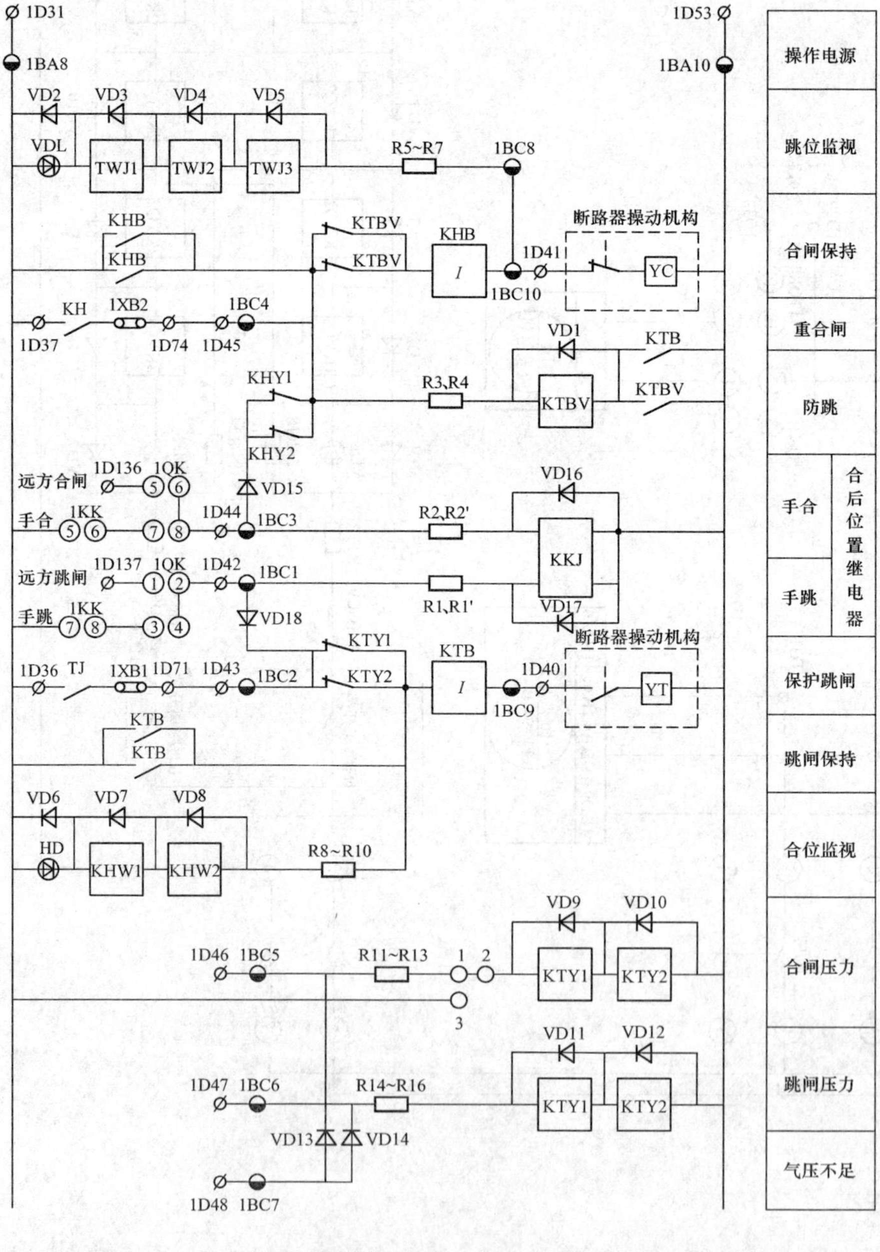

图 6-23　LFP—941B 型微机线路保护装置直流操作回路接线图

图 6-24 是 LFP—941B 型微机线路保护装置的触点联系图。从图中看到该装置在外回路中设置了保护投、退功能的硬连接片，从外观可以明显地看到保护的投入情况。LFP—

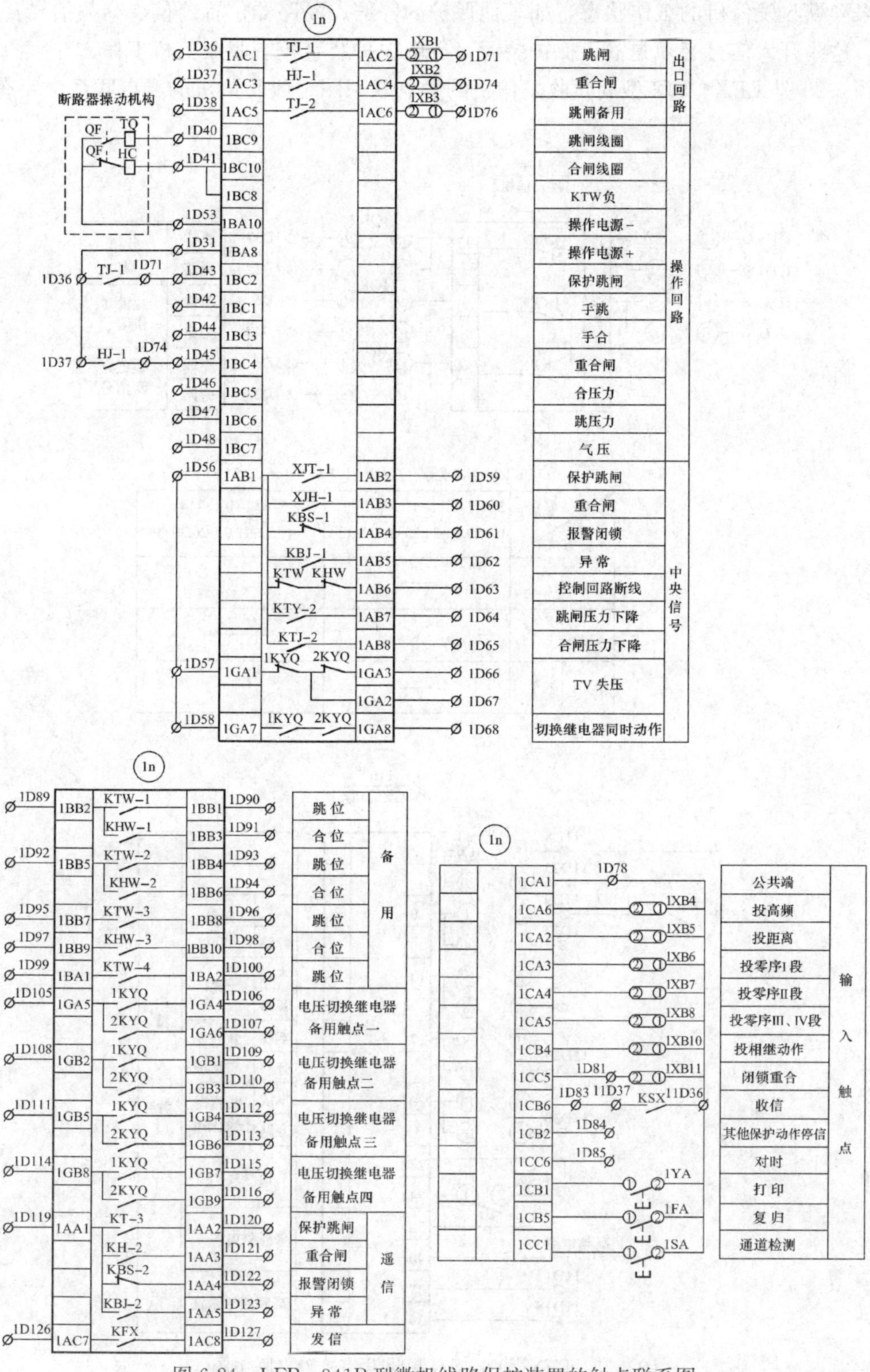

图 6-24　LFP—941B 型微机线路保护装置的触点联系图

900 系列保护装置高频保护与收发信机的配合比较特殊，它的发信与停信只用一对发信继电器 KFX 的动合触点，当触点接通时为发信开出，当触点断开时为停信开出。它靠保护装置来操纵收发信机的工作状态，如其他保护的停信、断路器位置停信、高频信号互换检测等，这些开入信号必须先输入保护装置，再由保护装置控制收发信机工作。

图 6-25 是 LFX—912 型高频收发信机的触点联系图。收发信机的触点联系主要有发

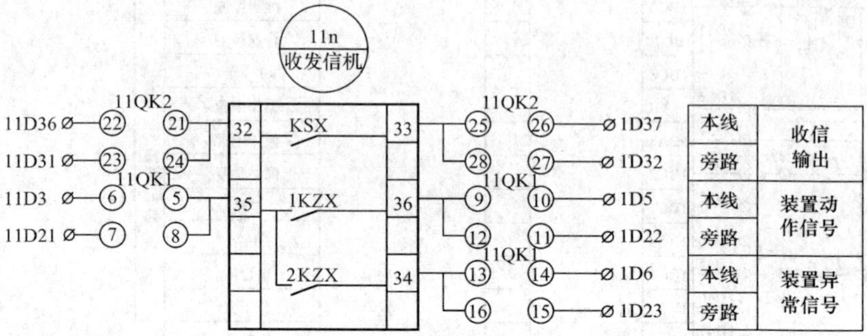

11QK1、11QK2 触点位置表 (LW12—16/4.2324.8)

触点 运行方式	3-4,7-8,11-12,15-16 19-20,23-24,27-28,31-32	1-2,5-6,9-10,13-14 17-18,21-22,25-26,29-30
本线 ↖	—	×
旁路 ↗	×	—
停用 ↑	—	—

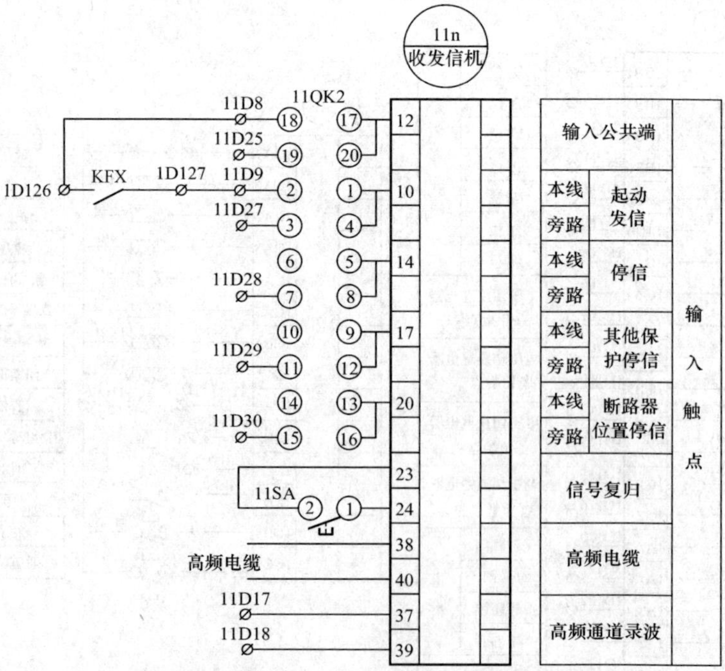

图 6-25　LFX—912 型高频收发信机触点联系图

停信的控制、收信输出、高频信号的输出、收信录波输出，装置动作及故障信号输出等。为满足旁路断路器带线路运行的需要，将有关的输入输出回路都经切换开关 11QK1、11QK2 控制，可以切换到旁路保护装置中去。考虑到旁路保护装置不一定与本线路相同，将保护停信、其他保护停信、断路器位置停信等均引到旁路保护装置中，相关的直流、信号回路也引到旁路保护装置中。

收发信机的高频信号从保护装置的端子直接接到高频电缆，经高频通道送往线路对端。高频通道的连接如图 6-26 所示。

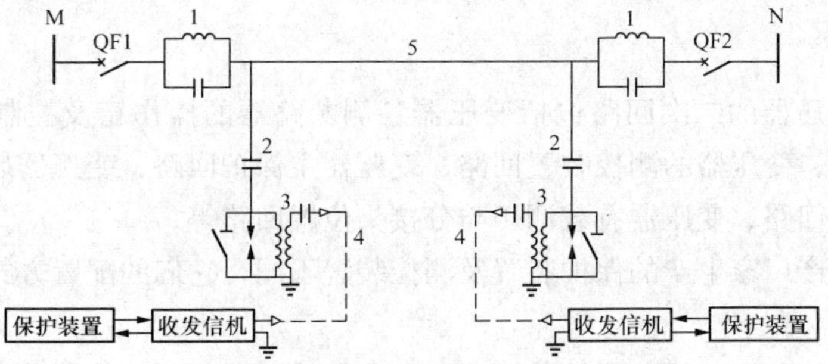

图 6-26　高频通道连接图

图 6-26 所示为“相—地”制高频通道的构成。图中 1 为高频阻波器，由于它对选用的高频信号频率构成 LC 并联谐振回路，因此对高频电流呈现很大的阻抗，将高频信号限制在被保护线路内传送，而不会穿越到相邻线路上去。阻波器对工频电流呈现的阻抗很小，故不妨碍工频电力向相邻线路的传输。图中 2 为耦合电容器，它使收发信机与工频高压隔离，保证低压设备和人身安全，并为高频电流提供通路。图中 3 为连接滤波器，它是一个空心变压器，与耦合电容组成带通滤波器，使所需频带的高频电流能顺利通过。此外，带通滤波器还可以使高频电缆的输入阻抗（75Ω）与输电线路的输入阻抗（400Ω）相匹配，以减小传输衰耗。连接滤波器中还包括放电间隙和接地开关。放电间隙用以防止过电压对高频电缆和收发信机的损坏。接地开关，在检修调试高频保护时合上，以保证人身安全。图中 5 为输电线路，它是高频通道重要的组成部分。

高频通道充分利用了一次电气设备的资源，使二次设备的投资大大减小。而且它的工作原理简单可靠，多年来一直作为继电保护用来传输信号的载体。

第七章

110kV 主变压器的二次回路

110kV 主变压器的二次回路包括变压器各侧断路器的操作箱及控制回路、双母线电压切换装置回路、变压器的测控装置回路、变压器主保护回路、变压器后备保护回路、变压器非电量保护回路、变压器有载调压与分接头位置回路等。

目前，各生产厂家生产的保护装置及测控装置不同，它们的配置方式也不同。主要的配置方式有：

（1）差动保护装置、后备保护装置、非电量保护装置、测控装置、电压切换箱及各侧断路器的操作箱。

（2）差动保护、后备保护在一个装置中，另外配置非电量保护装置、测控装置电压切换箱及各侧断路器的操作箱。

（3）差动与非电量保护装置，各侧的后备保护与测控装置，其中包括各侧的后备保护、测量回路、控制与信号回路、电压切换回路等。

微机保护及测控装置都是模块化结构，一个模块完成一种功能，将某些模块组合在一个箱体内就是一个装置，不同的组合就形成了不同的装置。不同的装置有不同的二次回路。如果以各种功能（模块）来划分二次回路，它们基本上是相同的。下面以不同的功能来叙述主变压器的二次回路。

第一节　主变压器差动保护装置的二次回路

变压器的差动保护是利用比较变压器各侧电流差值构成的一种保护，主要用来反映变压器绕组及其套管、引出线上的相间短路，同时也可以反映变压器绕组匝间短路及中性点直接接地系统侧绕组、套管、引出线的单相接地短路。

一、变压器差动保护的基本原理及应注意的特殊问题

1. 变压器差动保护的基本原理

变压器差动保护的原理接线图如图 7-1 所示。变压器两侧装设电流互感器 TA1 和 TA2，其二次绕组按环流原则串联，差动继电器并接在差回路中。

变压器在正常运行或外部短路故障时，电流由电源侧Ⅰ流向负荷侧Ⅱ，在图 7-1（a）所示的接线图中，TA1、TA2 的二次电流 $\dot{I}'_1$ 和 $\dot{I}'_2$ 会以相反方向流过继电器 KD 的线圈，KD 中的电流等于二次电流 $\dot{I}'_1$ 和 $\dot{I}'_2$ 之差，故该回路称为差回路，整个保护装置称为差动

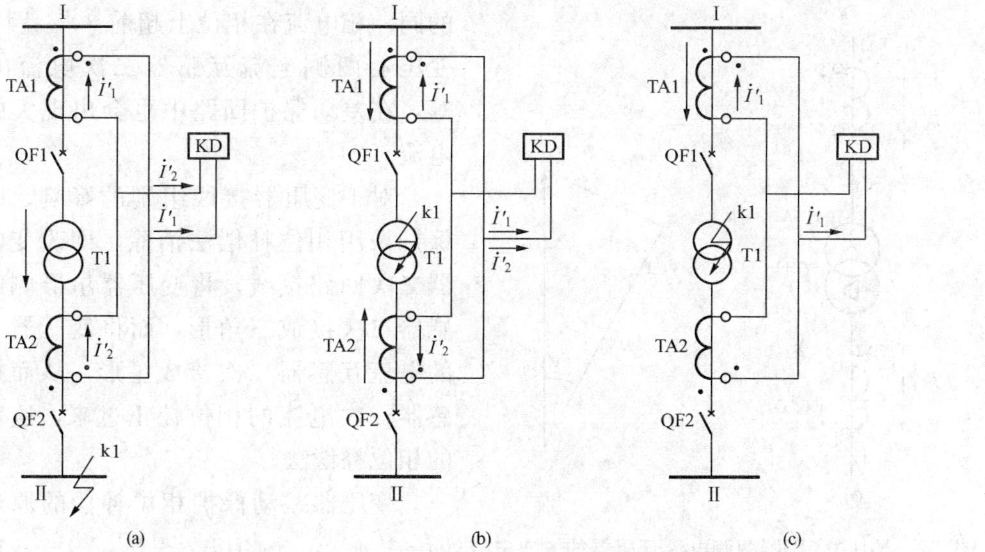

图 7-1　变压器差动保护原理接线图

(a) 正常运行及外部故障；(b) 内部故障（双侧电源）；(c) 内部故障（单侧电源）

保护。若电流互感器 TA1 和 TA2 变比选择比较理想，在忽略励磁电流的情况下，则$\dot{I}'_1=\dot{I}'_2$，继电器 KD 中电流 $I=0$，即在正常运行及外部短路故障时，变压器两侧的二次电流大小相等、方向相反，在继电器中的电流等于零，因此差动保护不动作。

如果故障发生在 TA1 和 TA2 之间的任一位置，如图 7-1（b）、（c）中的 k1 点，若母线Ⅰ和Ⅱ均接有电源，则流过 TA1 和 TA2 一、二次侧电流方向如图 7-1（b）所示，于是 $\dot{I}'_1$ 和 $\dot{I}'_2$ 按同一方向流过继电器 KD 线圈，即 $I=\dot{I}'_1+\dot{I}'_2$ 使 KD 动作，瞬时跳开 QF1 和 QF2。如果只有母线Ⅱ有电源，则 $\dot{I}'_2=0$，故 $I=\dot{I}'_1$，如图 7-1（c）所示，此时继电器 KD 仍能可靠动作。

2. 变压器差动保护需要考虑的特殊问题

从原理上讲，差动保护选择性好且灵敏度高，但用于变压器保护时，由于变压器结构上的特点，还有一些特殊问题需要考虑和解决。

主要的问题有：

（1）变压器空载投入时励磁涌流的影响；

（2）变压器各侧电流互感器的不同型号和变比误差的影响；

（3）变压器带负荷调压，在运行中改变分接头的影响；

（4）区外故障不平衡电流的增大；

（5）变压器接线组别的影响。

这些问题中，前四个问题主要通过在改进差动保护装置内部技术特性及提高保护动作电流的方法来解决。

对于变压器接线组别的影响，需要在二次回路中考虑解决。国内电力系统中常用的电力变压器多采用 Yd11 接线。如图 7 2 所示，由于三角形侧线电压与星形侧相应相的电压在相位上相差 30°，故其相应相的电流相位关系也相差 30°，即三角形侧的电流比星形侧

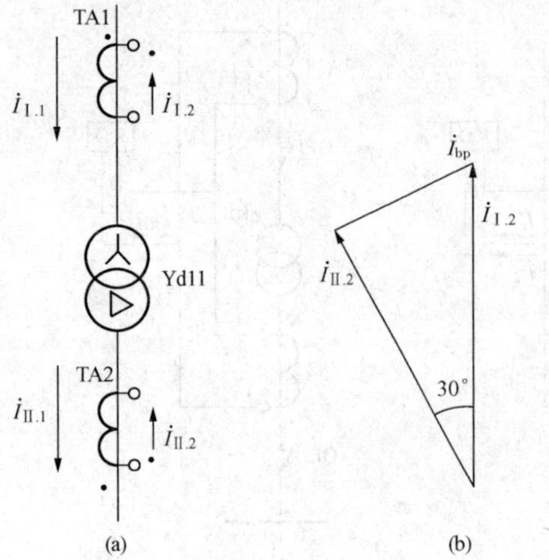

图 7-2 Yd11 变压器两侧电流互感器的二次电流
（a）变压器接线示意图；（b）电流相量图

的同一相电流在相位上超前 30°。因此，即使变压器两侧电流互感器二次电流的数值相等，在差动保护回路中也会出现大的不平衡电流。

对于变压器接线组别的影响，以往传统保护采用相位补偿法消除。即改变电流互感器二次回路接线，将变压器星形侧的电流互感器二次接成三角形，而将变压器三角形侧的电流互感器二次接成星形，从而把电流互感器二次电流的相位校正过来，这就是所谓的相位补偿法。

变压器差动保护相位补偿的原理接线如图 7-3 所示，图中$\dot{I}_{AY}$、$\dot{I}_{BY}$、$\dot{I}_{CY}$分别表示变压器星形侧三相一次电流，对应的电流互感器二次电流为$\dot{I}'_{aY}$、$\dot{I}'_{bY}$、$\dot{I}'_{cY}$。由于电流互感器二次绕组为三角形接线，故流入差动臂的三相二次电流为

$$\dot{I}_{aY}=\dot{I}'_{aY}-\dot{I}'_{bY}$$

$$\dot{I}_{bY}=\dot{I}'_{bY}-\dot{I}'_{cY}$$

$$\dot{I}_{cY}=\dot{I}'_{cY}-\dot{I}'_{aY}$$

分别超前同名相一次电流$\dot{I}_{AY}$、$\dot{I}_{BY}$、$\dot{I}_{CY}$30°。

图 7-3 中$\dot{I}'_{A\triangle}$、$\dot{I}'_{B\triangle}$、$\dot{I}'_{C\triangle}$分别表示变压器二次绕组中的三相一次电流，而变压器三角形输出的三相一次电流分别为

$$\dot{I}_{A\triangle}=\dot{I}'_{A\triangle}-\dot{I}'_{B\triangle}$$

$$\dot{I}_{B\triangle}=\dot{I}'_{B\triangle}-\dot{I}'_{C\triangle}$$

$$\dot{I}_{C\triangle}=\dot{I}'_{C\triangle}-\dot{I}_{A\triangle}$$

分别超前次级绕组中一次电流$\dot{I}'_{A\triangle}$、$\dot{I}'_{B\triangle}$、$\dot{I}'_{C\triangle}$30°。

由于变压器三角形侧电流互感器二次侧为星形连接，故流入差动臂的三相二次电流$\dot{I}_{a\triangle}$、$\dot{I}_{b\triangle}$、$\dot{I}_{c\triangle}$分别与$\dot{I}_{A\triangle}$、$\dot{I}_{B\triangle}$、$\dot{I}_{C\triangle}$同相，所以变压器两侧电流互感器二次流入差动臂中的电流$\dot{I}_{a\triangle}$、$\dot{I}_{b\triangle}$、$\dot{I}_{c\triangle}$分别与$\dot{I}_{aY}$、$\dot{I}_{bY}$、$\dot{I}_{cY}$同相，补偿了 Yd11 变压器两侧电流 30°的相位差。这样变压器在正常运行情况和外部短路故障时，同名相两侧流入差动臂中的二次电流保持同相位，从而消除了由于变压器接线组别相位差形成的不平衡电流。

目前，微机保护装置中，变压器各侧电流的相位差由软件程序自动进行校正。这样变压器各侧的电流互感器二次均采用星形接线，将各侧电流方向均指向变压器，作为正方

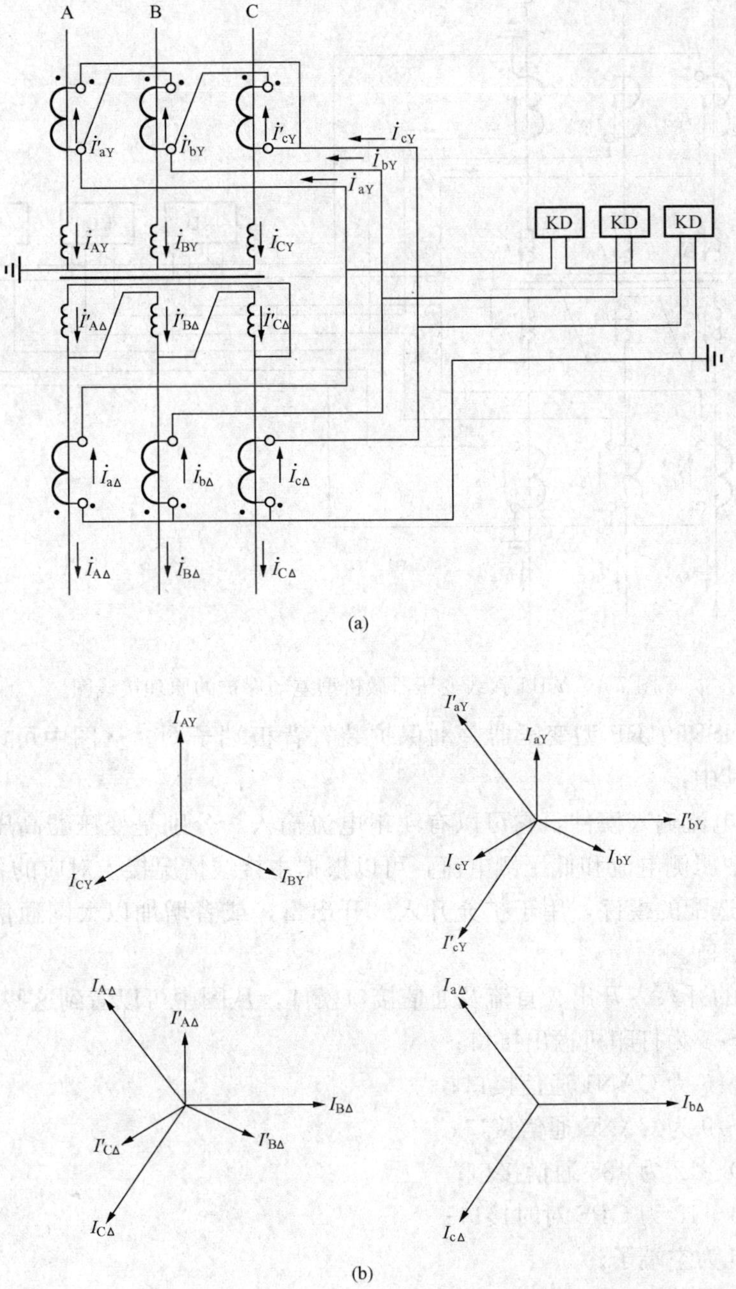

图 7-3　Yd11 变压器差动保护相位补偿的原理接线图

（a）接线图；（b）电流相量图

向。图 7-4 为 Yd11 接线变压器微机型差动保护的原理接线图。

二、NSR691RF 型变压器差动保护装置的二次回路

NSR691RF 型变压器差动保护装置是 110kV 及以下变压器常用的一种主保护，装置的二次回路包括交流电流回路、保护开入回路、出口回路及信号回路。

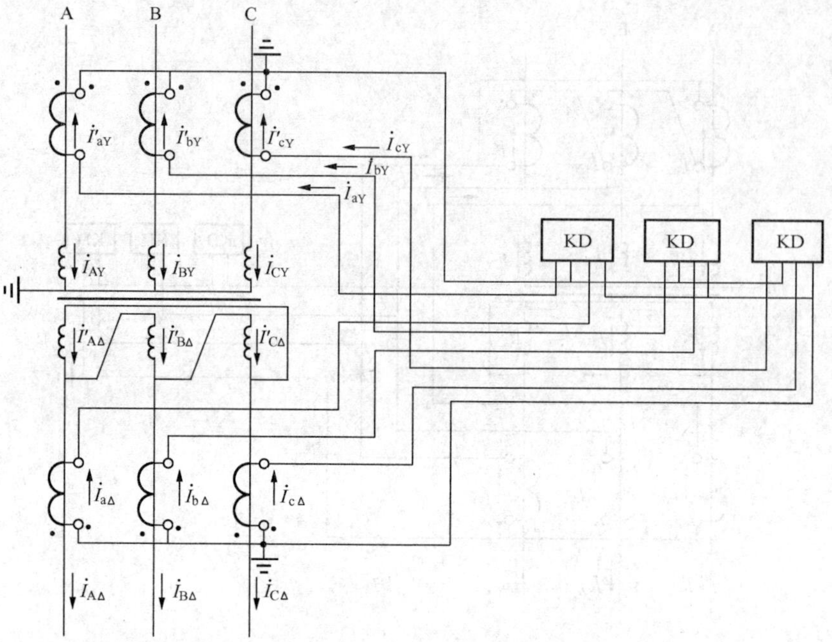

图 7-4　Yd11 接线变压器微机型差动保护的原理接线图

图 7-5 是 NSR691RF 型变压器差动保护装置背板端子图。从图中可以看到装置由 4 个模件组成，其中：

1P 是交流电流输入模件，它可以有 4 组电流输入，分别是变压器高压侧电流、桥断路器侧电流、中压侧电流和低压侧电流，可以根据主接线情况接入对应的各侧电流。

2P 是可以选配的模件，用于扩充开入、开出量，或者增加以太网通信口，图中所示的是以太网通信口。

3P 是保护的开入、开出、直流及通信接口模件，从图中可以看到这些端子分别是：

1）端子 1～3 为打印机输出接口；

2）端子 4～6 为 CAN1 通信接口；

3）端子 7～9 为 CAN2 通信接口；

4）端子 10～12 为 485 通信接口；

5）端子 13～15 为 GPS 对时接口；

6）端子 16 为空端子；

7）端子 17～18 为外设复归接入口；

8）端子 19～26 为第一组遥信接入端子，其中 19 为第一组遥信公共端，20 定义为检修状态输入端，21～26 为第一组遥信输入端；

9）端子 27～35 为第二组遥信接入端子，其中 27 为第二组遥信公共端，28～35 为第二组遥信输入端，可以组态作为保护连接片；

10）端子 36 为空端子；

11）端子 37～38 为装置故障、失电的告警输出端子，它是一组动断触点；

12）端子 39～40 为保护告警的输出端子；

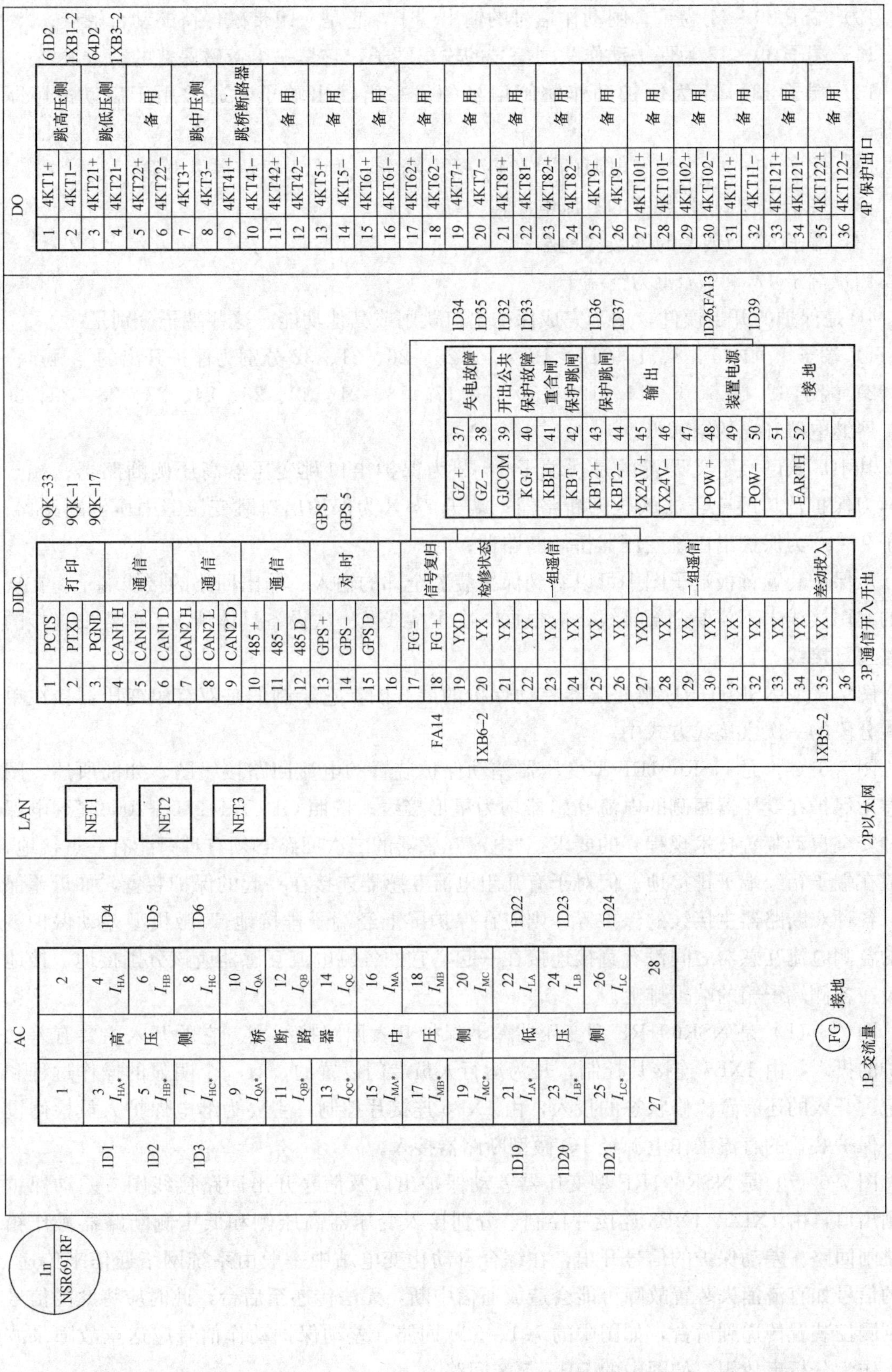

图 7-5　NSR691RF 型变压器差动保护装置背板端子图

13）端子 39～41 为重合闸动作信号的输出端子，它是一组带磁保持的动合触点；

14）端子 39～42 为保护动作跳闸信号的输出端子，它是一组带磁保持的动合触点；

15）端子 43～44 为保护动作跳闸信号的另一组输出端子，通常用于启动故障录波器；

16）端子 45～46 为装置电源的 DC24V 输出端子，通常为遥信提供电源；

17）端子 48～50 为装置的直流电源输入端子；

18）端子 52 为装置的屏蔽接地端；

19）端子 47、49、51 为空端子。

4P 是保护的开出模件，用于完成保护出口跳闸或其他功能。这些端子分别是：

1）端子 1、2、7、8、13、14、19、20、25、26、31、32 分别为保护开出的空触点；

2）端子 3、4、5、6、11、12、15、16、17、18、21、22、23、24、27、28、29、30 为扩展继电器开出的空触点。

其中厂家已经定义设置的是：端子 1～2 为保护出口跳变压器高压侧断路器；端子 3～4为保护出口跳变压器低压侧断路器；端子 7～8 为保护出口跳变压器中压侧断路器；端子 9～10 为保护出口跳变压器桥侧断路器；

从保护装置背板端子图中可以看到保护装置全部的输入、输出回路的接线端子。在现场的实用接线中不需要全部接线，应根据一次主接线及一次设备具体情况，将需要连接的回路进行接线。

图 7-6 是 NSR691RF 型变压器差动保护的展开图，它绘制的是双绕组变压器接在单母线分段的一次主接线方式中。

图 7-6（a）是 NSR691RF 型变压器差动保护装置的电流回路接线图。如前所述，图中差动保护在变压器两侧的电流互感器均为星形接线。按照 GB/T 14285—2006《继电保护和安全自动装置技术规程》的要求："电流互感器的二次回路必须有且只能有一点接地，一般在端子箱经端子排接地。但对于有几组电流互感器连接在一起的保护装置，如母差保护、各种双断路器主接线的保护等，则应在保护屏上经端子排接地。"微机型差动保护装置的各侧电流互感器之间没有直接连接在一起，它的各侧电流互感器应该分别接地，接地点设在各侧端子箱的端子排上。

图 7-6（b）是 NSR691RF 型变压器差动保护开入回路接线图。它的开入主要有差动保护的投入，由 1XB5 连接片控制，是为运行人员专门设置的，有一个明显的操作过程和标记。开入的还有置检修状态的投入，由 1XB6 连接片控制，主要为继电保护人员检修设置。保护装置的直流工作电源经 1Q 微型断路器接入。

图 7-6（c）是 NSR691RF 型变压器差动保护出口及信号开出回路接线图。差动保护跳闸出口，由 1XB1、1XB3 连接片控制，分别接入变压器高压侧和低压侧断路器操作箱的跳闸回路。差动保护的信号开出，在综合自动化变电站中一般由系统网络通信来传递。有的信号如直流消失装置故障可能会造成通信中断，无法传递至后台，此时应将此类信号送到测控装置传递到后台，如图中的 701、929 回路。差动保护动作信号应送至故障录波器，作为分析事故用，如图中的 501、503 回路。

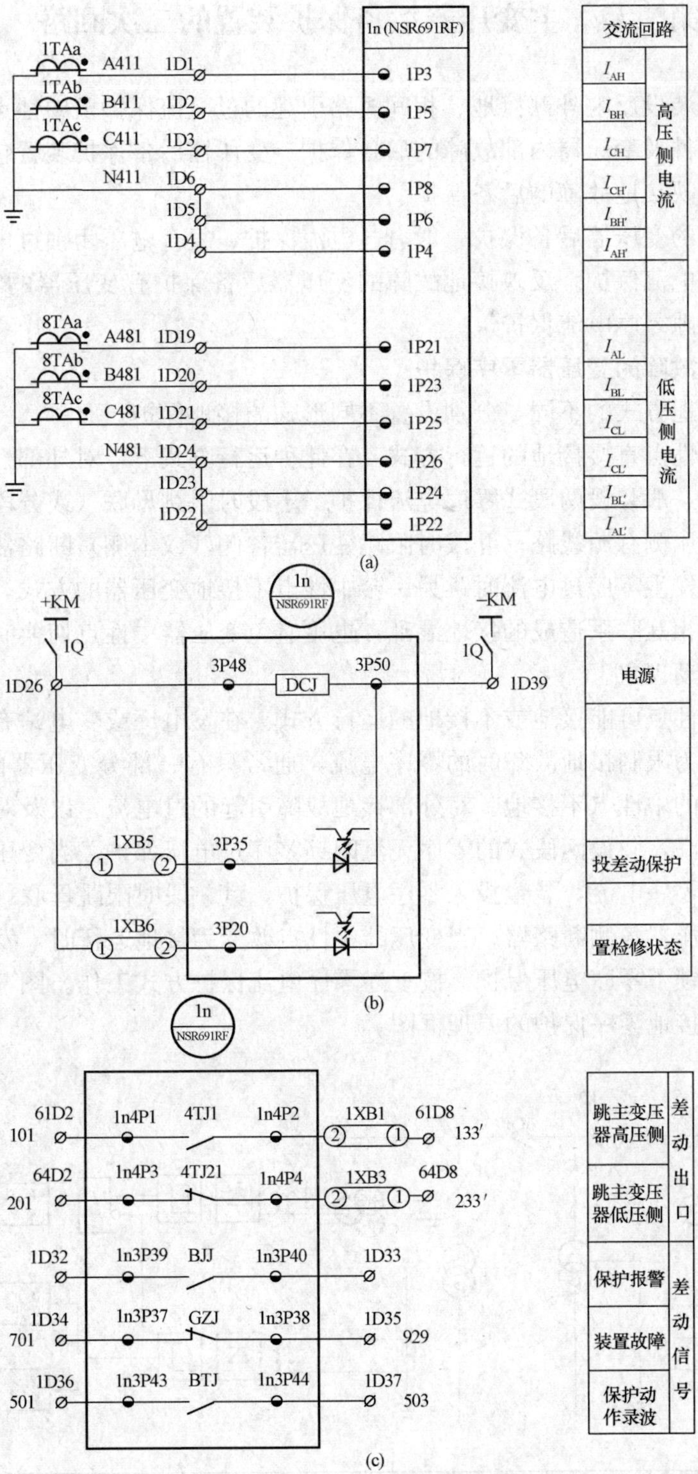

图 7-6　NSR691RF 型变压器差动保护展开图

（a）电流回路接线图；（b）开入回路接线图；（c）出口及信号开出接线图

第二节　主变压器后备保护装置的二次回路

电力变压器应装设反映外部接地、相间短路引起的过电流保护及中性点过电压保护装置，以作为相邻元件及变压器内部故障的后备保护。变压器后备保护装置包括反映相间故障的后备保护和反映接地故障的后备保护。

反映相间故障的变压器后备保护一般有过电流保护、复合电压闭锁过电流保护、复合电压闭锁的方向过电流保护。反映接地故障的变压器后备保护有变压器的零序电流保护、零序电压保护及间隙零序电流保护。

一、反映接地故障的变压器零序保护

根据变压器接地方式的不同，分别设置不同形式的接地保护。

（1）变压器中性点直接接地的运行方式。在此种运行方式下，对外部发生单相接地故障引起的过电流，一般装设两段式零序电流保护。Ⅰ段时限跳母联（或分段）断路器，或跳三绕组变压器中压侧有源线路；Ⅱ段时限跳变压器各侧（或本侧）断路器。目前微机变压器保护均不采用发生零序过电流时跳另一台中性点不接地变压器的方式，以避免两台主变压器的后备保护相互联系造成的接地混乱，也可避免变压器中性点切换时，因未切换保护连接片引起的误动现象。

（2）变压器中性点可能接地或不接地的运行方式。在发电厂或变电站有两台及以上变压器并列运行时，为限制接地故障时的零序电流，通常只有一部分变压器的中性点接地，而另一部分变压器的中性点不接地。对外部接地故障引起的过电流，以及对因失去接地中性点引起的电压升高，装设两段式的零序无流闭锁零序过电压保护。当变压器中性点不接地运行时不会出现零序电流，装置投入零序电压保护，其一段时限跳母联（或分段）断路器，二段时限跳变压器各侧断路器。当变压器中性点改变为接地运行时，发生接地故障时出现零序电流，闭锁了零序电压保护，按上述零序电流保护方式工作。图 7-7 为变压器中性点可能接地或不接地零序保护的原理框图。

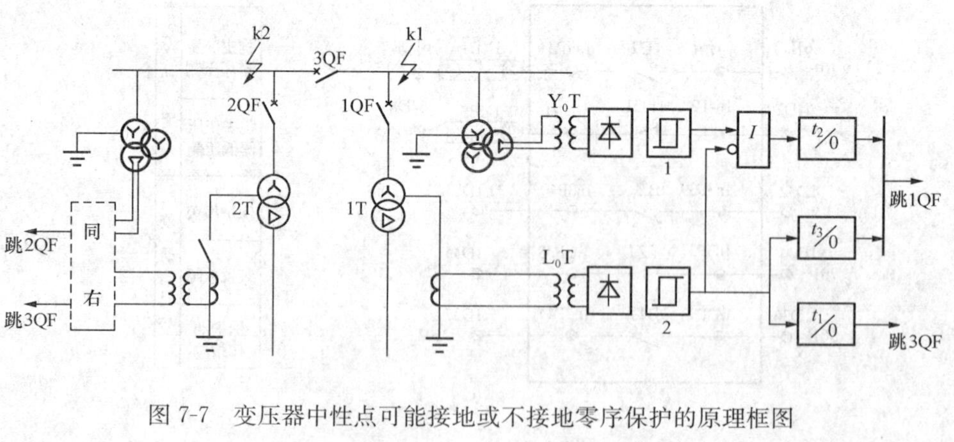

图 7-7　变压器中性点可能接地或不接地零序保护的原理框图

发生接地故障时，以最小延时 t_1（$t_1<t_2<t_3$）跳开母联断路器 3QF，将中性点接地和不接地运行的变压器隔开。然后，以 t_2 或 t_3 延时切除故障变压器，使非故障变压器继

续运行，防止故障范围的扩大。如图 7-7 所示，1T 中性点接地运行，2T 中性点不接地运行。在两台变压器上均装有相同的零序保护。

当 k1 点发生接地短路时，出现零序电流和零序电压，零序电流使触发器 2 启动，首先以 t_1 延时跳开母联断路器 3QF，使 1T、2T 分开运行。因 k1 在 1T 侧，故仍有零序电流，由触发器 2 闭锁时间回路，继电器以 t_3 延时跳开 1QF，2T 继续运行。

如果 k2 点发生接地短路时，母联 3QF 跳开后，此时没有零序电流，只有零序电压，则由 2T 保护以 t_2 延时跳开 2QF，1T 继续运行。

变压器中性点经放电间隙接地，对分级绝缘变压器的中性点绝缘薄弱部分，可以起到对过电压的保护作用。为了防止工频过电压对变压器的危害，一些中性点不接地变压器采用了放电间隙保护。放电间隙装于变压器中性点与大地之间，有球形、棒形、羊角形等形式。其放电电压一般整定较高，约等于变压器额定相电压。只有当系统发生接地故障，有关的中性点直接接地变压器全部跳闸后，带电源的中性点不接地变压器仍保留在发生故障的电网中，电网零序电压升高到接近额定相电压，对变压器绝缘有较大危害的情况下，放电间隙才放电，以降低对地电压，防止变压器绝缘破坏。但是，放电间隙不能长时间通过电流，需要通过间隙零序电流保护将变压器从故障电网中切除。

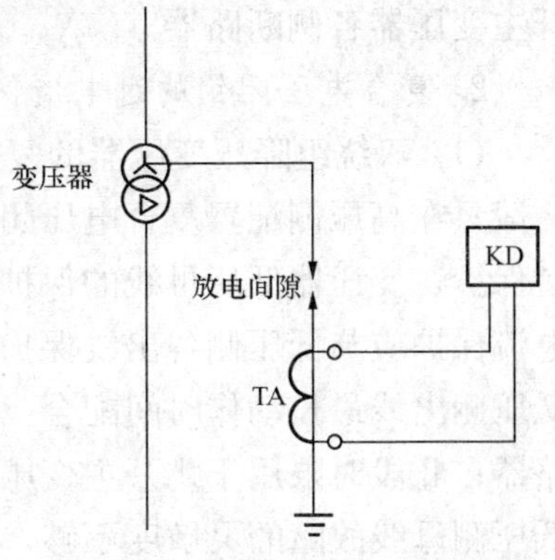

图 7-8　变压器放电间隙零序电流保护原理图

放电间隙零序电流保护装于放电间隙回路内，如图 7-8 所示。当放电间隙放电，中性点通过零序电流时，保护迅速动作将变压器跳开。因为正常情况下放电间隙回路无电流，所以允许保护有较低的零序电流动作值。又因为放电间隙在电网接地故障时不轻易放电，如果保护动作，意味着电网中确实出现了足以危害变压器绝缘的工频过电压，因此保护动作时间也比较短。

二、反映相间短路的变压器电流保护

为了防止变压器外部相间短路而使变压器绕组流过较长时间的过电流，以及作为变压器本身差动保护和瓦斯保护的后备，变压器必须装设反映相间短路的后备保护。以往常规的变压器保护，在小型变压器中设置过电流保护，在大型变压器中设置复合电压闭锁的过电流保护或复合电压闭锁的方向过电流保护。在微机保护中，复合电压闭锁元件是靠软件来构成的，是在不增加任何硬件的情况下实现的，故一般厂家生产的变压器后备保护都配置复合电压闭锁的方向过电流保护。用户可以按照整定计算对灵敏度的要求，投入或撤出复合电压闭锁。复合电压的取向可以按要求选择，可以取本侧电压，也可以取其他侧电压。方向元件也可以通过控制字单独投退或改变方向，一般其方向高压侧后备保护指向变压器为正方向，中、低压侧后备保护以指向母线为正方向。复合电压闭锁方向过电流保护有二段式、三段式或四段式。

三、变压器后备保护的配置原则

1. 零序保护的配置

对于 110kV 变压器，其高压侧是中性点直接接地系统，当高压侧的 110kV 系统发生接地时，接地的变压器将流过零序电流，因而一般要装设零序保护，作为变压器及相邻的110kV线路接地故障的后备保护。该零序保护的电流定值与时间定值要与110kV线路保护定值相配合。在电力系统运行中，为保持零序网络的结构不变，在变电站中有两台及以上的变压器时，仅将部分变压器的中性点接地。当接地变压器由于故障而切除时，不接地变压器的中性点会出现过电压。为避免过电压破坏变压器中性点的绝缘，对于装设有放电间隙的变压器，通常将放电间隙零序电流保护投入；对于无放电间隙的变压器，则应投入零序电压保护。投入零序电压保护时，其时限应与零序电流保护Ⅱ段相配合。一般现场中多采用零序电压保护与间隙零序电流保护并列运行方式，当电网发生接地故障且失去接地中性点时，带电源的中性点不接地变压器仍保留在故障电网中，放电间隙放电，间隙零序电流保护动作跳开主变压器各侧断路器。若放电间隙不放电，则利用零序电压保护动作跳开主变压器各侧断路器。

2. 复合电压闭锁的过电流保护配置

（1）双绕组降压变压器的复合电压闭锁过电流保护配置。对双绕组降压变压器来说，一般只在高压侧配置复合电压闭锁的过电流保护，不设方向元件，它可以作为变压器的后备保护、变压器低压母线的保护及变压器低压侧出线的后备保护。通常复合电压闭锁的过电流保护应与低压侧各出线保护配合，其电流定值按躲过额定负荷电流整定，时间定值与低压侧出线最长动作时间配合。通常保护设两段动作时限：Ⅰ段时限用于跳开低压分段断路器；Ⅱ段时限用于跳开主变压器两侧断路器。如果高压侧的复合电压闭锁过电流保护对低压侧母线故障的灵敏度不够，应在母线低压侧配置复合电压闭锁的过电流保护。一般保护设两段动作时限：Ⅰ段用于跳开分段断路器；Ⅱ段用于跳开主变压器低压侧断路器。其电流定值整定原则同上，时间定值不应大于高压侧过电流保护的动作时间。

（2）单电源的三绕组降压变压器复合电压闭锁的过电流保护配置。单电源的三绕组降压变压器，为使主变压器外部短路故障时后备保护有选择性地只跳开故障侧的断路器，保证其他两侧继续运行，当变压器内部故障时能起到后备作用，一般在变压器的电源侧和主负荷侧配备复合电压闭锁的过电流保护。主电源侧的过电流保护不仅要与主负荷侧过电流保护配合，还要与保护侧的各出线保护相配合。当保护动作时，先跳开未装设保护侧的断路器，然后再跳开本侧或三侧断路器。主负荷侧的复合电压闭锁过电流保护应与各出线的保护相配合，保护动作时，先跳开母联断路器，再跳开本侧或三侧断路器。若遇主变压器三侧均装设复合电压闭锁过电流保护，电源侧的保护应与其他两侧保护均配合，而非电源侧的保护应与本侧出线保护相配合。

（3）多电源的三绕组降压变压器复合电压闭锁的过电流保护配置。一般情况下变压器各侧都应该装设后备保护，其中主电源侧保护方向指向变压器，其他电源侧保护方向指向本侧母线。主电源侧保护应与其他两侧保护配合，其他两侧保护应与本侧出线保护配合。

3. 过负荷保护的配置

过负荷保护的安装点要能反映所有绕组的过负荷情况，因此，双绕组变压器过负荷保护应安装在主电源侧，多电源的三绕组变压器应在各侧均装设过负荷保护。单电源的三绕组降压变压器，当各侧容量相同时，过负荷保护仅装设在主电源侧；当各侧容量不同时，过负荷保护装设在主电源侧和容量较小的一侧。

四、变压器后备保护二次回路

下面以 NSR695R 型变压器后备保护测控装置为例，介绍变压器后备保护的二次回路。NSR695R 型变压器后备保护测控装置有完整的直流电源、交流电流电压开入、保护出口、信号开出、信号开入及网络通信回路，可以独立作为变压器各侧的后备保护装置，也可以作为保护测控一体化的装置，除变压器后备保护的功能外，还作为变压器一侧间隔的测控装置来使用。

1. 复合电压闭锁的方向过电流保护

NSR695R 型变压器后备保护装置配置有四段独立整定的经复合电压闭锁的方向过电流保护。所谓复合电压闭锁，是指用于判断三相短路故障的线电压元件和用于判断不对称故障的负序电压元件，当二者有其一动作，则复合电压闭锁元件动作。四段复合电压闭锁的方向过电流保护构成为：

Ⅰ段复合电压闭锁的过电流保护有两个动作时限：1 时限用于跳本侧分段断路器，2 时限用于跳变压器本侧断路器。

Ⅱ段复合电压闭锁的过电流保护有两个动作时限，所跳断路器与Ⅰ段相同：1 时限用于跳本侧分段断路器；2 时限用于跳变压器本侧断路器。

Ⅲ段复合电压闭锁的过电流保护有一个动作时限，配置四组出口触点，用于跳开变压器各侧断路器。

Ⅳ段复合电压闭锁的过电流保护有一个动作时限，与Ⅲ段相同，配置四组出口触点，用于跳开变压器各侧断路器。

2. 零序过电流保护

配置两段零序过电流保护，作为中性点接地的变压器及相邻元件发生接地短路的后备保护。保护接入电流取自变压器中性点的零序电流。零序过电流保护的各段电流定值和动作时限可以独立整定，且可以通过软连接片投退。其中：

Ⅰ段零序电流保护有三个动作时限：1 时限用于跳母联断路器；2 时限用于跳变压器本侧（中性点接地侧）断路器；3 时限用于跳开变压器各侧断路器。

Ⅱ段零序电流保护有三个动作时限，所跳断路器与Ⅰ段相同：1 时限用于跳母联断路器；2 时限用于跳变压器本侧（中性点接地侧）断路器；3 时限用于跳开变压器各侧断路器。

3. 零序电压保护

配置两段零序电压保护，作为中性点为分级绝缘变压器的零序保护。零序过电压保护的各段电压定值和动作时限可以独立整定，且可以通过软连接片投退。其中：

Ⅰ段零序电压保护有两个动作时限：1 时限用于跳母联断路器；2 时限用于跳开变压器各侧断路器。

Ⅱ段零序电压保护有两个动作时限，所跳断路器与Ⅰ段相同：1 时限用于跳母联断路器；2 时限用于跳开变压器各侧断路器。

4. 放电间隙过电流保护

配置两段放电间隙过电流保护。正常情况下，放电间隙回路无电流。当电网中发生接地故障时，间隙不会轻易放电。只有当有关的中性点直接接地变压器全部和故障点分离后，而带电源的中性点不直接接地变压器仍保留在故障电网中，电网零序电压升高到接近额定相电压，对变压器有较大危害的情况下，放电间隙才放电，以降低对地电压。放电间隙过电流的各段电流定值和动作时限可以独立整定，且可以通过软连接片投退。其中：

Ⅰ段放电间隙过电流保护有两个动作时限：1时限用于跳母联断路器；2时限用于跳开变压器各侧断路器。

Ⅱ段放电间隙过电流保护有两个动作时限，所跳断路器与Ⅰ段相同；1时限用于跳母联断路器。2时限用于跳开变压器各侧断路器。

5. 过负荷保护

配置三段过负荷保护，三段电流定值和动作时限均可独立整定，且可以通过软连接片投退。其中：

Ⅰ段过负荷用于发报警信号；Ⅱ段过负荷用于启动通风系统；Ⅲ段过负荷用于闭锁变压器有载调压回路。

6. 三相一次重合闸

配置有三相一次重合闸，以缩短非永久故障的停电时间。重合闸有不对应启动和保护启动两种方式，这两种方式可以通过软连接片控制投退。不对应启动方式在断路器偷跳情况下启动；保护启动在方式在过电流保护动作后启动。一般在变压器后备保护中不采用重合闸。

HSR695R型变压器后备保护测控装置还具有母线TV断线闭锁保护及告警，母线接地告警及断路器拒动告警功能。

NSR695R型变压器后备保护测控装置的测控功能主要有：

(1) 交流遥测功能。采集变压器一侧间隔的三相相电压及三相相电流为必须配置，计算出相应的三相相电压、线电压、频率、相角、相序、三相相电流、有功功率、无功功率及功率因数等。

(2) 遥信采集功能。最大可以采集30路遥信输入。

(3) 遥控开出。配置两路开关的分合闸开出，最多有4路遥控开出触点。

图7-9是NSR695R型变压器高压侧后备保护装置背板端子图。由图中可见装置由4个模件组成，其结构与上一节所述的NSR691RF型差动保护装置基本相同。

1P是交流电流输入模件。其中：

(1) 端子1～6作为后备保护用的三相电流输入端；

(2) 端子7～12作为保护测控一体化使用时，测量用的三相电流输入端；

(3) 端子13、14、16、18、23、24为空端子；

(4) 端子15、17、19、20作为保护测量共用的电压U_A、U_B、U_C、U_N的输入端；

(5) 端子21、22作为零序电压U_L、U_N的输入端；

(6) 端子25、26作为中性点零序电流的输入端；

(7) 端子27、28作为中性点放电间隙零序电流的输入端。

2P是可以选配的模件，用于扩充开入、开出量，或者增加以太网通信口，图中所示

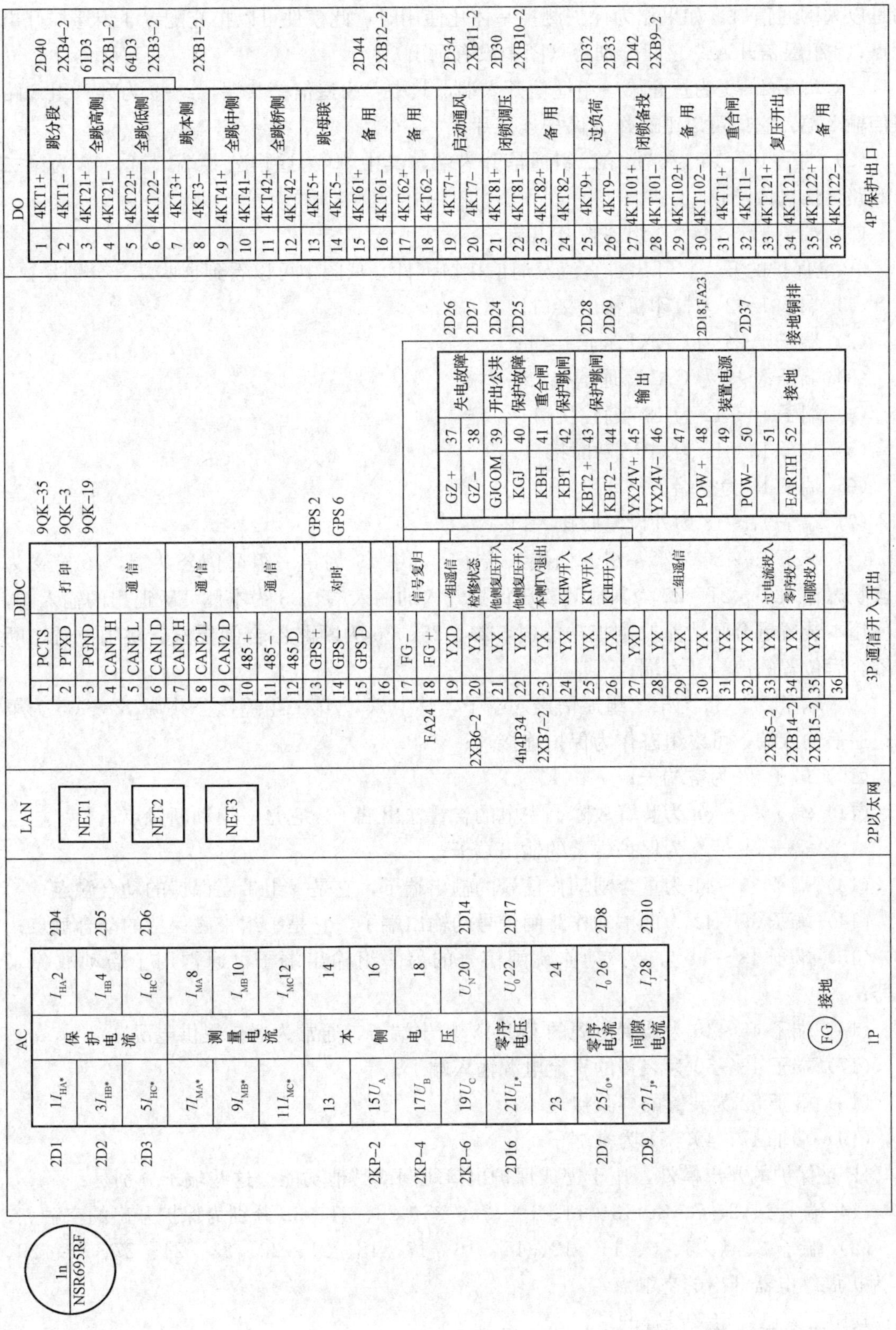

图 7-9 NSR695R 型变压器高压侧后备保护装置背板端子图

的是以太网通信口。如果作为保护测控一体化使用时，此模件可以扩充配置 4 组遥控开出触点；2 组遥信开入。它们分别为（图中没有画出）：

（1）端子 1～9 为扩充第一组遥信开入端，其中 1 为遥信公共端，2～9 为第一组 8 路遥信输入端，它们可以组态作为保护连接片；

（2）端子 10～16 为扩充第二组遥信开入端，其中 10 为遥信公共端，11～16 为第二组 6 路遥信输入端；

（3）端子 17～24 为 4 组遥控开出端。

3P 是保护的开入、开出、直流及通信接口模件，从图中可以看到这些端子分别是：

（1）端子 1～3 为打印机输出接口；

（2）端子 4～6 为 CAN1 通信接口；

（3）端子 7～9 为 CAN2 通信接口；

（4）端子 10～12 为 485 通信接口；

（5）端子 13～15 为 GPS 对时接口；

（6）端子 16 为空端子；

（7）端子 17～18 为外设复归接入口；

（8）端子 19～26 为第一组遥信接入端子，其中 19 为第一组遥信公共端，20 定义为检修状态输入端，21～22 为其他侧复压保护开入的输入端，23 为本侧 TV 退出的输入端，当使用本装置重合闸功能及测控功能时，24、25、26 为断路器合闸位置、跳闸位置、断路器合后位置的信号开入端；

（9）端子 27～35 为第二组遥信接入端子，其中 27 为第二组遥信公共端，28～35 为第二组遥信输入端，可以组态作为保护连接片；

（10）端子 36 为空端子；

（11）端子 37～38 为装置故障、失电的告警输出端子，它是一组动断触点；

（12）端子 39～40 为保护告警的输出端子；

（13）端子 39～41 为重合闸动作信号的输出端子，它是一组带磁保持的动合触点；

（14）端子 39～42 为保护动作跳闸信号的输出端子，它是一组带磁保持的动合触点；

（15）端子 43～44 为保护动作跳闸信号的另一组输出端子，通常用于启动故障录波器；

（16）端子 45～46 为装置电源的 DC24V 输出端子，通常为遥信提供电源；

（17）端子 48～50 为装置的直流电源输入端子；

（18）端子 52 为装置的屏蔽接地端；

（19）端子 47、49、51 为空端子。

4P 是保护的开出模件，用于完成保护出口跳闸或其他功能。这些端子分别是：

（1）端子 1、2、7、8、13、14、19、20、25、26、31、32 分别为保护开出的空触点；

（2）端子 3、4、5、6、11、12、15、16、17、18、21、22、23、24、27、28、29、30 为扩展继电器开出的空触点。

其中厂家已经定义设置的是：

1）端子 1～2 为后备保护出口跳分段断路器；

2）端子3～4、5～6为后备保护出口跳变压器各侧，其中的高压侧、低压侧断路器；

3）端子7～8为后备保护出口跳装设保护的本侧断路器；

4）端子9～10、11～12为后备保护出口跳变压器各侧，其中的中压侧、桥侧断路器；

5）端子13～14为后备保护出口跳母联断路器；

6）端子15～16、17～18为后备保护出口备用触点；

7）端子19～20为过负荷启动通风的开出端；

8）端子21～22、23～24为过负荷闭锁有载调压的开出端（动合、动断触点）；

9）端子25～26为过负荷报警的开出端；

10）端子27～28、29～30为后备保护闭锁备自投的开出端；

11）端子31～32为使用重合闸时的重合闸命令开出端；

12）端子33～34、35～36为复合电压闭锁开出的输出端。

图7-10是NSR695R型变压器高压侧后备保护的展开图，绘制的是双绕组变压器接在单母线分段的一次主接线方式中。

图7-10（a）是NSR695R型变压器高后备保护电流、电压回路接线图。图中接入保护装置的电流有高压侧三相交流电流、变压器中性点零序电流、变压器中性点放电间隙零序电流。接入保护装置的电压有110kV母线三相电压及零序电压。

图7-10（b）是NSR695R型变压器高后备保护开入回路接线图。它的开入主要有经2XB5连接片控制的过电流保护投入；经2XB14连接片控制的零序电流保护投入；经2XB15连接片控制的间隙零序电流保护投入；经2XB18连接片控制的低压侧复压闭锁投入。还有置检修状态的投入，由2XB6连接片控制；本侧TV的退出由2XB7连接片控制及外置的保护信号复归。保护装置的直流工作电源经2Q空气开关接入。

图7-10（c）是NSR695R型变压器高压侧后备保护出口及信号开出回路接线图。高压侧后备跳本侧（高压侧）出口由2XB1连接片控制，接入变压器高压侧断路器操作箱的跳闸回路；高压侧后备跳低压侧出口由2XB3连接片控制，接入变压器低压侧断路器操作箱的跳闸回路；高压侧后备跳高压侧分段出口由2XB4连接片控制，接入高压侧分段断路器操作箱的跳闸回路；高压侧后备保护动作闭锁高压侧备自投出口由2XB9连接片控制；过负荷启动通风出口由2XB11连接片控制；过负荷闭锁有载调压出口由2XB10控制。高后备保护信号开出使用高后备保护动作录波信号、过负荷开出的报警信号、直流消失及装置故障信号。

变压器低压侧后备保护采用的保护装置和高压侧后备保护装置相同，背板端子图是一致的。当用于低压侧后备保护时，其展开图如图7-11所示。

图7-11（a）是NSR695R型变压器低后备保护电流、电压回路接线图。图中看到接入保护装置的电流有低压侧三相交流电流，接入保护装置的电压是低压侧10kV母线三相电压及零序电压。

图7-11（b）是NSR695R型变压器低后备保护开入回路接线图。它的开入主要有经连接片控制的过电流保护投入、经连接片控制的置检修状态开入和本侧TV退出的开入、外置的保护信号复归。保护装置的直流工作电源经4Q空气开关接入。

图7-11（c）是NSR695R型变压器低后备保护出口及信号开出回路接线图。低后备

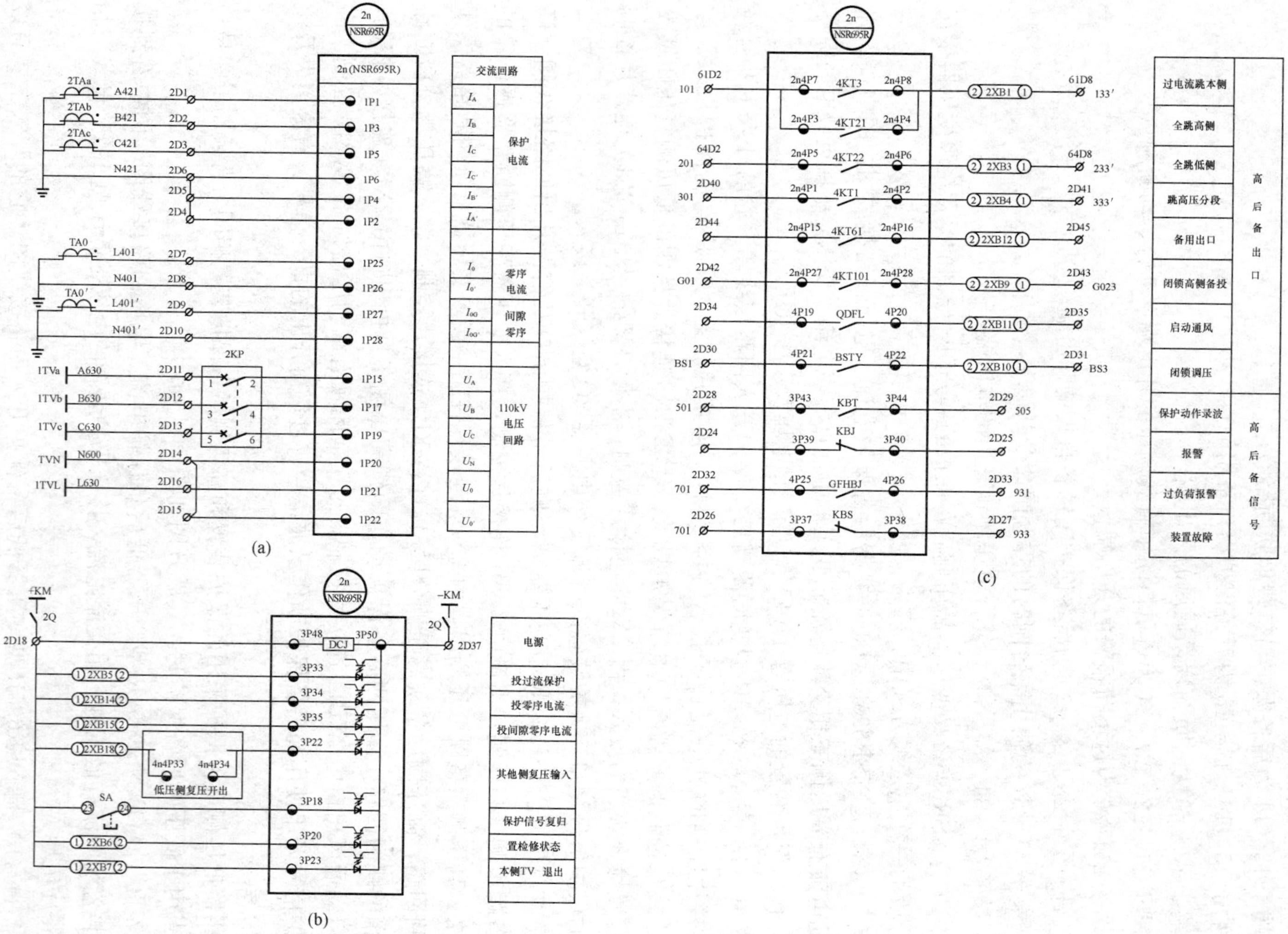

图 7-10　NSR695R 型变压器高压侧后备保护装置展开图

（a）电流、电压回路接线图；（b）开入回路接线图；（c）出口及信号开出接线图

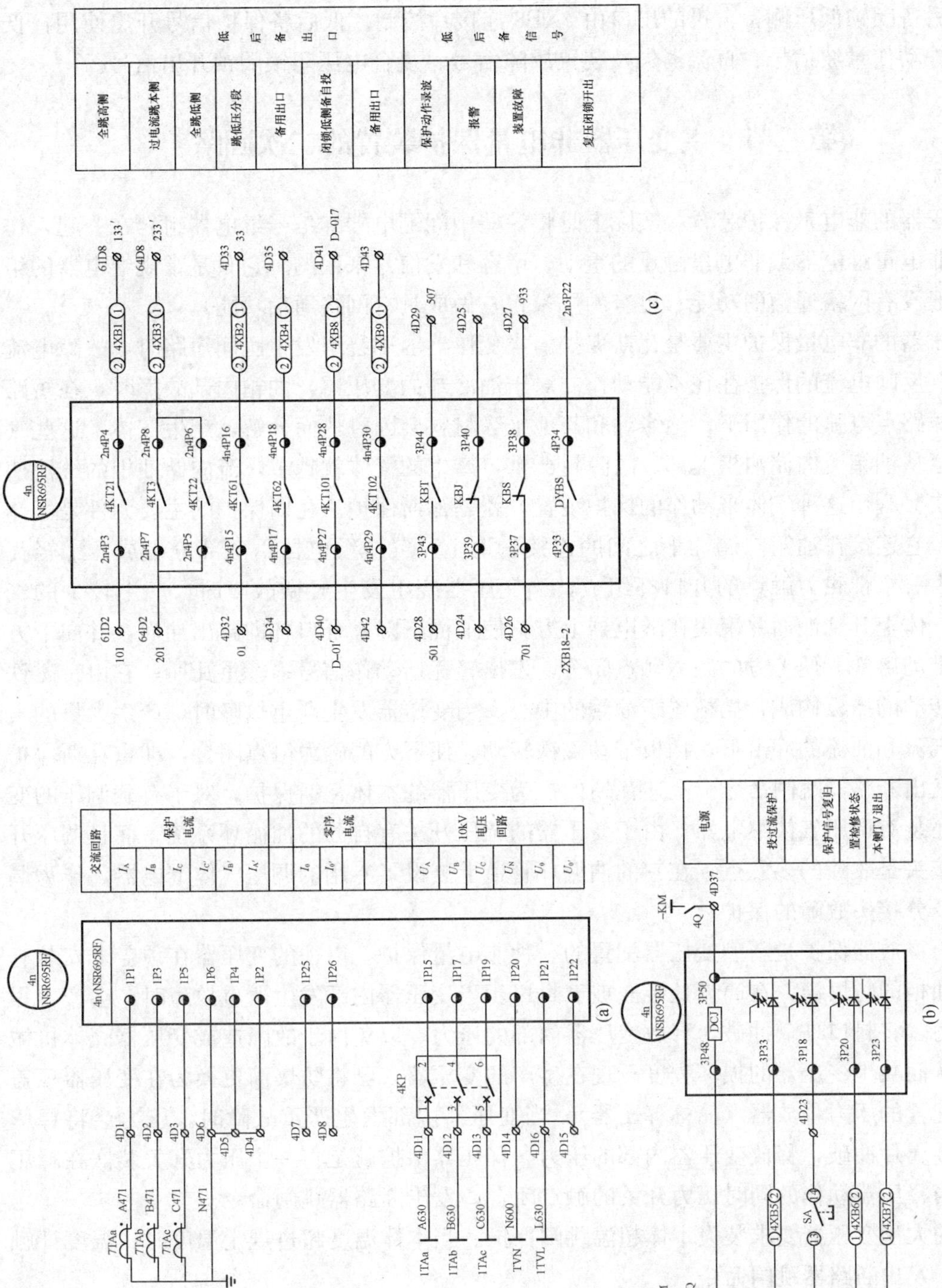

图 7-11　NSR695R 型变压器低压侧后备保护装置展开图

(a) 电流、电压回路接线图；(b) 开入回路接线图；(c) 出口及信号开出接线图跳高压侧出口由 4XB1 连接片控制，接入变压器高压侧断路器操作箱的跳闸回路；低后备跳低压侧出口由 4XB3 连接片控制，接入变压器低压侧断路器操作箱的跳闸回路；低后备跳低压侧分段断路器出口由 4XB2 连接片控制，接入低压侧分段断路器操作箱的跳闸回路；低后备闭锁低压侧备自投的出口由 4XB8 连接片控制。低后备保护信号开出使用：低后备保护动作录波信号、直流消失及装置故障信号、复合电压闭锁闭锁开出信号。

第三节　主变压器非电量保护装置的二次回路

变压器的非电量保护装置，实际上是将一些中间继电器和信号继电器组合在一起，作为各种非电量继电器或非电量触点的重动、增容和发信号来用的。它只是常规继电器的组合，一般没有网络通信的功能（也有的厂家将它做成具有网络通信功能）。

变压器的非电量保护主要是瓦斯保护。当变压器内部绕组发生匝间短路时，故障电流比较小，反映电流的保护往往不能动作。对于油冷却的变压器，油箱内部故障时，在短路电流和短路点电弧的作用下，绝缘油和其他绝缘材料会因过热而分解，产生气体。这些气体必然会从油箱流向储油柜上部。故障越严重，产生的气体就越多，流向储油柜的气流速度也越快。利用这种气体来动作的保护装置，就是瓦斯保护。瓦斯保护的主要元件是气体继电器，它连接在油箱与储油柜之间的连接管道上。气体继电器由两部分组成：①轻瓦斯，它由一个带磁力触点的开口杯组成，当变压器绕组发生轻微故障时，产生较少的气体，此气体上升到油面并聚集在继电器上方，使油面下降，开口杯即露出油面，并向下方转动，带动磁铁，使上方的磁力触点闭合，发出轻瓦斯动作信号；②重瓦斯，它由带磁铁的、可转动的挡板构成，挡板置于油管的中心。当变压器发生严重故障时，产生大量的气体，在气流和油流的冲击下，挡板带动磁铁转动，使下方的磁力触点闭合，即重瓦斯保护动作，发出断路器跳闸命令。上述瓦斯保护为变压器的本体瓦斯保护，对于有载调压的变压器，还装有调压气体继电器。由于变压器的调压开关有自己的油循环系统，而且调压开关及分接头是故障的多发点，在它的油循环管道上装设了专用的调压气体继电器，作为调压开关及分接头故障的保护。

压力释放器保护是新型变压器配置的一种非电量保护。以往的变压器在顶盖上安装有高出储油柜的防爆筒，在筒口处装嵌玻璃封口。当变压器内部发生严重故障时，会产生很大的压力，将封口玻璃冲破，释放变压器内部的压力，以免由于故障造成变压器壳体机械变形，从而减小变压器的损坏程度。现在生产的变压器，已将防爆筒更换为在变压器顶盖面板上配置的压力释放器（简称释压器）。当变压器内部发生严重故障时，压力会将释压器的薄金属片冲破，释放变压器内部的压力。释压器保护就是将一个压力开关装嵌在释压器上，当释压器动作的同时压力开关的触点闭合，发出断路器跳闸命令。

有的大型变压器要求装设本体超温跳闸保护。当本体温度超过规定温度时，温度计触点闭合，发出断路器跳闸命令。

图 7-12 是 NSR699RF 型非电量保护开入回路接线图。

NSR699RF 型非电量保护装置和本章前面所介绍的差动保护装置、后备保护装置属同系列产品，它包括变压器非电量保护及变压器、断路器的操作箱部分。变压器操作箱最

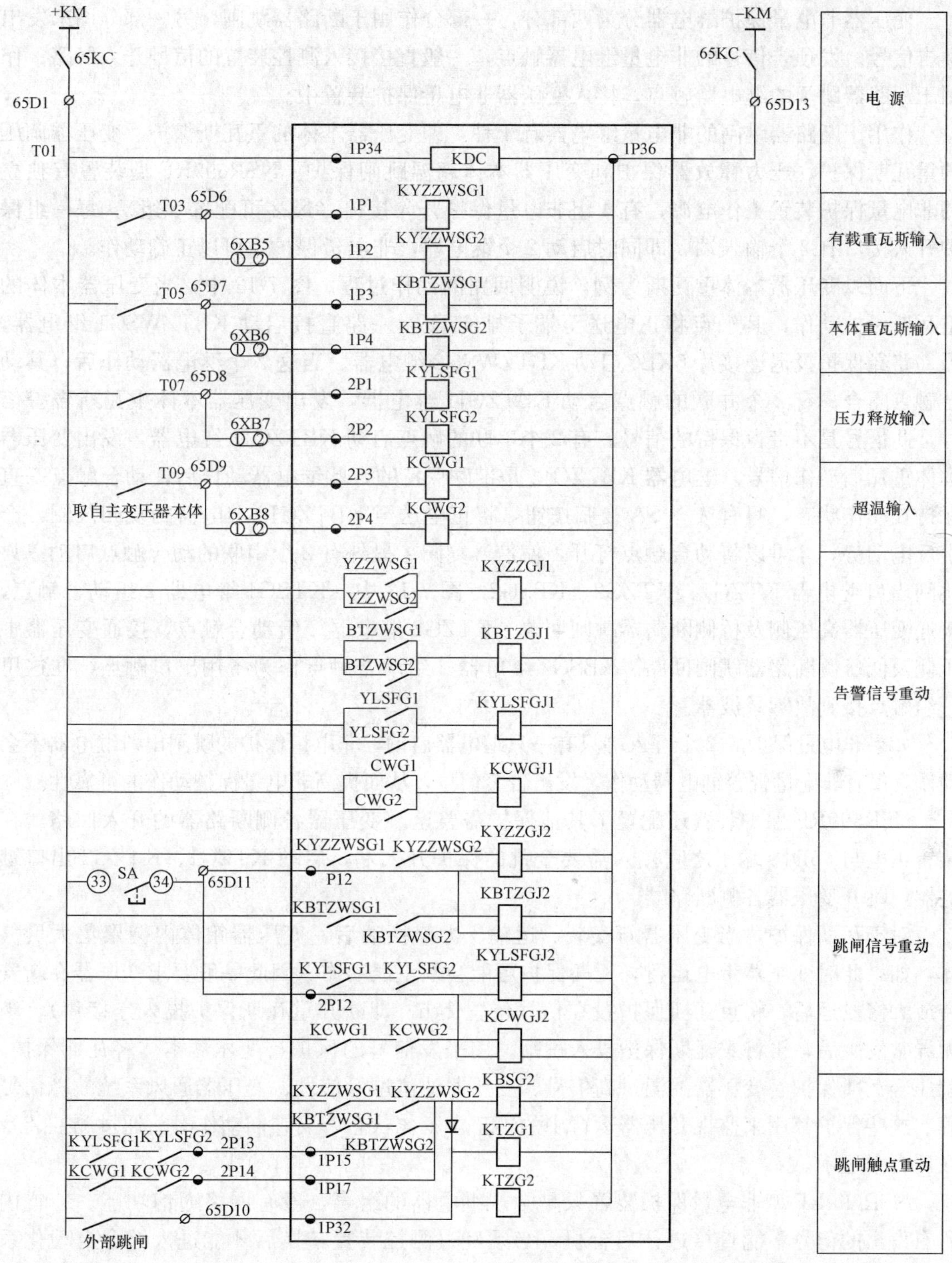

图 7-12　NSR699RF 型变压器非电量保护开入回路接线图

多可以配置 4 台断路器的操作回路，即变压器高压侧、桥侧、中压侧、低压侧操作回路。断路器操作箱的接线基本上与前面所介绍的操作箱大同小异，这里不再赘述，下面主要介绍非电量保护。

变压器非电量保护继电器分为两部分，一部分作用于断路器跳闸，另一部分用来发出预告信号。发预告信号的非电量继电器触点，一般直接接入测控装置的信号开入回路；作用于断路器跳闸的继电器触点，接入变压器非电量保护装置中。

作用于断路器跳闸的非电量继电器有4种，即变压器本体的重瓦斯保护、变压器调压的重瓦斯保护、压力释放器保护和变压器本体超温跳闸保护。NSR699RF型装置有独立的非电量保护装置工作电源，有4组非电量保护开入接口（最多可配置8组）。每一组保护开入接口有2个输入端，即同时启动2个继电器，非电量保护才可以正确动作。

下面以变压器本体重瓦斯为例，说明回路的动作过程。图7-12中，当变压器本体的重瓦斯保护动作，其触点将正电送至端子排65D7，一路直接启动KBTZWSG1继电器，另一路经保护投退连接片6XB6启动KBTZWSG2继电器。当这2个继电器动作后，其动合触点闭合。有2个并联的触点启动KBTZGJ1继电器，发出变压器本体重瓦斯告警信号，此信号是不带自保持的信号。有2个串联的触点启动KBTZGJ2继电器，发出变压器本体重瓦斯动作信号。继电器KBTZGJ2是带磁保持的，此继电器动作后，动合触点一直保持在动作状态，只有按下SA复归按钮，将正电送至KBTZGJ2继电器的复归线圈，产生反电动势，才可以将动合触点打开，使信号复归。另外有2个串联的动合触点启动三只跳闸出口继电器KTZG1、KTZG2、KBSG2。图7-13中，KTZG1继电器2组动合触点，接通变压器高压侧及桥侧断路器跳闸回路。KTZG2继电器2组动合触点，接通变压器中压侧及低压侧断路器跳闸回路。KBSG2继电器2组动合触点作为备用出口触点，在这里一组触点接到故障录波器。

如果非电量保护的2个开入端只有一只继电器启动，非电量保护的跳闸出口继电器不会动作，仅有非电量告警继电器动作，发出告警信号，从而提高非电量保护动作的可靠性。

NSR699RF保护装置还配置了其他保护需要全跳变压器各侧断路器的开入回路，在装置正电与65D10端子之间接入需要全跳的保护开入端，启动KTZG1、KTZG2出口继电器，跳开变压器各侧断路器。

对于瓦斯保护，当变压器新安装、运输、大修换油后，变压器箱体内会聚集大量气体，如果此时变压器带电运行，瓦斯保护可能会发生误动作。因此一般要求变压器在新安装或大修投运后，将重瓦斯保护投在信号位置24h（即断开重瓦斯保护投入连接片），当无异常发生后，再将重瓦斯保护投入跳闸。用来发信号的保护有变压器本体轻瓦斯保护、调压轻瓦斯保护、变压器油温过高信号、变压器油位过低信号、变压器通风系统故障信号等。这些保护都用来监视变压器运行中的不正常工作状态，当它们动作时，通过测控装置在后台中显示。

NSR699RF型非电量保护装置只是常规继电器的组合，没有网络通信功能。装置内所有发出的信号不能直接送往后台机，必须经过测控装置转换后才能进入综合自动化系统，在后台机的显示器中显示。图7-13中将非电量保护装置不带保持的信号继电器触点引出，接到测控装置的开入回路中去，如图中的701、937、939、941、943。在图中还设有非电量保护装置工作电源的监视回路，当工作电源中断时，监视继电器失磁，其动断触点KDC闭合发出保护装置直流消失信号。

变压器本体一般均装设温度测量设备，以监视变压器的油温，判断其运行时的工作状

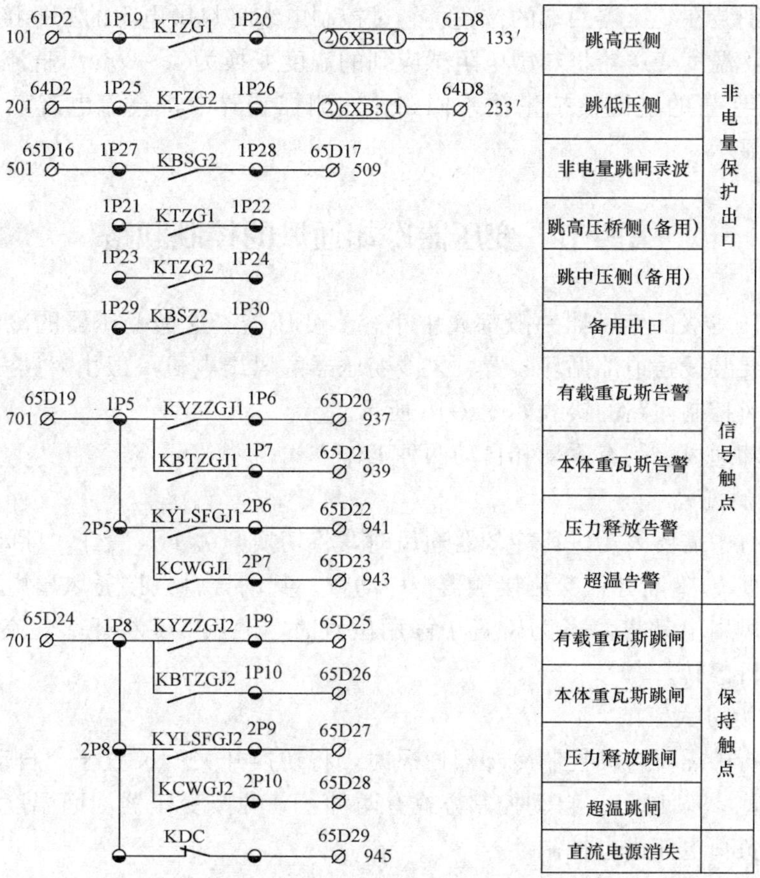

图 7-13　NSR699RF 型变压器非电量保护出口及信号开出回路接线图

态。要求变压器在本体上装有温度计，方便在巡视中观测油温。对于综合自动化变电站，要求配备油温在线监测设备，以便于在远方监视变压器的油温。图 7-14 是变压器测温回路的接线图，图中 Pt100 电阻是装设在变压器本体内的热敏电阻，一般一台变压器装两只

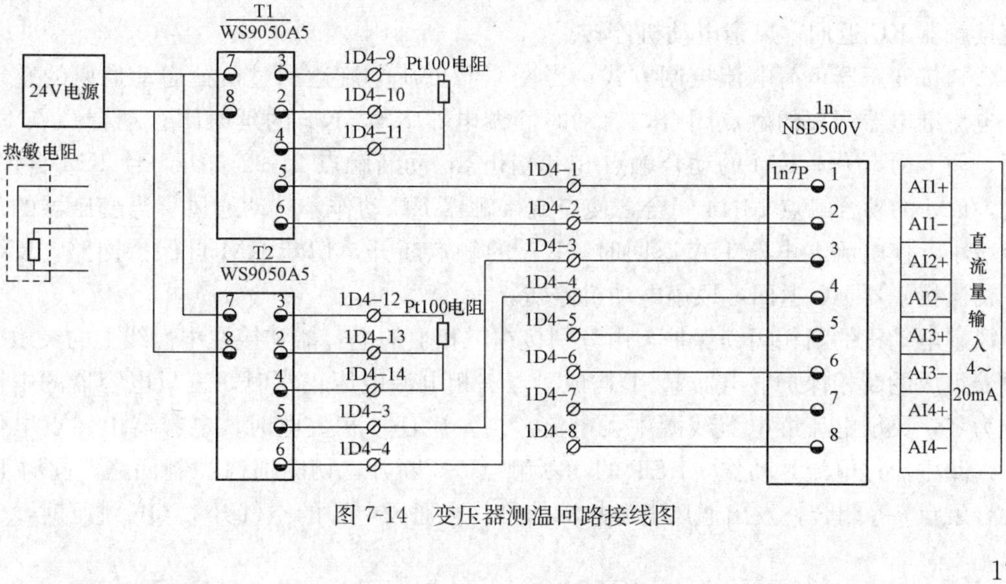

图 7-14　变压器测温回路接线图

热敏电阻，分别装在变压器两端的位置。经过控制电缆将热敏电阻的三端接到 WS9050A5 温度变送器中，温度变送器将热敏电阻感应到的温度变换为 4～20mA 直流量输出，送到 NSD500V 测控装置的直流模拟量输入回路，在测控装置中将直流电流变换为对应的温度，在后台中显示。

第四节　变压器冷却通风的控制回路

110kV 电压等级的变压器一般都属中小容量变压器。这类变压器的冷却有自冷或风冷方式，不需要装设强迫油循环装置。风冷变压器的风扇电机一般由一路三相电源供电。变压器冷却通风控制回路的接线如图 7-15 所示。

变压器冷却通风控制有手动和自动两种工作方式。

1. 手动控制方式

变压器运行中需要人为进行冷却器通风时，将切换开关 HK 置于“手动投入”位置，其触点 3-4 接通，1-2 断开，交流接触器 KC 动作，其动合触点接通风扇电动机的三相电源，启动各台风扇电动机。当 HK 置于停用位置时，触点 3-4 断开，交流接触器 KC 返回，风扇电动机停转。

2. 自动控制方式

变压器运行中需要自动控制冷却器通风时，将切换开关 HK 置于“自动投入”位置，其触点 1-2 接通，3-4 断开。自动控制方式有两种，一种按变压器油面温度进行控制，另一种按变压器负荷电流进行控制。

（1）按变压器油温控制方式。一般要求当变压器油面温度达到 55℃时，启动通风，温度降到 45℃时，停止通风。从图 7-15 中可以看出，电路中设置了两个温度继电器的触点，当油温升至 55℃以上时，两个温度继电器触点均接通，中间继电器 KM 动作并自保持。KM 动合触点 13-14 闭合，使交流接触器 KC 动作，其动合触点接通风扇电动机的三相电源，启动各台风扇电动机。当油温降至 55℃以下，45℃以上时，由于 KM 处于自保持状态，风扇电动机继续运转。当油温降到 45℃时，切断 KM 自保持回路，KM 返回，交流接触器 KC 返回，风扇电动机停转。

（2）按变压器负荷电流控制方式。当变压器负荷电流达到过负荷启动通风的整定值时，电流继电器 KA 的触点闭合，启动时间继电器 KT，KT 的延时闭合动合触点 15-18 接通，使 KM 动作，KM 的动合触点 33-34 闭合，动断触点 21-22 打开，使 KM 自保持。同时，KM 的动合触点 13-14 闭合，使交流接触器 KC 动作，启动通风。当变压器的负荷电流减小，使电流继电器 KA 返回时，KA 的触点断开，切断 KM 自保持回路，KM 返回，交流接触器 KC 返回，风扇电动机停转。

风扇电动机的断相闭锁保护，由分别接在三相上的电容器和接在中性线上的灵敏电流继电器组成的断相保护继电器 KST 构成。当三相电源电压正常时，三只电容器的中性点电位为零，灵敏电流继电器线圈中无电流。当发生任一相失电时，电容器中性点电位偏移，线圈中流过电流并动作，KST 的动断触点 5-6 断开，切断通风控制回路。同时 KST 的动合触点 7-8 闭合，发出通风电源故障信号。当通风电源的空气开关 QF 跳闸时，其动

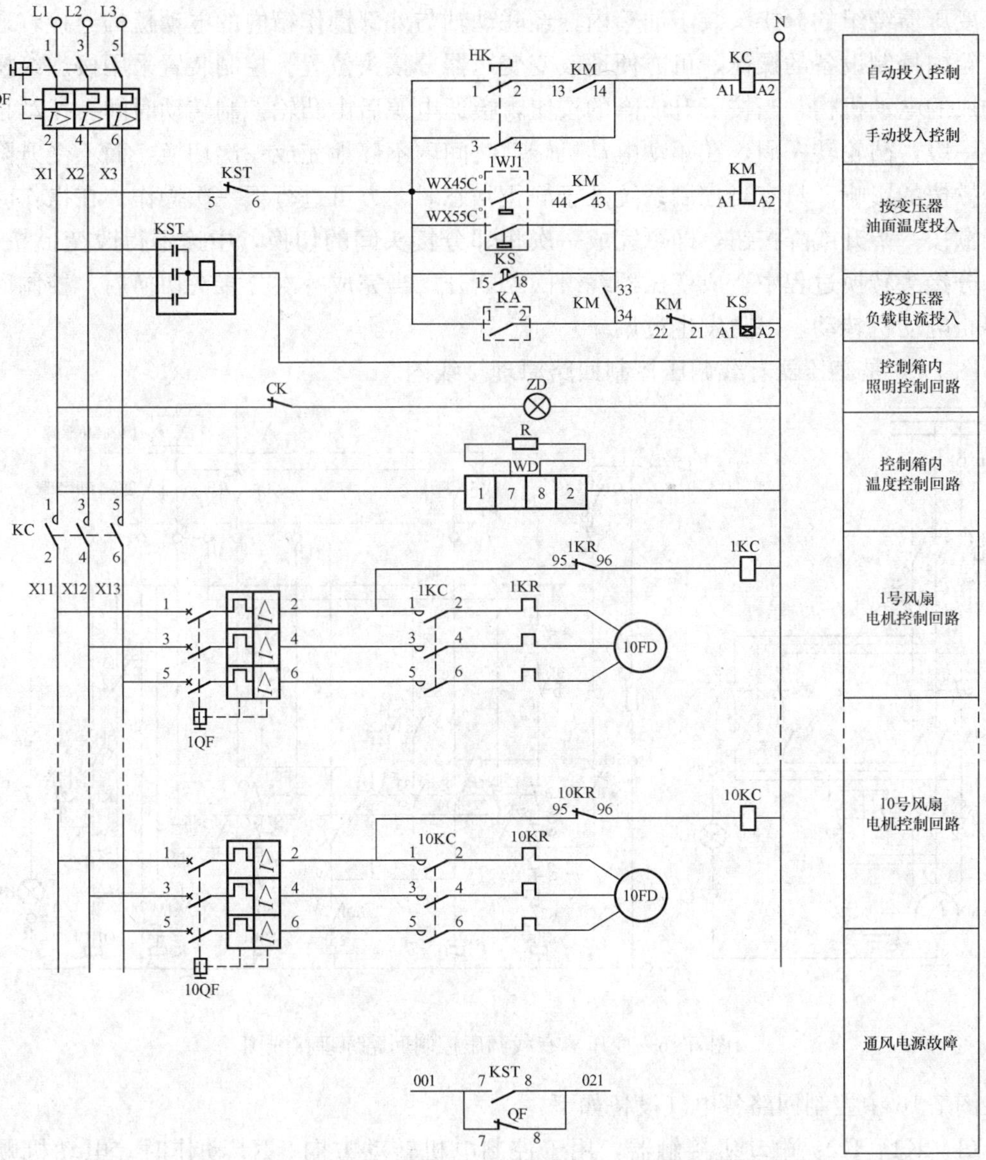

HK开关动作表

手柄位置 / 触头号	自动	停止	手动
	＼	｜	／
1–2	×		
3–4			×

图 7-15　变压器冷却通风控制回路接线图

断触点 7-8 闭合，也发出通风电源故障信号。

第五节　变压器的有载调压控制回路

变压器的有载调压是指变压器在带负荷的情况下，进行变压器主绕组分接头位置的切换。变压器绕组的分接头装于油箱内，经联动轴与外部操作箱内的电动机构连接，通过对操作箱内控制设备的操作，可方便地改变变压器分接头位置。控制装置采用按逐级操作原理构成的电动机构，当按下升或降的按钮，接通电源后由凸轮控制转动时间。按动按钮每变换一级，凸轮转一周，在驱动电动机转动时间内不停地完成一次切换，而不受升降按钮是否揿按的影响。只有当控制系统处于静止状态时，方可进行下一次操作。在操作时只需瞬间揿按一下升或降按钮，即可完成一次相邻分接头间的切换，中途不得改变揿按指令，以防分接头转换过程中造成变压器绕组回路断开。当完成一次分接头切换后，控制回路自动停止电动机转动，以防发生过调。

图 7-16 是变压器有载调压控制回路原理接线图。

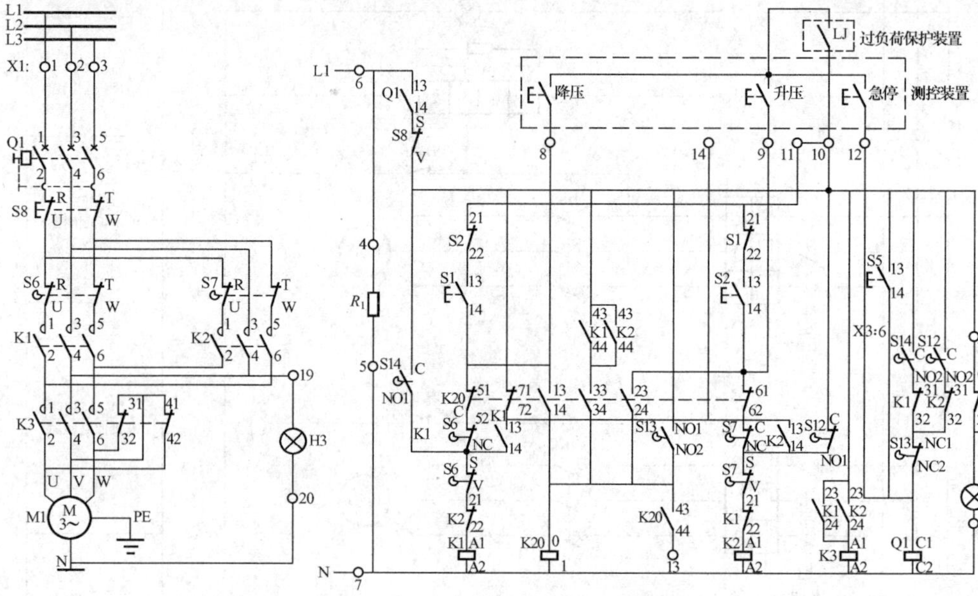

图 7-16　变压器有载调压控制回路原理接线图

图 7-16 中控制回路各电气设备如下：

（1）K1、K2：电动机接触器，用于控制电机转动方向。K1 动作时，电动机顺时针转，传动变压器分接头“降压”（向位置 N 方向）；K2 动作时，电动机逆时针转，传动变压器分接头“升压”（向位置 1 方向）。

（2）K3：制动接触器。K3 返回时，使电动机断开电源，并将电动机绕组三相短接。

（3）K20：逐级操作辅助接触器。

（4）Q1：电动机保护开关，具有过热保护和磁力脱扣功能，可以实现远方操作脱扣功能。

（5）R_1：加热器。

（6）H1：电动机保护开关 Q1 的脱扣信号灯。

（7）H3：分接头切换在进行中的信号灯。

（8）S1、S2：变压器分接头“降压”、“升压”操作按钮。

（9）S5：电动机保护开关 Q1 的跳闸按钮，即变压器调压的“急停”按钮。

（10）S6、S7：变压器分接头位置N、位置1的终端限位开关。

（11）S8：手柄操作的保护开关。

（12）S12、S14：控制方向的凸轮开关。S12为“升压”时动作；S13为“降压”时动作。

（13）S13：逐级操作凸轮开关。

一、变压器有载调压控制回路的组成

（1）电机回路。电机端子U、V、W经电机接触器K1/K2、限位开关S6/S7、安全开关S8和电机保护开关Q1接至交流电源L1、L2、L3的端子1、2、3上。

（2）加热器回路。加热器回路经端子4、5接至交流电源L1、N。加热电阻R1长期接在电源上。

（3）控制回路。控制回路经端子6、7接至L1、N，中间接入电机保护开关Q1和安全开关S8，当Q1或S8动作，控制电压即中断。Q1的跳闸与控制回路相关。Q1带有分励跳闸线圈，可以由电动机构上的按钮S5或经测控装置的遥控进行操作跳闸，也可以由其保护回路跳闸。保护回路是由凸轮开关S12、S13、S14的开关元件和电机接触器K1、K2的辅助触点等组成。电机保护开关Q1的跳闸是自动的，断续的。

（4）电机保护开关跳闸的信号回路。Q1的动断触点21-22经端子16、17、18引出，可以将信号灯H1接在电源L1、N上就地显示，也可以经端子16、18送往测控装置远方显示。

（5）分接头变换操作中的信号。电机M1的相电压经端子19、20接信号灯H3显示。

（6）远方位置指示回路。由和分接开关对应的位置传送器构成（图中未显示）。从一个位置触点到另一个触点是以先后合方式动作的。滑动触点和触点盘的触点都接到端子排上，送至位置显示器。

二、变压器有载调压控制的操作过程

下面结合图7-17所示的变压器有载调压控制回路动作顺序，分析其动作过程。

电机驱动的操作采用的是逐级原理，当按下调压操作的按钮后，即自动地、不可撤销地完成一次分接头的切换过程，而不管电机驱动期间是否再按下其他升、降按钮。只有当控制系统重新处于静止位置时，才能进行另一次分接头位置变换操作。控制运行周期的凸轮开关，其静止位置由分接变换指示轮绿色区域中央的红色标志线指示。

在操作前，电机保护开关Q1，安全开关S8，限位开关S6、S7必须处于闭合位置。

1.“降压”操作（向位置N变换的控制）

按下按钮S1或发出“降压”遥控命令，其动合触点13-14闭合，使K1线圈励磁动作，其动断触点21-22断开，闭锁对K2的操作。

K1动作后，电机回路的1-2、3-4、5-6触点闭合。K1的13-14、43-44触点也闭合，为K20接入作准备。K1的23-24触点闭合，启动制动接触器K3，K3在电机回路的触点61-62、71-72、81-82、91-92断开，K3的13-14、23-24、33-34触点闭合，为电机引入了三相电源，电机M1启动（顺时针旋转）。K1的31-32触点断开了Q1线圈回路。

电机启动，方向记忆凸轮开关S14被驱动后，闭合了触点NO1-C。

凸轮开关S13被驱动，闭合触点NO1-NO2，断开触点NC1-NC2。

辅助触发器K20励磁动作后，断开触点51-52、61-62、71-72，闭合触点13-14、

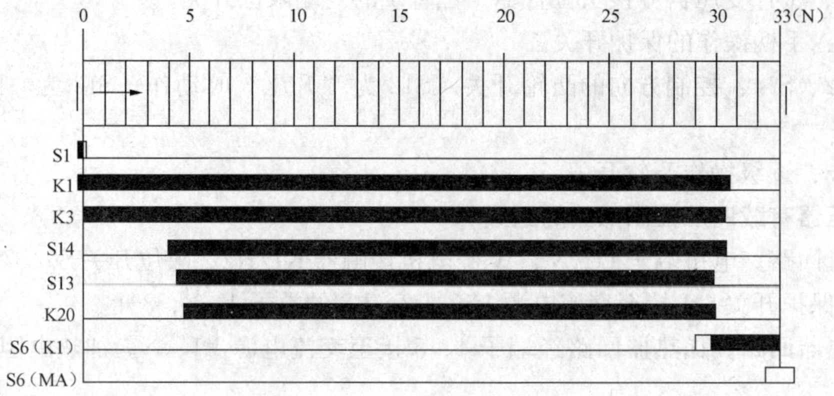

(a)

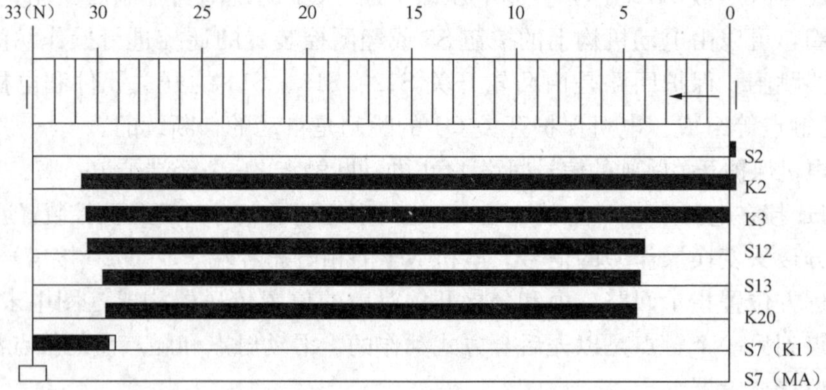

(b)

图 7-17　变压器有载调压控制回路动作顺序示意图

(a) 分接头降压操作（由 1 到 N）；(b) 分接头升压操作（由 N 到 1）

23-24、33-34、43-44。其中 33-34 闭合使 K20 自保持；71-72 断开使 K1 只能通过凸轮开关 S14 保持通电。

电机转动停止之前，其机械位置使凸轮开关 S13 断开触点 NO1-NO2，闭合触点 NC1-NC2；使方向记忆凸轮开关 S14 打开触点 NO1-C，动作结束。

电机接触器 K1 释放，断开电机回路中的 1-2、3-4、5-6 和控制回路中的 13-14、43-44，闭合 31-32、21-22。

K1 的触点 23-24 断开，K3 失磁脱扣，K3 的触点 13-14、23-24、33-34 断开，切断了三相电源，K3 的触点 61-62、71-72、81-82、91-92 闭合，将电机的绕组短接。

K1 的 43-44 断开后，使辅助接触器 K20 断电，随后其 51-52、61-62、71-72 触点闭合；13-14、23-24、33-34、43-44 触点断开。

然而，只有按钮 S1（或 S2）没按下，K20 才会断电释放。如果按下 S1（或 S2），K20 即经过其 13-14（或 23-24）吸合，这样可以防止通过动合触点 51-52（或 61-62）使 K1（或 K2）再次励磁动作。

在切换过程的最后，当电动机构将要达到或超过终点位置前的瞬间，限位开关 S6 或

S7 立即断开触点 NC-C，使电机接触器 K1 或 K2 断电。当已经到达或超越终点位置时，S6 或 S7 立即断开 R-U、T-W 触点，切断电机回路，触点 S-V 断开，将电机接触器 K1 或 K2 的接入回路打开。

2. “升压”操作（向位置 1 变换的控制）

按下按钮 S2 或发出“升压”遥控命令，电机接触器 K2、K3 通电，电机 M1 逆时针旋转，方向记忆凸轮 S12 被驱动。之后的动作过程与“降压”操作过程相同。

3. “急停”操作

按下电动机构紧急脱扣按钮 S5 或发出“急停”遥控命令，电机保护开关 Q1 立即跳闸，切断电机电源和控制电源。

4. 手摇把的操作

将手摇把插在轴上，在手摇把啮合之前，安全开关 S8 动作，切断电机电源。手动摇把的操作结束之后，手摇把从轴上摘下，安全开关 S8 重新闭合。

三、综合自动化系统对变压器有载调压的控制和分接头位置的显示

综合自动化系统对变压器有载调压的控制一般通过测控装置来进行。所要操作的命令，如前面叙述的有“降压”、“升压”、“急停”。每一个操作命令在测控装置中由一个遥控开出量来实现。为了实现当变压器过负荷时对调压的闭锁，用了变压器过负荷保护的开出触点来控制“降压”、“升压”、“急停”操作的公用电源，如图 7-16 所示。

变压器有载调压的分接头位置显示，可以将变压器所有分接头位置的输出触点全部送到测控装置的开关量信号开入回路中去，一对一地进行显示。但是，这样将占去大量的信号开入点，因此一般不采用。现在常采用的方法是将表示变压器分接头位置的十进制数，转换为“8、4、2、1”码再送入测控装置中。

也有的厂家生产了变压器分接头挡位变送显示装置。图 7-18 为 TSW—11A 型数字式挡位变送器原理接线图。

从图 7-18 可以看出，变压器分接头的位置触点（图中所示的是 19 个挡位），全部送入挡位变送器，接到装置的 X1-1～X1-19 端子上。经过数码变换，由挡位变送器的端子 X2-17～X2-21 输出，接到测控装置的端子 32-8D1～32-8D5 上。同时，经过挡位变送器的显示屏，可以就地显示变压器分接头的位置。

为了便于在变压器保护屏处进行调压，在挡位变送器上增设了操作按钮“手动升压”、“手动降压”、“手动急停”。它们的执行回路与测控装置的遥控开出回路并联，共同接到变压器有载调压的电动机构处。

近几年在电力系统中采用较多的变压器有载调压操动机构是 SHM 型电动操作机构，比较新的是 SHM—Ⅲ型，它采用了微电子元件及先进的计算机与信息技术替代传统的有触点、靠机械动作来完成电器功能的电器元件。前面介绍的变压器有载调压分接开关电动操动机构，均为有触点的电器元件（如接触器、继电器、凸轮开关、行程开关等）和机械部件（如凸轮连杆、杠杆、弹簧）等组成的一个复杂的传动控制系统，它直接影响机构本身的机械寿命和运行质量。新型的 SHM—Ⅲ型电动操动机构的构成器件及原理则不同，其电气信号的通断不再需要机械动作来实现，真正做到了机械和电气分离，调压机构的机械寿命和运行质量都得到了大幅提高。

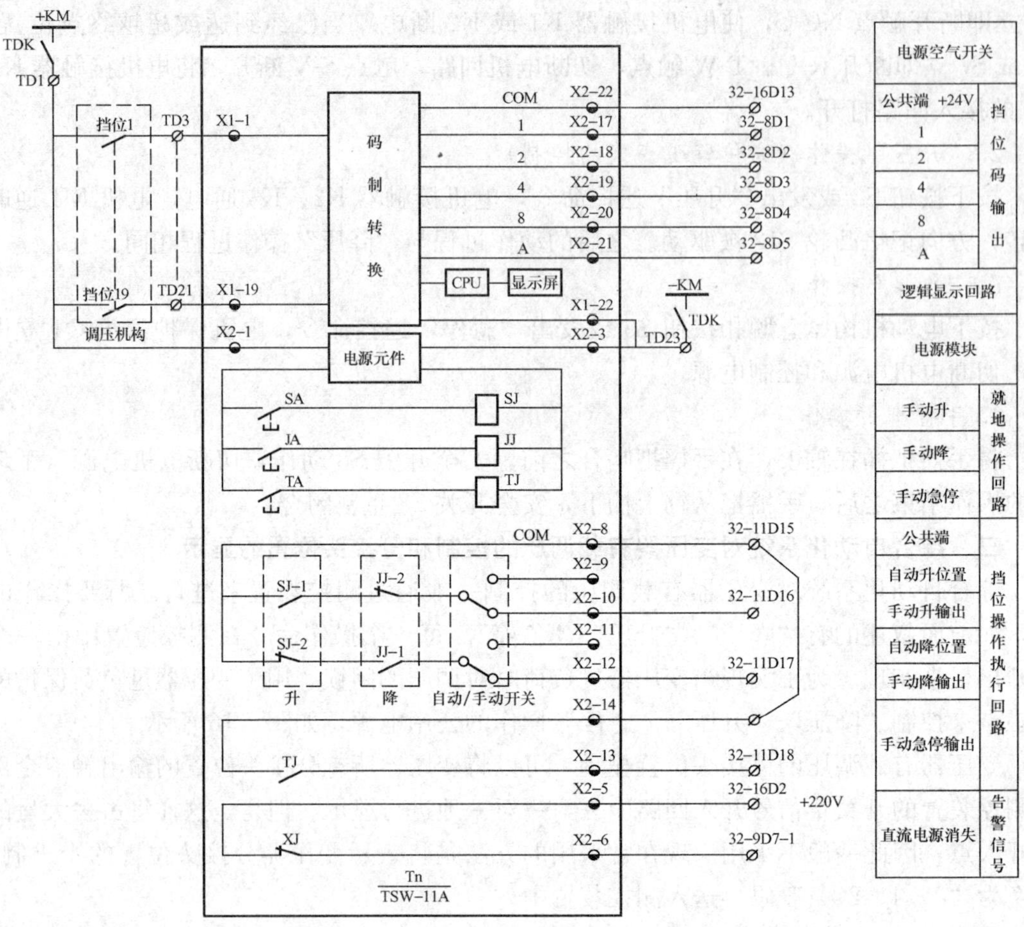

图 7-18　TSW—11A 型数字式挡位变送器原理接线图

图 7-19 是 SHM—Ⅲ型调压机构与 HMK8 型控制器连接示意图。SHM—Ⅲ型调压机

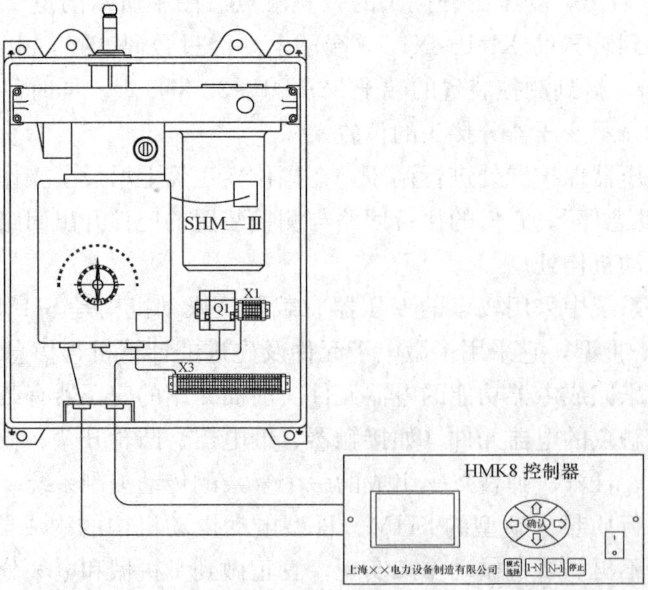

图 7-19　SHM—Ⅲ型调压机构与 HMK8 型控制器连接示意图

构必须与装设在控制室变压器控制屏上的 HMK8 型控制器配合使用，它们之间由厂家配置提供的两根专用控制电缆，两端用航空插头连接。

图 7-20 是 HMK8 型控制器电气原理及端子图，图中 CX1 与 CX2 是经航空插头及专用电缆与 SHM—Ⅲ型电动操动机构之间的连线。其中 CX2 连接的是三相交流电源，CX1 连接的是分接开关挡位显示及控制部分。HMK8 型控制器本身具有 X1 与 X2 两组端子排。这两组端子排是控制器的输入与输出部分。

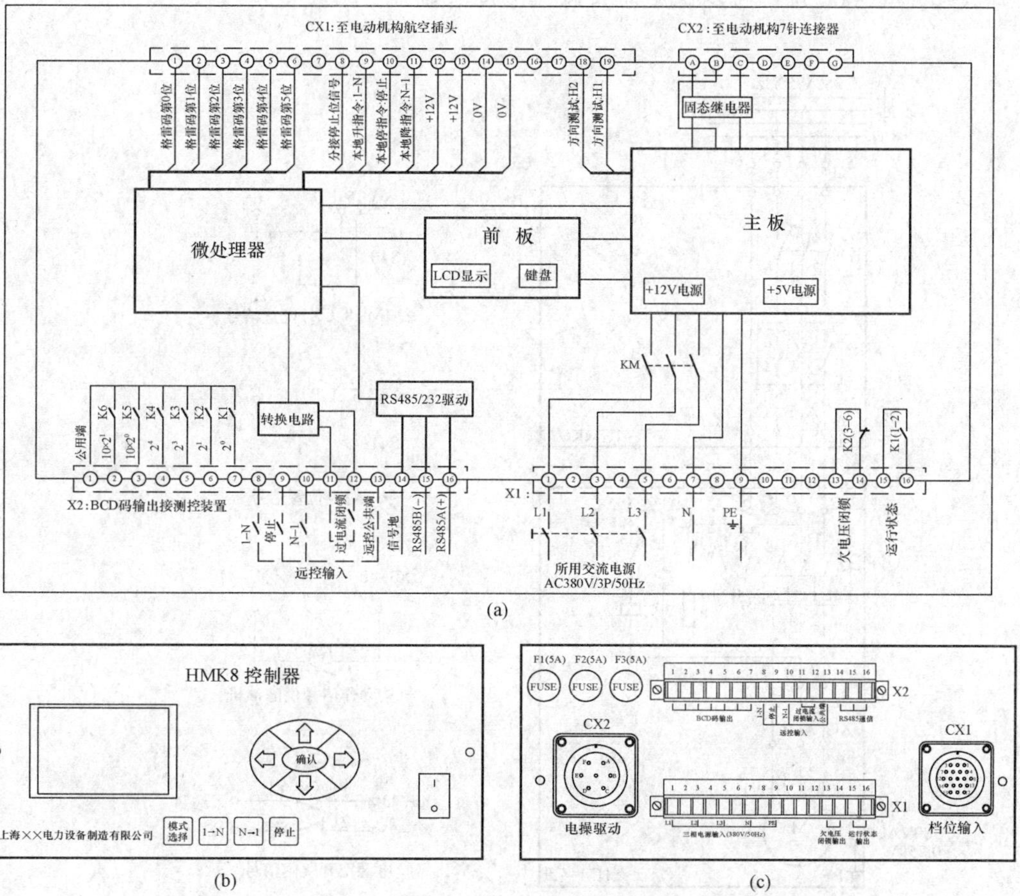

(a)
(b)
(c)

图 7-20　HMK8 型控制器电气原理及端子图

（a）电气原理图；（b）面板图；（c）背板端子图

X1 端子排中接有：①三相交流电源输入与所用交流电源屏连接；②信号输出与测控装置连接，当调压开关动作时由运行状态输出信号表明其在动作状态，当工作电压降低至 80％及以下时闭锁调压开关工作，同时发出欠电压闭锁信号。

X2 端子排中接有：①变压器调压开关挡位的 BCD 码输出，接到测控装置可以接收 BCD 码的信号开入端子；②变压器的调压遥控开入（升、降、停），接到测控装置的遥控开出；③变压器过负荷闭锁调压的开入；④与系统通信的 RS485 或 RS232 接口。

图 7-21 是 SHM—Ⅲ型电动调压电气原理图，从图中可以看到 SHM—Ⅲ型电动调压机构必须与 HMK8 型控制器配套使用，即由 HMK8 型智能控制器来实现对 SHM—Ⅲ型

电动调压机构的控制。调压开关的挡位输出有接至 CX1 的 BCD 码，还有接至 X3 的一一对应的输出，可供需要这样接线的测控回路使用。变压器有载调压开关在变压器内部有独立的油循环系统，由于调压开关在运行中动作次数较为频繁，油的碳化度较高，因此要求对油作在线处理，厂家为此配套了在线滤油机，以保证调压开关的油能符合运行的要求。电动机构内部反映动作信号的继电器 KA 输出触点，当调压开关动作后即启动滤油机工作一段时间。带过载保护的电动机电源微型断路器 Q1，它的动断触点和动合触点均引出到电动机构的 X3 端子排，可以根据需要接至测控装置。

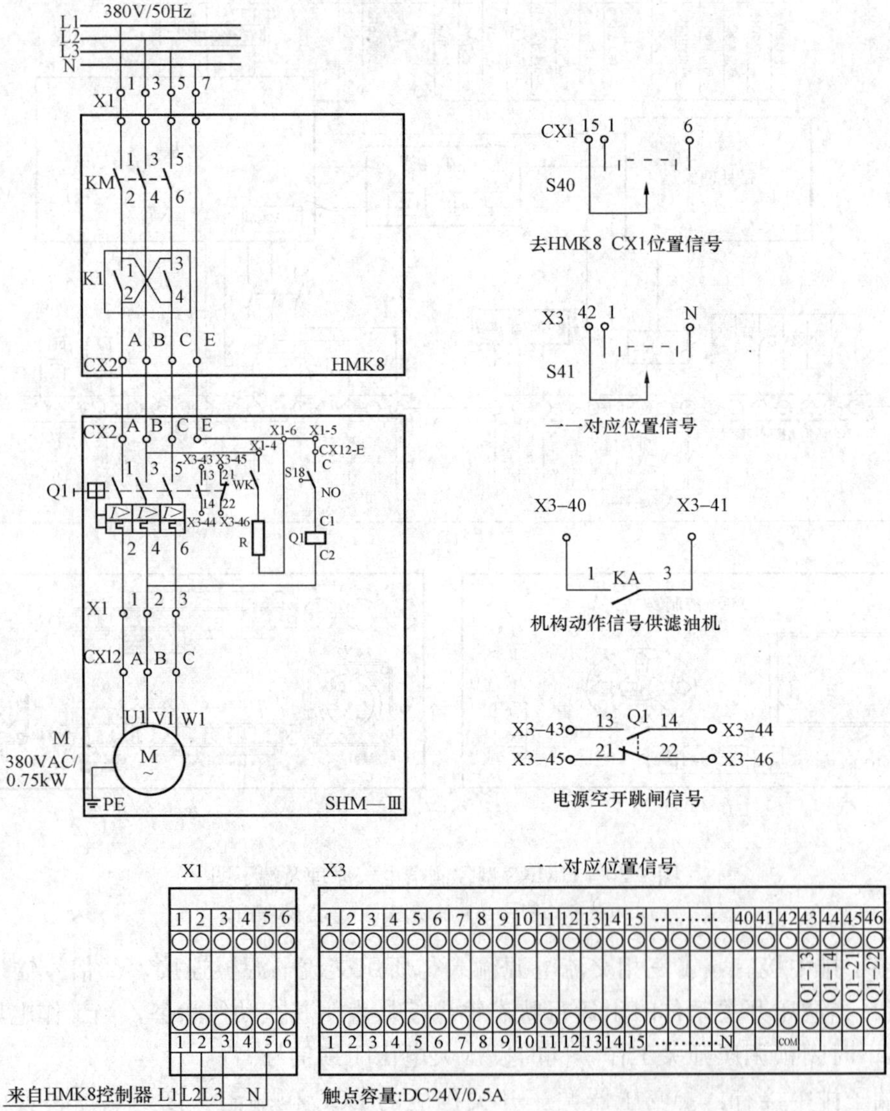

图 7-21　SHM—Ⅲ型电动调压电气原理示意图

Q1—电动机保护空气开关；S40、S41—挡位信号盘；KA—继电器（内部机构）；KM—中间继电器；K1—固态继电器（控制器内部）；S18—手动开关；WK—温度控制器；R—加热器（100W）；M—驱动电动机

第六节 主变压器的测控装置回路

主变压器的测控装置按照一个独立的间隔进行配置，包括变压器的高、中、低压三侧和变压器的本体部分。一般的测控装置都是模块化结构，根据变压器、断路器、隔离开关所需要进行遥控的和接入模拟量、开关量的数量不同，灵活进行组合。

主变压器测控装置接入的模拟量有高、中、低压三侧的三相电流和三相电压。通过软件程序可以计算出三相电流有效值、三相电压有效值、$3U_0$、$3I_0$、有功功率、无功功率、频率、谐波等。模拟量接入的还有变压器测温回路。

主变压器测控装置进行遥控的对象有三侧的断路器和隔离开关，变压器中性点接地开关，变压器有载调压的“升压”、“降压”、“急停”的操作，非电量保护装置的信号复归，各侧断路器操作箱的信号复归等。

主变压器测控装置接入的信号开入量包括：

（1）高压侧信号开入量。主要包括断路器位置、隔离开关位置、接地开关位置、控制回路断线、压力降低闭锁合闸、压力降低闭锁跳闸、压力降低闭锁操作、断路器机构处电源故障、断路器机构处远方就地操作切换、电压切换所在母线位置等。

（2）中压侧信号开入量。主要包括断路器位置、隔离开关位置、接地开关位置、控制回路断线、断路器机构处电源故障、电压切换所在母线位置等。

（3）低压侧信号开入量。主要包括断路器位置、隔离开关位置等。

（4）变压器本体处信号开入量。主要包括中性点接地开关位置、变压器通风电源故障、变压器分接头位置（BCD码输入）、有载调压开关动作、有载调压欠电压闭锁、有载调压开关电源消失等。

（5）保护屏处信号开入量。主要包括各保护装置的电源消失信号、保护屏处各断路器的远方就地操作切换、直接接入测控的非电量保护信号、接入非电量保护装置的各种保护动作信号等。

主变压器测控装置的接线与一般断路器的测控装置基本相同，只是接入的数量多些。可以参考第五章第三节的插图，这里不再逐一画出。有的厂家在保护装置中设置了信号开入部分，亦可将信号接入这里，如果能满足控制、信号、测量的综合要求，也可以不再另外配置测控装置。

第八章

电压无功自动调节装置的二次回路

变电站主要的调压手段是调整有载调压变压器的分接头位置和控制无功补偿电容器。有载调压变压器可以在带负荷的情况下切换分接头位置，从而改变变压器的变比，起到调整电压和降低损耗的作用。控制无功补偿电容器的投切，可改变网络中无功功率的分布，改善功率因数，减少网损和电压损耗，改善用户的电压质量。这两种调压和控制的措施都有调整电压和改变无功分布的作用，但它们的作用原理和后果有所不同。利用改变有载调压变压器的分接头位置进行调压时，调压措施本身不产生无功功率，但系统消耗的无功功率与电压水平有关，因此在系统无功功率不足的情况下，不能用改变变比的办法来提高系统的电压水平。否则电压水平调得越高，该地区的无功功率越不足，反而导致恶性循环。所以在系统缺乏无功功率的情况下，必须用补偿电容器进行调压。投补偿电容器既能补充系统的无功功率，又可以改变网络中的无功功率分布，从而有利于系统电压水平的提高。因此，必须把调分接头与控制电容器的投切两者结合起来，进行合理调控，才能起到既改善电压水平，又降低网损的效果。

目前，国内生产厂家研制出不同的微机型电压无功综合控制装置。它们的基本原理和二次回路接线大致相同。现以 TD—VQC110/3 型电压无功综合控制装置为例，简要叙述其基本原理和二次回路接线。

TD—VQC110/3 型电压无功综合控制装置的标准设计为控制 2 台主变压器和 8 组电容器（或电感器）。装置通过对高、中、低三侧电压，高压侧电流、功率因数、无功功率等模拟量的采集，通过对变压器分接头位置，各组电容器（或电感器）投入、撤除位置等开关量的采集，综合计算分析，判断电压、无功在九区图（见图 8-1）中的位置。再按照表 8-1 所列的调整程序，分别对电容器（或电感器）的投、切和变压器的分接头位置进行调整，使变电站的电压、无功合格范围达到最佳区域，如图 8-1 中的第 9 区的位置。

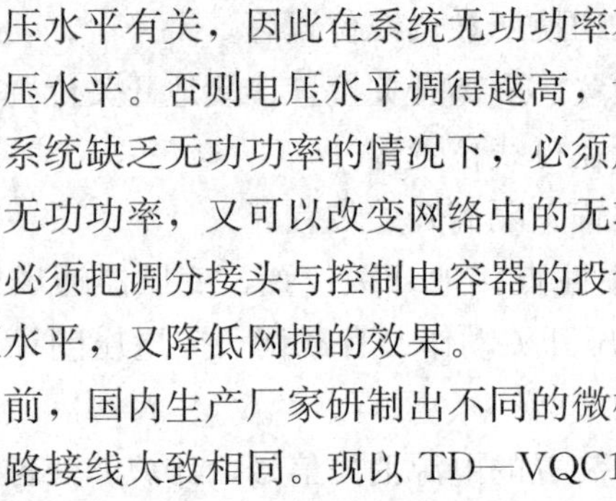

图 8-1　电压无功九区图

电压无功综合控制装置综合控制的首要目标是保持电压合格。为保证电压合格，优先的手段是投切电容器（或电感器）调节无功功率，在投切电容器（电感器）后，如果达不到控制目标，再调整主变压器分接头位置。

表 8-1 电压无功九区图各区主变压器状态及装置动作程序

区号	主变压器状态	装置动作程序	区号	主变压器状态	装置动作程序
1	电压超上限 功率因数超上限	①切电容器；②降主变压器挡位	6	电压超下限 功率因数正常	①升主变压器挡位；②投电容器
2	电压超上限 功率因数正常	①降主变压器挡位；②切电容器	7	电压超下限 功率因数超上限	①升主变压器挡位；②投电容器
3	电压超上限 功率因数超下限	①降主变压器挡位；②切电容器	8	电压正常 功率因数超上限	切电容器
4	电压正常 功率因数超下限	投电容器	8S	电压在S小区 功率因数超上限	不动作
4S	电压在S小区 功率因数超下限	不动作	9	电压正常 功率因数正常	不动作
5	电压超下限 功率因数超下限	①投电容器；②升主变压器挡位			

注 当动作①不能实现时，采用动作②。当没有可调节对象而电压不合格时，报电压越限信号。

电压无功综合控制装置可选择不同的母线电压为控制目标。如对 110kV 变电站，可选择低压侧 10kV 母线为控制目标，按 10kV 母线电压的变化，根据电压无功调节表的调节动作程序进行调整，使电压保持在合格的范围内。

电压无功综合控制装置的二次回路主要包括模拟量的开入回路、变压器分接头调节的出口回路、电容器（或电感器）投切的出口回路、位置信号及告警信号的开出回路等。

模拟量的开入回路有主变压器高、中、低三侧电压的开入回路，高压侧电流的开入回路。图 8-2 是主变压器高压侧交流电流输入回路原理图。因为变压器三相负荷一般是对称的，所以图中只输入了两台变压器的单相交流电流。

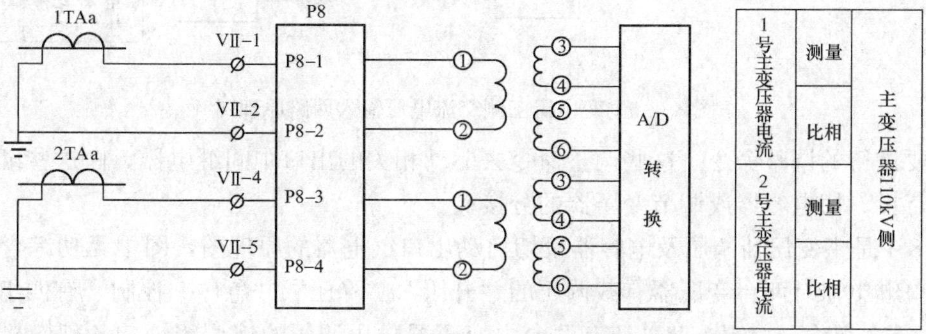

图 8-2 主变压器高压侧交流电流输入回路原理图

图 8-3 是主变压器三侧交流电压输入回路原理图。因为变压器三相电压是对称的，所以图中只输入了两台变压器三侧的 AC 相间交流电压。

这些送入装置的交流电流、交流电压经过转换变为数字量，在 CPU 中计算这些数字量，可以得到所需要的电压、功率因数、无功功率等参数。然后对它们进行综合判断，发

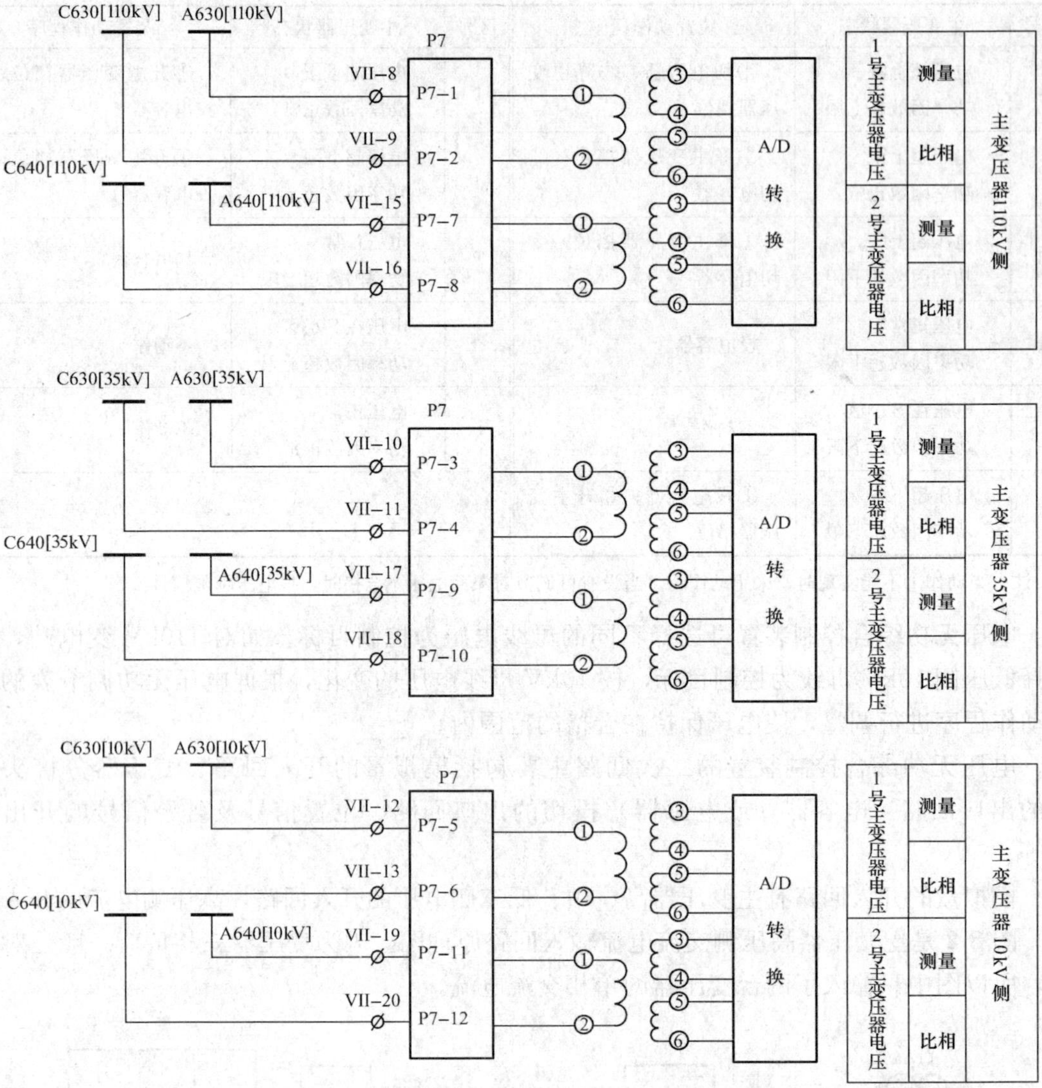

图 8-3　主变压器三侧交流电压输入回路原理图

出所需要进行的调整命令。这些调整命令去驱动相关的出口中间继电器，由这些继电器的触点执行投、切电容器或调节变压器的分接头。

图 8-4 是主变压器调压及电容器投切启动出口继电器的原理图，图中无功综合控制装置的出口继电器有两台变压器有载调压的“升压”、“降压”、“急停”控制，有四组电容器的“投入”“切除”控制，此外还有两台主变压器防止调压的连调闭锁、各种微机的闭锁和故障告警。

主变压器防止调压的连调闭锁，是防止变压器有载调压开关发生滑挡连调，装置采用了防滑挡技术，保证每发一次调压指令，变压器分接开关只改变一个挡位。

各种微机闭锁和故障告警包括：

(1) 欠电压闭锁。当非控母线电压低于额定值的 85%时，闭锁全部控制操作，并发

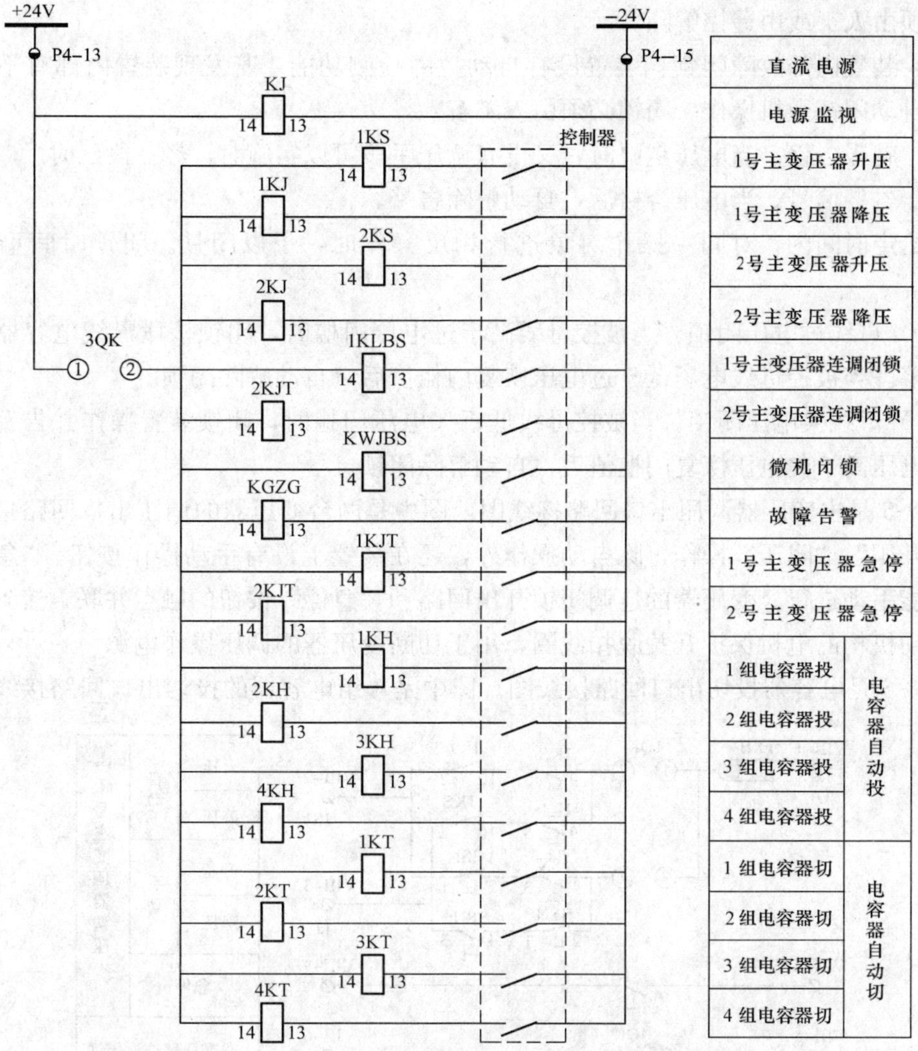

图 8-4　主变压器调压及电容器投切启动出口继电器原理图

出告警信号。当电压高于欠电压闭锁恢复值时，自动解除闭锁。

（2）过电压闭锁。当非控母线电压高于额定值的 120%时，闭锁全部控制操作，并发出告警信号。当电压低于过电压闭锁恢复值时，自动解除闭锁。

（3）大电流闭锁。当负荷电流大于整定值时，装置闭锁调压动作。当电流小于大电流闭锁值时，自动解除闭锁。

（4）小电流闭锁。当负荷电流小于整定值时，如图 8-1 中的 4、8 区，电容器投、切动作闭锁。当电流大于小电流闭锁值时，自动解除闭锁。

（5）保护动作闭锁。当变压器、电容器（电感器）的继电保护动作时，闭锁对该变压器、电容器（电感器）的操作。闭锁必须由人工或由遥控解除。

（6）变压器、电容器（电感器）拒动的闭锁。当电容器拒投、拒切或变压器调压分接开关拒动时，闭锁对该电容器或变压器的操作并告警。闭锁必须由人工或由遥控解除。

（7）变电站运行异动合锁。当输入的开关量及模拟量有逻辑错误时，装置自动闭锁。闭锁必须由人工或由遥控解除。

（8）装置内部故障闭锁。装置设有自动故障检测功能，若发现装置内部有不正常情况，则自动闭锁微机操作。闭锁必须由人工解除。

（9）越限告警。当电压越限时，又没有调压手段可以实施时，经一段延时后，告警继电器输出告警信号。当电压合格后，自动解除告警。

在给定时间内，对同一操作对象进行相反操作时，予以闭锁。闭锁时间可由人工设定。

（10）母线过电压闭锁。当被控母线高于过电压门槛时，闭锁该段母线电容器投入指令并告警。当被控母线电压低于过电压恢复门槛值后，自动解除闭锁。

（11）母线欠电压闭锁。当被控母线低于欠电压门槛时，闭锁装置操作并告警。当被控母线电压高于欠电压恢复门槛值后，自动解除闭锁。

图 8-5 是主变压器调压出口回路接线图，图中是两台变压器的调压出口回路接线。调压的“升压”、“降压”操作，除自动操作外，还在装置上设有手动操作按钮。“急停”的操作只能手动进行。变压器的连调闭锁开出回路和“急停”按钮的触点并联，接到变压器调压电动机构的电机保护开关脱扣线圈，用于切断变压器的调压操作电源。

图 8-6 是电容器投切出口回路接线图。图中是 4 组电容器的投切出口回路接线。分别

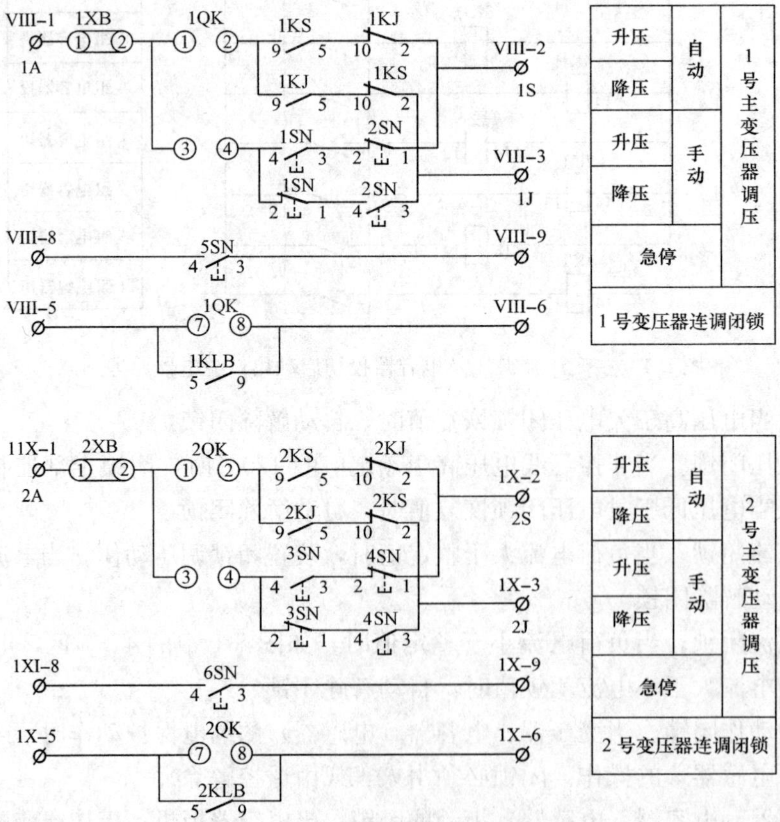

图 8-5　主变压器调压出口回路接线图

对 4 组电容器的断路器进行控制。每一组的“投入”、“切除”除自动进行控制外，还在装置上设有手动操作按钮，可以进行手动操作。

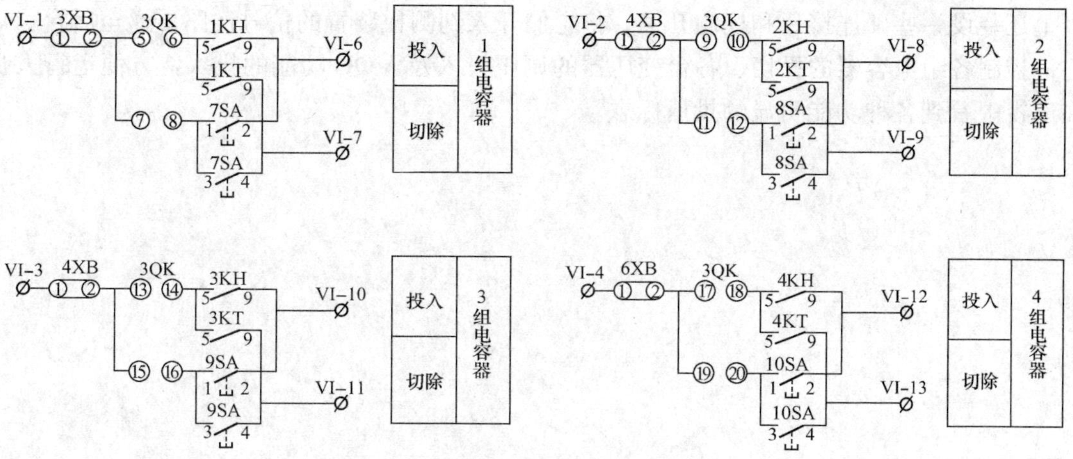

图 8-6　电容器投切出口回路接线图

装置还设有信号触点的开出回路，在不能实现通信联系的变电站，用于反映装置的动作或告警信号。图 8-7 反映的信号有电容器的投切、变压器的调压及装置的告警等。

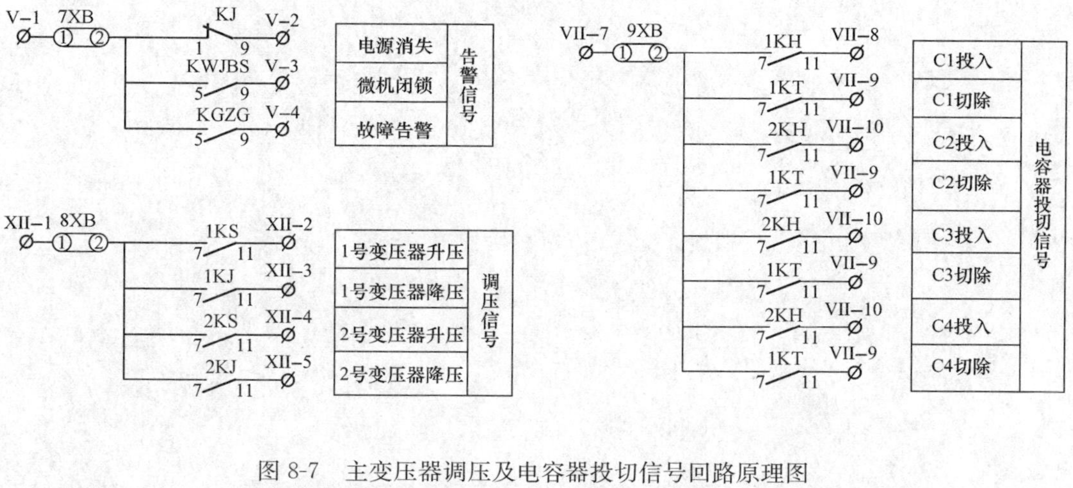

图 8-7　主变压器调压及电容器投切信号回路原理图

电压无功综合控制装置配置有通信接口，可以与变电站综合自动化系统进行通信，实时地将测量数据、统计记录数据、故障信息及参数定值等传至后台监控设备。装置外设变压器挡位转换器，将挡位转换为 BCD 码送至后台监控设备。还可以向后台监控设备提供变压器调压、急停，电容器投切等信号。

随着科技的发展，国内变电站已基本上实现综合自动化。在变电站综合自动化系统的数据库中，存储着变电站中所有需要采集的模拟量和开关量。这些在线数据已经包括了电压无功自动调节装置所需要的全部数据，所以在实现综合自动化的变电站不再需要装设上述的电压无功综合控制装置，对变电站电压无功综合自动调节的功能只要通过软件即可实现。近年来生产厂家一般提供给变电站的是一套电压无功综合自动调节的软件程序和一面VQC主站屏，屏上装有工控机、显示器及键盘鼠标等。它们与综合自动化后台系统通信，实现电压无功综合自动调节的全部功能，包括各种投切控制的软连接片。也有一些厂家在屏上还装设一些硬连接片和控制开关，将它们开入到测控装置的信号回路传递至后台，用它们控制各组电容器的投切、各台变压器的调压投入及VQC功能的投入，方便运行人员在巡视中看到各种功能明显的投退标志。

第九章

110kV 母线保护装置的二次回路

母线作为电网中的枢纽，通常接有较多的电气元件，一旦母线故障，将使这些元件停电，进而造成大面积的停电事故，并可能破坏电力系统的稳定运行，使事故进一步扩大。一般来说，母线故障可以利用母线上所接电气元件的后备保护来切除，但它的最大缺点是延时时间太长。对大多数重要母线，带时限切除故障是不能满足系统稳定要求的。为此，对比较重要的发电厂和变电站的母线必须装设专用母线保护。在电力系统中的单母线或双母线上，一般采用母线差动保护。它结构简单，可靠性高，在母线保护中得到了极为广泛的应用。

母线差动保护将所有母线上的电气元件都包括在差动回路中。为了构成完全的电流差动回路，需在所有电气元件［包括母联（或分段）断路器］上装设专用的电流互感器，而且这些电流互感器的变比应一致，特性应尽可能接近。

母线差动保护的基本原理是，母线在正常运行或其保护范围外部故障时，所有流入及流出母线电流之相量和为零，而在母线内部故障时，所有流入及流出母线电流之相量和不再为零。母线差动保护以电流为主要判据，为了防止电流回路断线引起差动保护误动，采用复合电压元件闭锁整套保护装置，以提高保护整体的可靠性。

母线结构形式有多种，常见的有单母线、单母线分段、双母线、双母线分段及 3/2 接线等。微机母线保护装置的构成具有普遍性，能满足各种不同的母线结构形式，保证对选择性的要求。国内生产的微机母线保护装置有多种形式的，但它们的基本原理是相同的，外回路的接线也基本相同。它们的保护配置除分相式母线差动保护外，还包括母联过电流保护、母联充电保护、母联死区保护、断路器失灵保护等。

微机母线保护装置适用于多母线保护，它的差动回路由几个各段母线的小差动和一个母线大差动构成。母线大差动是指除母联、分段断路器以外，各母线上所有支路电流构成的差动回路。某一段母线的小差动是指与该段母线相连接的各支路电流构成的差动回路，其中包括与该段母线相关联的母联和分段断路器。母线保护多采用复式比率差动保护，并采用复合电压闭锁差动保护。

对于固定连接式分段母线，如单母线分段、3/2 断路器等主接线，由于各电气元件固定连接在一段母线上，不可能在母线段之间切换，因此大差电流只作为启动条件之一，各段母线的小差比率差动元件既是区内故障判别元件，也是故障母线选择元件。

对于存在倒闸操作的双母线、双母线分段等主接线，差动保护使用大差比率差动元件作为区内故障判别元件，使用小差比率差动元件作为故障母线选择元件。即由大差比率差动元件是否动作判别区分母线的区内或区外故障。当大差比率差动元件动作时，由小差比率差动元件是否动作来判别故障发生在哪一段母线上。这样可以最大限度地减少由于隔离开关辅助触点位置不对应造成的母差保护误动作。

母线上的连接元件倒闸操作过程中，两条母线经隔离开关相连接时（母线互联），装置自动转入互联方式，即不进行故障母线的选择，一旦发生故障同时切除两段母线。当运行方式需要时，可以在倒闸操作之前投入“互联连接片”，强制保护进入互联方式，倒闸操作结束后退出“互联连接片”。

保证母线保护正确工作的重要条件之一，是母线上各元件的电流互感器极性必须保持一致。如图 9-1 所示，一般线路、变压器元件是以母线指向线路（变压器）为正方向；母联只在一侧装设电流互感器，把它看做Ⅱ母所接元件，即以Ⅱ母（或Ⅲ母）指向Ⅰ母为正方向；分段亦可看做Ⅱ母所接元件，即以Ⅱ母指向Ⅲ母为正方向。

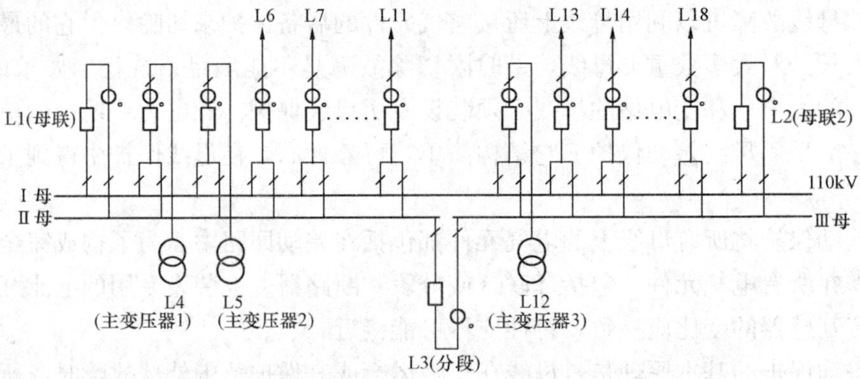

图 9-1　双母线单分段一次系统主接线示意图

断路器失灵保护由连接在母线上各支路的失灵启动元件的触点来启动失灵保护，最终跳开连接在该段母线上的所有支路断路器。断路器失灵保护与母线差动保护共用出口跳闸触点。

从图 9-1 中可见，主接线是双母线单分段的接线方式，其中母联、分段间隔接入的是 L1、L2、L3 单元。L1 是母联 1 单元，接于Ⅰ母和Ⅱ母之间；L2 是母联 2 单元，接于Ⅰ母和Ⅲ母之间；L3 是分段单元，接于Ⅱ母和Ⅲ母之间。主变压器间隔接入的是 L4、L5、L12 单元，其他单元接入的是线路间隔，共有 18 个接入单元。由于书中篇幅所限，相同的二次回路只画出了一部分。

下面以 BP—2C 型微机母线保护装置为例，介绍母线保护装置的二次回路。

BP—2C 型微机母线保护装置通过端子排与外回路连接，与不同回路连接的端子用字母分别表示如下：

（1）ZD：直流电源接入端子。

（2）JD：交流电源接入端子。

（3）UD：TV 交流电压输入端子。

（4）1QD：装置直流回路端子。

（5）1I1D～1I18D：18 组电气单元 TA 电流输入回路端子。

（6）1C1D－1C18D：18 组电气单元开入开出回路端子。

（7）1XD：至中央信号的输出回路端子。

（8）1YD：至远动信号的输出回路端子。

（9）1LD：至故障录波的输出回路端子。

（10）TD：通信接线的端子。

（11）BD：备用端子。

图9-2是母线保护装置的直流电源接线图。母线保护装置直流电源分为独立的两部分接入，一部分作为保护装置用的直流电源，一部分作为操作及开关量输入的直流电源，这样可以隔离外回路对保护装置的干扰。

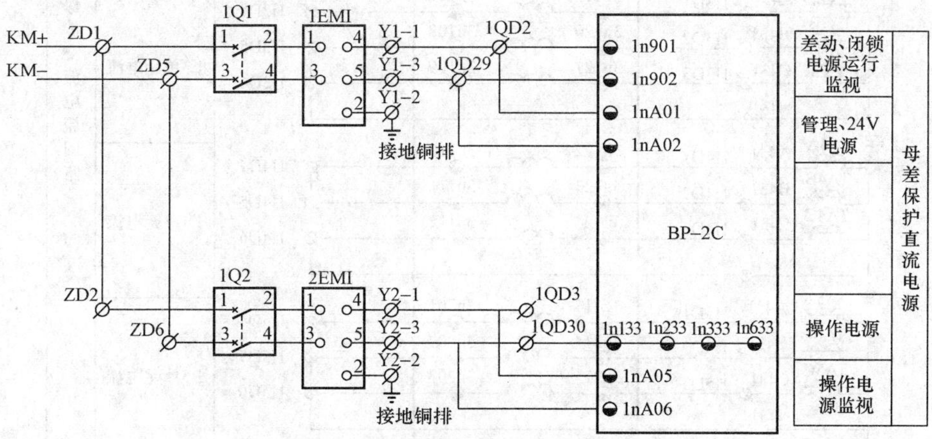

图9-2　母线保护装置直流电源接线图

图9-3是母线保护装置交流电压输入回路接线图。将110kV三组母线TV的交流电压接入了母线保护装置中，作为母线保护中复合电压闭锁元件所取的电压。

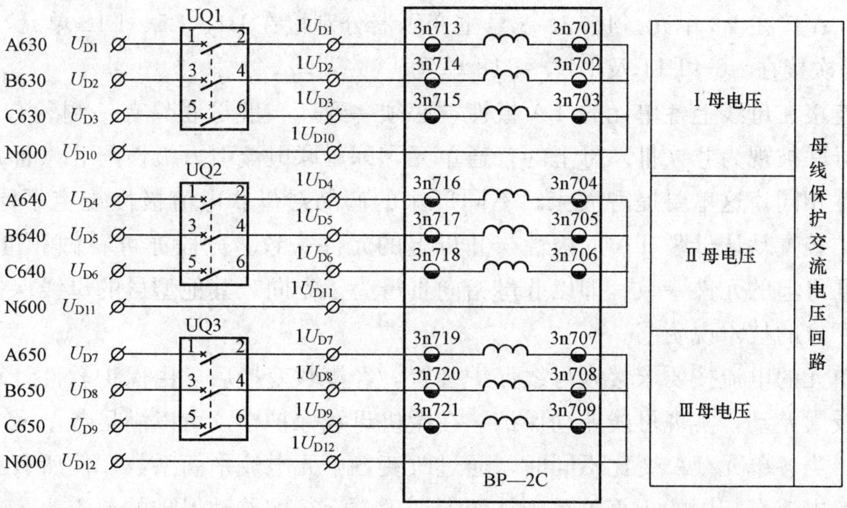

图9-3　母线保护装置交流电压输入回路接线图

图9-4是母线保护装置各电气单元TA交流电流输入回路接线图。这里仅画出了5组TA的交流电流输入回路，实际装置可以接入18组电气单元的TA交流电流输入回路，其回路接线相同。

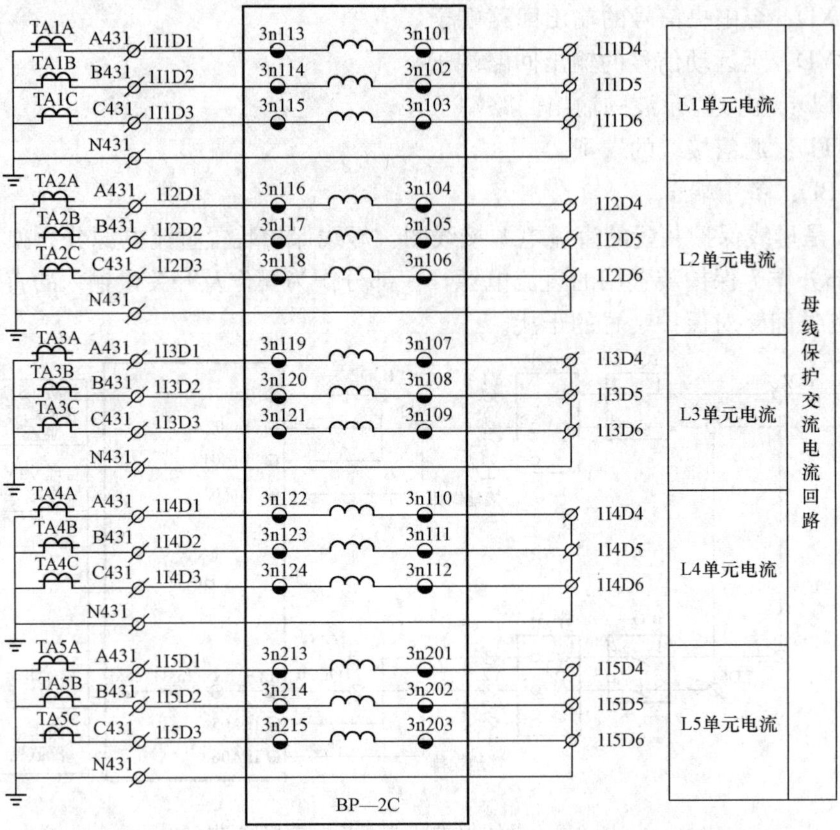

图 9-4　母线保护装置各电气单元 TA 交流电流输入回路接线图

按照厂家设计规定，将各对应单元的 TA 电流回路接入，母联 TA 接在 L1、L2 单元，分段 TA 接在 L3 单元。1、2、3 号主变压器分别接在 L4、L5、L12 单元，12 组线路 TA 分别依次接在 L6～L11 及 L13～L18 单元。

注意连接在母线上各单元的 TA 极性端必须一致。一般母联只有一侧装有 TA，在此装置中，母联被视为Ⅱ（Ⅲ）母上的普通单元，即母联电流引入极性与Ⅱ（Ⅲ）母各单元的电流极性相同。这里要提醒大家，不同厂家的产品对母联电流极性规定不同，BP—2B 型母线保护装置默认母联 TA 的极性与Ⅱ母上的元件一致。分段亦可看做Ⅱ母所接元件，其极性与Ⅱ母上的元件一致，即以Ⅱ母指向Ⅲ母为正方向。其他型号的母线保护装置，要注意阅读厂家的技术说明书。

将各单元的电流按要求接入母线保护装置，经模数变换后，由保护软件计算编程，构成小差动及大差动，实现母线差动保护。在微机母线保护中，可以满足各单元 TA 变比不同的要求。当各单元 TA 变比不同时，通过改变各单元电流平衡系数，使所有单元流入差动保护中的电流有相同的折算关系，从而保证正常运行中差动保护的差流为零。

图 9-5 是母线保护屏上各电气单元接入母线隔离开关位置的开入接线图。从图中可见，每个电气单元有两组隔离开关，可以将各电气单元分别接入Ⅰ母或Ⅱ（Ⅲ）母中。母线保护装置必须获取实际各组母线所接的电气单元，因此这些隔离开关的辅助触点要开入进母线保护装置。在图 9-5 中，隔离开关辅助触点是通过安装在母线保护屏上的隔离开关

强制装置接入 BP—2C 母线保护装置。

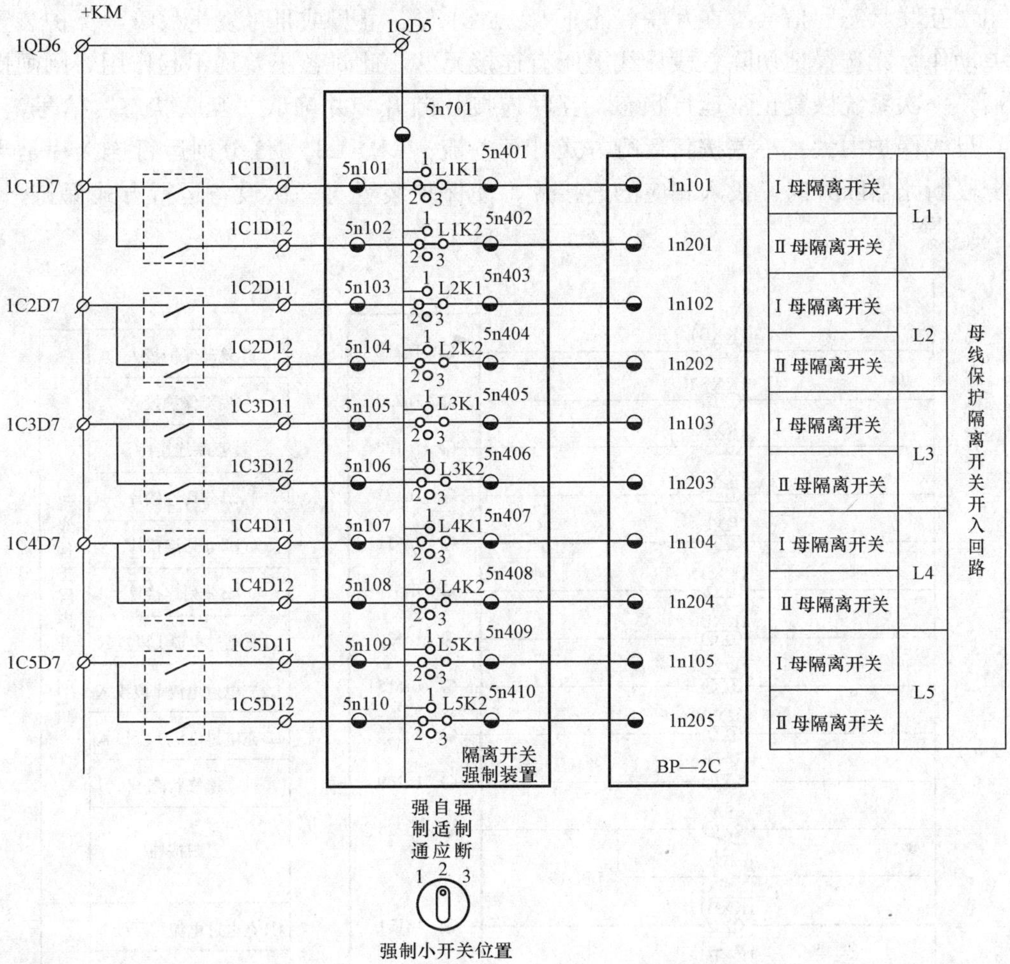

图 9-5　母线保护屏隔离开关位置开入接线图

隔离开关强制装置中每个电气单元配置两个“强制小开关”，分别对应于两个隔离开关，如 L1 电气单元对应Ⅰ母配置 L1K1 小开关，对应Ⅱ母配置 L1K2 小开关。每个小开关有“1、2、3”三挡位置。正常运行时，应将每个小开关置于“2”自适应位置，由隔离开关辅助触点来输入其运行状态。在试验或运行中，若发现因隔离开关辅助触点接触不好使某电气单元隔离开关辅助触点指示的运行状态与一次运行方式不符合时，可将对应电气单元的“强制小开关”置于“1”强制通位置或“3”强制断位置，强制使母差保护的运行状态与一次运行方式相吻合。

在二次回路接线中，注意应按厂家要求（各工程不同）将一次主接线的出线间隔、主变压器间隔、母联分段间隔与母差保护屏中规定的单元严格对应，如图 9-1 所示。

图 9-6 是 BP—2C 型母线保护开入回路接线图，其中包括母线保护屏内的开入回路和外部开入回路两部分。屏内的开入回路主要是保护屏上的硬连接片开入及保护信号的复归按钮开入，硬连接片有母线差动保护的投入连接片，失灵保护的投入连接片，互联连接片，L1、L2、L3 分列运行连接片，L1、L2、L3 充电过电流Ⅰ、Ⅱ段保护投入连接片，

母线保护置检修状态连接片。其中，互联连接片在母线进行倒闸操作时投入，此时保护屏上发出“互联状态”信号。在互联状态下，无论Ⅰ母、Ⅱ母或Ⅲ母发生故障，保护装置均由大差动作，无选择地切除各段母线上所有连接元件，此时各小差均不起作用。倒闸操作完毕后，一次系统恢复正常运行状态，互联连接片断开，并确认“互联状态”信号消失。此后，母线保护中大、小差按新运行方式计算差流。L1、L2、L3 分列运行连接片是当母联或分段断路器断开时，投入相应的连接片，使保护装置与一次设备运行方式保持一致，

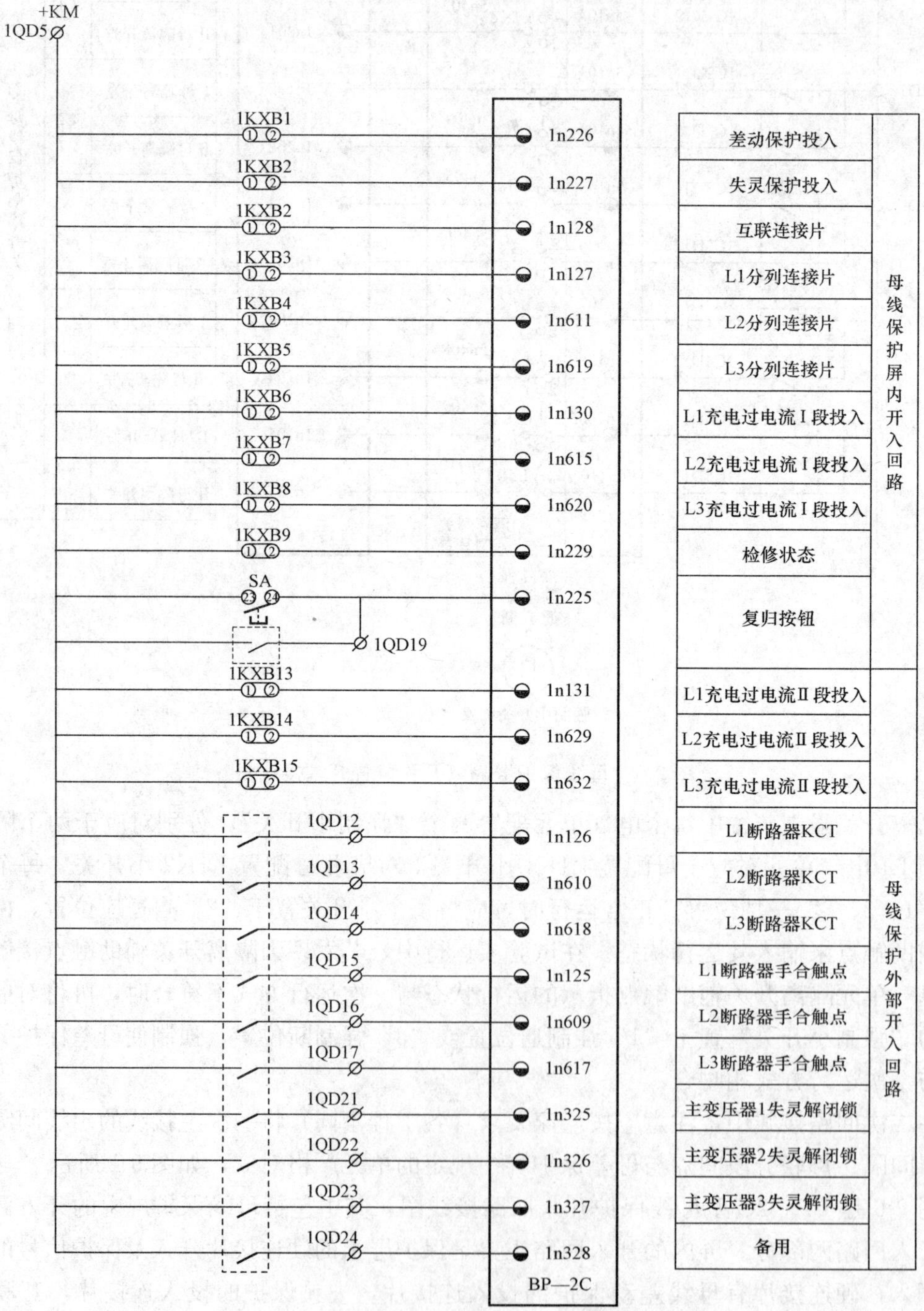

图 9-6 BP—2C 型母线保护开入回路接线图

并有明显的标示。当双母线（或分段母线）其中一段母线停电检修后，可以通过母联（分段）断路器对检修母线充电，以恢复双母运行。此时，应投入母联充电保护，当检修母线有故障时，跳开母联（分段）断路器，切除故障。充电保护一旦投入，自动展宽 200ms 后退出。充电保护投入后，当母联任一相电流大于定值时，即可按整定时限跳开母联（分段）断路器，不经复合电压闭锁。要求在满足其他启动条件的情况下，当母联（分段）断路器合闸的同时，将 L1、L2、L3 充电过电流Ⅰ、Ⅱ段保护连接片投入，当充电完成后过电流保护自动退出，同时也应将对应连接片打开。对保护信号的复归可按屏上信号复归按钮，或者通过测控装置进行远方复归。

母线保护外部开入回路有母联及分段断路器 L1、L2 、L3 的跳闸位置继电器动合触点的开入，母联及分段断路器 L1、L2 、L3 的手合继电器动合触点的开入，主变压器失灵保护启动解除复合电压闭锁的开入回路。

这里需要说明一下，断路器失灵保护与母线差动保护共用跳闸出口回路。一般线路断路器失灵保护动作，是经过相应母线的失灵复合电压元件闭锁。而变压器断路器在发生变压器低压侧故障时，可能复合电压元件灵敏度不足，当变压器的失灵保护启动时，要解除复合电压闭锁，才能保证失灵保护可靠出口，因而设置了主变压器断路器失灵启动解除复合电压闭锁的开入回路。

图 9-7 是 BP—2C 型母线保护的断路器失灵开入回路接线图。图中 L1、L2、L3 是母联、分段断路器的失灵开入，它是从本装置的母线保护出口回路的 L1、L2、L3 开出接进去的，参照图 9-9；L4、L5（、L12）是主变压器断路器失灵的开入回路；L6、L7 线路断路器失灵的开入回路。

各间隔断路器失灵的开入回路参照图 9-8，各间隔保护动作出口触点与对应的过电流触点串联后（保护动作出口故障电流存在说明断路器失灵未跳闸，触点由各单元失灵启动

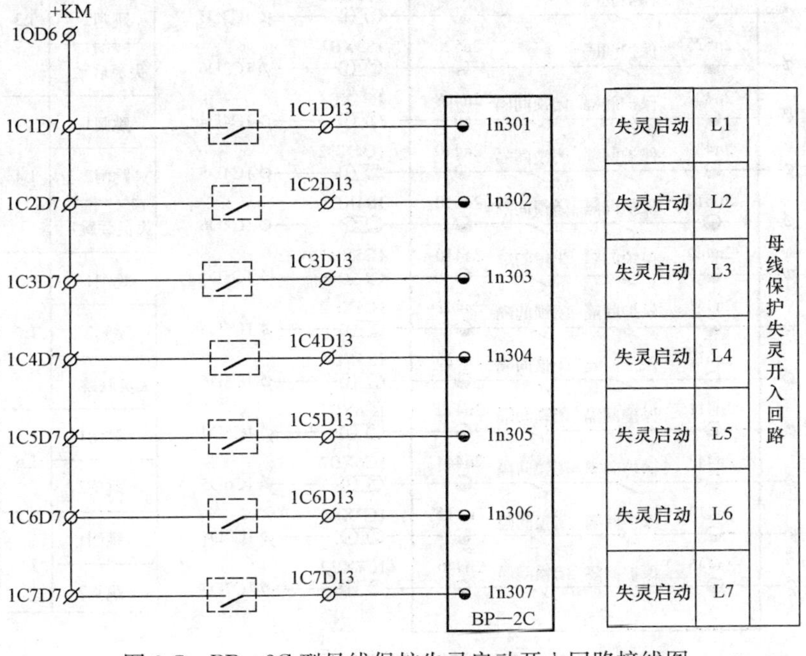

图 9-7　BP—2C 型母线保护失灵启动开入回路接线图

装置提供)，以开关量接入母线保护装置，由母线保护的“运行方式字”来确定故障线路(失灵断路器)所在母线，正确地跳开该段母线。其失灵启动与出口逻辑框图如图 9-8 所示，当Ⅰ(Ⅱ)母失灵保护出口启动，同时复合电压元件动作，失灵保护以短延时跳开母联断路器，以长延时跳开Ⅰ(Ⅱ)母各单元断路器，以较大范围切除故障。

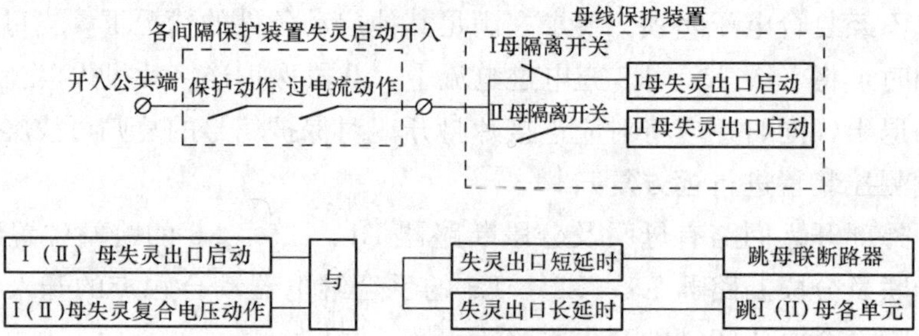

图 9-8 失灵启动方式与出口逻辑框图

图 9-9 是 BP—2C 型母线保护出口跳闸回路接线图，图中只画出部分单元的接线，每

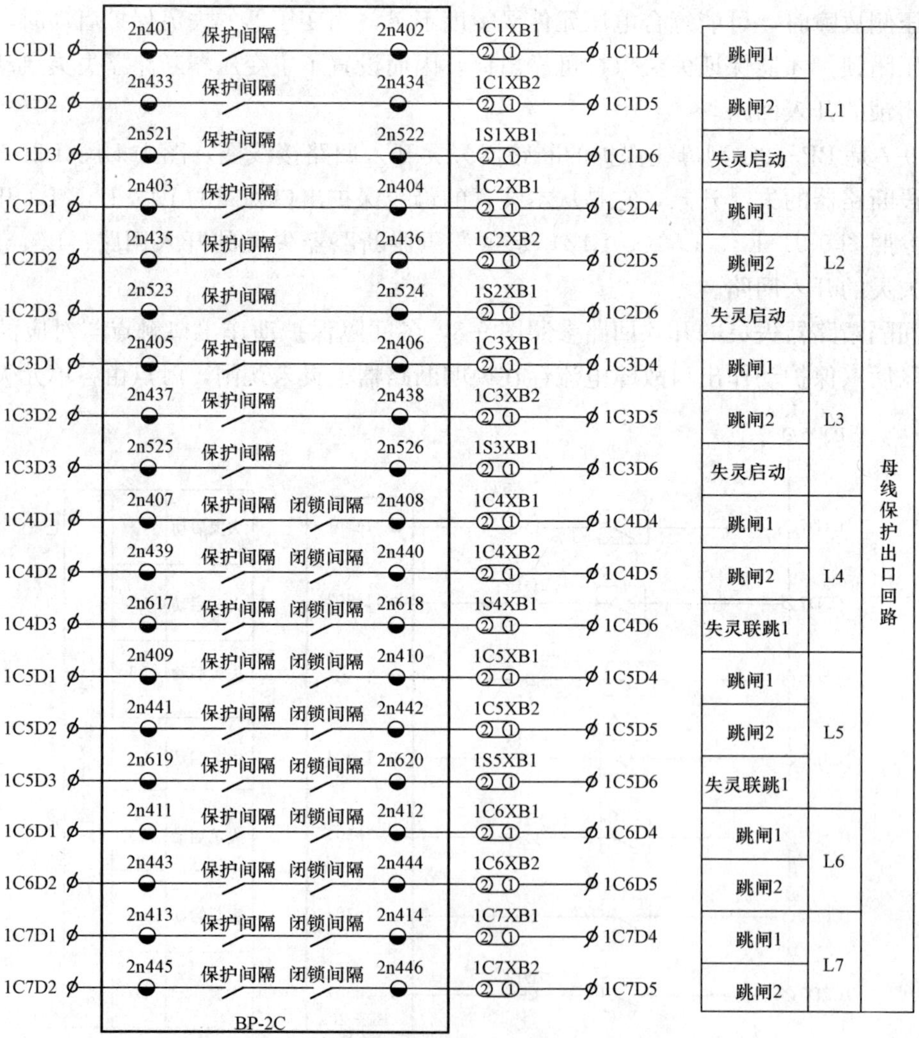

图 9-9 BP—2C 型母线保护出口跳闸回路接线图

个单元都有两组跳闸出口回路，一组接断路器跳闸，一组接闭锁重合闸，供各单元选用。L1、L2、L3 单元是母联及分段间隔，除跳闸出口回路，还设有失灵启动出口回路，如前所述作为断路器失灵保护启动的开入。L4、L5 单元是主变压器间隔，除跳闸出口回路，还设有失灵联跳出口回路。当变压器单元断路器失灵，失灵保护动作出口，以短延时跳开母联断路器，以长延时跳开相应母线所有断路器，同时也要跳开变压器其他各侧断路器，

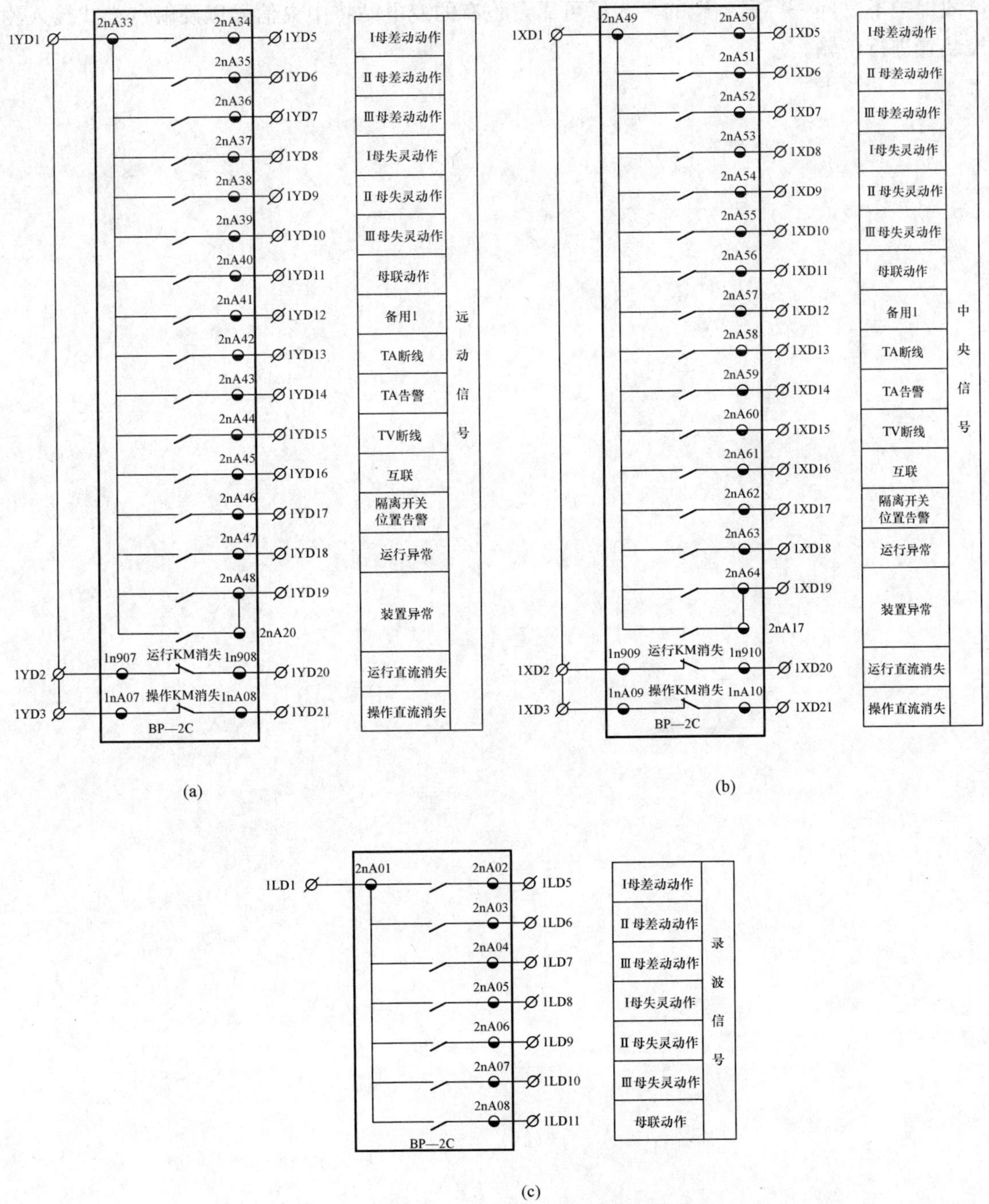

图 9-10　BP—2C 型母线保护信号回路接线图

（a）远动信号回路接线图；（b）中央信号回路接线图；（c）录波信号回路接线图

这一功能由失灵联跳出口回路完成。

图 9-10 是 BP—2C 型母线保护信号回路接线图，它包括中央信号、远动信号和录波信号。其中，中央信号为带自保持的信号，远动信号和录波信号为不带自保持的信号。中央信号和远动信号是为非综合自动化变电站（传统变电站）设置的。综合自动化变电站的母线保护信号是以网络通信方式传输的。有的综合自动化变电站选用的综合自动化系统和母线保护不是同一厂家生产的，为了可靠，也有的变电站将中央信号以硬触点方式接入测控装置进行传输。

第十章

备用电源自动投入装置的二次回路

备用电源和备用设备自动投入装置，是当工作电源因故障被断开后，能自动而且迅速地将备用电源或备用设备投入工作的一种自动装置，简称备自投装置。

在电力系统中采用了备自投装置，可以大大提高供电的可靠性，简化继电保护配置，节省电力建设投资。目前普遍采用的微机型备自投装置不但体积小、质量轻、接线简单、可靠性高，而且使用智能化，即能够根据设定的运行方式自动识别当前的运行方式，选择自投方式。

一、备自投装置的一次接线方案

备自投装置主要用于110kV及以下的电网中，其一次接线方案主要有变压器低压侧的备自投、内桥断路器的备自投和线路的备自投三种，每一种接线方案中又有几种运行方式。

（一）变压器低压侧的备自投

主变压器低压母线及分段断路器的主接线如图10-1所示。

1. 低压母线分段断路器自投方案

由图10-1可见，当1号、2号主变压器同时运行，两台主变压器各带一段母线，而3QF断开作为自投断路器。此接线中，1号主变压器和2号主变压器互为备用电源，是暗备用的接线方案。此方案有两种运行方式。

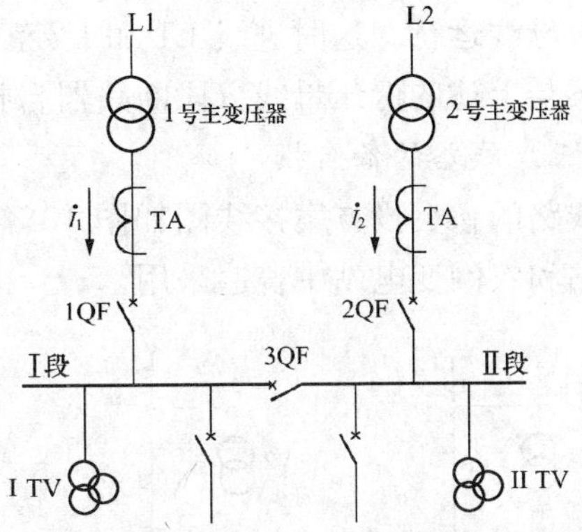

图10-1　主变压器低压母线及分段断路器的主接线

方式一：当1号主变压器故障保护跳开1QF时，或者1号主变压器高压侧失压时，均引起低压母线Ⅰ段失压，同时I_1无电流，而低压母线Ⅱ段有电压。即跳开1QF合上3QF，保证了对Ⅰ段母线的连续供电。自投动作的条件是：Ⅰ段母线失压，I_1无电流，Ⅱ段母线有电压，1QF确已断开。检查I_1无电流是为了防止Ⅰ母TV二次断线引起的误动。

方式二：当发生与上述自投方式一相类似的原因，Ⅱ段母线失压，I_2无电流并Ⅰ段母线有电压时，即跳开2QF合上3QF。自投动作的条件是：Ⅱ段母线失压，I_2无电流，Ⅰ段母线有电压，2QF确已断开。

2. 主变压器低压断路器自投方案

由图 10-1 可以看出，当 1 号主变压器投入并合上母线分段断路器 3QF，由 1 号主变压器带两段母线运行，2 号主变压器备用，2QF 断开作为自投断路器。此为明备用的接线方案。此方案也有两种运行方式。方式一是 1 号主变压器运行，2 号主变压器备用；方式二是 2 号主变压器运行，1 号主变压器备用。

方式一：当 1 号主变压器运行，2 号主变压器备用时，若 1 号主变压器故障，保护跳开 1QF，或者 1 号主变压器高压侧失压，均引起低压母线失压，同时 I_1 无电流。即跳开 1QF 合上 2QF，由 2 号主变压器供电，保证了对低压母线的连续供电。

方式二：当 2 号主变压器运行，1 号主变压器备用时，若 2 号主变压器故障，保护跳开 2QF，或者 2 号主变压器高压侧失压，均引起低压母线失压，同时 I_2 无电流。即跳开 1QF 合上 2QF，由 1 号主变压器供电。

（二）内桥断路器的备自投

内桥断路器备自投方案的主接线如图 10-2 所示。

1. 明备用的自投方案

当进线 L1 带Ⅰ、Ⅱ段母线运行，即断路器 1QF、3QF 在合位，2QF 在分位时，进线 L2 是备用电源，2QF 是备用断路器（方式一）。或者是进线 L2 带Ⅰ、Ⅱ段母线运行，即断路器 2QF、3QF 在合位，2QF 在分位时，进线 L1 是备用电源，1QF 是备用断路器（方式二）。显然这两种方式都属明备用的接线方案。它们的自投条件是：Ⅰ（Ⅱ）母线失压，线路的 I_1、I_2 无电流，线路 L2（L1）有电压，断路器 1QF（2QF）确已断开，此时合上断路器 2QF（1QF）。

2. 暗备用的自投方案

如果两段母线分列运行，桥断路器 3QF 在分位，而 1QF、2QF 在合位，两条进线各带一段母线运行。这时进线 L1 和 L2 互为备用电源，这是暗备用的接线方案。这种暗备用方案与上述的低压母线分段断路器自投方案及运行方式完全相同，不再赘述。

（三）线路的备自投

线路的备自投方案接线图如图 10-3 所示。该接线是单母线方式，一般在城网的末端变电站和农网变电站中普遍采用。

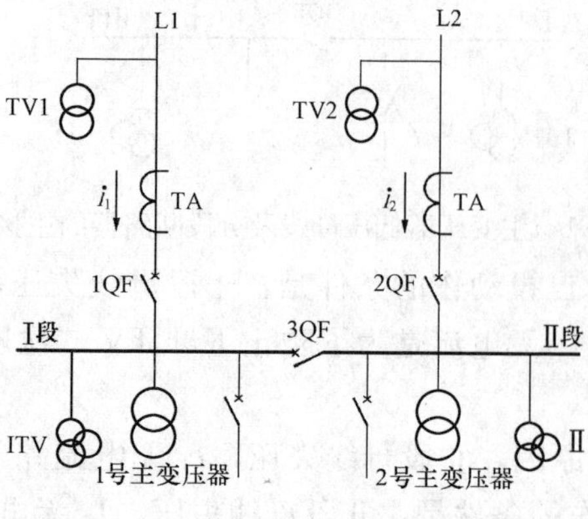

图 10-2　内桥断路器备自投方案主接线图

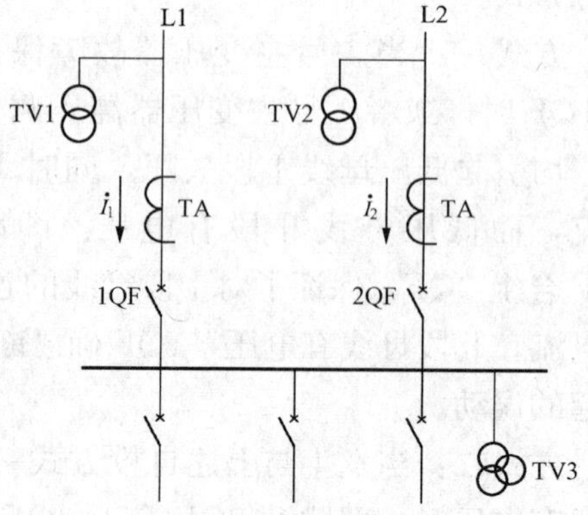

图 10-3　线路备自投方案接线图

图 10-3 所示的备自投方案接线是明备用方案接线。接线中有两个电源向母线供电。正常运行中两条线路 L1、L2 中仅一条线路供电，另一条线路作为备用。断路器 1QF 和 2QF 只有一个在合位，另一个在分位。当母线失压，备用线路有电压，且 I_1（I_2）无电流时，即可跳开 1QF（2QF），合上 2QF（1QF）。该方案的自投条件是：母线失压，线路 L2（L1）有电压，线路 I_1（I_2）无电流，1QF（2QF）确实已断开，此时合上 2QF（1QF）。

二、对备自投装置的基本要求

备自投装置有多种方案及多种运行方式，但对它们的基本要求是相同的。

（1）要求工作电源确实断开后，备用电源才允许投入。工作电源失压后，无论其进线断路器是否跳开，即使测量其进线电流为零，还是要先跳开该断路器，并确认是跳开后，才能投入备用电源。这是为了防止备用电源投入到故障元件上，扩大事故，加重设备损坏程度。例如，当工作电源故障保护拒动，被上一级后备保护切除，备自投装置动作后合于故障的工作电源。

（2）工作电源失压时，还必须检查工作电源无电流，才允许启动备自投装置，以防止 TV 二次回路断线造成失压，引起的备自投装置误动。

（3）当工作母线和备用母线同时失去电压时，即备用电源不满足有压条件时，备自投装置不应动作。

（4）工作电源或工作设备，无论任何原因造成电压消失，备自投装置均应动作。由于运行人员的误操作而造成失压时，备自投装置应动作，使备用电源投入工作，以保证不间断的供电。

（5）应具有闭锁备自投装置的功能。每套备自投装置，均应设置有闭锁备用电源自动投入的逻辑回路，以防止备用电源投到故障的元件上，造成事故扩大。

例如：图 10-1 中，当 1 号主变压器的后备保护动作跳开 1QF 时，可能是Ⅰ段母线发生故障造成的Ⅰ母失压，此时不应经 3QF 合闸再次冲击故障点，应当由 1 号主变压器后备保护动作后输出的开关量去闭锁备自投装置动作。

（6）备自投装置的动作时间，以使负荷的停电时间尽可能短为原则。从工作母线失去电压到备用电源自动投入为止，中间有一段停电时间。无疑停电时间短对用户电动机自启动是有利的，但是停电时间过短，电动机残压可能较高，当备自投装置动作时，可能会产生过大的冲击电流和冲击力矩，导致对电动机的损伤。运行实践证明，备自投装置的动作时间以 1～1.5s 为宜。

（7）备自投装置只允许动作一次。当工作电源失压，备自投装置动作后，若继电保护装置再次动作，又将备用电源断开，说明可能存在永久性故障。因此，不允许再次投入备用电源，以免多次投入到故障元件上，对系统造成不必要的冲击。微机型备自投装置可以通过逻辑判断来实现只动作一次的要求。

三、备自投装置的二次回路接线

现以 CSC—246 型备用电源自动投入装置用于图 10-4 中两台主变压器低压 10kV 侧进线断路器与分段断路器的备自投为例，介绍其二次回路接线。

CSC—246 型备用电源自动投入装置不仅具有备自投功能，还可以作为分段断路器的保护测控装置。它的保护功能有两段式定时限过电流保护、母联或分段断路器的充电加速保护、两轮过负荷联切功能。装置内配备有断路器操作箱，可供分段断路器控制回路使用；装置具有遥测、遥控、遥信的开入、开出端子，满足测控的要求。

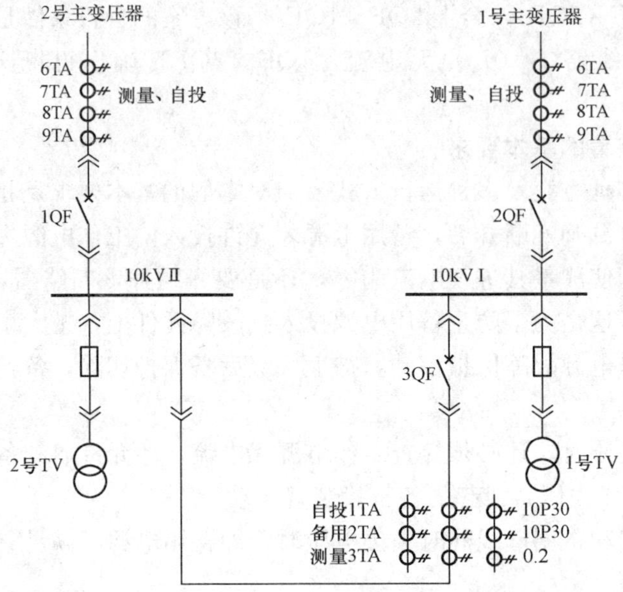

图 10-4　10kV 单母线分段主接线及 TA 配置示意图

图 10-5 是 CSC—246 型备自投装置交流电流回路接线图。图中有分段断路器保护及

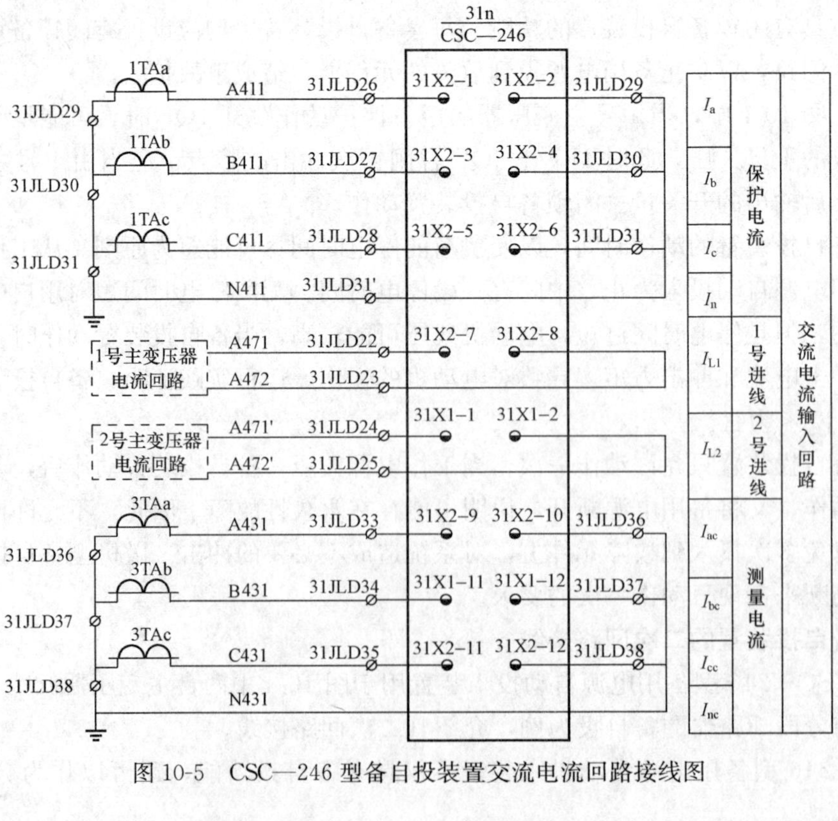

图 10-5　CSC—246 型备自投装置交流电流回路接线图

测量的电流回路，它是从分段断路器间隔的 1TA、3TA 接入；有判断主变压器低压侧有无电流的回路，它是从主变压器低压侧 7TA 电流回路接入。由于该回路工作在小电流状态，从测量回路接入准确度较好。TA 的配置可参照图 10-4。

图 10-6 是 CSC—246 型备自投装置交流电压回路接线图，图中接入 10kV 两段母线 TV 的三相电压，Ⅰ母电压编号 630，Ⅱ母电压编号 640。这里两组进线电压回路没有接入，如果备自投用在 110kV 进线与分段或桥断路器之间，这两组进线电压要接入线路侧 TV 电压回路。

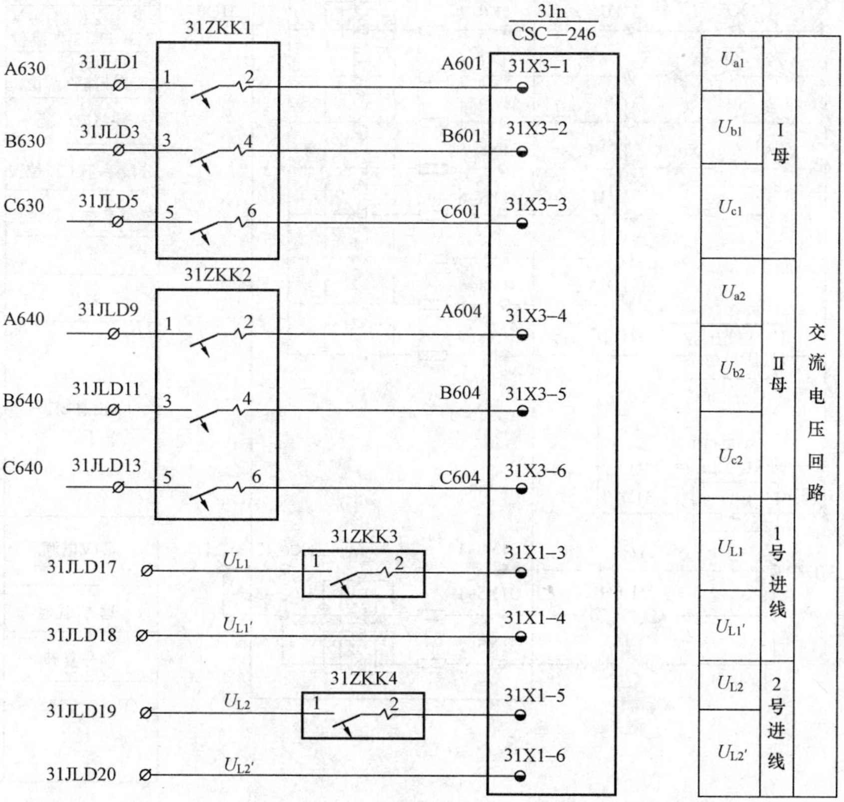

图 10-6 CSC—246 型备自投装置交流电压回路接线图

从图 10-7 可见，强电（220kV）开关量输入回路有：

（1）两台主变压器低压侧进线断路器和分段断路器的辅助触点。它们用于判断断路器的位置，确定当前的运行方式，作为判断备自投是否动作的条件之一。

（2）作为分段断路器的信号开入，有弹簧为储能信号；分段柜手车在工作位置；隔离柜手车在工作位置。

（3）闭锁备自投的开入回路。包括 STJ 作为手动跳闸闭锁备自投、主变压器低压侧后备保护动作闭锁备自投。当需要人为停用备自投时，投入连接片 31KXB1。

弱电（24kV）开关量输入回路有分段断路器就地/远方操作把手的远方位置、装置信号的就地复归。

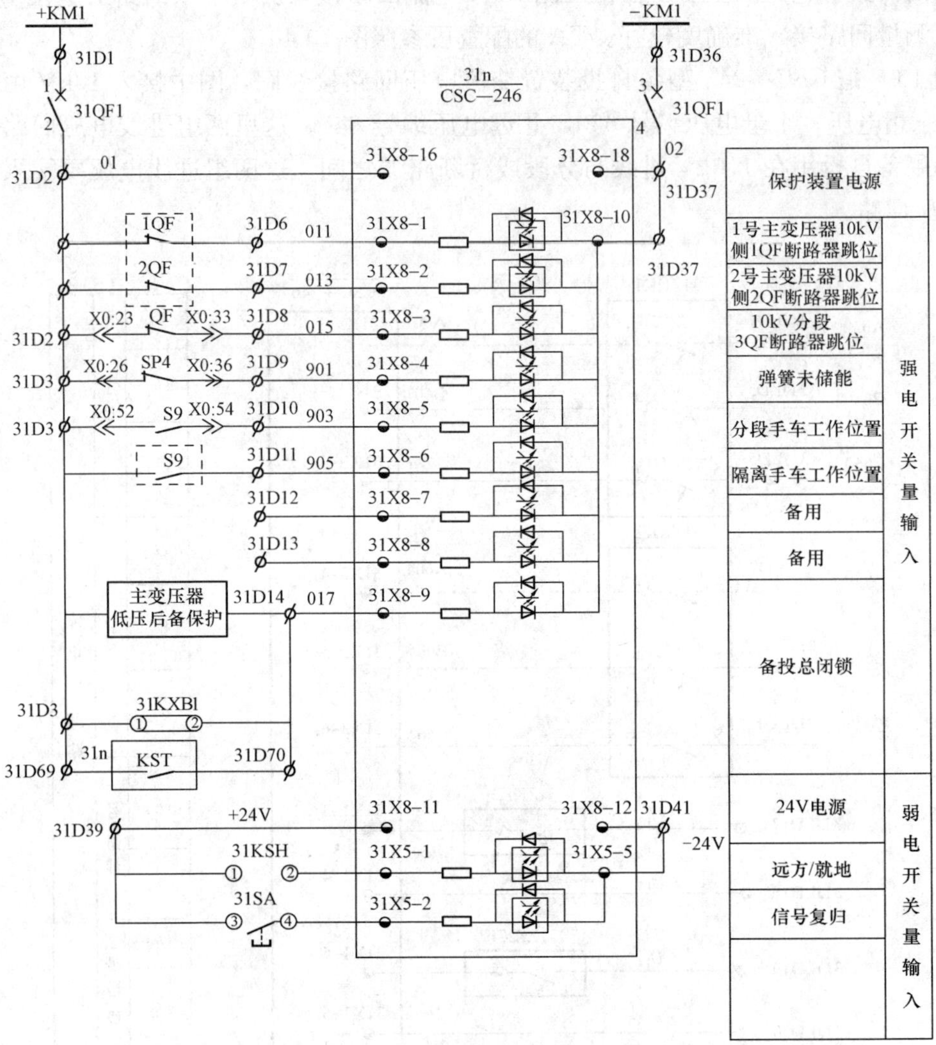

图 10-7　CSC—246 型备自投装置开入回路接线图

备用电源自投装置接入两台主变压器的电流、两段母线的电压，接入了反映两台主变压器低压侧断路器和分段断路器运行位置的辅助触点，已经具备备用电源自投进行综合判断的各种条件。根据运行方式设定逻辑程序，可以自动按图 10-1 中的两种方式进行自投，满足两台主变压器分列运行互为备用的暗备用方式，或是一台主变压器运行另一台主变压器备用的明备用方式。

图 10-8 是 CSC—246 型备自投装置出口及信号回路。备自投装置执行分合闸命令的开出接入变压器低压侧断路器操作回路，分别对主变压器低压侧断路器 1QF、2QF 执行分合闸指令。

图 10-8 中还有备自投装置的信号开出回路，对于没有网络通信能力的传统变电站，

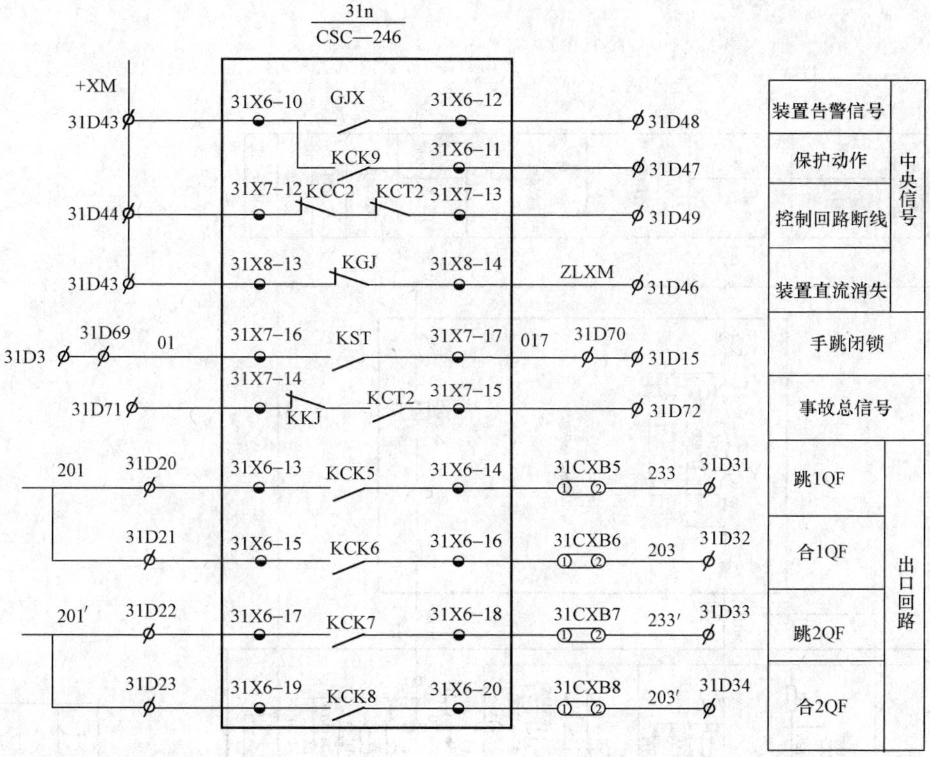

图 10-8　CSC—246 型备自投装置出口及信号回路接线图

这些开出回路接至中央信号，用来显示“备自投动作”、“装置告警”、“直流消失”等信息。

图 10-9 是 CSC—246 型备自投装置用于分段断路器的操作回路。除操作回路外，对分段断路器的遥控分合、备自投分合、保护的跳闸出口都包括其中。

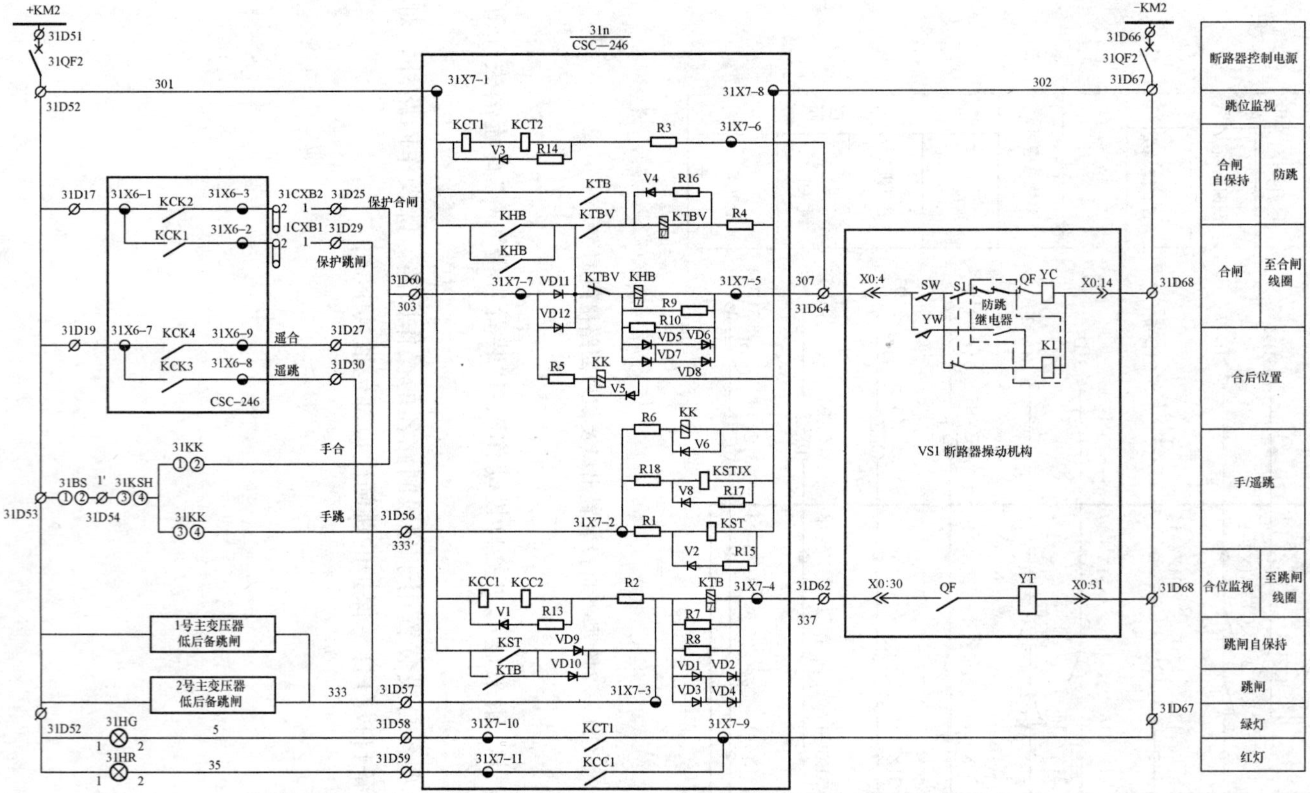

31KK 触点位置表
LW21-16D/49.6201.2

运行方式 \ 触点		1–2 5–6	3–4 7–8
预合/合后	↑	—	—
合	↗	×	—
预分/分后	←	—	—
分	↙	—	×

31KSH 触点位置表
LW21-16/9.2202.2

运行方式 \ 触点		1–2 5–6	3–4 7–8
远方	↑	×	—
就地	←	—	×

图 10-9　CSC—246 型备自投装置断路器操作回路接线图

第十一章

安全稳定控制及低频低压减载装置的二次回路

随着电力系统规模不断扩大，电力负荷迅猛增加，保证电力系统的安全稳定运行已成为变电站综合自动化的一项重要任务。以前电网运行靠调度、变电站值班员人工监视电力负荷的变化，当电网负荷过载超过某些电气设备的额定允许范围，调度员以调度电话下达命令，变电站值班员人工操作拉路限电，减少电力负荷，保持电气设备的安全及系统的稳定。这种方法已远远不能适应现代化电力网的要求。为保证电力系统的安全稳定运行，变电站广泛采用了安全稳定控制装置，简称安全稳控装置。

变电站安全稳控装置通过采集和计算变电站主变压器及联络线的电压、电流，实时监视变压器的功率（电流）情况，当检测到功率（电流）超过设定值，结合变压器断路器位置、10kV 备自投装置运行状态、母联断路器位置状况，判断是否具备切负荷的条件。如果具备自动切负荷的条件，依据负荷潮流方向，根据事先制定的减负荷策略，潮流受端变电站装置启动，发出馈路跳闸命令，使既定馈路自动跳闸，达到控制变压器、线路电流的目的。当负荷高峰期一条线路或变压器出现故障跳闸时，稳控系统检测到线路或变压器功率（电流）超过设定值，根据控制量的潮流方向，结合系统状况进行判断，送端判出过载发告警信号及切负荷信号，受端判出过载就地切负荷或向下级负荷站发切负荷命令。根据事先设定好的顺序，按一定比例，在设定好的时间内对单个变电站或多个变电站进行分层次自动切负荷。避免负荷高峰期间因一条线路故障，引起连锁反应而造成大面积停电或电网瘫痪；因一台变压器过负荷烧坏，引起全站失压及对用户停电的事故。

电力系统内发生事故有时会带来严重的有功功率缺额和无功功率缺额。对于无功功率缺额，可用迅速增加无功功率（如强行励磁）的方法来解决，使系统电压尽快恢复正常；对于有功功率缺额，往往不能用增加有功功率的方法解决，而需要切除一定的负荷来减轻缺额的程度，使系统的频率保持在允许范围之内。很显然，系统出现大量有功功率缺额，必然引起系统频率的下降。系统频率的降低会引起发电机转速降低，导致系统电压下降，严重时会引起系统电压的崩溃。因此，当电力系统发生事故造成较大的功率缺额时，应迅速断开部分负荷，以保证电力系统的稳定运行。即按频率或电压下降的不同程度，自动断开相对不重要的用户，以阻止频率、电压的下降。这一功能就是安装使用低频低压减载装置的目的，属于电力系统安全稳控的范畴。

低频低压减载装置主要监测系统的频率和电压，对于 110kV 变电站，低频低压减载装置接入的是110kV电压，如图11-1所示，是从110kV两段母线TV接入交流电压。通过接入的TV电压，可以实时监测系统的电压和频率。当系统发生事故引起系统频率下降或电压降低，低频低压减载装置根据监测到的实时参数值，按照预定的程序一轮一轮地切除负荷，直至系统电压、频率恢复到正常值。前些年微机保护使用初期，一般采用线路微机保护的低频跳闸功能，实现低频减载的要求。但是，由于各条线路的各套保护在测量中难免存在误差，在事故发生时不可能准确按频率的下降值，不能统一、快速、批量地将负荷减下来。因此，集中组屏的低频低压减载装置很快推广开来。

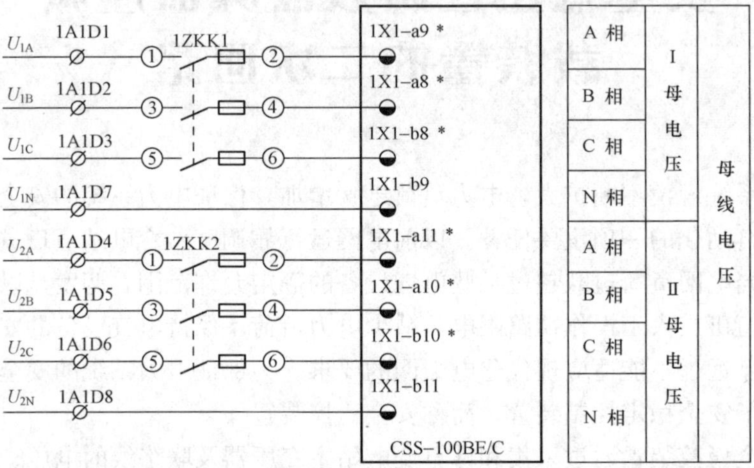

图11-1　CSS—100E/C型安全稳控装置母线交流电压输入回路

安全稳控装置中，过载自动减负荷系统是通过监测重载变压器及线路的负荷情况，判断变压器或线路是否过载，如果过载，减掉相对不重要负荷，即将馈路断路器跳闸，以使过载变压器及线路负荷减轻，达到控制变压器及线路负载的目的，保证变压器及线路在热稳定允许范围内运行，确保电网安全稳定，保证对重要用户不间断供电。

图11-2是CSS—100E/C型安全稳控装置监测一台变压器或一条110kV接入的交流电流电压回路接线图，交流电流从变压器110kV侧的TA回路接入，交流电压从变压器110kV侧所接

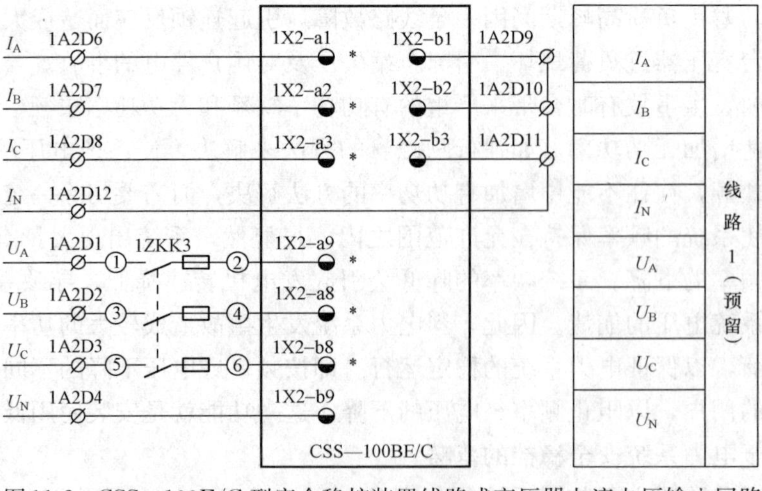

图11-2　CSS—100E/C型安全稳控装置线路或变压器电流电压输入回路

母线段的 TV 回路接入，这样即可监视到线路或变压器的负荷变化情况。当负荷过载时，按照预定的程序，切除相对不重要的负荷，以保证变压器及线路在热稳定允许范围内安全运行。在变电站中，根据需要监测的变压器及线路个数，将设置相应的电流、电压输入单元。

图 11-3 是 CSS—100E/C 型安全稳控装置的开入回路接线图，其开入回路是一些功能硬连接片的开入及信号复归按钮的开入。其中出口总控制连接片一旦退出，将闭锁全部出口回路。

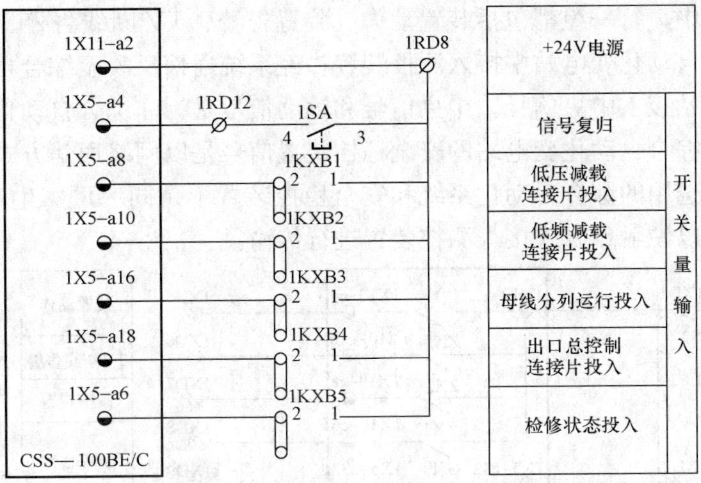

图 11-3　CSS—100E/C 型安全稳控装置开入回路

图 11-4 是 CSS—100E/C 型安全稳控装置的出口回路接线图。根据不同的配置要求，

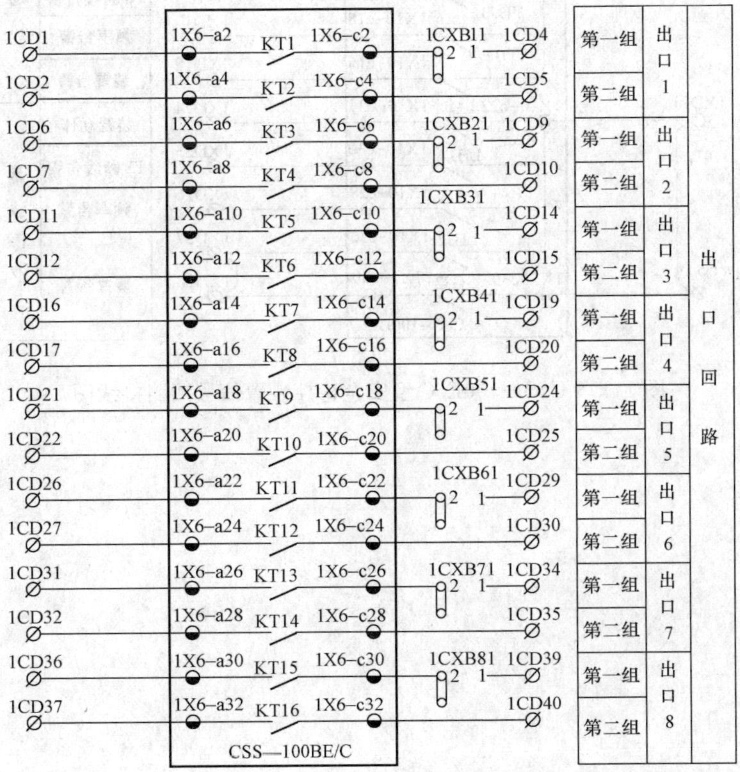

图 11-4　CSS—100E/C 型安全稳控装置出口回路接线图

CSS—100E/C 型安全稳控装置最多可以配有 48 组出口，每一组又包括两组出口触点，一组触点经连接片接馈路的断路器跳闸回路；一组出口触点直接去接重合闸闭锁回路。如果去跳闸回路的触点接至断路器的手跳回路，则同时闭锁了重合闸。这样 CSS—100E/C 型安全稳控装置的出口数可以扩大为 96 组。

图 11-5 是 CSS—100E/C 型安全稳控装置信号回路接线图，包括中央信号、远动信号和录波信号。其中，每一组都包括装置动作、装置告警、TV 断线告警、频率告警。直流消失信号在综合自动化变电站中接入测控装置，经系统通信反映至综合自动化后台。在非综合自动化变电站接入中央信号。中央信号和远动信号是为非综合自动化变电站（传统变电站）设置的，综合自动化变电站的安全稳控装置信号是以网络通信方式传输的。有的综合自动化变电站选用的综合自动化系统和安全稳控装置不是同一厂家生产的，为了可靠，也有将中央信号以硬触点方式接入测控装置进行传输。

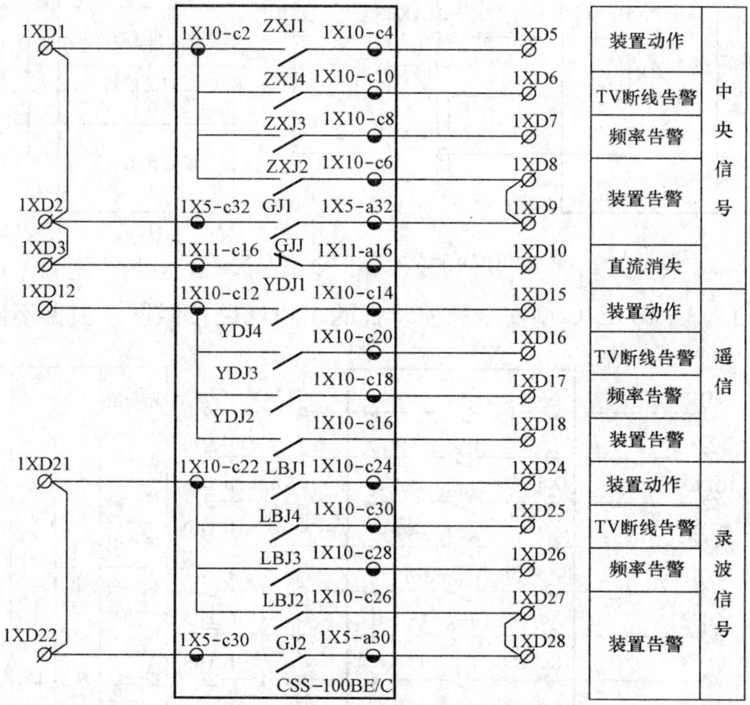

图 11-5　CSS—100E/C 型安全稳控装置信号回路接线图

第十二章

微机故障录波装置的二次回路

GB/T 14285—2006《继电保护和安全自动装置技术规程》规定，电力系统中，在主要的发电厂、220kV 及以上变电站和 110kV 重要变电站，应装设专用故障录波装置。当发生故障或系统振荡时可靠启动，记录系统中有关的电气参数。通过对所录的波形或数据进行分析，达到以下各方面的要求：

（1）正确分析事故原因，清楚了解系统的情况，及时处理事故并研究防止对策。录波装置所录的故障过程波形图，可以正确反映故障类型、相别、电流电压数值、断路器跳合闸时间及重合闸是否成功等情况。从而可以分析和确定事故原因，研究制定有效的反事故措施。

（2）根据录取的波形图，可以正确评价继电保护及自动装置动作的正确性，可以发现继电保护及自动装置存在的缺陷，为之改进提供依据。

（3）根据录波图中显示的零序电流值或故障测距值，可以比较正确地给出故障地点范围，便于查找和处理故障。

（4）可以分析研究系统振荡规律。从录波图可以清楚看出振荡发生、失步、同步振荡、异步振荡和再同步的全过程以及振荡周期、电流电压的特征等，从而为防止振荡、改进继电保护及自动装置提供依据。

（5）录波图可以提供转换性故障和非全相运行再故障等资料，发现一次设备的缺陷，为及时消除隐患提高设备运行水平提供依据。

（6）借助录波装置，可以实测系统参数。

由于故障录波装置对保证电力系统安全运行有十分重要和显著的作用，同时还可以积累运行经验提高运行水平，所以在电力系统中有着广泛的应用。

目前，在电力系统中的故障录波可以根据需要采用两种实现方式，一种是配置专用微机故障录波装置并能与就地监控系统通信及传输给远方调度中心；另一种是由微机保护装置中的录波插件作为录波记录及测距计算，将其结果传送至监控系统，由监控系统存储及打印波形。本章介绍的是专用的微机故障录波装置。

专用微机故障录波装置基本由三部分组成：

（1）辅助变换器。用于变换所输入的电流、电压等模拟量，以适应单片机的 A/D 变换需求。

（2）前置机。用于进行数据采集和判别故障启动，及时将故障信息快速传送到后台机。它由 4 个数据采集 CPU 插件、一个人机接口插件、开关量输入插件、逆变电源及告警插件组成。

（3）后台机。主要用于数据处理及管理，它由一台 PC 机和显示器构成。当前置机给出启动命令后进入运行，接收前置机发送来的故障录波数据、信息，通过数据处理及管理，完成故障测距计算，给出各种统计数据表格，绘图打印输出。输出的信息可以在就地显示，也可以通过机内传真卡送至远方调度中心。

微机故障录波装置输入信号的容量由 CPU 决定，每个 CPU 单元可接入 16 路模拟量和 32 路开关量，每台装置最多可配置 4 个 CPU 单元。可接入的模拟信号有交流电流、交流电压、直流电流、直流电压和高频信号。电流、电压、高频数量（4 路为一组）可任意组合，总共为 16～64 路。开关量输入信号为 32～128 路动合或动断空触点。

一般在 110kV 枢纽变电站中，故障录波装置接入的模拟量有 110kV 各段母线的三相及零序电压、110kV 联络线和重要线路的三相及零序电流、主变压器中性点零序电流、线路高频保护的通道高频量等。

接入的开关量有 110kV 断路器的位置、线路保护动作信号、重合闸动作信号、主变压器保护动作信号等。

微机故障录波装置采用故障启动方式，在接入的录波量中除高频信号外，所有信号均可作为启动量，启动故障录波装置进行录波。不再需要单独另接启动量。可以采用的启动量有：

（1）相电压和零序电压突变量启动；

（2）正序电压过电压越限、欠电压越限启动；

（3）负序电压、零序电压越限启动；

（4）频率过高、过低越限启动；

（5）主变压器中性点电流越限启动；

（6）电流变差启动；

（7）相电流突变量启动；

（8）相电流、负序电流、零序电流越限启动；

（9）开关量变位启动；

（10）长期低电压启动；

（11）手动或远方启动。

微机故障录波装置的二次回路包括装置工作用的交流、直流电源，录波的模拟信号和开关量信号接入，装置本身输出的信号。

下面以 ZH—1A 型故障录波装置为例，介绍故障录波装置的二次回路接线。图 12-1 是 ZH—1A 型故障录波装置的交、直流电源接线图。装置的前置机和后台机的工作电源是直流电源，打印机的工作电源是交流电源。

图 12-2 是 ZH—1A 型故障录波装置电气框图。从图中可见，故障录波装置可以配置有 4 个录波单元，也可以少于 4 个单元。图中还有向调度中心传输信号的电话线接口，有用于 GPS 对时系统的时、分接口，有故障录波装置的信号输出回路。它的信号输出有录波启动信号和装置故障及直流消失信号，这两个信号接到公用柜的测控装置或其他柜的测控装置，经过主机送到就地显示器或传送到调度中心。

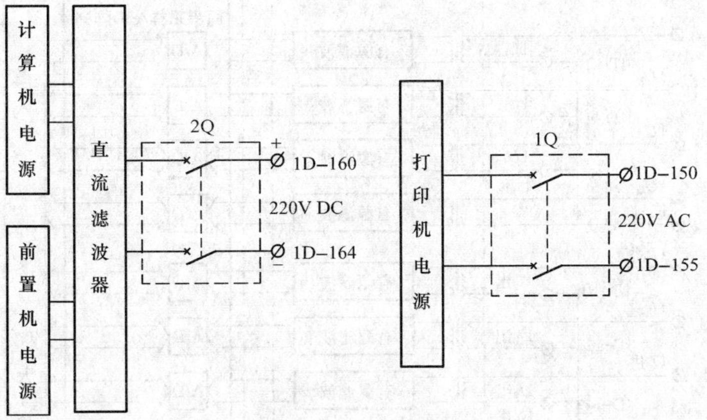

图 12-1　ZH—1A 型故障录波装置交、直流电源接线图

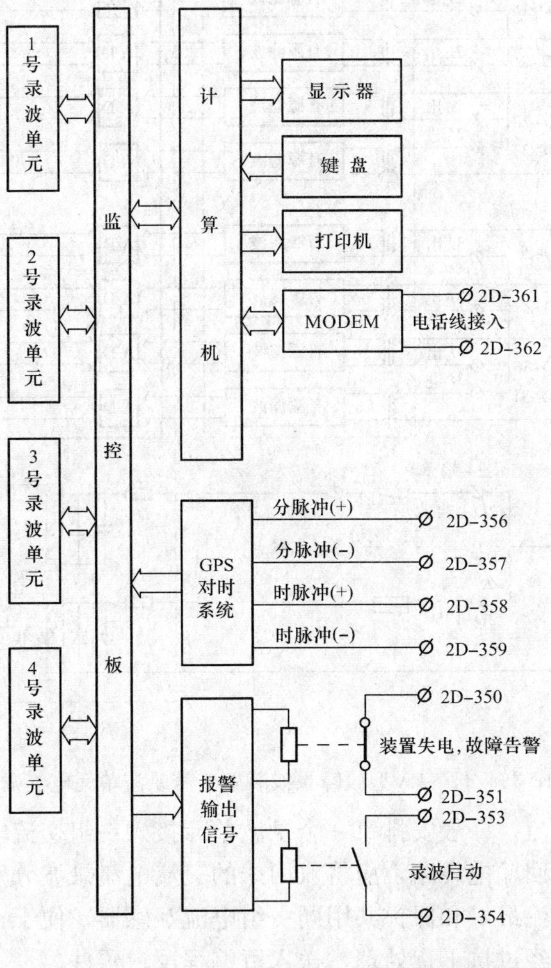

图 12-2　ZH—1A 型故障录波装置电气框图

图 12-3 是 ZH—1A 型故障录波装置 1 号录波单元电气框图，2～4 号录波单元都与 1 号相同。每个录波单元可以接入 16 路模拟量和 32 路开关量。模拟量每 4 路为一组，可以

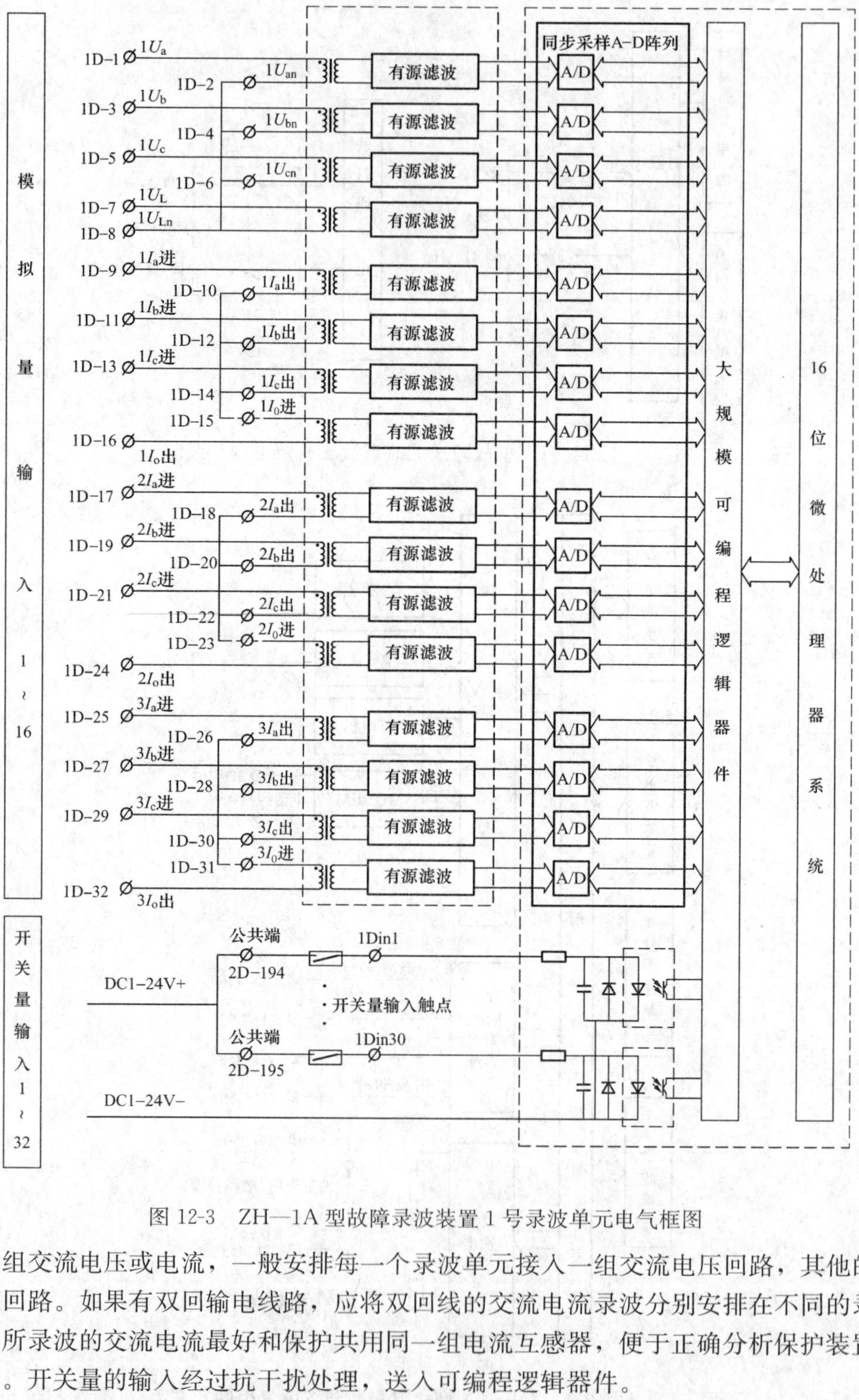

图 12-3　ZH—1A 型故障录波装置 1 号录波单元电气框图

接入 4 组交流电压或电流，一般安排每一个录波单元接入一组交流电压回路，其他的接交流电流回路。如果有双回输电线路，应将双回线的交流电流录波分别安排在不同的录波单元中。所录波的交流电流最好和保护共用同一组电流互感器，便于正确分析保护装置的动作行为。开关量的输入经过抗干扰处理，送入可编程逻辑器件。

故障录波装置的输入端子分为模拟量和开关量两类，模拟量中又分为电压、电流、高频量，同一类模拟量还以相别区分。出厂时这些端子已由厂家确定好，一般不宜另行更改。因此，在回路接线时，必须根据厂家的要求，按照类别、相序及其编号接入，否则显示及打印都将出错，甚至可能损坏装置。

例如：ZH—1A 型故障录波装置的端子排分为两列，一列为模拟量和电源部分，另一列为开关量和开出信号部分，分别置于装置屏架的两侧。模拟量部分又分为电压段和电流段，电压段以一组电压为一段，电流段以 1～3 回电流为一段，开关量部分以 32 路开关量为一段。装置的配置不同，端子排的安排和数量不同。但是，回路的接线都必须遵照以上原则进行。

第十三章

综合自动化变电站的通信网络接线

微机保护装置、自动装置和测控装置都具有串行通信接口，它们可以通过该接口与监控系统交换信息。在变电站中，依靠通信网络把微机保护装置、自动装置、测控装置和监控系统紧密地联系在一起，实现综合自动化。电网调度中心通过数据采集监控系统（SCADA）与各变电站的综合自动化系统联系起来，形成了整个电网的调度自动化系统。

第一节　变电站综合自动化系统的通信功能

一、微机保护及测控装置与监控系统通信的主要内容

（1）接受监控系统查询。监控系统定时查询各保护和自动装置，若能正确应答信号，说明装置的通信接口完好；若超时应答、无应答或应答错误，说明通信接口或保护装置本身出现故障。

（2）向监控系统传送事件报告，包括跳闸时间、跳闸元件、相别、故障距离、录波数据等，即具有远传数据功能，而且失电后这些数据还能保留。

（3）向监控系统传送自检报告。包括装置内部自检及对输入信号的检查。

（4）校对时钟。与监控系统对时，修改时钟。有 GPS 的变电站监控系统与 GPS 对时，这一点对分析电网事故十分重要。

（5）修改保护定值。通过监控系统对保护定值的修改，必须经过系统上传、下装、返校、确认四个环节后，保护装置才准予修改，这四个环节每一步都要通过通信来完成。

（6）接受值班人员对保护投退的命令。值班人员投退保护实际上是投退保护的软连接片或修改整定控制字。

（7）保护信号的远方复归。值班人员复归远方保护信号，是通过遥控来复归信号继电器的。

（8）实时向监控系统传送保护主要状态，如功能投退状态、输入量值及保护动作信号等。

（9）测控装置接受值班人员从监控系统发出的遥控命令，执行对断路器、隔离开关分合及变压器有载调压开关升降的操作。

（10）测控装置将输入的交流电流、电压，直流电流、电压转换为数字量，经通信网络送入监控系统。

（11）测控装置将输入的各种开关量信号经通信网络送入监控系统。

二、自动装置与监控系统通信的主要内容

目前微机保护装置已综合了原自动装置中的重合闸、低频减载等功能，所以这里的自动装置是指消弧线圈调谐及小电流接地选线装置、电压无功自动调节装置、备用电源自投装置等。

（1）消弧线圈调谐及小电流接地选线装置与监控系统通信的主要内容有中性点电压、中性点电流值，开口三角电压值，母线和线路接地信息、接地时间，母线 TV 谐振信息、谐振时间，自动调谐动作信息等。

（2）电压无功自动调节装置与监控系统通信的主要内容，除具有与微机保护相类似的通信功能外，电压无功自动调节装置还必须具有接受调度控制命令的功能，并对变压器分接开关及电容器投切进行控制。

（3）备用电源自投装置与监控系统的通信，与微机保护通信功能相类似。

三、变电站监控系统的通信功能

（1）与传统变电站的远动相比，综合自动化变电站扩展了 RTU 功能。传统变电站的远动 RTU 功能是指遥控、遥测、遥信、遥调的“四遥”功能。在综合自动化变电站中，大大扩展了传统变电站远动 RTU 功能的应用领域，总的信息量比常规 RTU 装置的容量大得多。主要是扩展了对保护及其他智能系统的远动功能，如前面讲述的保护定值的远方监视、切换及修改，保护的投切，故障录波、测距的远方传送等。此外，还包括变电站其他信息的监视与控制功能，如温度、压力、消防、直流系统、所用电系统等。几乎整个变电站的所有信息均通过网络通信传送至调度中心，相应之下，调度中心下传的信息也增加了许多。

（2）具有与上级系统通信的功能。变电站微机监控系统与上级系统的通信具备两条独立的通信通道，一条是常规的电力载波通道，另一条是数字微波通道或光纤通信通道。有的变电站微机监控系统要求具有多个远方调度中心的 SCADA 系统通信功能，如可同时与集控中心、县调、地调通信。在集控中心实施对若干个综合自动化变电站的监控。集控中心值班人员接受县调、地调的操作命令，然后对所辖的变电站实施远方操作。系统通信是按分层控制结构设置的。

第二节　变电站监控系统的通信网络

变电站内各保护、测控、自动装置和监控系统组成一个计算机通信的局域网络。目前计算机的局域网络技术和光纤通信技术在综合自动化变电站中得到普遍应用。这种系统具有较高的的抗电磁干扰能力，能够实现高速数据传输，满足实时性要求，组态灵活并易于扩展，大大简化了传统变电站繁杂的电缆接线，方便了施工和运行维护工作。

变电站监控系统的通信网络主要结构类型有集中式、分布式、分层分布式三类。目前发展较快的分层分布式通信网络，其按物理结构划分又可分为光纤型、总线型和基于 LON 网络三种通信网络。

一、集中式监控系统

集中式就是集中采集信息，集中处理运算，系统的各功能是用模块化软件连接实现的。这种模式容易产生数据传输瓶颈问题，其可扩展性、可维护性较差。它集保护功能、

人机接口功能、“四遥”功能、自检功能于一体，结构简单，价格较低。它适用于电压低、出线少的小型用户变电站，系统内的变电站已不再采用。

二、分布式监控系统

分布式是按功能模块设计的，采用主从CPU协同工作方式，各功能模块（装置）之间不能通信，与监控主机系统的通信采用总线（或串行通信）方式实现。分布式结构的优点有：

(1) 方便了系统扩展与维护；

(2) 局部故障不影响其他部件正常运行；

(3) 数据传输的瓶颈问题得以解决，提高了系统的实时性。

分布式网络结构是按功能集中组屏，所以保护屏、自动装置屏、测控屏等功能屏柜的界限分明。它们分别与主机通信，通信的介质多数是采用RS232、RS422国际通用串行接口的通信电缆，也有采用位总线分布式通信网络的。

分布式变电站监控系统通信网络如图13-1所示。它具有双总控可自动切换的监控方式。挂在总线下面的各智能微机装置按功能分布组屏，各屏柜上的装置与主机之间采用总线或串行通信方式实现数据通信。这种分布式结构在安装上可分为集中组屏和局部分散式组屏两种方式。前者多用于中小型变电站，后者多用于大型变电站。

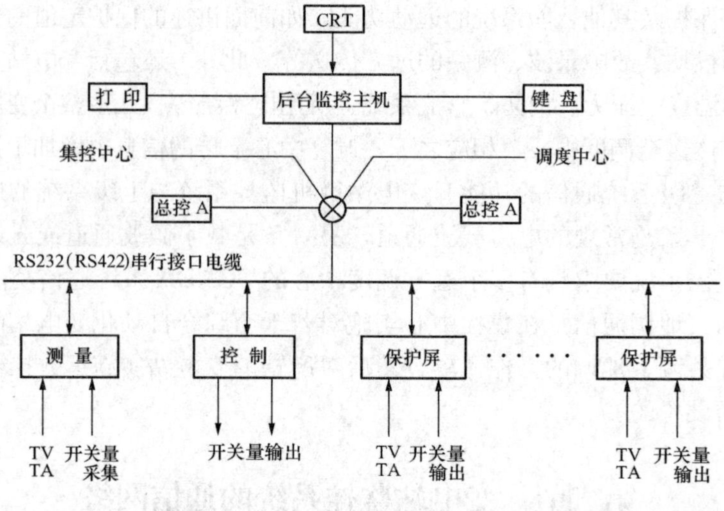

图13-1 分布式变电站监控系统通信网络简图

早期的变电站综合自动化系统中，广泛采用较简单的串行通信技术来实现通信网络，在运行实践中暴露出以下问题：

(1) 通信速率低，一般不超过9.6bit/s，在需要实时传输大量数据时不能满足要求；

(2) 在采用星型拓扑结构时，系统站点和功能的扩展困难；

(3) 在采用总线式拓扑结构时，由于不能实现平衡传输，运行规约受限，传输速率和效果均不能令人满意，用于大型变电站中情况更为严重；

(4) 不能在通信网中设置一个以上的主机，因而不能享有多主机技术带来的各种优越性能；

(5) 由于性能低下，较难实现完整的功能。

因为上述问题的存在，在分布式的变电站监控系统通信网络中多采用现场总线技术。

三、分层分布式监控系统

分层分布式通信网络从逻辑上将变电站分为两层，即变电站层和间隔层。这是根据一次接线面向间隔单元的网络。分层分布式变电站监控系统通信网络如图 13-2 所示。

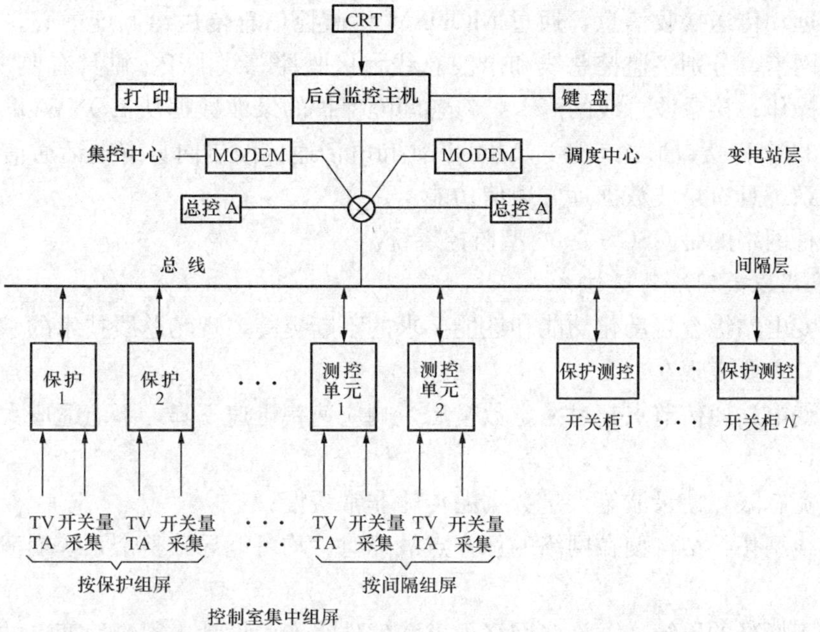

图 13-2　分层分布式变电站监控系统通信网络简图

各间隔单元的保护、自动、测控装置分散就地安装在开关柜上，位于一次设备附近的小室及主控制室内。其数据采集和开关量测控部分与保护部分是相互独立的，并与变电站层监控后台机通信。通常在间隔层内就能独立完成保护和监测的功能，而不依赖于通信网。通信网可以是光缆或双绞线。这种网络布局的优点是：

(1) 可最大限度地压缩二次设备及二次电缆；

(2) 系统配置灵活，便于扩展；

(3) 维护检修方便，适用于各电压等级的变电站中，特别适用于大型变电站。

(一) 总线型监控系统通信网络

总线型适用于局域网总线型 CANBUS、RS232、RS422、RS485 等接口，可实现装于室内的通信管理单元与分散到各间隔层各单元之间的网络通信。当用于局域网总线型 CANBUS 时，通信管理单元 CPU 更换为 CAN188；使用普通 RS232、RS422、RS485 接口时，CPU 为 80C188。

总线型通信网络分为三部分，即变电站层、通信管理层和间隔层。变电站层就是监控系统的后台机。通信管理层就是两个通信总控单元，运行时总控 A 和 B 互为热备用，相互监视，如运行中总控 A 故障，立即切换为总控 B，可靠性较高。间隔层仍按一次接线分割的间隔为单元。

采用这种网络的有 DISA—2 总线型通信网络。

(二) 采用 LON 网络的通信系统

LON 通信网络是总线型分层分布式监控系统的又一种形式。它的网络只分为两层，即变电站层和间隔层。变电站层有三个主站并相互独立，提高了系统的裕度。主站1主管系统监控，它有一个总线网卡与LONWORK1和LONWORK2监控总线连接，还通过RS232接口连接人机界面（MMI）的PC机，用做后台监控。主站2也设置一个监控总线网卡，主管远动传送接收信息，通过MODEM将监控信息传送给调度中心。工程师站具有两个总线网卡，分别接监控总线和录波总线。接监控总线的PC机具有监视系统功能，但不能控制操作；接录波总线的网卡，将各间隔保护的录波数据从LONWORK总线形式变换为RS232串行接口形式，通过MODEM和电话通信网传向具有电话通信功能的远方另一端。该系统具有录波数据远方通信功能。

采用这种网络的是CSC—2000型监控系统。

（三）采用以太网络的通信系统

随着对变电站综合自动化功能和性能要求的不断提高，现场总线技术的一些局限性逐渐显露出来，主要表现在：

（1）当变电站通信节点超过一定数量后，响应速率迅速下降，不能适应大型变电站对通信的要求；

（2）带宽有限，使录波等大量数据的传输非常缓慢；

（3）总线型拓扑结构使在网络的任一点故障时，均可能导致整个系统崩溃，且难以诊断故障点；

（4）由于标准的不统一，许多网络设备和软件需专门设计，很难使变电站综合自动化的通信网络标准化，也不具开放性。

由于以上问题的存在，以太网以其优越的综合性能成为变电站综合自动化系统中通信技术发展的趋势。以太网在带宽、可扩展性、可靠性、经济性、通用性等方面都具有一定的优势。

以太网的带宽高达10M以上，100M的以太网也已广泛使用，这样的带宽足以满足大型变电站的要求。以太网的一个冲突域中可支持1024个节点，节点数小于100时，10M的以太网即使负载率达到50％（500K），响应时间也小于0.01s。由于用交换式集线器能把一个以太网分为数个冲突域，即可以把节点数大于100的变电站分为若干个节点数小于100的子网来保证响应速率，满足实时性的要求。以太网可以使用同轴电缆、双绞线、光纤作为通信介质，甚至能在一个网络中混合使用。网络的拓扑结构可为总线型或星型，也可以两者混用。由于集线器的使用，使网络性能提高和站点扩展可以通过集线器的升级或堆叠来完成，比较灵活方便。以太网符合国际标准，使用广泛，成本低廉，开发的网络工具和网络设备较多，各种高层规约都对以太网充分支持。以太网的使用有广泛的发展前景。

目前变电站监控系统普遍采用以太网，它仍采用分层分布式的体系，变电站层使用100M以太网，间隔层使用10M以太网。均采用基于集线器的星型拓扑结构，传输媒介根据需要可以选择双绞线或光纤。

间隔层的保护装置、测控装置、自动装置等具备以太网接口的设备，直接接入间隔层以太网，其他分布布置的智能设备通过规约转换器、测控装置转接，接入间隔层以太网。根据设备所属位置和安装位置连接到适当的间隔层集线器，然后再将所有的间隔层集线器接入变电站层集线器。所有的变电站设备均直接接到变电站层集线器。

第三节　变电站监控系统的通信网络实例

变电站综合自动化系统当前运行的监控通信网络，大多是以太网组成的分层分布式网络。图 13-3 是一座 110kV 变电站的通信网络结构示意图。

从图 13-3 中可见，变电站的通信网络包括由双以太网构成的监控网络、保护信息网、电度表计量网和 GPS 对时网等。

一、监控网络

变电站全站间隔层的保护测控装置包括 110kV 线路保护装置及测控装置、主变压器保护装置及测控装置、110kV 母联保护装置及测控装置、110kV 母线保护装置、分段保护及备自投装置、公用测控装置、低频低压减载装置、35kV 及 10kV 就地安装的保护测控一体化装置等，这些装置通过通信网口接到两个独立的监控网络。两台操作员工作站分别从两个监控网获取信息，在变电站内对站内所有设备进行监控及操作。两台远动主站接到两个监控网，通过数字（或模拟）通道将本站的综合自动化信息传送至地区调度、省级调度或集控中心，由上级运行部门进行监控及操作。

向上级传送的信息通过两条途径传输：一条是远动主站经过双机通道切换装置，经由专设的光纤通道传送到地区调度、省级调度（或集控中心）；另一条是远动主站经网络交换机接到路由器，经过专设的数据传输网传送到地区调度、省级调度及上级主管运行部门。

在监控网上还接有 VQC 主站，即电压无功自动调节系统。如前面第八章所述，它们与监控系统通信，实现电压无功综合自动调节的全部功能，包括各种投切控制的软连接片，控制各组电容器的投退、各台变压器的分接开关升降以及 VQC 功能的投入等。

与操作员工作站连接的还有微机“五防”系统工作站，微机“五防”系统与综合自动化监控系统联网，信息共享。从变电站综合自动化监控系统数据库中对变电站的所有断路器、隔离开关、接地开关运行的实时状态信息进行采集，按照要求的防误操作闭锁逻辑进行编程，将这些程序输入到电动钥匙中，分别去打开不同位置的程序锁，或接通不同位置的电气编码锁。

监控网络实际设备的连接请参照图 13-4 和图 13-5，监控网络的组网是通过安装在公用接口柜上的网络交换机来实现的。图 13-4 中，公用接口柜上装有 4 台 BX5024 交换机作为以太网的接入设备，每台交换机有 24 个接口，视接入设备的多少和监控网的单双（大多厂家 110kV 变电站是单网结构的）来决定交换机的数量。

监控网络的连接在主控制室安装的设备，是将每台保护或测控装置的以太网口用网线连接到公用接口柜的网络交换机上；对于双网，是将两个以太网口分别接到两个监控网的交换机上。

对于 35kV 及 10kV 的保护测控一体化装置布置在对应的高压开关柜上，安放在高压开关室内，如图 13-5 所示。它们的监控网络是在每个高压开关室内安放一或两台网络交换机，一般安装在 TV 开关柜上（TV 开关柜保护仪表小室布置的设备少）。开关柜上各

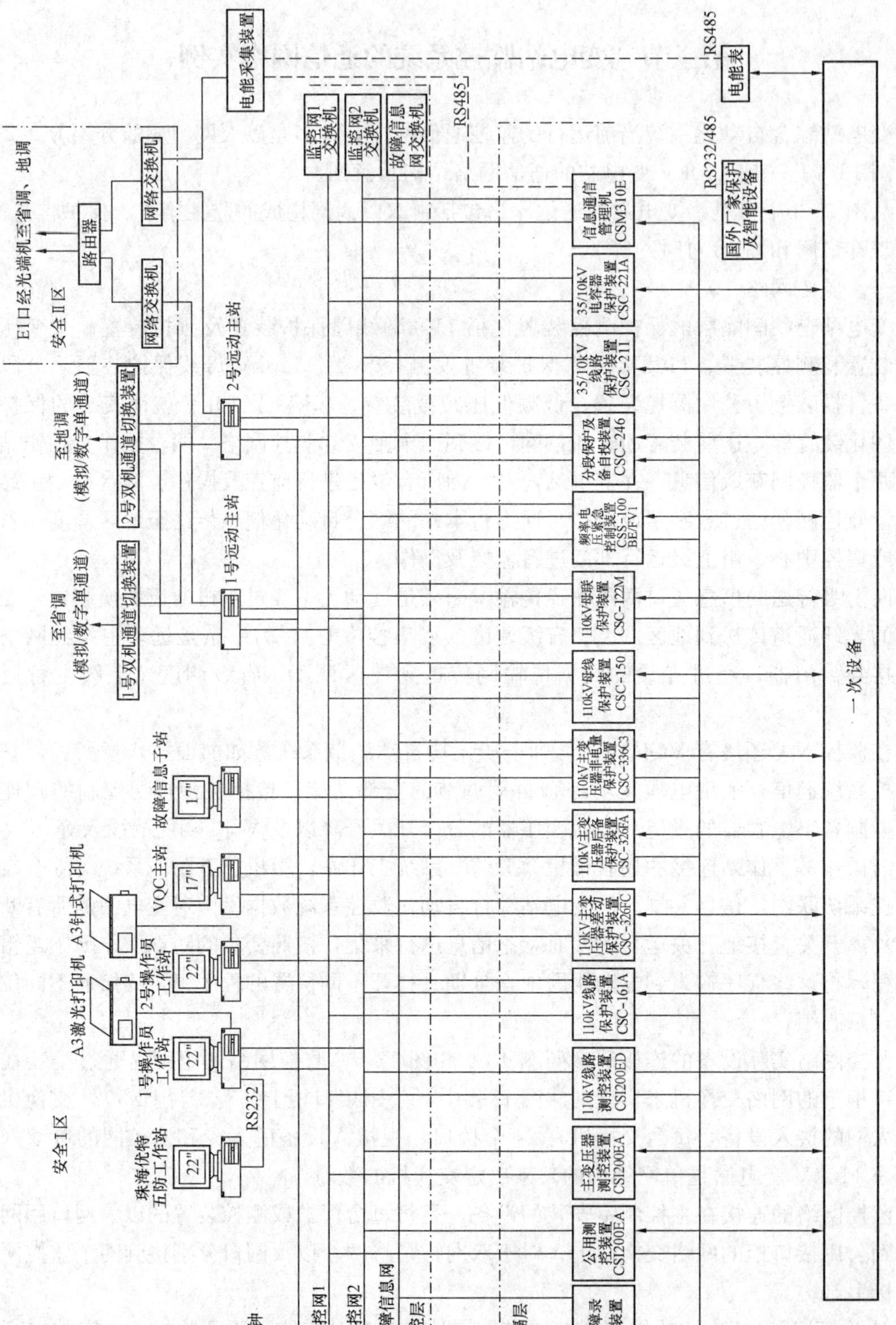

图 13-3　110kV 变电站通信网络结构示意图

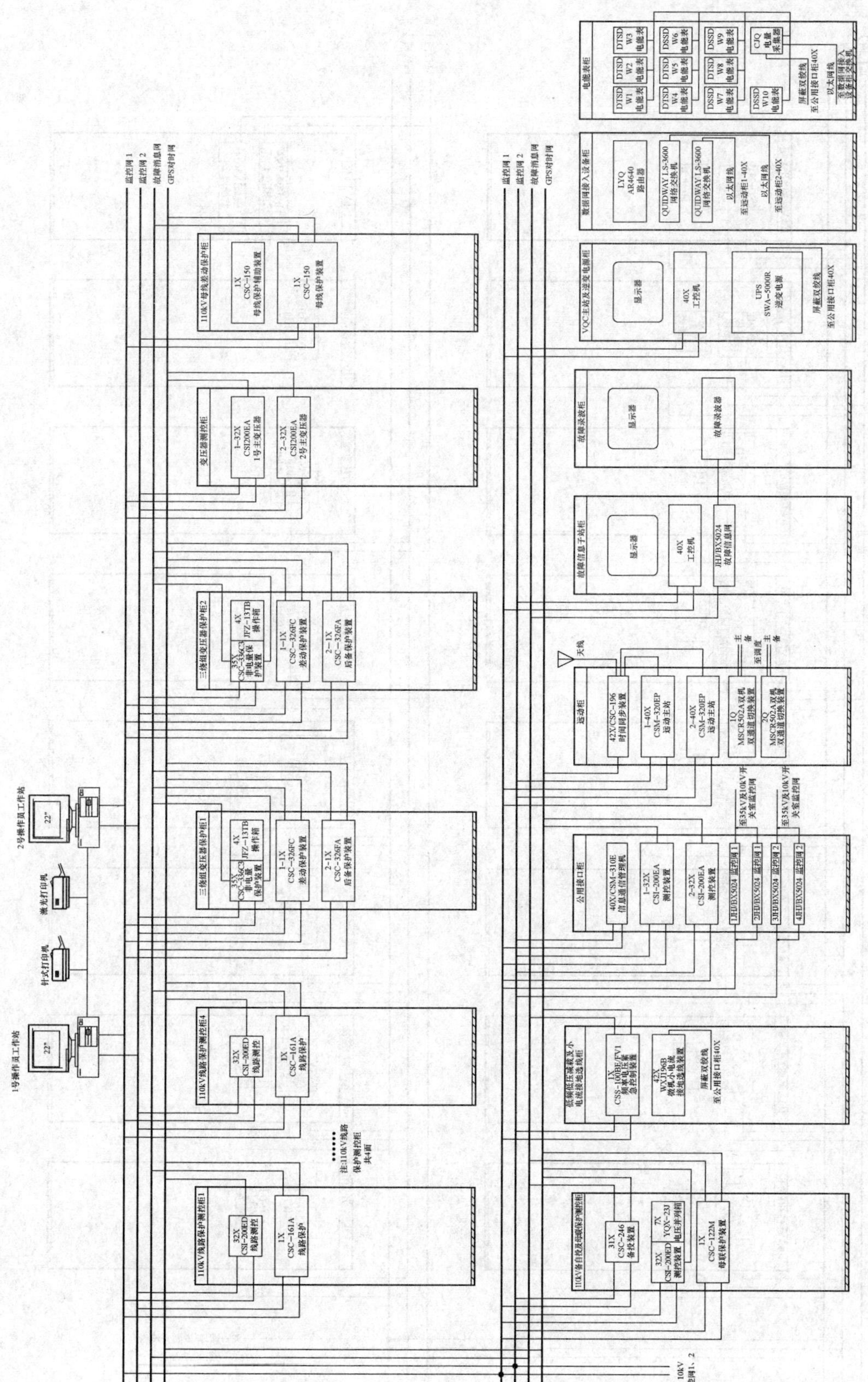

图 13-4　变电站主控制室通信网络图

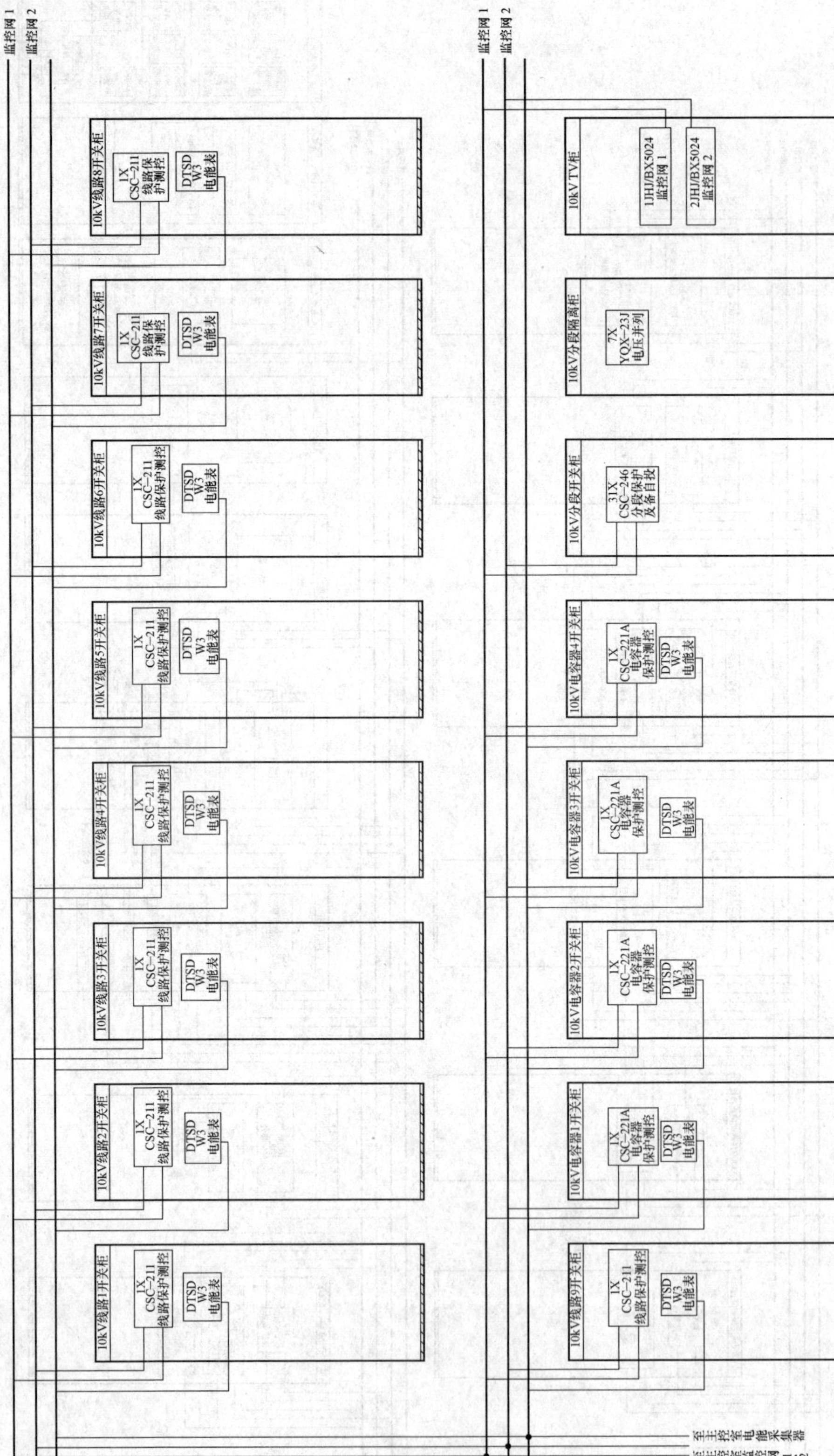

图 13-5 变电站 10kV 开关室网络图

个保护测控装置的以太网口用网线连接到高压开关室的网络交换机上。每台高压开关室的交换机再用网线和主控室公用接口柜上的网络交换机连接。这样，就组成了变电站全站的监控网络。如果连接的网线长度超过70m，必须用光缆并配置光电转换器与交换机之间连接。

对于非综合自动化厂家的自动化设备与监控网络连接，要通过信息通信管理机接入，如小电流接地选线装置、消弧线圈控制系统、电能采集系统、直流电源系统等。信息通信管理机是一种综合管理主站，目前在变电站内不同厂家的各种自动化设备要联到监控网，做不到所有厂家都按照同一种标准互联，还需要通过协议转换器，实现不同介质、不同协议设备间的信息交换。一台信息通信管理机可以实现多个通道、多种远动规约同时运行，可以作为RS485、RS232方式通信的装置接入以太网及LonWorks网络的转换器，也可以作为LonWorks接入以太网、RS485转换器。

二、故障信息网

故障信息网是为微机保护装置与故障录波装置运行、监测、操作而设置的网络。通过故障信息网，可以实现对运行中保护装置的实时监测、保护定值的修改、保护功能软连接片的投退、调阅故障录波报告等。在变电站内，可以在故障信息子站调阅操作，远方可以通过通信传输组网，在继电保护监控中心进行调阅操作。

变电站故障信息网一般是将110kV及以上保护装置的以太网口、故障录波器的以太网口与设在故障信息子站柜的网络交换机连接，故障信息子站柜的工控机作为网络终端。

一般110kV变电站不设故障信息网及故障信息子站，而设立保护工程师子站与监控网连接，通过保护工程师子站及监控网实现对运行中保护装置的实时监测；保护定值的修改；保护功能软连接片的投退等。

三、电能表计量网

电能表计量网是为变电站计量用电能表专设的网络。一般变电站110kV线路、主变压器各侧的电能表集中组屏，安装在主控制室，在电能表柜上安装有电能采集装置。

安装在电能表柜上的电能表将其RS485口直接与电能采集装置连接，安装在35kV及10kV开关柜上的电能表RS485口相互连接，最终也连接在电能表柜上的电能采集装置上，组成了变电站的电能表计量网。电能采集装置通过信息通信管理机与变电站监控网连接，同时连接到网络交换机经过路由器进入数据接入网，经过专设的数据传输网传送到地区调度、省级调度及上级计量管理中心。

四、GPS对时网

变电站综合自动化系统配置了很多保护装置、测控装置及自动化装置，这些装置中都有时钟显示年、月、日、时、分、秒。为了运行监测和准确分析系统故障，必须有一个标准统一的时间，这就是GPS卫星定位计时系统。现在变电站综合自动化系统都配置有GPS对时装置。这种装置通过卫星接收天线接收卫星发送的标准时间，然后将标准时间送往各自动装置进行校核，使之与标准时间同步。

变电站的对时方法有多种，主要有网络对时、有源脉冲对时、无源脉冲对时、B码对时等。110kV变电站多采用网络对时、有源脉冲对时及无源脉冲对时。

CSC—196是一种时间同步装置，即GPS对时装置。图13-6是对时装置与远动主站

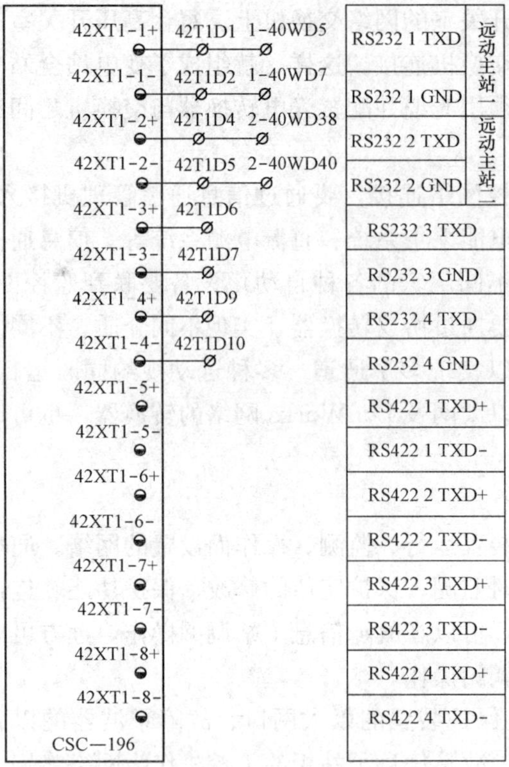

图 13-6 对时装置与远动主站连接图

的连接图，对时装置的两组 RS232 口用双绞线连接到两个远动主站，通过远动主站与监控网连接。它可以将天线接收到的卫星 GPS 时钟信息发送到监控网，与监控网连接的保护、测控及自动装置即可获取标准时间。为了获取更精确的时间，可以采用脉冲对时，由时间同步装置每秒发一次脉冲进行核对，可以精确到毫秒级。

脉冲对时有有源脉冲对时和无源脉冲对时两种。图 13-7 是有源脉冲对时接线图。有源脉冲对时的工作电源是由对时装置提供的直流 220V，图 13-7 中的 42XD1-IN＋和 42XD1-IN－分别是工作电源的正、负端子。当时间同步装置每秒发一次脉冲时，装置中的光耦二极管发光，使其光敏三极管导通，接通有源脉冲对时电路。电路接通的同时，保护测控柜端子排上各装置对应的光耦二极管发光，其三极管导通，接通装置内部的对时电路，核对其每秒时间。

图 13-8 是无源脉冲对时接线图。无源脉冲对时的工作电源由各屏柜装置提供，图中

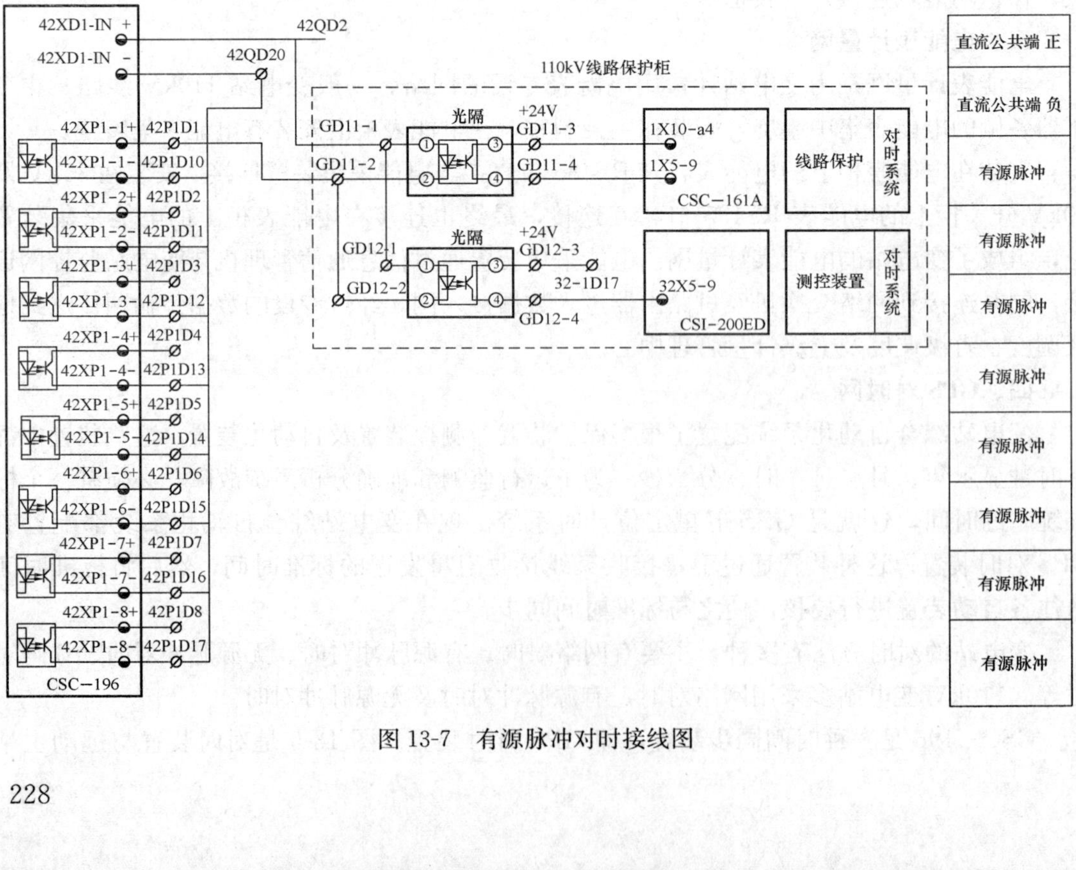

图 13-7 有源脉冲对时接线图

所示的是故障录波装置的对时电路，装置提供的是 24V 直流电源，其对时电路工作过程与有源脉冲对时是相同的。

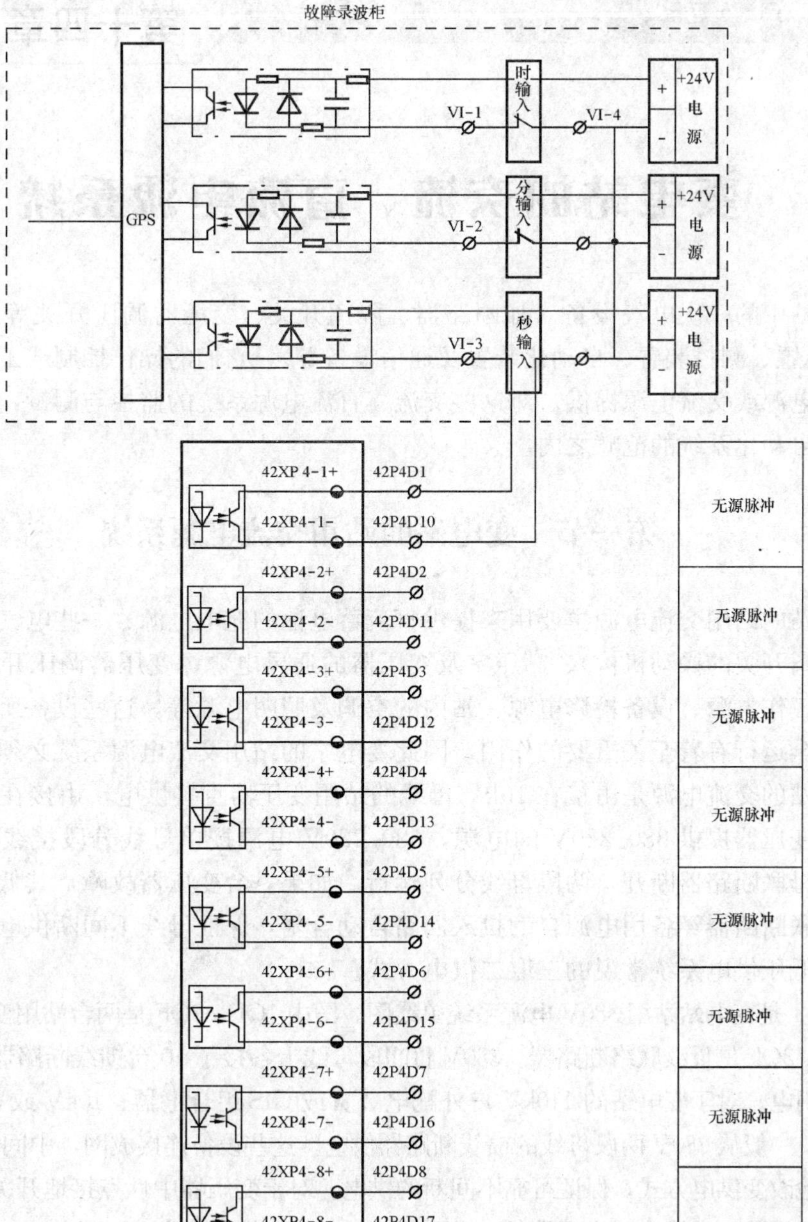

图 13-8　无源脉冲对时接线图

第十四章

变电站的交流、直流电源系统

变电站中的一次电气设备（如断路器、隔离开关、变压器调压开关等）和二次设备（如保护装置、测控装置、自动化装置及通信设备等），它们的操作控制或工作能源是由专设的直流电源或交流电源提供。对这些交流、直流电源系统的监控与测量，也必须纳入变电站综合自动化系统的范畴之内。

第一节　变电站的站用交流电源系统

变电站的站用交流电源主要用来提供直流蓄电池的充电电源、一些电气设备的操作电源（如隔离开关的操动机构）、高压室及变压器的通风电源、变压器调压开关的控制及在线滤油机工作电源、设备检修电源、站内的空调及照明电源等。这些设备所需的电源对变电站的安全运行有着至关重要的作用，因此变电站的站用交流电源系统必须安全可靠。

变电站的交流电源是由接在10kV母线的站用变压器直接供电，由接在两段母线上的两台站用变压器提供380/220V的电源，380/220V电源按单母线分段接线方式构成。一般运行中母联断路器断开，两段母线分列运行。如果一台变压器故障，其低压进线断路器跳开，母联断路器经备用电源自动投入回路自动合闸，保证母线不间断供电。这种运行方式也就是低压供电系统常说的三取二供电方式。

图14-1是变电站站用380V电源系统单线图。图中1QF、2QF是两台站用变压器的低压进线断路器，3QF是母线联络断路器。380V Ⅰ和Ⅱ段母线上各接了10台馈线断路器，供变电站各设备负荷用电。对于变电站的110kV户外配电装置或GIS组合电器、10kV或35kV开关柜等重要设备，一般从380V两段母线的馈线断路器供电。这些设备连接成网，中间设分段断路器，可以灵活地改变供电方式，保证可靠不间断的供电。对于变压器中性点接地开关，变压器本体通风、调压开关，在线滤油机等设备，多采用一对一的直接供电方式。

图14-1中，变压器低压进线断路器1QF、2QF及联络断路器3QF采用框架式智能型断路器，各馈线断路器QF1～QF10采用带报警辅助触点的塑壳断路器。

图14-2（a）是站用380V电源1号进线的交流电流及电压回路。站用电源屏上安装有数显电流表1PA和数显电压表1PV及电能表1PWh进行就地监测，数显表1PA和1PV由C相和N相提供工作电源。同时将其三相电流及电压也送到测控装置，传递至综合自动化系统进行远方测量。在电压回路AB与BC间接有监测电压继电器1KA1和1KA2，用于启动自投回路。

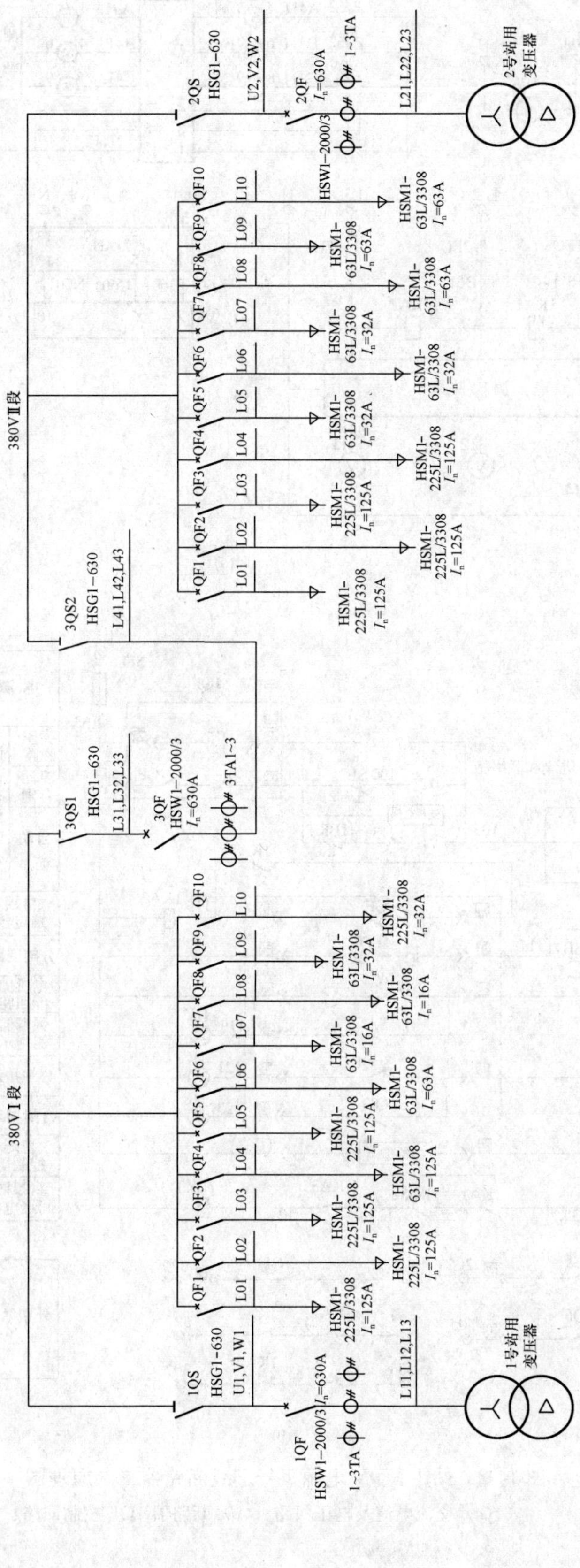

图 14-1　站用 380V 电源系统单线图

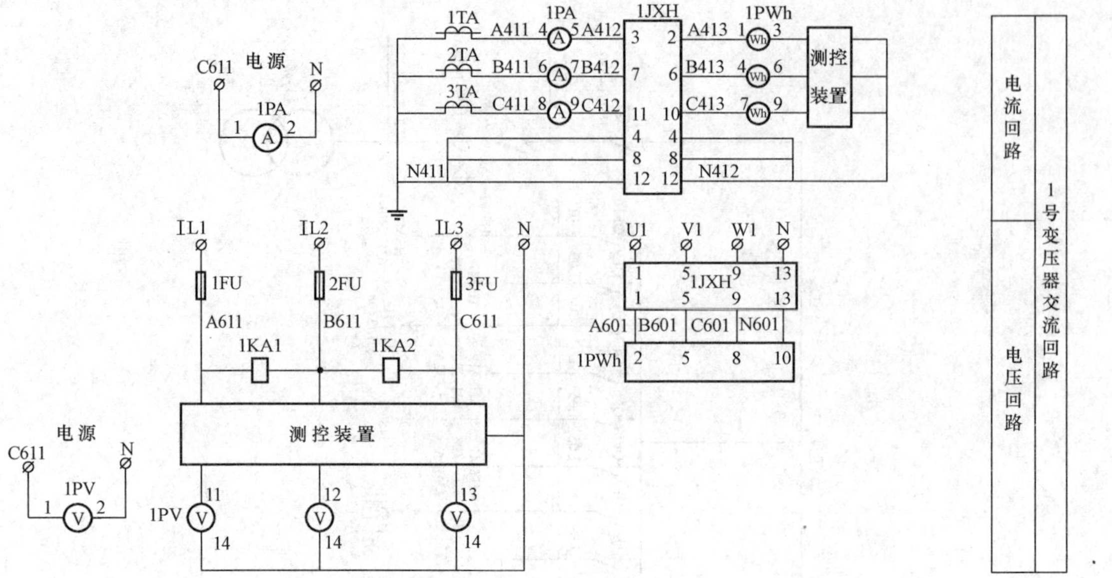

(a)

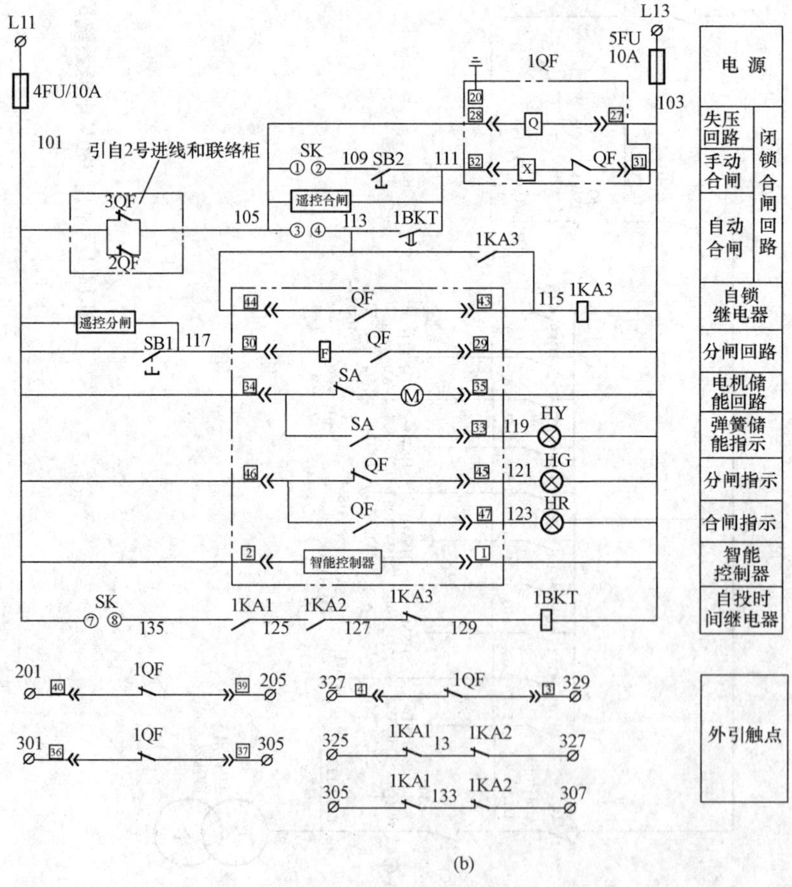

SK自动、手动开关触点图表

触点	LW12-16Z/4.0416.2		
	自动		手动
	↖45	0	45↗
1–2			×
3–4	×		
5–6			×
7–8	×		

(b)

图 14-2 站用380V电源1号进线断路器二次原理图（一）

（a）交流电流及电压回路；（b）断路器1QF控制回路

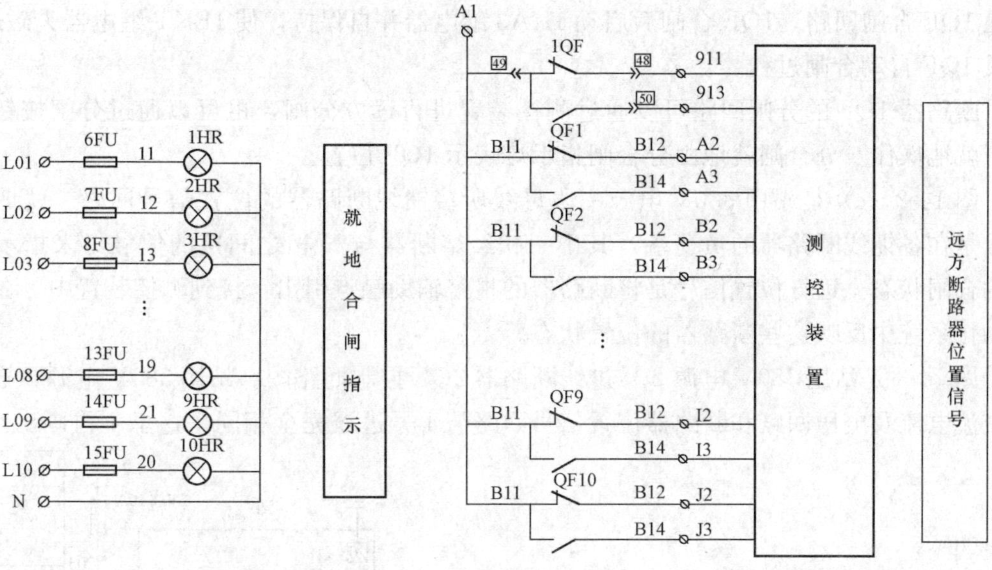

(c)

图 14-2　站用 380V 电源 1 号进线断路器二次原理图（二）

(c) 断路器的信号回路

图 14-2（b）是站用 380V 电源 1 号进线断路器 1QF 的控制回路。框架式智能低压断路器的控制回路一般采用交流电源，有采用 220V 或 380V 的，这里采用的是 380V，控制电源采自靠近变压器侧的 A 相（L11）和 C 相（L13），只有 1 号变压器带电，低压侧有电压，断路器 1QF 才具备控制电源。框架式智能低压断路器的操动机构采用弹簧储能原理，当弹簧能量释放后，其微动开关 KA 的动断触点闭合，启动电动机 M 转动，将弹簧拉伸储能，当弹簧拉到位，其微动开关 KA 动断触点断开，切断电动机电源，KA 动合触点闭合，点亮弹簧储能指示灯。框架式智能低压断路器操动机构有合闸电磁铁 X、分励脱扣器 F 和欠压脱扣器 Q。

欠电压脱扣器 Q 有瞬时动作和延时动作两种。当接在其线圈上的交流电压降低到定值或失压，断路器即跳闸断开。欠电压脱扣器 Q 经 2QF 和 3QF 的动断触点并联接在控制电源回路中，当断路器 2QF 和 3QF 均处于合闸状态，其动断触点断开，使 Q 失压脱扣，1QF 跳闸断开。只有当 2QF、3QF 一个在分闸状态或两个均在分闸状态时，才能保证 1QF 断路器保持在合闸状态中。这就是低压两台变压器及两段母线供电系统中常用到的三取二供电方式。

断路器 1QF 的合闸回路有通过测控装置进行远方合闸的回路，也有就地操作的合闸回路。当合闸回路通过 SK 切换在手动位置，按下按钮 SB2 可以进行手动合闸；当 SK 切换在自动位置，经 1BKT 继电器动作，可以实现自动合闸。

如果变压器要投入运行，且 SK 切换开关在自动位置，并符合三取二条件，只要变压器高压侧断路器合闸，变压器带电，其低压侧断路器 1QF 就会自动合闸。其动作过程是：变压器带电 1KA1 与 1KA2 继电器动作，其动合触点闭合，1KA3 因 1QF 还没有合闸而不动作，其动断触点闭合，使 1BKT 继电器动作 1BKT 动作后，其动合触点延时闭合，接通 1QF 合闸回路。1QF 合闸后启动 1KA3 继电器并自保持，使 1BKT 继电器失磁返回，完成 1QF 自动合闸过程。

断路器 1QF 的分闸回路可以通过测控装置进行远方分闸，也可以通过分闸按钮 SB1 进行就地操作。分合闸就地由分合闸指示灯表示 1QF 位置。

图 14-2（c）是站用 380V 电源一段母线所接馈线断路器的位置信号回路。就地位置信号是在各馈线断路器的负荷端，其中一相经熔断器与 N 相之间接的信号灯来指示断路器的合闸状态。远方位置信号是将断路器的报警辅助触点引出，接到测控装置中，在综合自动化系统中反映这些断路器的位置状态。

图 14-3 是站用 380V 电源 2 号进线断路器 2QF 控制回路图。站用 380V 电源 2 号进线的交流电流及电压回路和断路器位置信号回路与 1 号进线完全相同，这里不再画出。2 号

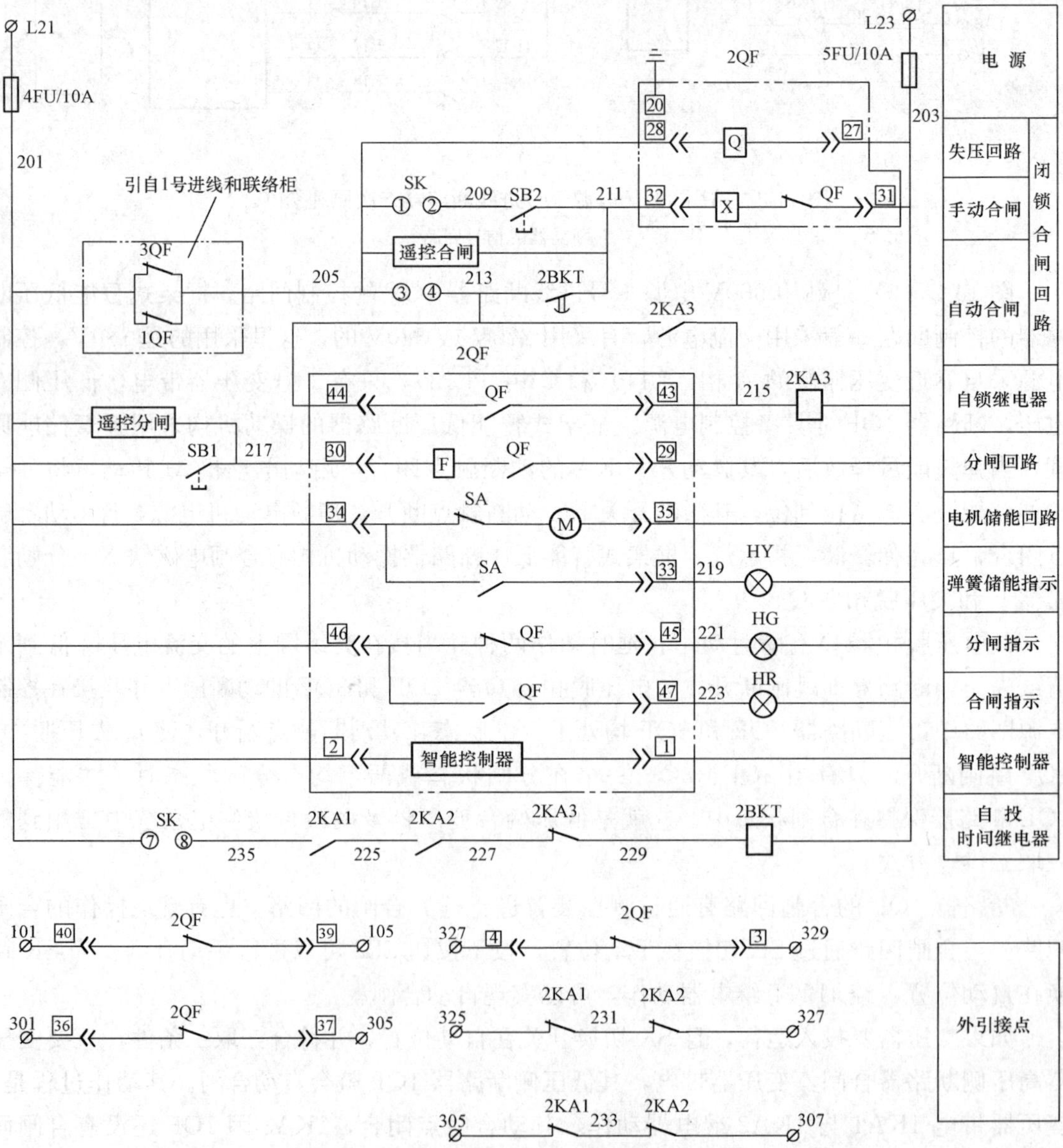

图 14-3 站用 380V 电源 2 号进线断路器 2QF 控制回路图

进线断路器 2QF 控制回路与 1QF 也基本相同，不同的只是欠电压脱扣器 Q 是经 1QF 和 3QF 的动断触点并联接在控制电源回路中，当断路器 1QF 和 3QF 均处于合闸状态，其动断触点断开，使 Q 失压脱扣，2QF 跳闸断开。只有当 1QF、3QF 一个在分闸状态或两个均在分闸状态时，才能保证 2QF 断路器保持在合闸状态。

图 14-4 是站用 380V 电源联络断路器 3QF 控制回路图。联络断路器 3QF 的控制电源取自断路器两侧母线的电压，一侧采自一段母线的 A 相（L31）和 C 相（L33），另一侧采自二段母线的 A 相（L41）和 C 相（L43），由接在 L31 与 L33 之间的中间继电器 4KA 进行切换。当 L31 与 L33 有电压时，4KA 启动，其动合触点闭合，动断触点打开，由 L31 与 L33 给 3QF 提供控制电源。当 L31 与 L33 无电压时，4KA 失磁，其动合触点打开，动断触点闭合，由 L41 与 L43 给 3QF 提供控制电源。

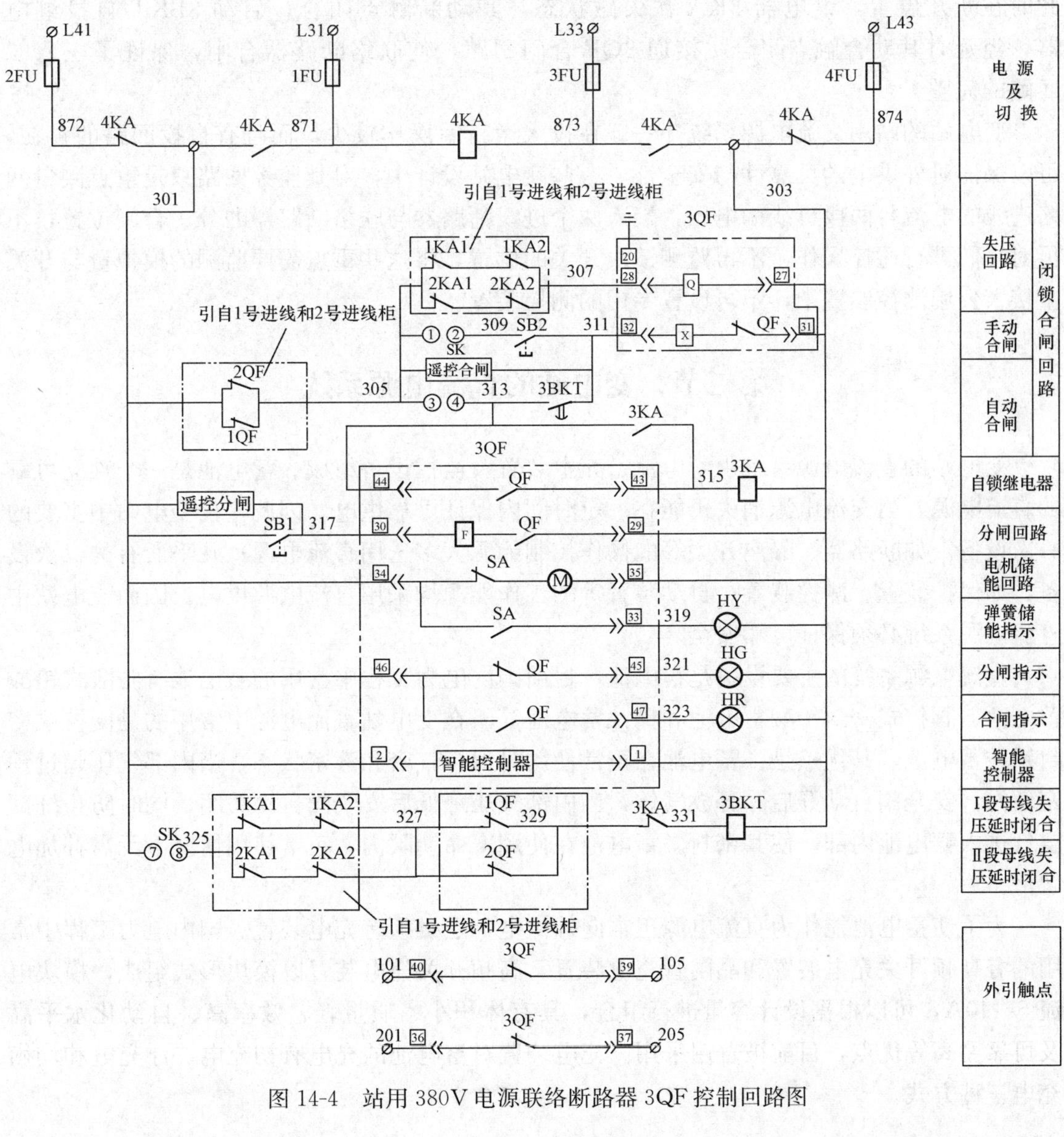

图 14-4　站用 380V 电源联络断路器 3QF 控制回路图

联络断路器 3QF 欠电压脱扣器 Q 回路与 1QF、2QF 不同，不仅经 1QF 和 2QF 的动断触点并联控制，而且由 1KA1、1KA2 与 2KA1、2KA2 的动断触点并联控制。当断路器 1QF 和 2QF 均处于合闸状态，其动断触点断开，使 Q 失压脱扣，3QF 跳闸断开。只有当 1QF、2QF 一个在分闸状态或两个均在分闸状态时，才能保证 3QF 断路器保持在合闸状态。同时两台变压器是否带电，低压侧是否有电压，也在控制 Q 欠压脱扣器。当两台变压器低压侧均有电压，1KA1、1KA2 与 2KA1、2KA2 电压继电器均在启动状态，其动断触点打开，Q 失压脱扣，3QF 跳闸断开。只有一台变压器低压侧无电压，另一台变压器低压侧有电压，才能保证 3QF 断路器保持在合闸状态。

联络断路器 3QF 的自投回路动作过程为：切换开关 SK 投在自动位置，当一台变压器失压，其相应的断路器因无压而断开，此时 1KA1、1KA2（或 2KA1、2KA2）继电器失磁，动断触点闭合；断路器 1QF（或 2QF）断开，其动断辅助触点闭合；3QF 此时在断开位置，继电器 3KA 在失磁状态，其动断触点闭合。启动 3BKT 自投继电器，经延时其动合触点闭合，接通 3QF 合闸回路，使联络断路器合闸，保证了三取二回路的完整。

变电站的站用交流电源系统，一般在投入运行后操作较少，而且有自投回路的存在，可以保证对外供电的可靠性与安全性。有些变电站设计中，对其监控回路只是重点测量两路进线的电流与两段母线的电压，接入两个进线断路器与联络断路器的分、合闸位置，不再对它们进行遥控操作，不再监测馈线开关的位置，将这些重点需要监测的模拟量与开关量接入公用测控装置中，不再设置专用的测控装置。

第二节　变电站的直流电源系统

变电站的直流电源系统由蓄电池、充电装置及监控设备组成。蓄电池是一个独立可靠的直流电源，当交流电源消失仍能在一定时间内保证可靠供电。因此，在变电站中主要的一次设备，如断路器、隔离开关等的操作控制能源大多选用直流电源；几乎所有的二次设备，如保护装置、测控装置、自动装置等的工作能源均采用直流电源供电。因而变电站中直流电源系统必须保证可靠安全。

直流电源系统的主要设备是蓄电池，目前国内电力工程中常用的蓄电池有防酸式铅酸蓄电池、阀控式密封铅酸蓄电池和镉镍蓄电池等。在变电站直流电源中常用的是阀控式密封铅酸蓄电池，其优点是：蓄电池在正常使用时保持气密和液密状态，当内部气压超过预定值时，安全阀自动开启，释放气体，当内部气压降低后安全阀自动关闭，同时防止外部空气进入蓄电池内部，使其密封。蓄电池在使用寿命期限内，正常使用情况下无需补加电解液。

为了使蓄电池能作为直流电源正常向外供电，还必须有充电装置。国内电力工程中常用的有高频开关充电装置和晶闸管充电装置。高频开关充电装置以模块形式组成，模块电流 5～40A，可以根据设计容量进行组合，具有体积小、质量轻、效率高、自动化水平高及可靠性高等优点，目前被普遍采用。充电装置对蓄电池的充电有初充电、浮充电和均衡充电三种方式。

(1) 初充电：是指蓄电池组装完成后的最初充电，一般由生产厂家来完成。

(2) 浮充电：直流电源系统在正常运行时，充电装置承担经常负荷，同时向蓄电池组补充充电，以补充蓄电池的自放电，使蓄电池以满容量的状态处于备用。

(3) 均衡充电：为补偿蓄电池在使用过程中产生的电压不均匀现象，使其恢复到规定范围内而进行的充电，以及大容量放电后的补充充电，这些通称为均衡充电。

高频开关充电装置的可靠性相对较高，整流模块可以更换，且有冗余。对于高频开关充电装置的配置，原则上可以不设整套装置的备用，即一组蓄电池配一套充电装置，两组蓄电池配两套充电装置。在实际运用中，为了进一步提高可靠性，一组蓄电池也可以配两套充电装置。

为了使直流电源系统正常运行，还必须装设监控装置。直流系统中一般按每组蓄电池或每组充电装置设置一套微机监控装置。直流系统微机监控装置具备的基本功能如下：

(1) 测量功能：测量直流系统母线电压、充电装置输出电压和电流及蓄电池组电压和电流。

(2) 信号功能：发直流系统母线电压过高和过低、直流系统接地、充电装置运行方式切换和故障等信号。

(3) 控制功能：控制充电装置的开机、停机和运行方式切换。

(4) 接口：通过通信接口，将信息传至变电站综合自动化系统。

直流电源系统各装置的报警信号及其他信息等，均应先传至直流系统的监控装置，然后通过通信接口传至上位机。

图 14-5 是一组蓄电池组成的直流系统原理图。对于一组蓄电池的直流系统，多采用单母线分段接线或单母线接线，这里采用的是单母线分段的接线方式。它由一组 200Ah 蓄电池和两组充电装置组成，每组充电装置由 5 只 10A 的充电模块构成。其母线有正的合闸母线 HM 和正的控制母线 KM，负母线 M 两者公用。充电装置和蓄电池送出直接接到 HM 和 M，HM 经过由 5 只二极管组成的硅链降压后送到 KM。

图 14-5 中主要元件名称及作用如下：

PV1——蓄电池组电压表。

PA1——蓄电池组充放电电流表。

1T、2T——蓄电池组充放电传感器。

1PV1、2PV1——1、2 号充电模块输出电压表。

1PA1、2PA1——1、2 号充电模块输出电流表。

1PV2、2PV2——1、2 段控制母线电压表。

1PA2、2PA2——1、2 段控制母线电流表。

11U～15U——第一组高频开关充电电源模块。

21U～25U——第二组高频开关充电电源模块。

图 14-6 是给两组充电装置供电的交流回路原理图。为了保证给蓄电池充电装置供电的交流电源可靠，每一组充电装置都由两路交流电源供电，即每台站用变压器的低压母线上各出一路，正常运行一路供电一路备用。两路电源之间设置备自投，当运行馈路故障，备用馈路自动投入。

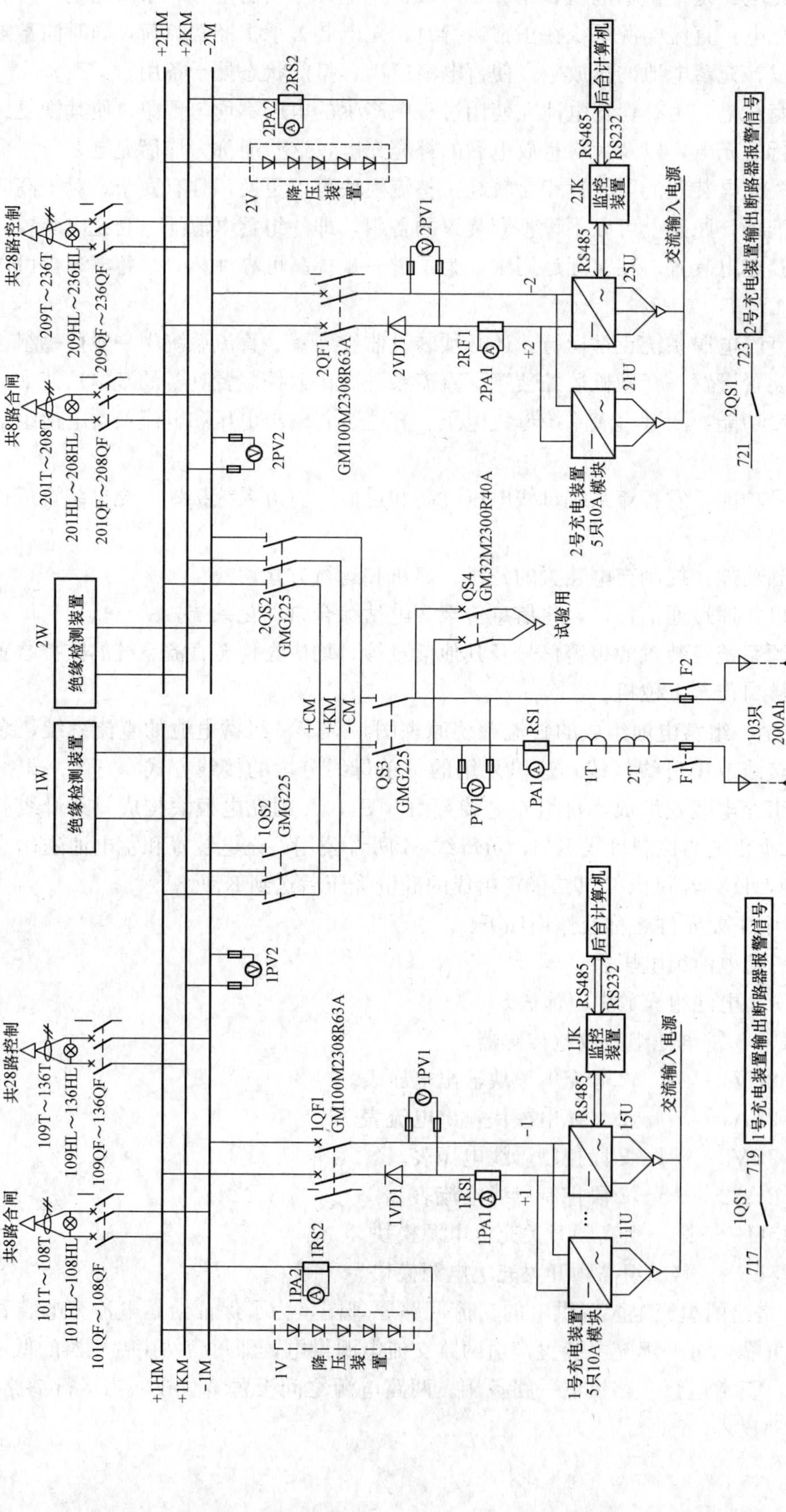

图 14-5 一组蓄电池组成的直流系统原理图

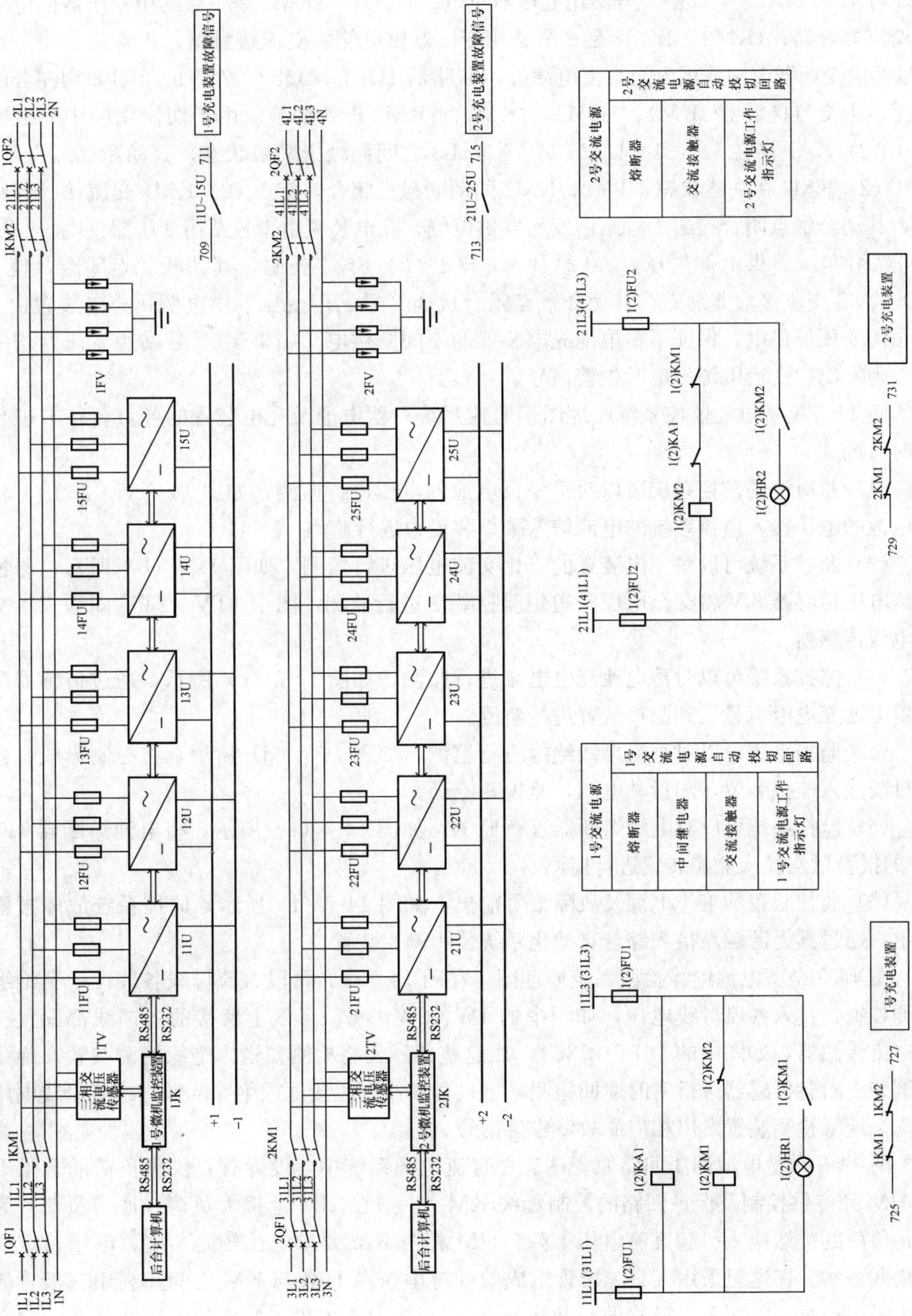

图 14-6 给两组充电装置供电的交流回路原理图

图 14-6 中 1L1、1L2、1L3 与 3L1、3L2、3L3 由 1 号站用变压器供电；2L1、2L2、2L3 与 4L1、4L2、4L3 由 2 号站用变压器供电；1KM1、2KM1 是 1 号站用变压器供电侧的交流接触器；1KM2、2KM2 是 2 号站用变压器供电侧的交流接触器。正常运行中，1、2 号站用变压器馈路均供电至直流电源屏，断路器 1QF1、1QF2、2QF1、2QF2 均在合闸状态，由交流接触器 1KM1、1KM2、2KM1、2KM2 进行切换。由于切换用的中间继电器 1（2）KA1 接在 11（31）L1 与 11（31）L3 之间而处于励磁状态，其动断触点打开，使 1（2）KM2 在失磁状态，1（2）KM2 的动断触点闭合，使 1（2）KM1 交流接触器励磁，其动合触点闭合接通 1 号站用变压器供电侧，充电装置由 1 号站用变压器供电。一旦 1 号站用变压器供电侧失压，1（2）KA1 与 1（2）KM1 失磁，其动断触点闭合，使 1（2）KM2 交流接触器励磁，其动合触点闭合接通 2 号站用变压器供电侧，充电装置由 2 号站用变压器供电，保证了蓄电池充电装置的不间断供电。如果 1、2 号站用变压器均失压，则发出“交流电源失电”告警信号。

图 14-7 是蓄电池监控系统原理图。监控系统对蓄电池及充电装置的各重要环节进行实时监控。

（1）蓄电池的监控系统可以对每一只电池的电压进行监测，如图 14-7（a）所示，将各电池的电压接入监控系统的电池信息采集装置中进行监测。

（2）监控系统可以对充电装置的三相交流电压进行监测，如图 14-7（b）所示，通过交流电压传感器 TV 将交流电压量送到监控装置进行监测，图中 1TV、2TV 即为三相交流电压传感器。

（3）监控系统可以对蓄电池充电电流进行监测，如图 14-7（c）所示，通过传感器 T 将蓄电池充电电流量送到监控装置进行监测。

（4）监控系统可以对直流母线绝缘进行监测，如图 14-7（d）所示，将控制母线、合闸母线接入监控装置，测量其电压，监视其绝缘。

（5）监控系统可以对电池熔断器进行监测，如图 14-7（e）所示，将电池熔断器 1F、2F 的报警触点接入监控装置进行监测。

（6）监控装置的工作电源及故障报警输出，如图 14-7（f）所示，监控系统故障报警输出，通过其无源触点接入综合自动化系统公用测控装置。

图 14-8 是蓄电池绝缘检测系统原理图。在图 14-5 中，每段直流母线各装设一套绝缘监测装置，接入各段母线电压，如图中的 1W、2W。每段母线上所接的各馈线都配置有漏电流传感器，如图中的 101T～136T，由这些传感器将检测量送入绝缘检测装置。绝缘监测装置对各传感器进行实时巡回检测，一旦某馈线发生接地或绝缘降低，或者母线电压异常，绝缘检测装置发出相应的故障告警信号。

图 14-9 是蓄电池调压回路原理图。在直流电源系统中，设置有专供大负荷的合闸母线 HM 和专供控制及保护回路的控制母线 KM。一般在 HM 上接大负荷或冲击负荷，为防止负荷的突然接入引起直流电压下降，HM 相对 KM 要求电压较高一些，电压稳定则可稍低一些。在这里采用 5 只二极管组成的硅链串联在 HM 与 KM 之间，利用二极管的管压降，通过调节接入二极管的个数进行降压。图 14-9 中的 SA 是调压切换开关，它有手动与自动两个位置。手动位置有 5 个挡位，在挡位Ⅰ位置时，3-4 触点接通，继电器 K1

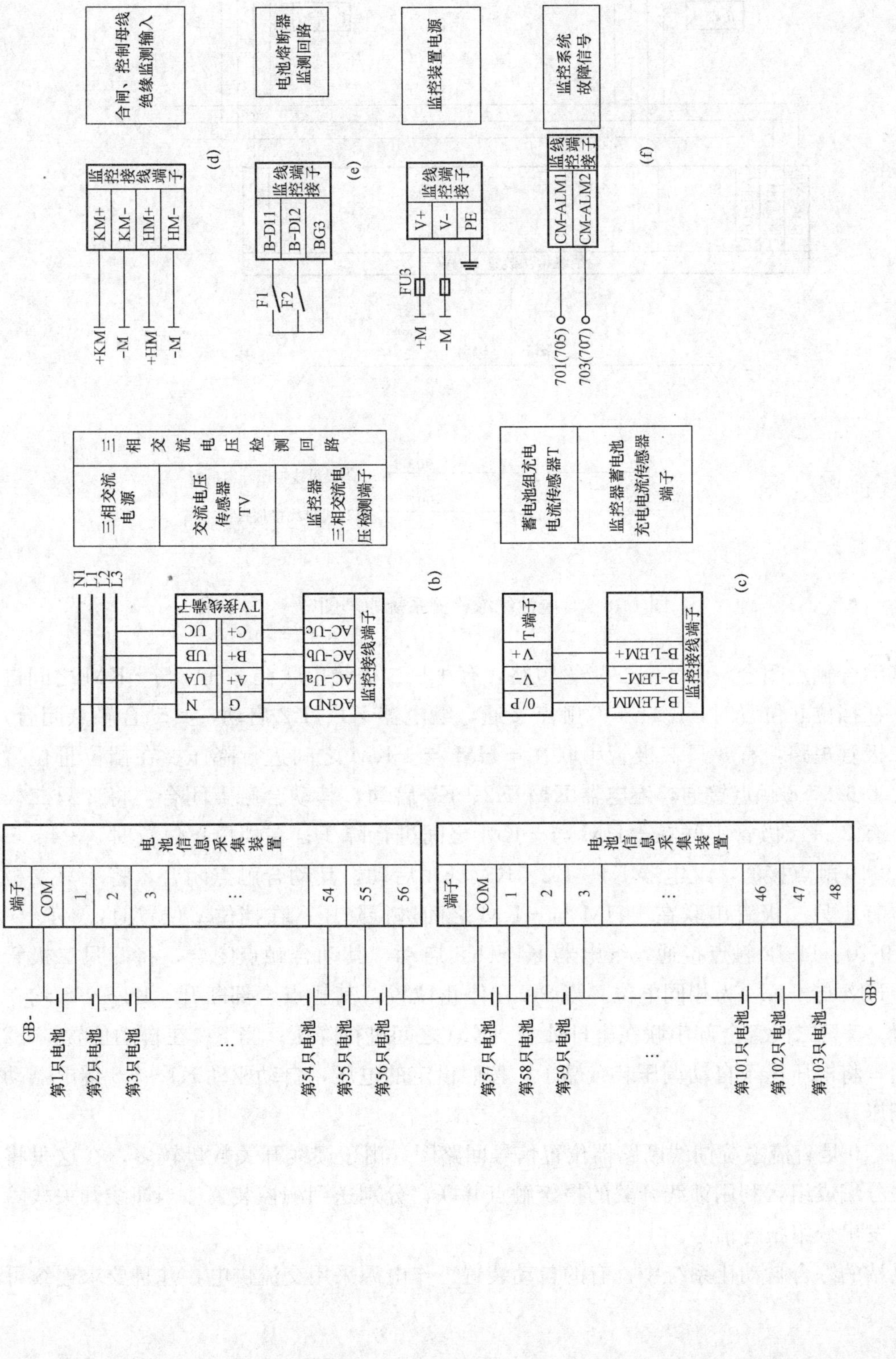

图 14-7　蓄电池监控系统原理图

(a)电池巡检单元示意图；(b)三相交流电压监测示意图；(c)蓄电池充电电流监测示意图；(d)直流系统合闸、控制母线绝缘监测示意图；(e)电池熔断器监测示意图；(f)监控装置电源及故障信号输出

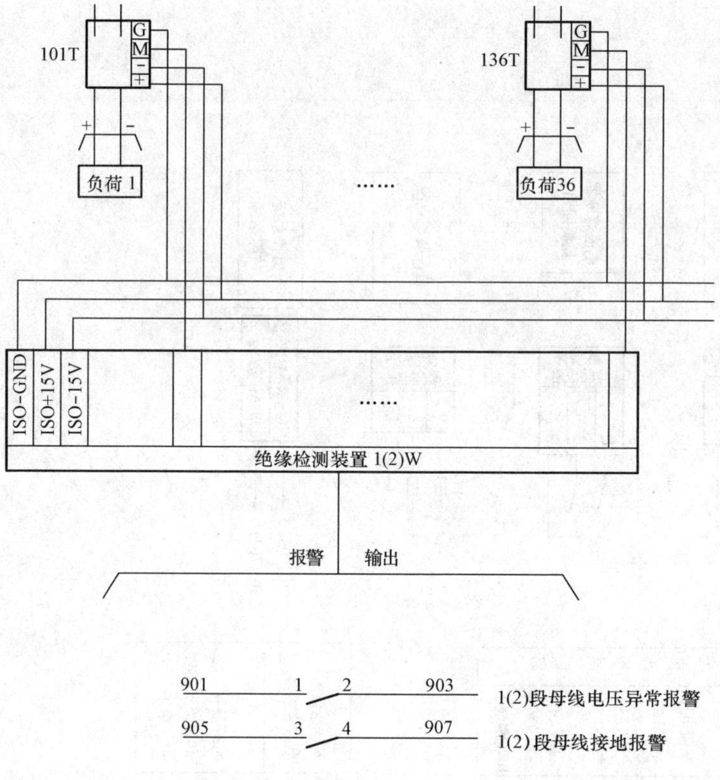

图 14-8　蓄电池绝缘检测系统原理图

启动，其动合触点闭合，将1只二极管短路，有4只二极管串联在＋HM与＋KM之间进行降压；在挡位Ⅱ位置时，3-4、5-6触点接通，继电器K1、K2启动，其动合触点闭合，将2只二极管短路，有3只二极管串联在＋HM与＋KM之间进行降压；在挡位Ⅲ位置时，3-4、5-6、7-8触点接通，继电器K1、K2、K3启动，其动合触点闭合，将3只二极管短路，有2只二极管串联在＋HM与＋KM之间进行降压；在挡位Ⅳ位置时，3-4、5-6、7-8、9-10触点接通，继电器K1、K2、K3、K4启动，其动合触点闭合，将4只二极管短路，有1只二极管串联在＋HM与＋KM之间进行降压；在挡位Ⅴ位置时，3-4、5-6、7-8、9-10、11-12触点接通，继电器K1～K5启动，其动合触点闭合，将5只二极管短路，＋HM与＋KM为相同电位。当SA在停止位置，其触点全部断开，K1～K5均在失磁位置，5只二极管全部串联在＋HM与＋KM之间进行降压；当SA在自动位置，1-2触点接通，将电压送至自动调压装置端子，按照设定的电压，自动驱动K1～K5继电器动作进行调压。

图14-10是直流系统馈线断路器位置信号回路图。由于馈线开关数量较多，在这里将馈线开关分编成组，利用馈线开关的报警触点并联，分别送到测控装置。当馈线开关故障跳闸时，发出分组报警信号。

变电站的综合自动化系统中，有的自动装置工作电源采用交流供电，并且要求连续可

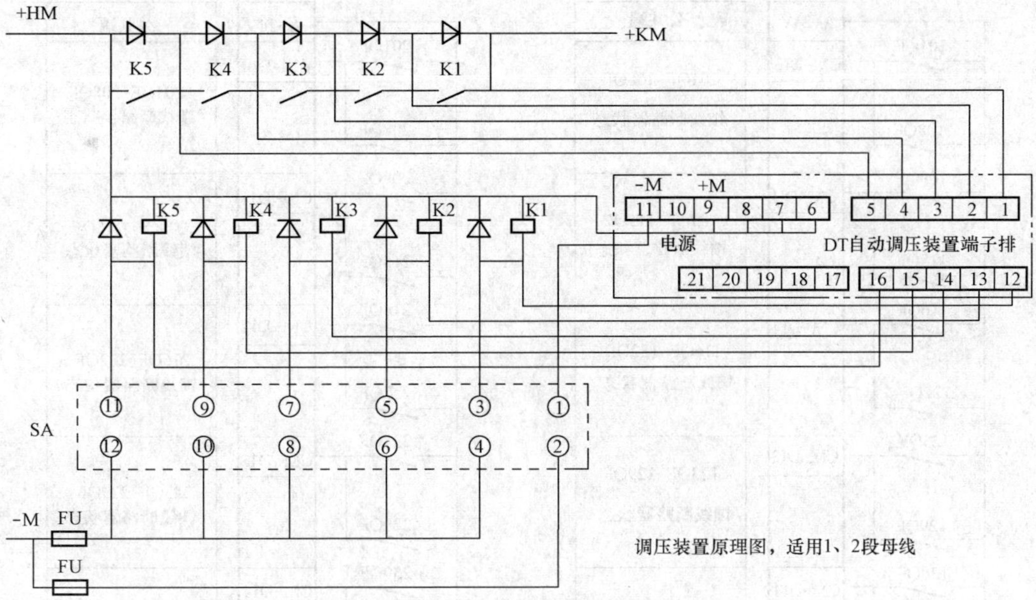

1(2)SA 转换开关触点状态

LW12-16DT001/3

触点位置＼开关状态	自动	停止	手动				
			Ⅰ	Ⅱ	Ⅲ	Ⅳ	Ⅴ
	-45°	0°	45°	90°	135°	180°	225°
1-2	×						
3-4			×	×	×	×	×
5-6				×	×	×	×
7-8					×	×	×
9-10						×	×
11-12							×

图 14-9　蓄电池调压回路原理图

靠供电，则必须采用逆变电源装置来供电。一般逆变电源装置的工作电源接入站用交流电源和蓄电池的直流电源，正常运行中逆变电源装置由站用交流电源经过稳压后输出，一旦站用交流电源消失，由输入的直流经过逆变装置，变成 50Hz 的正弦波交流电源输出，保证了对重要负荷的可靠供电。在变电站综合自动化系统中，需要逆变电源装置供电的设备主要有各工作站及后台机的工作电源、各显示器的工作电源等。逆变电源装置有独立组屏安装的，有安装在直流屏上的，也有和其他装置共同组屏的。逆变电压装置接线比较简单，除交、直流电源输入外，输出经几只微型断路器送到端子排上，供所需要的设备接线，这里不再画图说明。

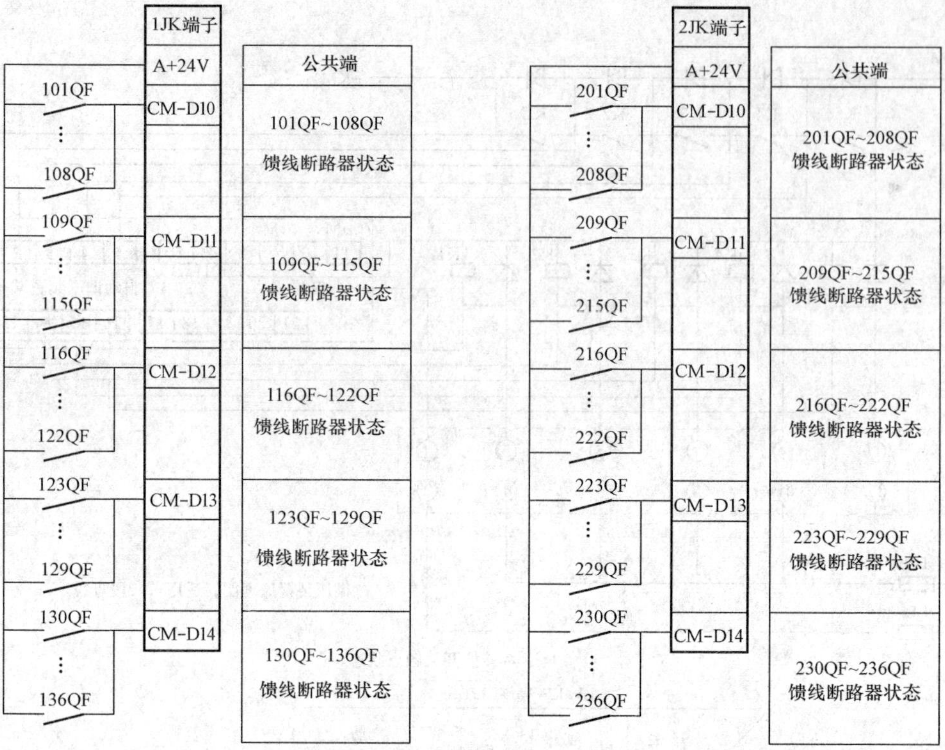

图 14-10　直流系统馈线断路器位置信号回路图

第十五章

智能变电站及二次回路简介

当前，国家电网公司提出了立足自主创新，以统一规划、统一标准、统一建设为原则，建设以特高压电网为骨干网架，各级电网协调发展，具有信息化、自动化、互动化特征的坚强智能电网的发展目标。智能变电站作为坚强智能电网的重要基础和节点支撑，是必不可少的建设内容。

智能变电站是变电站综合自动化发展的下一个阶段，国家电网公司明确提出要研究、示范智能变电站。各省区电力系统都纷纷响应，建设或正在建设智能变电站示范站。目前，国内的一些综合自动化保护生产厂家按照国家的要求和规范，已经研发出智能变电站的成套设备及自动化系统。

智能变电站是在数字化变电站基础上发展而来的，数字化只是智能变电站的实现手段，智能变电站面向智能电网要求，更强调高级功能、集成应用和互动性。智能变电站具有数字化变电站的特征，更强化了智能设备、状态监测、变电站自动化系统等方面的高级功能应用。

智能变电站是采用先进、可靠、集成、低碳、环保的智能设备，以全站信息数字化、通信平台网络化、信息共享标准化为基本要求，自动完成信息采集、测量、控制、保护、计量和监测等基本功能，并可根据需要支持电网实时自动控制、智能调节、在线分析决策、协同互动等高级功能的变电站。

第一节 智能变电站的推出

一、目前变电站综合自动化系统的不足

微电子、计算机技术的发展使变电站各种保护、自动、测控装置具备了数字化和低功耗的特点。这些装置在现场中可安装在不同的功能层，如站控层（变电站层）、间隔层（单元层）、过程层（设备层）。目前集中式或分布式变电站综合自动化系统的交流信息采集来源于常规的电磁型电流、电压互感器。电流互感器的额定输出电流为5A或1A，电压互感器的额定输出电压为100V或$100\sqrt{3}$V。因此变电站的保护测控装置必须通过电磁变换回路，将常规电磁型电流、电压互感器的二次输出信号变换为适合于微电子电路的低电平信号。通过对应于每台设备的电缆线，将这些测量值传送至继电保护、测量、计量及自动装置内。这是一种并行传输方式，目前广泛应用于采用传统互感器的分布式变电站的综合自动化系统中。其结构示意图如图1-6所示。

图 1-6 中保护单元和测量单元在电网运行中所履行的职能是不同的，继电保护装置在电网中承担事故时快速切除和隔离故障，恢复系统正常运行的功能，因此，继电保护装置要求在发生故障时各种电气量信号有正确响应，此时，故障电流往往超过额定电流的十几倍以至于数十倍。而对于测量、计量装置而言，主要反映的是正常运行时的电流信号，一般均在额定电流范围之内。所以这两种应用对于电流互感器的工作范围及误差要求是不一样的。传统电流互感器受其原理特性的限制，难以做到在如此宽泛的工作范围内同时满足保护和测量计量装置的精度要求。因此，常规电流互感器分为保护级、测量级与计量级等不同等级。测量、计量和保护装置分别取之不同特性的级别。此外，常规电流互感器存在二次负担的问题，对于二次回路线路长、所接设备多、负载重的情况，如果超过了电流互感器二次负担能力，需要考虑更换功率大的或将多组电流互感器串接，以提高带负载能力。

目前变电站综合自动化系统应用的特点是，变电站二次系统按电气单元间隔布置，装置之间相对独立，装置之间缺乏整体的协调和功能优化，输入信息不能共享，接线比较复杂，系统扩展麻烦，主要有以下四个问题：

1. 信息共享难

变电站综合自动化系统接入的信息大致可以分为以下四种：

（1）电力系统的运行信息，如电流、电压、频率等；

（2）变电站设备运行状态信息，如一次设备的合分位置、二次设备是否投入等；

（3）变电站设备异常信息，如断路器的压力异常、保护测控装置的直流消失等；

（4）电网事故信息，如保护动作、断路器跳闸等。

信息采集部分来源于不同的 TA、TV 及其他电气设备，作为变电站综合自动化主要环节的测控、保护、故障录波等系统信息的应用、处理，分属于不同的专业。变电站自动化系统、变电站与控制中心之间的通信、控制中心不同层面之间的通信缺乏统一的建模规范，变电站自动化系统的各种信息向电网控制中心进行传递，在控制中心不同的应用之间的信息交互，以专业为界各自独立。

变电站综合自动化的信息在就地提供给变电站运行值班人员，并经过计算机数据采集和监控系统为电网调度提供电网运行状态信息，构成调度自动化系统的基础应用，如状态估计、电网潮流等。另外，一般还会有其他信息独立组成各自的应用系统，由相应的技术管理部门负责运行和管理，如故障录波系统、保护故障信息系统等。实际运行中来自不同信息采集单元的设备信息无法共享，形成了各种信息孤岛现象。

网络通信技术的发展已经使变电站综合自动化系统接入和共享其他一些有用信息成为可能，为减少设备重复投资，提高电力系统运行和管理效率，需要对变电站各种信息的对象进行统一建立模型，把属于不同技术管理部门、各自相对独立的其他一些技术集成到变电站综合自动化系统中，使变电站的信息在相应的运行和管理部门之间得到充分共享。

2. 设备之间不具备互操作性

在变电站综合自动化系统发展初期，人们就期待解决不同生产厂家二次设备之间的互操作性，甚至互换性。变电站的二次设备根据国际 IEC 组织的规定，可划分为三类：

（1）以 TA、TV 为主的一次、二次设备的接口部分；

（2）保护、控制、仪表等二次控制、测量设备；

（3）实现与电网调度或远程控制中心通信的系统（或称为站控层设备），传统的 RTU 与远程控制中心的通信功能是站控层设备最基本的一个功能，但站控层设备的功能远远超过传统 RTU 的功能。

这里所说的二次设备，主要是指保护、测控等装置。这些设备之间的互操作性是指，变电站内各种装置在同一网络上或通信通道上能够可靠工作，并实现共享信息和命令的能力。这些装置还具有互换性，也就是说，一个厂家所生产的装置可用另一个厂家的装置替换，而不需要改变系统中其他元件。实现互操作性和互换性是电力部门、制造厂商及标准化组织共同的目标。

由于二次设备缺乏统一的功能和接口规范，通信标准的采用缺乏一致性，各厂家对于相同规约实现上的差异，至今不能彻底实现不同厂家设备之间的互操作。通信标准对二次设备互操作性的影响表现在三个方面：

（1）规约的执行具有一定的滞后性。20 世纪 90 年代中期，分层分布式变电站自动化系统开始在我国电力系统推广和应用，但直到 1999 年 IEC 的系列通信规约才得以推广采用，通信标准化及其实施滞后于国内分层分布式变电站自动化系统的应用。目前我国变电站综合自动化系统二次设备之间的互连，是厂家之间根据工程要求制定相应的"厂方协议"来实现的。不同设备的厂家之间，应用于不同地区乃至于同一地区不同时期的变电站自动化系统之间，其设备之间的互连协议都可能存在差别，这种差别严重妨碍了厂家设备之间的互操作性。

（2）规约与网络通信机制不一致。变电站内大量微机保护设备采用的 IEC 60870-5-103 标准是基于 R232/485 口串行通信，本质是一种问答式规约。而 2000 年及以后各厂家推出的第二代分层分布式变电站自动化系统是基于网络通信的，不能完全采用 IEC 60870-5-103 标准。为了提高系统重要信息的实时响应速度，需要增加设备主动传输重要事件的通信机制，不同厂家实现这一机制的技术方案也存在相当差异，这些都妨碍了设备的互操作性。

（3）规约结构上的不完整性。IEC 制定 IEC 60870-5-103 标准时提出了继电保护装置等设备通过采用通用报文来实现"自我描述"的概念，但标准缺乏通用报文具体应用时的指导性规范。为了考虑标准与以前的装置相兼容，在等同采用 IEC 标准同时，一些电力行业标准在附录中补充了很多不符合互操作性原则的专用报文，这仍然没有很好地解决互操作性的问题。

由于缺乏统一的功能和接口规范，不同厂家的装置缺乏互操作性。缺乏互操作性的装置，对变电站自动化系统运行和维护是一个巨大的障碍。

3. 系统的可操作性差

按照摩尔定律，计算机芯片的集成度每 18 个月翻一番，随着 IT 技术的发展，与变电站自动化系统相关的通信、嵌入式应用等技术的更新速度比变电站自动化系统的更新速度（一般认为更新周期应在 12 年以上）要快得多。由于互操作性和信息模型等原因，现有的变电站综合自动化系统在系统扩展和设备更新时，需要付出很大的附加成本。

在变电站增加间隔或更新保护测控装置时，由于通信接口和通信协议的差别，往往需要增加规约转换设备，并且需要进行现场调试，甚至还需要更改自动化系统的数据库定义，并需要进行对点及传动试验。如果是不同厂家的设备，更新会更加困难。

4. 系统可靠性受二次电缆影响

虽然目前的变电站综合自动化系统实现了设备的智能化，但这些二次设备之间及与相关一次设备之间仍采用大量控制电缆进行连接。二次系统的安全性取决于变电站二次设备具有的耐受电磁干扰能力，必须确保引入到二次设备的电磁干扰低于装置本身可以耐受的水平。实际运行中由于种种原因，经常发生由于电缆遭受电磁干扰和一次设备传输过电压，引起二次设备运行异常。尽管电力系统有关规定中要求继电保护交流二次回路一点接地，但由于二次回路接地点的状态无法实时检测，二次回路两点接地的情况仍时有发生，对继电保护产生不良影响，甚至造成继电保护误动作。国家电网公司调度通信中心主编的《电力系统继电保护典型故障分析》中介绍了215个事故案例，因二次回路问题引起的保护不正确动作有92次，占42.8%，二次回路实际上构成了变电站安全运行的主要隐患。

二、新技术促进了变电站综合自动化系统的发展

1. 非常规互感器的应用

光电技术和计算机技术的飞速发展，使得非常规互感器显现出巨大的前景和生命力，其具有良好的绝缘性能、较强的抗电磁干扰能力、较宽的测量频带、较大的动态范围。新型光电/电子式互感器充分利用了电光晶体的各种优异特性和现代光电技术的优点，信号处理部分采用先进的信号处理（DSP）技术，具有实时性、快速性和便于进行复杂算法处理等特点。近年来这种新型互感器引起了电力行业广泛的关注，加上DSP技术和光电技术的催化和推动，呈现了良好的发展势头。

非常规互感器有两种基本类型，一种是电子式互感器，另一种是光电效应的互感器。其最大特点就是可以输出低电平模拟量和数字量信号，直接用于微机保护、测量装置和电子式计量设备，去除了许多中间环节，适应电力系统数字化、智能化和网络化的需要。而且由于动态范围比较大，能同时适用于测量与保护两种功能。因此，非常规互感器的应用对于变电站综合自动化的发展具有革命性的意义。

2. IEC 61850系列标准

IEC 61850《变电站网络与通信协议》系列标准（以下简称IEC 61850）是新一代的变电站网络通信体系标准，适应于分层分布式的变电站自动化系统。该标准根据电力系统生产过程的特点，制定了满足实时信息传输要求的服务模型，采用抽象通信服务接口、特定通信服务映射，以适应网络发展。采用面向对象建模技术，面向设备建模和自我描述，以适应功能扩展，满足应用开放的互操作要求。采用配置语言，配备配置工具，在信息源定义数据和数据属性。定义和传输原数据，扩充数据和设备管理功能，传输采样测量值等。该标准还包括变电站通信网络和系统总体要求、系统和工程管理、一致性测试等。

IEC 61850标准是全世界唯一的变电站网络通信标准，也将成为电力系统中从调度中心到变电站、变电站内、配电网无缝连接自动化标准。IEC 61850标准的发展方向是实现即插即用，在工业控制通信上最终实现“一个世界、一种技术、一个标准”。IEC 61850标准为电力系统自动化产品的“统一标准、统一模型、互联开放”的格局奠定了基础，使变电站信息建模标准化成为可能，信息共享具备了可实施的基础前提。

3. 网络通信技术

传统的二次设备不但需要从互感器中获得一次系统的电流电压信号，还需要利用一定的功率来驱动二次设备，互感器到二次设备间多采用模拟式通信方式，由电缆传送到的各个二次设备。随着二次设备逐步升级换代到微机型设备，光纤通信技术和网络技术的飞速发展及其在变电站自动化系统中不断深入应用，加之电力系统规模的扩大和自动化水平的提高，用数字通信手段传递电量信号，用光纤作为传输介质取代传统的金属电缆，构成网络通信的二次系统已成为可能。

网络技术的发展是变电站自动化技术从集中式向分布式发展的基础，二次设备不再出现常规功能装置重复的I/O现场接口，网络真正实现数据共享、资源共享，常规的功能装置变成了逻辑的功能模块。以太网技术正被广泛引入变电站自动化系统过程层的采集、测量单元、控制单元和间隔层保护中，构成基于网络控制的分布式变电站自动化系统，使系统的通信具有实时性、优先级和效率高等特点。

4. 智能断路器与智能终端技术

非常规互感器的出现及计算机的发展，使得对于断路器设备内部电、磁、温度、机械、机构动作状态的检测已经成为可能。可通过收集监测数据，分析断路器设备运行的状态及趋势，安排维护与检修时间，实现设备的状态检修，取代传统的定期检修和预防性试验。

智能化一次设备采用数字化的监视和控制手段，机械结构简单，体积小，既减少了设备停电的几率和时间，减少了运行成本，也减少了人为因素造成的设备损坏。智能操作断路器是根据所检测到的运行中断路器开断前一瞬间的各种工作状态信息，自动选择和调整操动机构以及与灭弧室状态相适应的合理工作条件，以改变现有断路器的单一分闸特性。例如：在无载时以较低的分闸速度开断，在系统故障时又以较高的分闸速度开断。这样就可以获得开断时电气和机械性能上的最佳效果。

智能化一次设备的研发涉及传感技术、抗干扰技术、微处理器集成技术、电网分析和故障诊断等多个领域，因此产品在功能完善、智能化的提高上仍需要一定时间。在智能化一次设备没有完全推向市场时，二次设备生产厂家推出的智能终端可以满足一次设备部分智能化的需求。

近年来基于上述各种新技术的发展，变电站自动化系统有可能实现应用上的重大突破。智能变电站的出现，正是这些新技术综合推广应用的结果。

第二节　智能变电站的主要技术特征

智能变电站概念的提出是基于光电技术、微电子技术、信息技术、网络通信技术的发展，在应用方面直接表现为变电站二次系统的信息应用模式发生了巨大的变化。因此，从某种意义上讲，“智能变电站”主要是指变电站二次系统的“数字化”，其内涵体现为：反映电网运行情况的电气量实现数字化输出；各种保护自动装置对于电力系统的信息实现统一建模；装置之间信息交互以网络通信方式实现；运行控制操作过程经网络通信方式以信息报文方式实现。

因此，智能变电站技术意味着变电站自动化系统将迈入一个新的发展平台。促使二次系统信息应用模式发生根本性变化的原因是非常规互感器应用、IEC 61850标准、网络通信和智能化断路器等相关支撑技术的发展。

智能变电站的技术将逐步引领未来变电站自动化系统技术发展的趋势，变电站自动化系统所涉及的监控、继电保护、远动、自动安全装置的可靠性、实时性、经济性将得以迅速提高。

智能变电站采用低功率、紧凑型、数字化的新型电流和电压互感器代替常规互感器，将高电压、大电流直接变换为低电平信号或数字信号；利用高速以太网构成变电站数据采集及传输系统；实现基于 IEC 61850 标准的统一信息建模；并采用智能断路器控制等技术，这使得变电站自动化技术在常规变电站自动化技术的基础上实现了巨大跨越。智能变电站主要技术特征体现在以下方面：

1. 数据采集数字化

智能变电站技术应用的主要标志之一就是在电流电压的采集环节采用光电式或电子式互感器，实现了电气量数据采集环节的数字化应用，其特点在于：①可以实现一、二次系统电气上的有效隔离；②电气量动态测量范围大，测量精度高，为实现常规变电站冗余向信息冗余的转变、实现信息集成化应用提供了前提；③对于低驱动功率的变电站二次系统设备，可以直接实现数字化接口应用。

2. 系统分层分布化

根据 IEC 61850 标准的描述，变电站一、二次设备可分为三层，即站控层（变电站层）、间隔层（单元层）、过程层。过程层又称为设备层，主要是指变电站内的变压器、断路器和隔离开关及其辅助触点、电流电压互感器等一次设备。变电站综合自动化系统主要指间隔层和站控层。间隔层一般按断路器划分，具有测控元件和继电保护元件。测控元件负责该间隔的测量、监视和断路器、隔离开关的操作控制，以及时间顺序记录等。继电保护元件负责该间隔线路或变压器等设备的保护、故障记录等。因此，间隔层由各种不同的装置组成，这些装置直接通过局域网或者串行总线与站控层联系。也可以设有数据管理机和保护管理机，分别管理各测控单元和保护单元，然后集中由数据管理机和保护管理机与站控层通信。站控层包括监控主机、远动通信机等。站控层设现场总线或局域网，实现各主机之间、监控主机与间隔层之间信息交换。分层分布式系统按站内一次设备单元实现面向对象的分布式配置，其主要特点如下：

(1) 不同电气设备均单独安装具有测量、控制和保护功能的元件，如数字式保护和测控单元等，任一元件出现故障不会影响整个系统正常运行。

(2) 分布式系统实现多 CPU 工作模式，每个单独的装置都具有一定的数据处理能力，从而大大减轻了主控制单元的负担。

(3) 系统自诊断能力强，能自动对系统内所有装置进行巡检，及时发现故障并加以隔离。

(4) 系统扩充灵活、方便。

基于 IEC 61850 标准的智能变电站确立了电力系统的建模标准，采用面向对象建模技术、软件复用技术、高速以太网技术、嵌入式系统技术和嵌入式实时操作系统技术等，体现了“软件总线”的概念，实现了软件领域的即插即用，满足了电力系统实时性、可靠性要求，有效地解决了异构系统间的信息互通、数据内容与显示处理分离、自定义性和扩展性等问题，使得变电站分层分布式方案的实施具备了可靠的技术基础。

3. 系统结构紧凑化

高压开关设备已经广泛采用了气体绝缘金属封闭开关设备（GIS）。近几年紧凑型组合式高压开关设备（HGIS）也在推广使用，这种设备综合了敞开式和封闭式开关设备的优势，它将高压元件高度集成，使高压开关设备更加紧凑。HGIS与敞开式开关设备相比，把断路器、隔离/接地开关、TA、TV、避雷器等集成为一个模块，大大节省了占地面积，提高了设备可靠性；与GIS设备相比，省略了封闭式母线，大大节省了费用。

目前，SF_6 断路器的操作能量已减少到最初的20%，并可期望进一步减少到10%。操作能量的大幅度减少，有可能在断路器分、合闸部分用电力电子和微机组成的控制装置代替常规的辅助开关、继电器等有触点的控制回路，同时为断路器智能化应用技术的实现提供了基础。实现断路器操作智能化，必须在断路器内嵌入电压和电流变换器作为智能装置的输入，由微机控制的二次系统、测控装置和相应的智能软件来实现智能化操作。

智能变电站的特征之一就是由智能断路器或其他紧凑型断路器设备、非常规互感器、集成自动化系统按先进设计理念进行设备布置。在高压或超高压变电站中，保护装置、测控装置、故障录波及其他自动装置的I/O单元，如A/D变换器、光隔离器件、控制操作回路等，是作为智能一次设备的一部分。智能一次设备的数字化传感器、数字化控制回路代替了常规继电保护装置、测控装置的I/O部分；在中低压变电站，则将保护测控装置小型化、紧凑化，完整地安装在开关柜上，实现了变电站的机电一体化设计。

由GIS或HGIS与中低压开关柜构成的紧凑型变电站的主要特点是：站内元件和设备数量少，设备布置灵活紧凑，占地面积小，大量减少土建成本，一次和二次设备的集成化使大部分设备的试验可以在工厂内完成，大大减少了现场的装配、安装、试验等工作量。所有带电触头密封于 SF_6 气室内，断路器和整个二次系统可进行在线诊断和监视，无需定时检查，可以实现状态检修和基于局域网的远方监控，大大提高了设备的可利用率和可靠性。

4. 系统建模标准化

IEC 61850标准为变电站自动化系统定义了统一、标准化信息和信息交换模型，其主要意义在于：

（1）实现智能设备的互操作性。采用了对象建模技术、抽象通信接口技术和设备自描述规范，装置之间实现了通信协议和通信接口一致性，具有互操作性。

（2）实现变电站信息共享。对一、二次设备进行统一建模，变电站站内及变电站与控制中心之间实现了无缝通信体系。

（3）支持系统协调工作。基于信息共享的各种运行支持系统，如一次设备运行状态监测系统等，可以功能优化并与变电站的运行系统协调工作。

智能变电站应用的标志之一是各个装置和变电站的数据都是自我描述的、重复使用数据类、简化数据维护、无缝的命名规则、对数据统一建模等，具有灵活性、可扩性和可用性。IEC 61850标准为实现变电站一、二次设备建模标准化提供了有效工具，确立了变电站网络通信标准化。

5. 信息交互网络化

智能变电站自动化系统在逻辑结构上分为三个层次，分别称为站控层、间隔层和过程层，在站控层—间隔层—过程层结构分层的变电站内，需要传输的数据流有如下四种：

（1）过程层与间隔层之间的信息交换。过程层的各种智能传感器和执行器可以自由地与间隔层的装置交换信息。

（2）间隔层内部的信息交换和间隔层之间的通信。

（3）间隔层与站控层的通信。

（4）站控层的内部通信。在站控层不同设备之间存在信息流，各种数据流在不同的运行方式下有不同的传输响应速度和优先级的要求。

通信网络作为实现变电站自动化系统内部各种装置，以及与其他系统之间的实时信息交换的功能载体，它是连接站内各种装置的纽带，必须能支持各种通信接口，满足通信网络标准化。因此，构建一个可靠、实时、高效的网络体系是通信系统的关键。智能变电站内设备之间连接全部采用高速的网络通信，对通信网络的性能要求主要有以下五方面：

（1）可靠性。电力生产连续性和重要性决定了站内通信网络可靠性是第一位的，应避免一个元件或装置损坏导致站内通信中断。可靠的通信网络是智能变电站的基础。

（2）开放性。站内通信网络除了保证站内装置互连、便于扩展外，还应服从电力调度自动化的总体设计，硬件接口应满足国际标准，选用国际标准的通信协议，方便系统集成。

（3）实时性。因测控数据、保护信号、遥控命令等都要求实时传送，虽然正常工作时站内数据流不大，但在出现故障时要传送大量的数据，并要求信息能在通信网络上快速传送。

（4）安全性。基于 IEC 61850 标准建立起来的通信网络体系结构在上层协议上是一致的，这将大大提高变电站内装置的互操作性和互换性。但是协议的开放性和标准性同样带来一个重要的问题：电力系统运行的安全性问题，尤其是二次系统通信网络的安全性问题。

（5）同步性。常规变电站自动化系统中测控单元、保护装置、故障录波的信息采集和处理一般是在同一装置内的 CPU 控制下进行，信息的采样同步、A/D 转换、运算、输出控制命令的完成在装置内部实现；而智能变电站的系统中信息的采集、处理、传输主要依托网络实现，因此信息流量控制、信息同步性十分关键，网络通信速度的提高、网络信息的同步机制与合适的通信协议的制定是实现智能变电站技术应用的关键。

在满足以上性能要求下，站控层采用以太网组成的 MMS 制造报文规范，它是 ISO/IEC 9506 标准所定义的一套用于工业控制系统的通信协议。MMS 规范了工业领域具有通信能力的智能传感器、智能电子设备（IED）、智能控制设备的通信行为，使出自不同制造商的设备之间具有互操作性。间隔层及过程层的实时状态数据交换采用了 GOOSE 及 SV 网。SV 网用于模拟数据转换后的传送；GOOSE 网用于交换的实时数据有保护装置的跳合闸命令、站控层后台计算机发出的经测控装置的遥控命令、保护装置间信息（如启动失灵、闭锁重合闸、远跳等）、一次设备的遥信信号（如断路器、隔离开关位置，压力等）。过程层 GOOSE 信息可以通过网络方式传输；SV 采样宜通过点对点直接连接方式，也可用采样组网方式传输。条件具备时，也可以试点采用 SV 采样值和 GOOSE 信息共网传输的方式。

6. 信息应用集成化

常规变电站的监视、控制、保护、录波、测量与计量等几乎都是功能单一的相互独立的装置和系统。这种按功能划分的变电站自动化系统的缺点是硬件重复配置、信息不能共享、TV和TA负载重、二次接线复杂、整体可靠性差、投资成本大。面向对象技术将原来分散的二次装置进行合理的功能集成有利于简化二次系统结构，提高系统的可靠性和可用率。数字化电气量测技术和智能集成开关系统的开发应用，可提高数据和信息的集中采集，利于形成统一传送、不同功能共享的模式。

集成型自动化系统就是间隔层的控制、保护、录波、事件记录和运行支持系统的数据处理等功能集成在一个统一的多功能数字化装置内，间隔内部和间隔间以及同站级间的通信用少量的光纤总线实现，取消传统的铜导线连接。

自动化系统的集成可分为两个层次，即间隔层和站控层。

（1）间隔层的集成是构筑一个通用的硬件和软件平台，将间隔内的控制、保护、监视、操作闭锁、诊断和计量等功能集成在这个平台上。通用的硬件平台是由一组元件组成的多功能装置，这种平台可以是多CPU组成的并列处理系统；通用的软件平台是在多功能硬件装置内建立统一的数据输入与数据库，按功能建立功能软件模块，完成各功能任务，并进行功能协调优化。这样原来间隔内必须执行的功能将不再配置专用的硬件装置。

（2）站控层的集成需要在站控层处理的各个功能通过站内通信网络组合在统一的系统中，这样将不再需要面向不同任务的分隔系统和多个通信网络，从而简化了网络结构和通信规约。间隔层和站控层功能集成的划分原则应是：凡间隔层能执行的功能不应由站控层来执行，凡过程层能执行的功能不应由间隔层处理，以实现功能分层分布优化处理。通过统一的通信网络与站控层相连，由站控层的计算机系统对各功能进行协调。

7. 设备检修状态化

电力系统的设备检修方式主要有故障事故后检修和定期预防性检修。预防性检修有两种模式：①计划检修，是以时间为依据的检修，事先设定检修周期及检修工作内容；②以设备可靠性为依据安排的检修。

设备检修体制是随着科学技术的进步而不断演变的，当前推行的状态检修也叫预知性检修，是以设备当前的工作状态为检修依据，通过状态检测手段，诊断设备健康状况，确定设备是否需要检修或最佳检修时机。状态检修的目标是减少设备停运时间，提高设备可靠性和可用系数，延长设备寿命，降低设备检修费用，改善设备运行性能，提高经济效益。

状态检修是建立在设备状态有效检测基础上，根据检测和分析诊断的结果安排检修时间和项目，主要包括设备状态监测、设备诊断、检修决策三个环节。状态监测是设备诊断的依据和状态检修的基础。检修决策就是结合在线监测与诊断的情况，综合设备和系统的技术应用要求，确定具体的检修计划或策略。电力系统长期以来实行的以预防性计划检修为主的检修体制，主要依据检修规程来确定检修项目，这样可能造成存在缺陷较多的设备检修不足，而状态较好的设备又检修过度的状况，在一定程度上存在检修的盲目性。定期检修制度模式实际上很难真正做到“应修必修，修必修好”的检修目标。

随着电气一次设备状态检修的推广，电力线路不停电检修技术的应用，因检修设备而导致的停电时间越来越短，这样客观上对电气二次设备检修提出了新的要求。但是，电气二次设备的状态监测对象不是单一的元件，而是一个单元或一个系统，监测的是各元件的动态性能。虽然各种装置本身具备状态检修的实施基础，但二次设备的状态检修必须作为一个系统性的问题来考虑，或者说状态监测应该包含：①交流测量系统，包括 TA、TV 二次回路绝缘是否良好，回路是否完整，测量元件是否完好；②直流系统，包括直流电源、操作及信号回路绝缘是否良好，回路是否完整；③逻辑判断系统，包括硬件逻辑判断回路和软件功能是否完好。变电站中的二次装置很容易实现状态监测，但由于电气二次回路是由若干的装置和连接各装置的电缆所组成，设备输出触点的状况、回路接线的正确性等很难进行监测，这可能就是二次系统，主要是保护系统迟迟未能有效地推进状态检修的主要原因之一。

智能变电站中电流、电压的采集，二次系统的设备状况，操作命令的下达和执行，完全可以通过光纤实现信息的有效监测。变电站内可以有效地获取电网的运行状态数据、各种装置的故障和动作信息，监测操作及信号回路状态，设备状态特征量的采集上没有盲区。在此基础上，可以实现变电站二次设备由定期检修转变为状态检修。实现状态检修后，系统的可用率将大大提高。

8. 设备操作智能化

高压断路器二次技术的发展趋势是用微电子、计算机技术和非常规互感器建立新的断路器二次系统，如 ABB公司的 PASS，西门子公司的 HIS 等。其主要特点是：

（1）以微电子、计算机技术为基础的控制回路组成执行单元，代替常规机械结构的辅助开关和辅助继电器。可按电压波形控制跳、合闸角度，精确控制跳合闸过程的时间，减小暂态过电压幅值。

（2）断路器设备的专业信息由装在断路器内基于计算机技术的控制单元直接处理，使断路器能独立地执行其当地功能，而不依赖于站控层的控制系统。

（3）非常规互感器与微机型控制元件相配合，独立采集运行状态数据，可有效地判断断路器的工作状况。

（4）连续自我监测和监视断路器一次、二次系统设备，可监测设备缺陷和故障，在缺陷变为故障之前发出报警信号，为状态维修提供参考。

实现断路器的智能化必须在断路器内嵌入电压和电流变换器，作为智能控制元件的输入，断路器系统的智能性由微机型控制单元、智能型接口装置和相应的控制软件来实现。保护和控制命令可以通过光纤网络接入变电站的二次回路系统，实现与断路器操动机构的数字化接口应用。

此外，程序化控制的开关柜已在低压系统得到了应用，利用智能控制单元进行断路器的控制，可以实现远程和自动化操作。

综上所述，从智能变电站的基本特征来看，新技术的应用可以实现一次、二次设备的有效隔离，变电站内设备之间的信息通过连接光缆在以太网内实现信息采集、交互、传输等，变电站设备运行状态的可靠性大大提高，信息的冗余性、设备的可用率显著提高，变电站系统的安全性增加，设备的配置、变电站的占地面积明显减少，运行维护大大简化。

这种变化对于未来变电站自动化系统而言将是革命性的，同时将引起常规变电站体系下各种调度自动化应用系统的整合，实现依据单个装置的信息集成应用向依据信息的属性和应用需求的集成转化，提高信息应用的合理性、准确性、有效性和安全性，为智能化电网的建成筑起了平台。

第三节　110kV 智能变电站实施技术方案

智能变电站由智能化一次设备（电子式互感器、智能化断路器等）和网络化二次设备分层（站控层、间隔层、过程层）构建；通信规范建立在 IEC 61850《变电站通信网络和系统》基础上，能够实现变电站内智能电气设备之间信息共享和互操作。智能变电站概括地讲具有以下优点：

（1）智能变电站信号传输应用光纤取代电缆，二次接线简单，电磁兼容性能优越，且价格比电缆低。

（2）电子式互感器没有绝缘问题，体积小。电流互感器不会饱和，二次回路开路不会产生过电压，且测量精度高。电压互感器不会引起一次系统谐振。

（3）智能变电站通信应用 IEC 61850 标准，各种功能共用统一的信息平台，加强了设备的互操作性。

（4）智能变电站信息传输通道可以自检，可靠性高，便于实现管理自动化。

从结构上看，智能变电站与以往综合自动化变电站相比，主要是对过程层和间隔层设备进行了升级，将一次系统提供的模拟量和开关量就地数字化，用光纤代替电缆连接，实现过程层和间隔层之间的通信。间隔层保护测控装置无需接收 TA、TV 输出的模拟信号，只需接收 SV 网络输出的数字信号。保护装置对外的联系也可以用数字信号，由 GOOSE 网将信息送达目的地。

由于智能变电站在全国电力系统推广应用很快，国家电网公司在制定了一系列规章进行规范，如 Q/GDW 389—2009《智能变电站技术导则》、Q/GDW 393—2009《110（66）kV～220kV 智能变电站设计规范》、Q/GDW 441—2010《智能变电站继电保护技术规范》、Q/GDWZ 410—2010《高压设备智能化导则》等。在 Q/GDW 441—2010《智能变电站继电保护技术规范》中，对各电压等级的智能变电站继电保护配置技术提出了实施方案。以下对 110kV 智能变电站的主要电气设备的继电保护配置技术方案做一简介。

一、智能变电站 110kV 线路继电保护配置技术方案

智能变电站内 110kV 线路继电保护、测控功能宜采用一体化装置，按间隔单套配置。图 15-1 是 110kV 线路继电保护配置示意图。

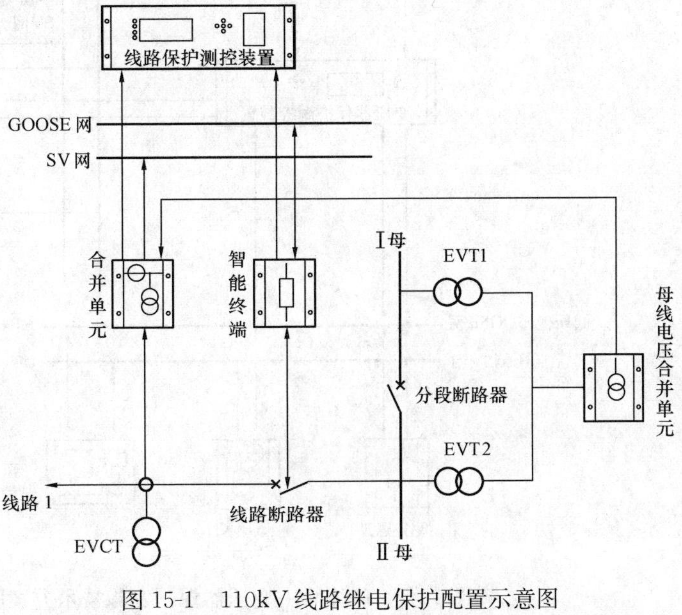

图 15-1　110kV 线路继电保护配置示意图

保护采用安装在线路上的 EVCT（电子式电压电流互感

器），并通过合并单元获得电流、电压。用于检同期功能的母线电压，由母线电压合并单元点对点通过间隔合并单元，发给各间隔保护装置。电压合并单元具有母线电压并列功能。

110kV 线路间隔内智能终端与保护装置之间采用点对点的连接，直接跳闸，合并单元采样值采用点对点传输。

跨间隔信息采用 GOOSE 网络传输。

二、智能变电站 110kV 主变压器保护配置技术方案

智能变电站内 110kV 主变压器保护宜双套进行配置，双套配置时应采用主、后备一体化装置。若主、后备保护分开配置，后备保护宜与测控装置一体化。图 15-2 是 110kV 主变压器保护实施技术方案图（单套配置）。

当保护采用双套配置时，各侧合并单元采用双套配置，各侧智能终端亦采用双套配置。变压器非电量保护应就地直接用电缆连接；有关非电量保护延时均在就地实现。现场配置变压器本体智能终端，上传非电量保护动作报文和调压挡位及接地开关控制、位置信息等。

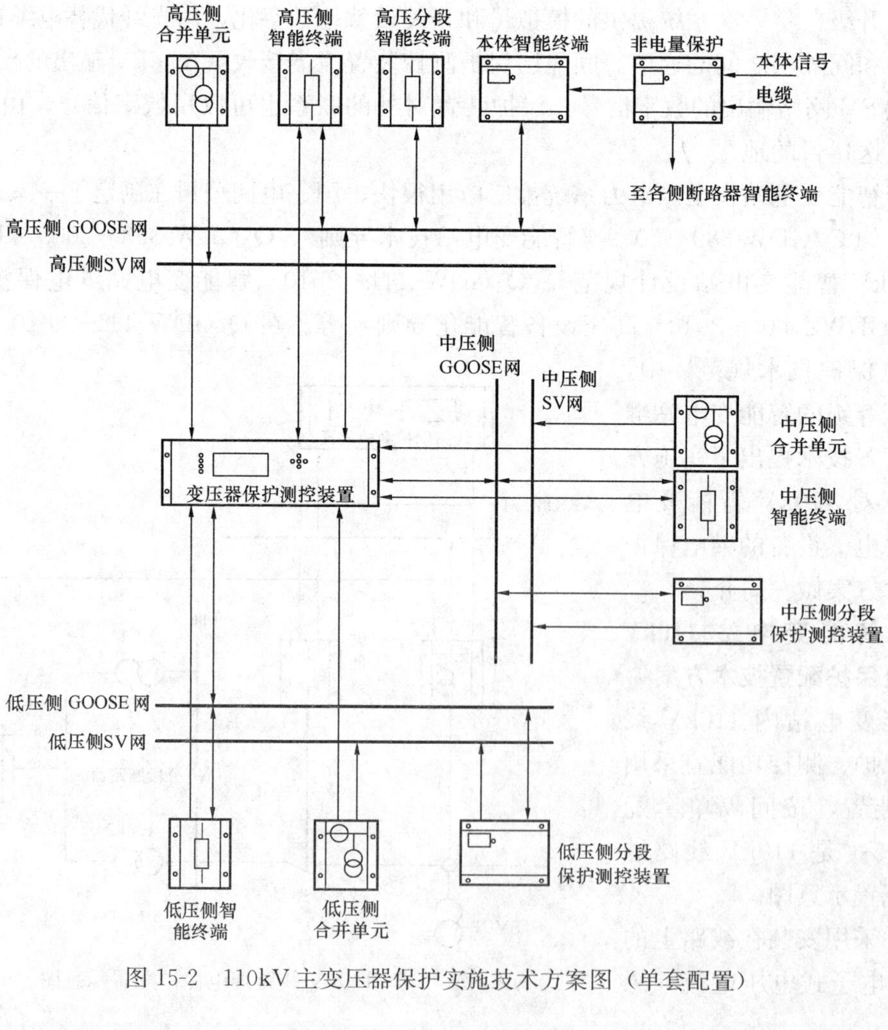

图 15-2 110kV 主变压器保护实施技术方案图（单套配置）

三、智能变电站分段保护配置技术方案

智能变电站内110kV分段保护宜单套配置保护，测控功能宜采用一体化装置。图15-3是110kV分段保护配置示意图。

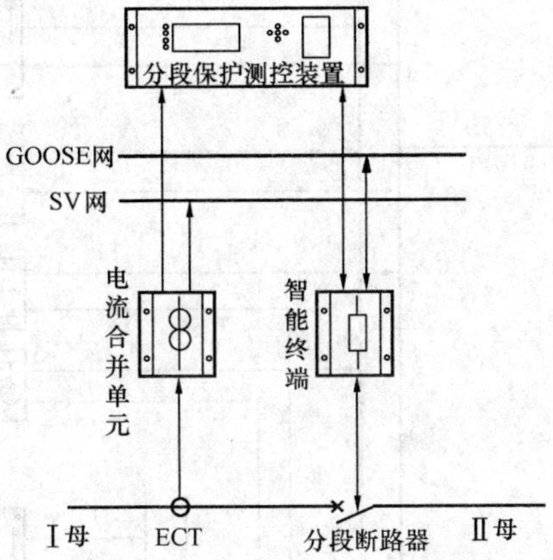

图15-3　110kV分段保护配置示意图

110kV分段保护跳闸采用点对点直接跳闸，其他保护（主变压器保护）跳分段采用GOOSE网络方式。

35kV及以下等级的分段保护宜就地安装，保护、测控、智能终端、合并单元采用一体化装置。装置应提供GOOSE保护跳闸接口（主变压器跳分段）接入过程层GOOSE网络。

四、智能变电站35kV及以下出线间隔保护配置技术方案

35kV及以下保护按间隔单套配置，采用保护测控一体化装置。当一次设备采用开关柜时，宜使用常规互感器，通过电缆直接跳闸。图15-4是35kV及以下间隔保护实施方案。

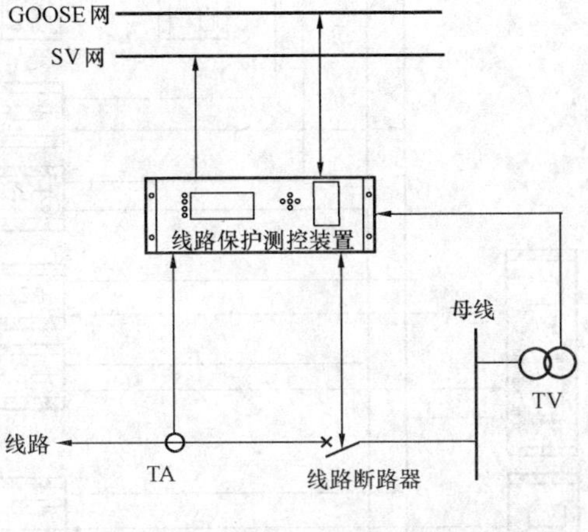

图15-4　35kV及以下间隔保护实施方案

五、110kV智能变电站继电保护系统配置方案

图15-5是110kV智能变电站继电保护系统配置方案图。方案中变电站高、中、低压侧均为单母线分段接线方式，中、低压侧一次设备采用开关柜室内布置，双配置的设备方案图中按单套示意。方案中变电站中过程层的SV及GOOSE网络按高、中、低压侧分别组网。

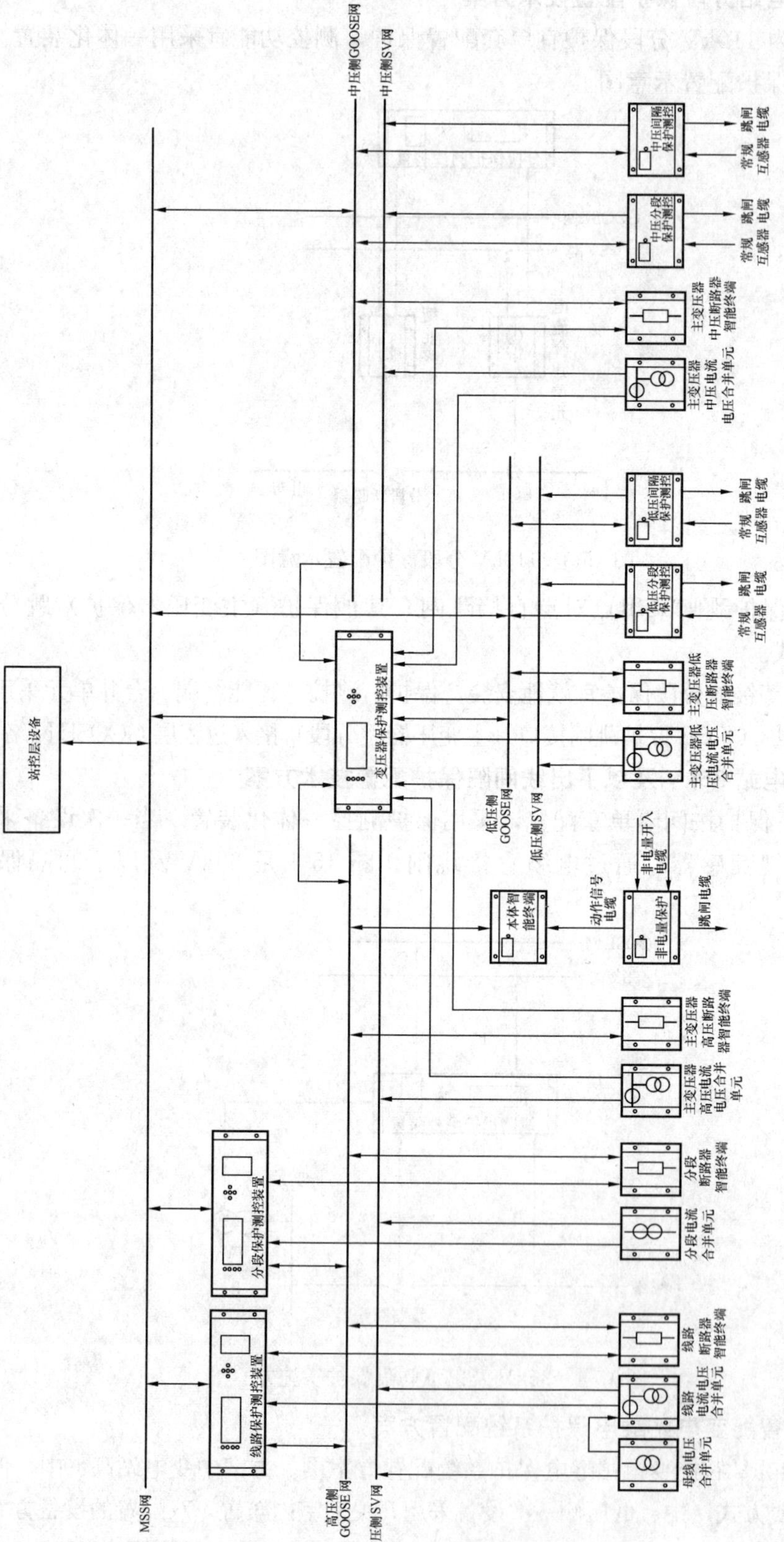

图 15-5 110kV 智能变电站继电保护系统配置方案图

第四节 110kV智能变电站二次图纸实例

近期国内生产继电保护及综合自动化设备厂家和电子式互感器生产厂家已经分别生产出智能变电站的系列产品，且已投放市场，在全国各省市电力系统中试点运行。

这里以某公司生产的设备在变电站工程中的应用为例，说明智能变电站部分二次回路接线情况。

一、110kV智能变电站监控/保护系统工程设计的主要原则

（1）工程按无人值班考虑，变电站内由数字化保护测控一体化装置完成对全站设备的监控、保护，变电站内的数据统一采集处理，资源共享。

（2）通信协议均采用IEC 61850。

（3）变电站采用以太网网络方案，站控层和过程层网络相互独立。

（4）站控层设置操作员站、远动工作站、保护故障信息远传及计量转发工作站等。

（5）电流、电压采样通过电子式电压互感器和电流互感器，电子式互感器接入安装于就地智能操作柜的合并单元。

（6）所有开关操作信息、断路器及隔离开关位置信息、保护间的互闭锁信息均采用GOOSE信息报文的方式传递。

（7）站内的所有保护装置均采用保护/测控一体化装置。110kV线路保护、110kV母线保护和主变压器保护均能够通过IEC 61850-9-2规约进行通信，同时能够通过GOOSE规约实现跳闸功能。

（8）110kV操作箱均下放布置在户外智能操作柜内，10kV保护测控装置布置在10kV开关柜内。

（9）不单独设置集控工作站，集控功能由远动工作站完成。远动工作站双套配置；设置通道切换装置，经模拟通道上送到地调和网调；配置调度数据网设备，信息经2M专用口送出。

（10）不单独设置保护信息管理子站，保护故障信息由监控系统服务器完成采集及处理工作。一方面在当地操作员站中可浏览、查询保护动作信息及录波信息；另一方面通过站控层网络传输到保护故障信息远传装置，经过调度数据网送至调度中心保护监控站。保护故障信息装置与维护工程师站组成一面屏。

（11）不单独设置故障录波器屏，在保护/测控装置内采用分散式故障录波。录波信息送至站控层网络由监控系统服务器来完成采集及处理工作。

（12）不单独设置主变压器非电量保护屏，其功能由主变压器本体智能操作箱完成。本体智能操作箱安放在户外主变压器本体智能操作柜内。

（13）10kV TA不设独立的合并单元（主变压器10kV进线除外），10kV测控保护装置具有合并单元的功能。

（14）SV采样值和GOOSE命令通过同一根光缆的不同芯传输。

（15）控制与保护之间，保护与保护之间互连接点采用数字化编码。

（16）各装置具有远端修改定值的功能，并可以对该功能进行屏蔽。

（17）实现变电站程序化操作。

（18）计算机监控系统网络安全防护严格按照《电力二次系统安全防护规定》要求执行（防护分区可单独考虑）。

二、智能变电站 110kV 线路的二次回路

智能变电站 110kV 线路的二次设备，分别布置在二次设备室和一次设备就地。在二次设备室布置有 110kV 线路保护屏，屏上装设有线路保护测控装置、数字式电能表、光纤接口盒、通信接口装置（交换机）及电源开关等。

由于智能化断路器及其他高压智能化设备还没有完全推向市场，当前以智能终端作为与一次设备的接口并与一次设备就地布置。一次设备采用 GIS 或 HGIS 的，智能终端安装在汇控柜中；一次采用 AIS 户外敞开式设备的，智能终端安装在专设的智能操作柜中。

图 15-6 是 110kV 线路间隔网络联系图。由图可见，智能变电站的电气二次回路是以网络联系为主的。CSC161A/E 型线路保护测控装置通过 RSG2100 通信接口装置（交换机）与智能终端及合并单元、母线保护、本线路电能表、网络监控交换机连接。图中可以看出，通信接口装置（交换机）是网络联系（即二次回路）的枢纽。

图 15-7 是与图 15-6 对应的 RSG2100 型通信接口装置（交换机）背面接线图。图中 1J 是安装在线路保护屏上的光纤接口盒，进出保护屏的光缆需先通过 1J 光纤接口盒再与通信接口装置（交换机）连接。保护测控装置的通信直接与通信接口装置（交换机）连接。由于通信接口装置（交换机）在网络联系中的重要作用，在规范中明确规定必须保证对它采用双电源供电。

图 15-8 是安装在对应间隔一次设备旁的智能操作柜布置图。智能操作柜装设有智能操作箱（智能操作终端）、合并单元（MU）、通信接口装置（交换机）及断路器控制开关、远方/就地切换开关、“五防”编码锁及电源开关等。

智能操作柜上的 JFZ600 智能操作箱（智能操作终端），简单地说就是第六章所述的测控装置与操作箱的组合。智能操作箱中包括对断路器进行操控的各种中间继电器，对隔离开关、接地开关进行分合闸操作的中间继电器，各信号开关量的接入回路，柜内温、湿度的自动控制及温、湿度模拟量的测量等。智能操作箱这些元器件与断路器、隔离开关及接地开关的连接，仍采用控制电缆实现。

由智能操作柜正面布置图中看到，操作柜面板上画着线路间隔的主接线示意图，安装了主要设备的操作开关。这些操作开关分别是：

（1）断路器控制开关 KK；

（2）断路器“五防”电编码锁 BS；

（3）隔离开关的远方/就地及控制开关 1GKSH、2GKSH；

（4）隔离开关的五防电编码锁 1GBS、2GBS；

（5）隔离开关的操作急停按钮 1GJTA、2GJTA；

（6）接地开关的远方/就地及控制开关 1GDKSH、2GDKSH、3GDKSH；

（7）接地开关的五防电编码锁 1GDBS、2GDBS、3GDBS；

（8）接地开关的操作急停按钮 1GDJTA、2GDJTA、3GDJTA。

合并单元是对来自电子互感器转换的电流或电压数据进行与时间相关组合的物理单

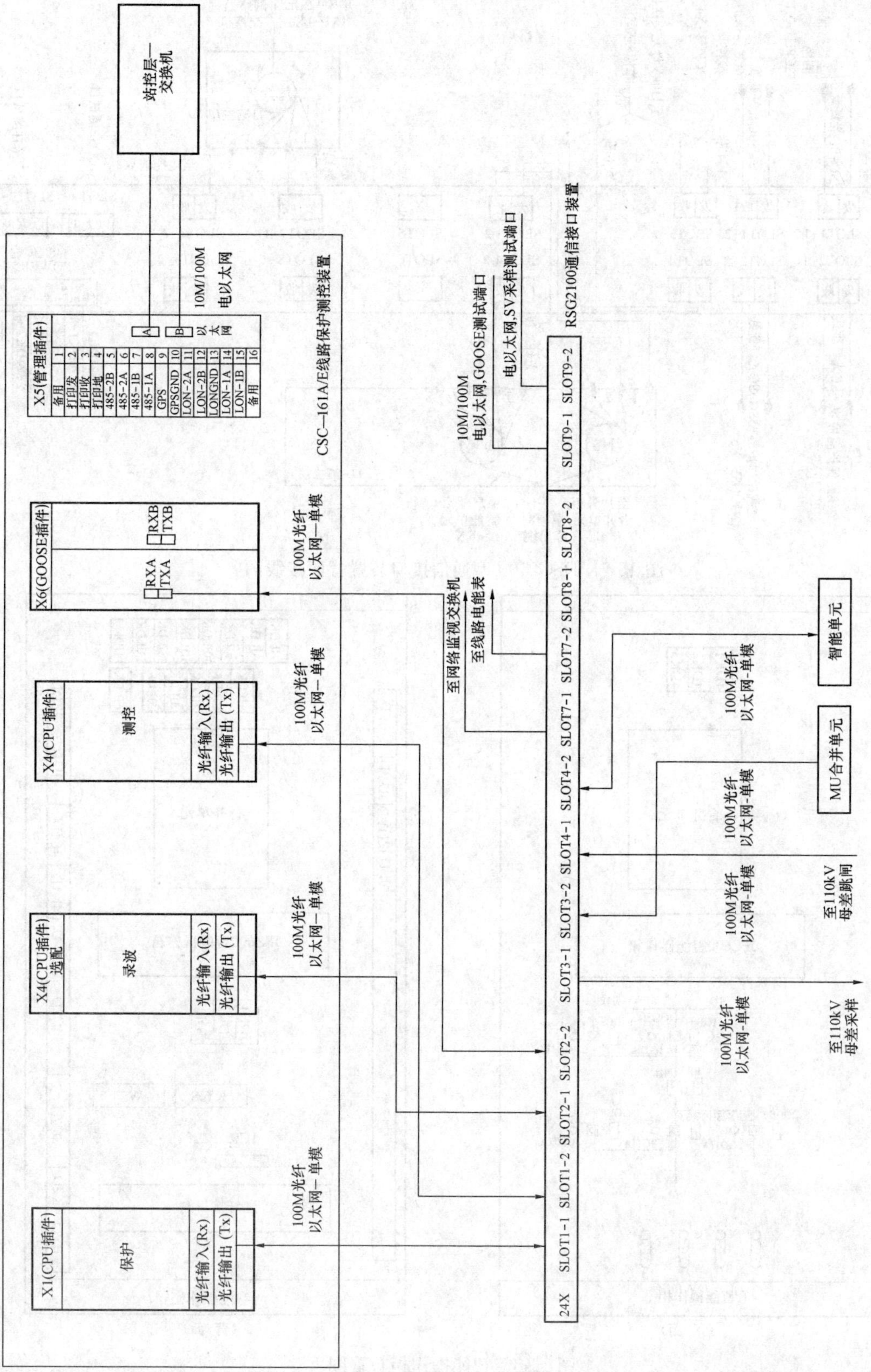

图 15-6　110kV线路间隔网络联系图

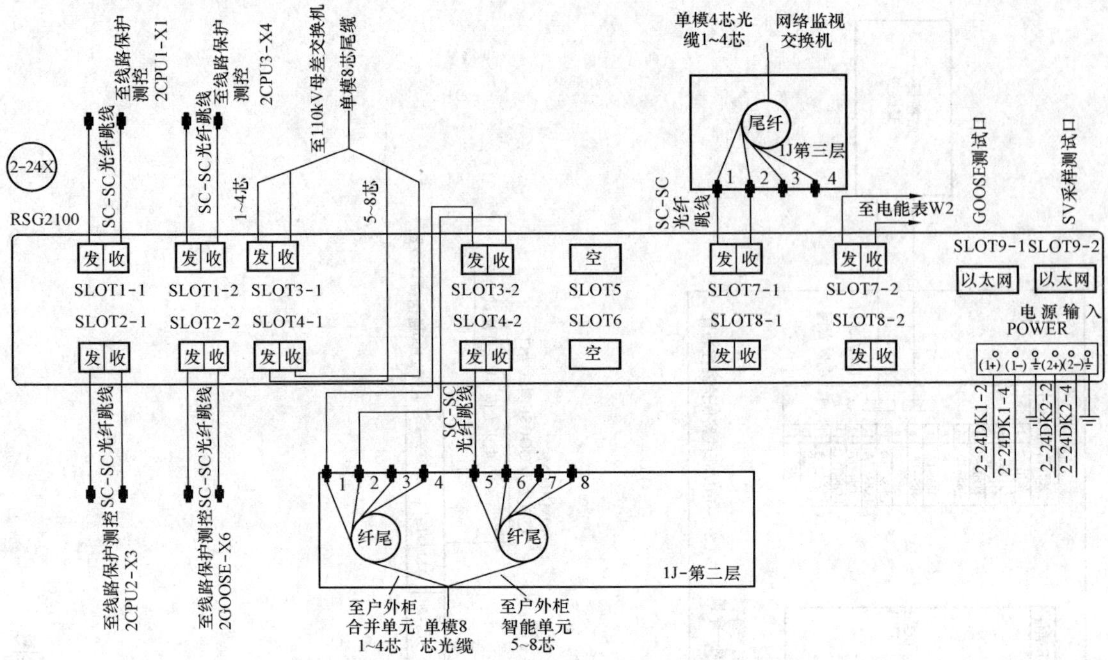

图 15-7　RSG2100 型通信接口装置背面接线图

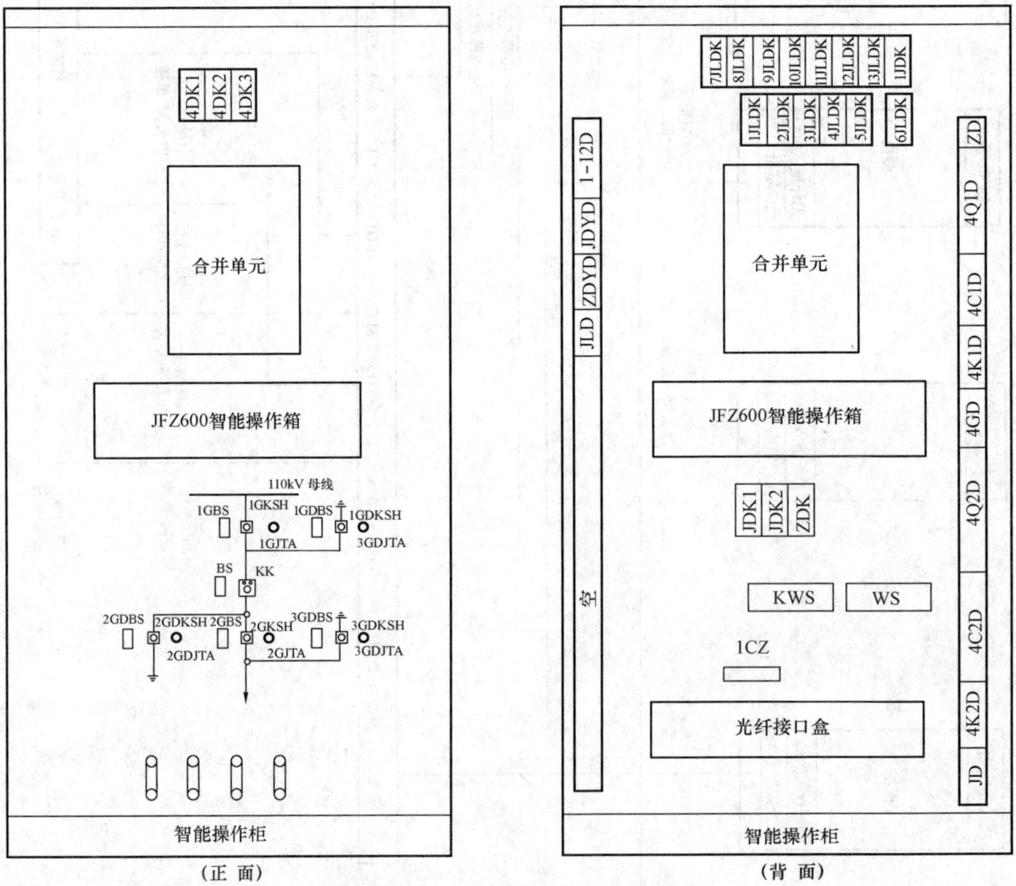

图 15-8　智能操作柜布置图

元。合并单元可以是电子互感器的一个组成元件，也可以是分立单元。在这里智能操作柜中安装的是一个组件，是与电子式互感器配套组成的。图 15-9 是合并单元连接回路图，图中合并单元向电子式电流互感器提供电源，互感器将采集的电流输入至合并单元。合并单元与互感器之间由通信线连接，通信协议一般为厂家自定的私有协议。合并单元的输出由光纤通过通信接口装置接入 SV 网络。

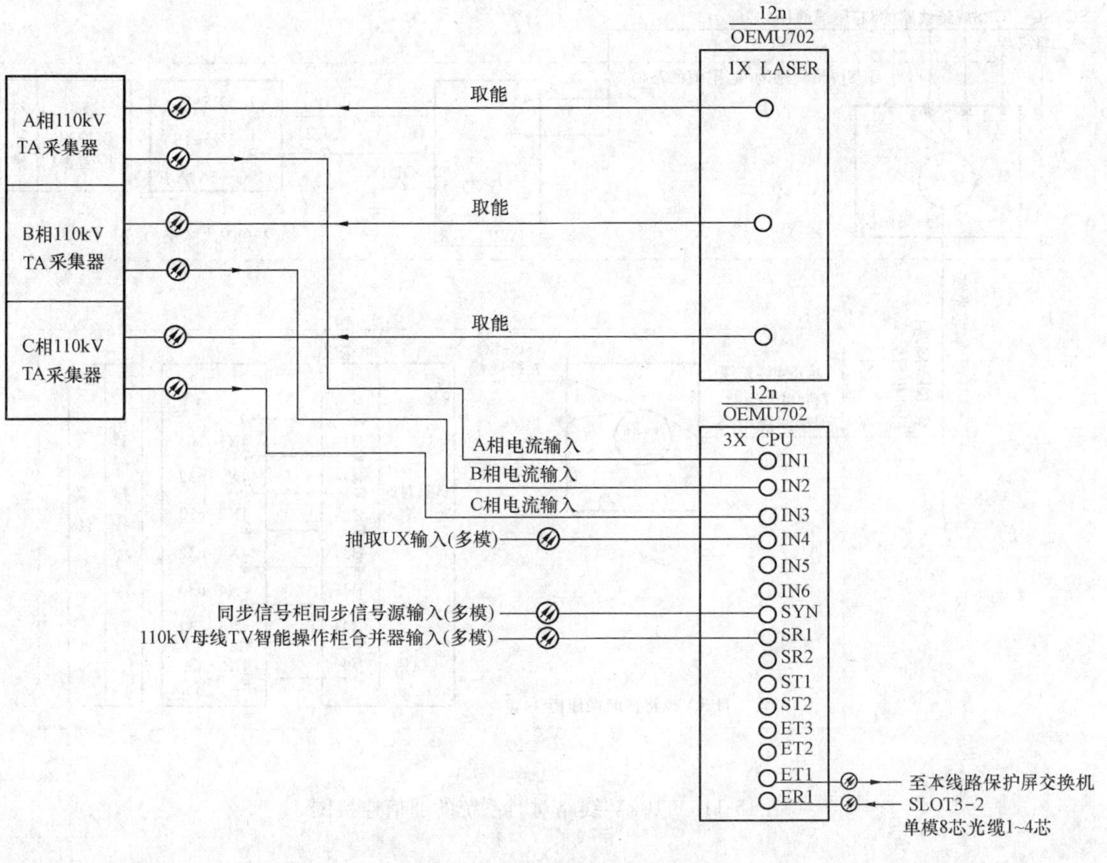

图 15-9　合并单元连接回路图

线路保护测控屏的交换机（通信接口装置）与户外智能操作柜之间通过光缆连接，从图 15-7、图 15-9、图 15-10 中看到用了一根单模 8 芯光缆，其中 4 芯与合并单元连接，4 芯与智能终端连接。

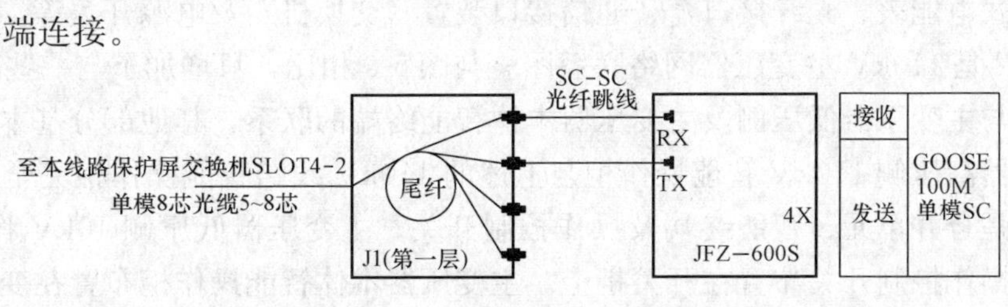

图 15-10　智能操作箱的通信连接图

智能变电站广泛采用数字化的 IED 设备，保证各设备之间的同步运行尤为重要。综合自动化系统必须采用统一的对时系统，在智能变电站中配置了 GPS 屏，屏上装设 GPS 或北斗卫星作为标准时钟源，全站各 IED 设备与之对时。

图 15-11 是 110kV 线路对时系统的通信连接图，这里采用的是 B 码对时，图中从 GPS 屏用一根 8 芯光纤尾缆连接到 110kV 线路保护屏，其中 1～4 芯经屏上的 1J 光纤接口盒转接至室外的 110kV 线路智能操作柜，对智能终端进行对时。8 芯光纤尾缆的 7～8 芯经屏上的 ZH 串口/光口转换器接至线路保护装置进行对时。

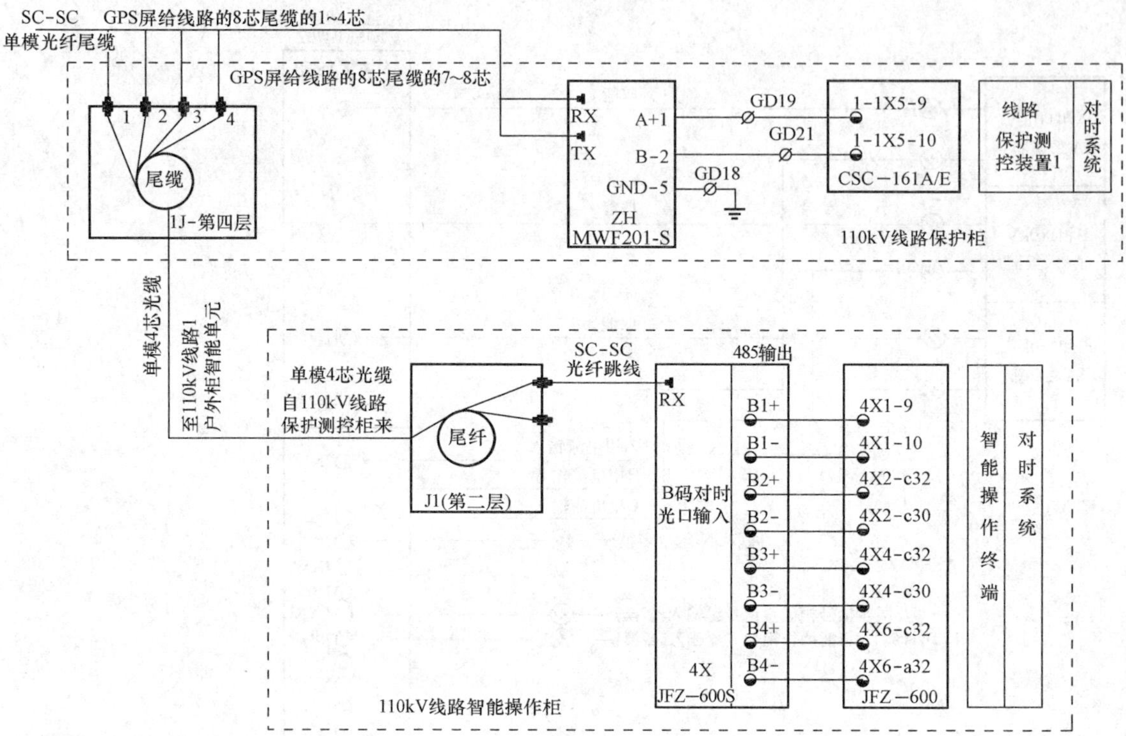

图 15-11　110kV 线路对时系统的通信连接图

三、智能变电站 110kV 主变压器的二次回路

智能变电站 110kV 双绕组主变压器的二次设备，分别布置在二次设备室和变压器本体及高低压设备就地。在二次设备室布置有主变压器保护屏，屏上装设有变压器保护测控装置、数字式电能表、光纤接口盒、通信接口装置（交换机）及电源开关等。

图 15-12 是 110kV 主变压器网络联系图。与图 5-6 相比，只增加了与一些 MU 合并单元的联系和与主变压器低压侧及主变压器本体智能终端的联系，其他部分基本相同。

主变压器高压侧 110kV 智能操作柜与上述的 110kV 线路智能操作柜完全相同，主要布置的设备是合并单元、智能终端及操作控制开关。主变压器低压侧 10kV 将合并单元、智能终端及操作控制开关布置在开关柜上。主变压器本体智能操作柜布置在变压器旁，其主要安装设备有主变压器零序及间隙零序电流互感器的合并单元、与主变压器调压开关配套的调压控制器、与主变压器非电量联系的智能终端、主变压器中性点隔离开关的控制开关等。主变压器本体智能终端与周边设备之间采用控制电缆连接，其具体接线与本书第七章所述基本相同，这里不再赘述。

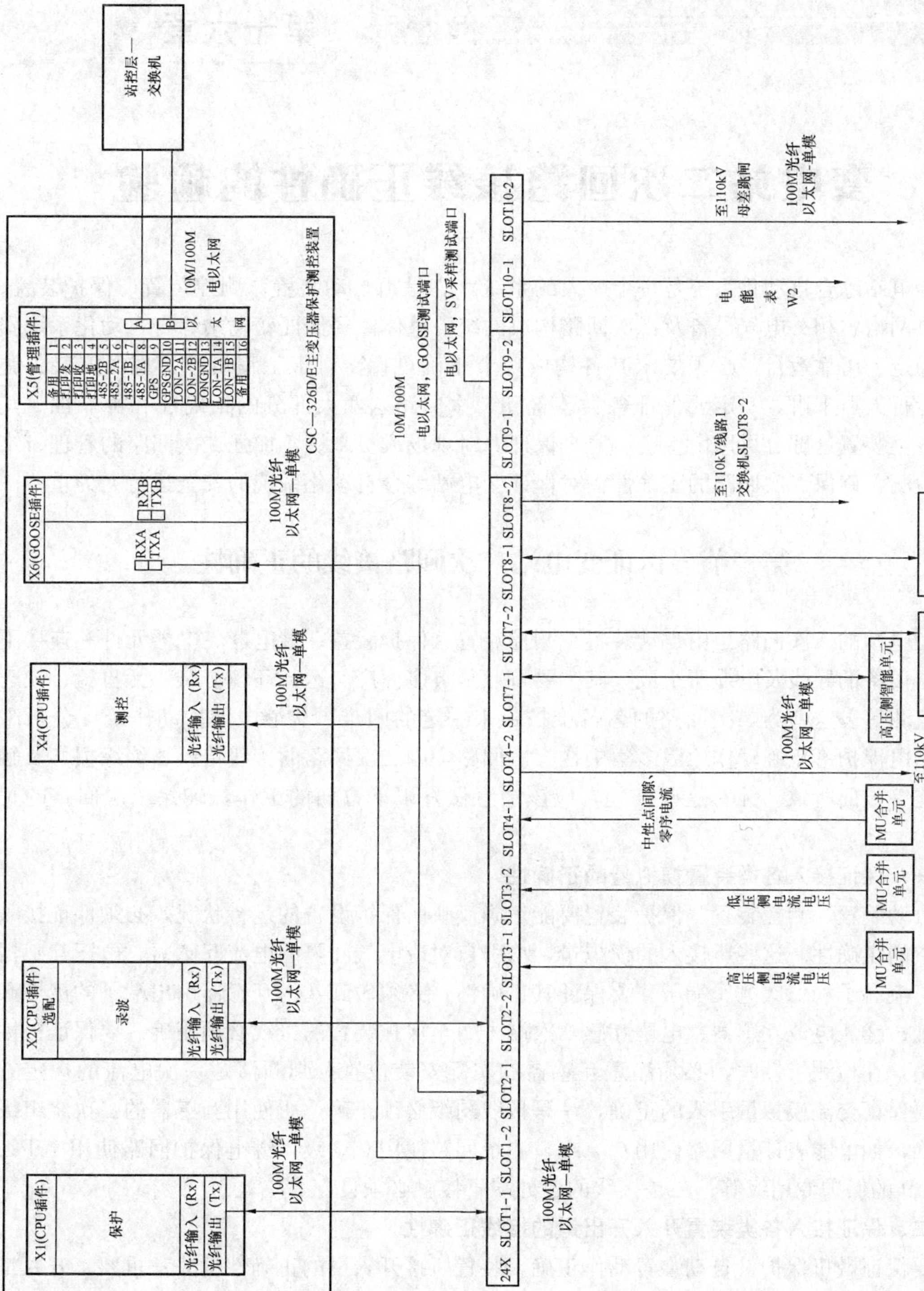

图 15-12　110kV 主变压器网络联系图

第十六章

变电站二次回路接线正确性的检验

变电站综合自动化系统是一个庞大的系统，它是由自动装置、测控装置、保护装置、计算机网络、相关电气设备及二次回路构成的统一整体。要保证变电站综合自动化系统安全、稳定、可靠运行，必须要求其各构成环节正确可靠。对于工程设计、现场安装、调试、运行人员来讲，一定要保证各类装置和二次回路这两大部分的正确性和可靠性。其中，各类装置这部分可以由生产厂家来保证。对现场人员来讲，加强二次回路的管理、维护和检测，确保二次回路的正确性，对保证变电站综合自动化系统的安全运行尤为重要。

第一节　保证变电站二次回路接线的正确性

变电站的二次回路是由自动装置、测控装置、保护装置、继电器、电器元件和连接不同电器设备的导线及电缆所组成。其主要特点是点多面广、运行环境复杂、无自检、缺乏在线监测等。这些为二次回路的运行维护带来一定的困难。从继电保护动作统计分析来看，继电保护不正确动作原因多集中在二次回路，因二次回路的接线错误、绝缘损坏及触点粘连等方面所致。针对这些问题，应该注意做好以下方面的工作，确保二次回路的正确性。

一、保证接入各类装置模拟量的正确性

自动装置、测控装置、保护装置要能正确反映所保护设备的运行状况，必须保证接入模拟量的正确性。这些所接入的模拟量，均引自对应电气间隔的电流互感器、电压互感器二次电流端子和二次电压端子。要保证其正确性，必须做到：①互感器引出端子的极性必须正确；②从电流互感器、电压互感二次端子引至保护装置的接线必须正确。要保证极性的正确，在检测极性时，必须注意互感器的实际安装位置，判断清楚一次电流的规定方向。要保证交流模拟量引入的正确，一是接线图纸必须正确，所使用互感器的二次绕组级别正确，如电能表计量回路使用 0.2 级，测量回路使用 0.5 级，继电保护回路使用 10P20 或 5P10 的保护专用级等；二是接线的各处端子接触必须良好。

二、保证接入各类装置开入开出量的接线正确性

要保证微机保护、自动装置动作正确，装置所接开入量的正确性也非常重要。开入量对微机保护、自动装置来讲，是作为进行逻辑判断的必要条件，必须准确地反映断路器、隔离开关的状态，反映与其相关联的其他保护装置的动作状态，才能使微机保护自动装置作出正确判断，确定其动作行为。

微机保护、自动装置的开出回路的执行部分，由出口继电器、连接片及切换开关等完成，并与断路器的操动机构相连接。这里特别要注意执行继电器参数应和断路器的跳合闸线圈相配合，并保证有足够灵敏度。在运行中常发现执行继电器触点烧坏的现象，这大多由于断路器辅助触点调整不当，继电器触点断弧所造成。一般在断路器检修后，要特别注意配合进行传动试验，检查继电器触点断弧情况。保护的出口连接片常因操作不当造成一些问题，尤其是220kV以上分相操作断路器的保护柜，装设连接片比较多，容易造成混乱。在运行操作中，要依据图纸按实际运行情况正确判断，确定其应该投退的连接片。

对于测控装置的开关量接入，是正确反映位置信号、动作信号、警告信号的首要问题。所采集的开关量必须正确，所显示的信息定义必须准确，接入测控装置的端子必须正确。

三、做好二次回路的抗干扰措施

微机保护、自动装置的工作信号中，除去有用的信号外，还有一些可能影响保护装置正常工作的电磁信号，即干扰信号。它通过电磁耦合通道作用于微机保护装置内部某些敏感元件。干扰信号可能来自装置外部，通过接线端子进入装置内部；也可能来源于保护装置内部，如继电器触点的切换产生强高频电磁干扰信号，高频时钟控制对其他回路产生的干扰信号等。干扰信号可能造成微机保护、自动装置运算或逻辑出现错误，可能使运行程序出轨或损坏微机芯片。后果可能导致装置误动作，也可能导致装置出现故障或功能障碍。

干扰信号对微机保护、自动装置运行的影响是很大的，如不采取有效对策，将会造成严重的后果。抗干扰问题应从两方面考虑，一方面是解决来自装置内部的干扰，另一方面是对来自装置外部的干扰信号采取抗干扰措施。

对于装置内部的干扰问题，制造厂家在设计微机保护、自动装置时，已经注意到设计合理的布线和制造工艺，选用优质的微机芯片和半导体元器件，切断各种电磁耦合的途径，尽可能减少扰动。同时还考虑到干扰信号在装置内部出现，会带来的问题和应采取的对策，因此制造厂家在装置内部采用自动检测技术和闭锁措施，把扰动可能产生的不良后果减少到最低程度。

对于保护装置外部的干扰信号，应根据干扰的来源和引入装置的线路走径采取抗干扰措施。外部的干扰源来自电源回路、模拟量输入回路、开关量输入及输出回路。

(1) 对来自电源回路的干扰，可在电源入口增设电源滤波器，消除以传导和磁场两种形式造成的电磁干扰。还可以利用机箱的屏蔽作用减少电源线在装置内部产生的干扰，并注意选用外壳有屏蔽接地的滤波器，其接地点应以最短的距离接在机箱的柜体上。

(2) 对模拟量输入回路的干扰，最有效的办法就是采用可靠的静电屏蔽，将引自高压开关场的电流和电压模拟量带来的强电干扰信号导入大地。这样屏蔽体接地质量将直接影响其屏蔽效果，一般要求屏蔽体与地的接地电阻小于2MΩ。目前我国变电站的接地网多采用铁作为导体，运行时间长了，接地网锈蚀比较严重，各处接地点接触电阻较大，以此接地网作为综合自动化系统的屏蔽接地网很不可靠。在我国变电站接地网敷设没有彻底改变之前，可采用敷设专用屏蔽联络网的方法，即用$\phi 95mm^2$的铜绞线将高压开关场和控制室屏蔽接地网连在一起，并分别在两端与变电站接地网连接，以减少由于接触不良造成的接地电阻增大。同时将各保护柜之间、户外各端子箱之间的接地铜排用铜绞线连接起来，形成一个比较可靠的屏蔽联络接地网。

（3）对于模拟量输入回路的抗干扰，一定要严格执行反事故措施。对于电压互感器，二次绕组（星形）、三次绕组（开口三角形）的N相必须分开，由开关场引入控制室，在保护柜上由一点接地；对于几台同一电压等级电压互感器，其N相分别引入控制室，并接到同一零相电压小母线经一点接地。电流互感器的二次回路应有一个接地点，并在配电装置附近经端子排接地。对于有几组电流互感器连接在一起的保护装置，应分别引入保护柜，在保护柜上经端子排一点接地。

微机保护、自动装置的开关量输入、输出回路均来自于强电信号。强电信号回路易造成磁场发射，而弱电信号易受到周围磁场的干扰。采取的措施首要的是输入、输出回路的走线必须强弱分离，不同电压等级的开关量输出引线与不同电压等级的电源线分开，这对减少干扰耦合有良好效果。尤其是控制电缆，绝不允许强弱电回路混合在同一电缆中。尽量采用双绞线，双绞线可使干扰所产生的感应电流在负载上相互抵消。在控制回路设计中，保护的跳合闸出口应经过操作箱的执行继电器，而不是直接将保护跳合闸继电器触点接到断路器的跳合闸线圈。这样一方面避免了跳合闸触点接到断路器线圈之间的长电缆引入强电干扰，另一方面也可利用操作箱防跳回路的出口跳闸自保持，加强了保护出口的可靠性。微机保护装置所需要的断路器、隔离开关位置尽可能引入操作箱驱动中间继电器，经继电器重动触点引至保护开入回路。由于中间继电器工作电压较高，增加了抗干扰能力。对于保护必须直接和外回路相连的部分，一定要经过光耦回路隔离，绝不允许由强电开入回路和微机保护装置中的元件直接相连。与保护柜连接的控制电缆，必须采用屏蔽电缆，并在电缆的两端将屏蔽层可靠接地。

四、加强二次回路的绝缘检测

二次回路的绝缘检测，在以往变电站新安装及定期校验中都作为一个重点项目进行。自从电子型和微机型保护装置推广应用之后，现场继电保护人员对二次回路的绝缘检测产生了一种畏难思想。总怕试验中高压串入保护装置损坏电子元器件，因而对二次绝缘检测能不做就尽量不做，这样无形中放松了二次回路绝缘监督。

实际二次回路点多面广，和户外开关场的电气设备相连，运行环境差，很容易发生绝缘下降的情况。因而在定期校验中，必须坚持做二次回路绝缘检测的试验项目。在试验前一定按规程要求将需要短连的回路连接起来，需要拆开的端子拆开，这样就可以避免试验的高电压损坏电子元器件。

从另一方面讲，研究试行二次回路的绝缘在线监测也是势在必行。按照目前国内的科技水平，实现二次回路全面的在线监测也是指日可待的。

五、加强以负荷电流、电压检测接入模拟量的正确性

以往的电磁型、电子型保护装置在新安装投运时，都要求当一次设备带上负荷后，利用负荷电流和实际工作电压作六角图，与当时负荷情况（电流、有功功率、无功功率）的预先判断进行比较，以检查接入电流、电压的极性、变比和相位是否正确。对于微机保护、自动装置来讲，这也是一项必要而实用的测试项目。以往的测试必须通过伏安相位表来实现。现在的微机保护具有先进的自检功能，它的显示窗口可以观察有功功率、无功功率、各相电流电压的有效值，也可以利用其菜单打印电流电压采样值，通过采样值可以看到进入装置内各路模拟量的幅值和相位关系。综合利用这些参数，可以准确判断分析接入装置的模拟量是否正确。

在变电站的运行维护中，要充分利用它的这方面优势。在对二次设备的巡视中、系统运行方式改变时、负荷发生变化时、系统出现故障时、保护动作或拒动时都可以随时打印其采样值，分析采样报告，判断装置的测量准确性，分析装置的动作行为，为系统的安全稳定运行提供准确的现场资料。

六、做好一次设备检修后的二次回路检查检测工作

变电站新安装投入运行后，经工作电压及带负荷电流测试，如果各项试验正确，各项指标满足要求，则一般微机保护、自动装置的运行是可靠的。如果再经过被保护设备，发生过区内及区外故障的考验，有正确的动作反映，那么微机保护、自动装置安全稳定运行是没有问题的。但实际中，常有这类保护在稳定运行几年后，又发生误动的情况。除了因保护装置内部元器件损坏外，多为因一次设备检修后人为引起二次回路变动所造成的。

例如：电流电压互感器每年要做预防性试验，试验前必须将二次端子引线拆掉，试验后再恢复其接线。这项工作一般由高压试验或运行人员进行。如果由于疏忽恢复接线中发生错误，并且未能及时发现，就会造成保护装置的不正确动作。因此当电器设备检修涉及二次回路时，都应在检修工作结束后核对接线正确性。通过传动试验检查直流和信号回路，交流模拟量输入回路必须在一次设备带负荷后，通过打印采样值或其他试验手段确证交流电流电压回路的极性、相位及变比的正确性。这样才能保证在一次设备检修后，保护装置仍能安全、稳定、正确运行。

第二节　检验二次回路接线正确性

一、安装过程中的二次回路检验

要保证变电站的二次回路接线正确，首先要把好基建安装这一关。二次回路的安装，首先从敷设电缆开始。在开始敷设电缆之前，运抵施工现场的控制电缆要进行绝缘测试，检查电缆在制造和运输的过程中，有无绝缘的损坏。方法是用1000V绝缘电阻表检查控制电缆各芯线对外壳和各芯线之间的绝缘。

经过检验的电缆开始敷设，敷设要按照设计图中的电缆清册进行，将电缆整齐有序地排放在电缆沟的支架上。在电缆沟的拐弯、交叉、汇集处，更应注意排放整齐，为日后变电站的运行维护打好基础。

控制电缆在开始接线前，必须对电缆的各芯线进行校对，不能仅靠电缆芯上的编号进行接线。校对芯线的方法宜采用导通法，其试验接线如图16-1所示。

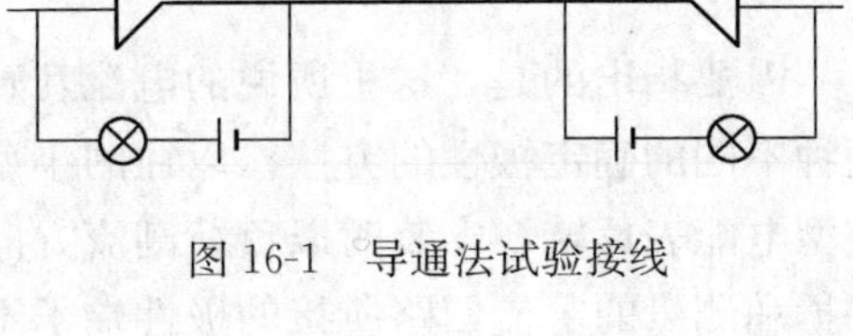

图16-1　导通法试验接线

电缆在进行接线时，应将每根电缆扎成一束，不要将几根电缆扎在一起，以免运行中出现故障难以查找。每根电缆要挂电缆牌，电缆牌上要写明电缆编号、型号、芯数、截面、连接去向等。

安装的保护屏、自动装置屏、监控屏在接电缆之前，应根据设计的二次回路展开图、安装图对屏内接线进行查线。查线采用导通法进行。屏内实际接线应与设计图完全一致，接线标志头必须清晰正确。在查线中特别注意要断开电流回路连接，一段一段地检查，否则容易造成混淆。

二、电流、电压互感器的极性检验

电流、电压互感器在进行检验前，应先核对其铭牌参数是否与设计一致，主要核对变比、容量、准确度级别、二次绕组及抽头数量、暂态热稳定倍数等，还要检查电压、电流互感器的实际安装位置是否与设计一致。

电流、电压互感器除了要对设备本身进行变比误差、角度误差、励磁特性等项目的试验外，为保证其二次接线正确，还要进行极性检验。互感器的极性确定原则是按减极性原则规定的，即当一次电流从某一次接线端子流入，感应产生的二次电流从某二次接线端子流出，则规定这两个端子为同极性端，用“*”号来表示。

1. 电流互感器的极性检验

图 16-2 是电流互感器极性的标注方法和一、二次电流的相量图。图中一次端子 L1 和二次端子 K1 为同极性端。一次电流 $\dot{I}_1$ 和二次电流 $\dot{I}_2$ 同方向。

电流互感器极性测试的试验接线如图 16-3 所示。电流互感器一次绕组通过小开关 S 接入一组电池，二次绕组接入直流毫安表。当开关 S 闭合的瞬间，如直流毫安表指针向正方向摆动，则电池正极所接一次端子 L1 与直流毫安表正极所接二次端子 K1 为同极性端子，反之则为非同极性端子。在现场试验时，应根据电流互感器变比的不同，选择不同的直流电源或微安表、毫伏表等。对大型变压器的套管 TA，则提高试验电压至 24V 或 36V。有时因回路阻抗大，需将变压器低压绕组临时短接才能测定。

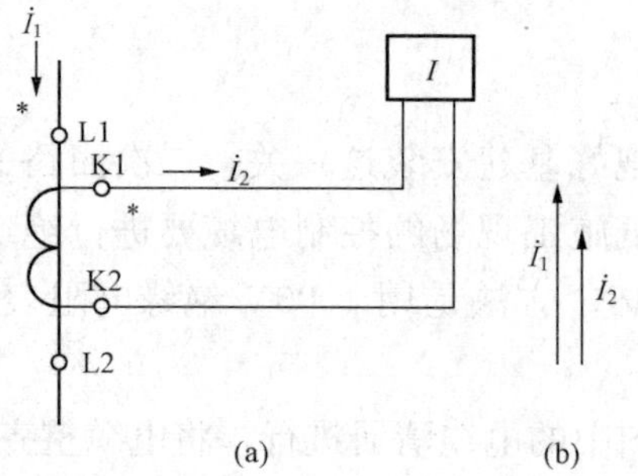

图 16-2　电流互感器极性的标注方法和一、二次电流的相量图

（a）极性的标注方法；（b）一、二次电流相量图

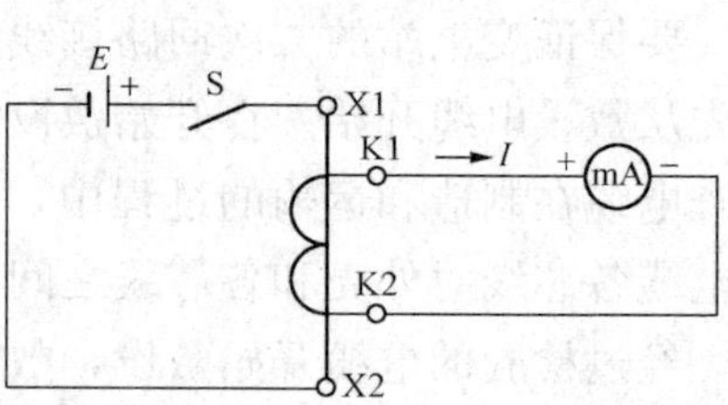

图 16-3　电流互感器极性测试的试验接线

需要指出的是，这里所说的电流互感器的极性是一个相对的概念。对于电流互感器有两种不同的确定极性的方法。以往的小型或终端变电站，为了不使单向指针式功率表和感应型电能表反转，安装时以负荷潮流方向为准，来确定电流互感器的极性。这样容易造成保护和测量的电流回路所接的极性端子不同。在大型变电站和综合自动化变电站中，确定电流互感器的极性都以母线指向线路（或电气元件）为正方向。也就是说，电流互感器一

次端子 X1 应接母线侧，一次电流流出母线为正，流入母线为负。二次端子从 K1 引出，则为正引出。

2. 电压互感器的极性检验

电压互感器与电流互感器一样，也必须标明绕组的极性，以保证二次回路接线正确。电压互感器极性的标注方法如图 16-4 所示。一次绕组的首尾分别为 A、X，二次绕组的首尾分别为 a、x，A 与 a 为一、二次电压的同极性端。电压互感器一、二次电压的正方向通常规定为：U_1 的正方向从 A 指向 X，U_2 的正方向从 a 指向 x。这种规定也是遵循了减极性原则。其一、二次电压的相量图如图 16-4 所示。

电压互感器极性测试的试验接线如图 16-5 所示。电池的正极经小开关 S 接于电压互感器一次侧的 A 端，负极接于大地（电压互感器一次侧的 X 端是接地的）。直流毫伏表的正极接于二次绕组的 a 端，负极接于二次绕组的 x 端。

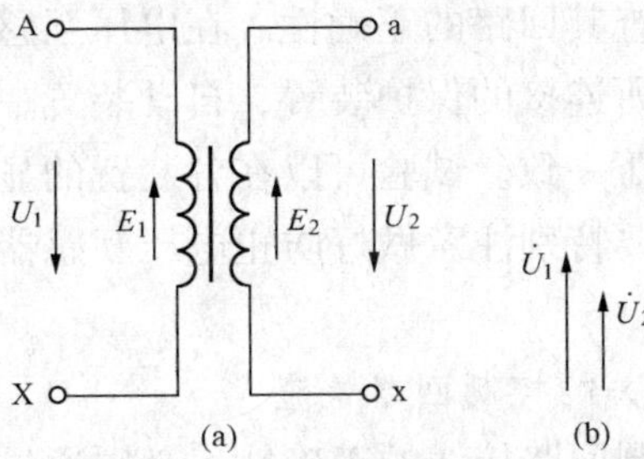

图 16-4　电压互感器极性的标注方法和一、二次电流的相量图

（a）电压互感器极性的标注方法；

（b）一、二次电流的相量图

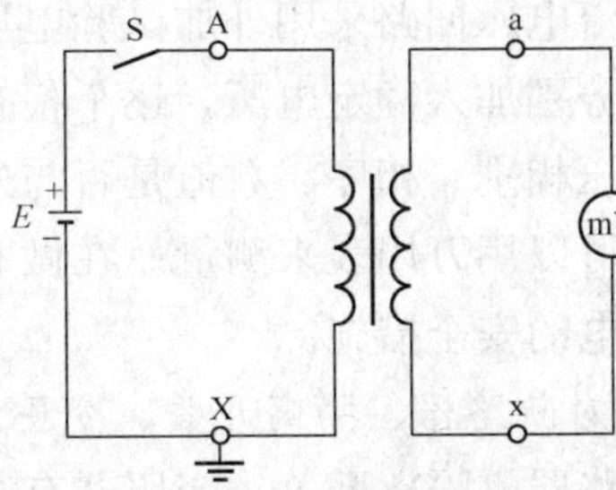

图 16-5　电压互感器极性测试的试验接线

当合小开关 S 的瞬间，直流毫伏表指针向正方向摆动，断开 S 时，指针向负方向摆动，说明电压互感器的 A、a 为同极性端，反之则相反。

这里需要说明的是，对于 110kV 及以上的电容式电压互感器，在现场进行极性检测难以实现，只能以制造厂所标示的端子符号及出厂试验报告为准。

三、验证二次回路接线正确性

当变电站或某一电气单元的全部二次回路接线结束后，必须将二次回路接线与设计图纸一一核对，做到图实完全相符。检查和紧固二次回路各处的接线螺钉压接情况，并进行以下的试验来验证二次回路接线的正确性。

1. 二次回路的绝缘检测和耐压试验

在二次回路的安装接线过程中，可能造成控制电缆或二次线绝缘损坏，因此在二次回路安装接线结束后，必须进行二次回路的绝缘检测和耐压试验。运行中的二次回路，受环境的影响或外力破坏，也有绝缘受损的可能，所以在定期检验中也必须进行绝缘检测。

在《继电保护及电网安全自动装置检验条例》中规定了有关二次回路的绝缘检查方法。对新安装的二次回路，在保护屏的端子排处将所有外部引入的回路及电缆全部断开，分别将电流、电压、直流控制信号回路的所有端子各自连接在一起，用 1000V 绝缘电阻表测量各回路对地和各回路相互间的绝缘电阻，其阻值应大于 10MΩ。对定期检验的二次回路，在保护屏的端子排处将所有电流、电压、直流控制信号回路的端子连接在一起，并将电流回路的接地点拆开，用1000V绝缘电阻表测量回路对地的绝缘电阻，其阻值应大于1MΩ。对新安装的二次回路绝缘检验合格后，应对全部连接回路作交流1000V 1min耐压试验。对运行的设备及其回路，每5年进行一次耐压试验，当绝缘电阻高于1MΩ时，允许暂用2500V绝缘电阻表测试绝缘电阻的方法代替。

2. 检查交流电流、电压等模拟量采集回路的正确性

交流电流回路采用通入外加试验电流的方法来检查其回路的正确性。如果有条件，可从电流互感器的一次通入大电流，也可以从电流互感器的各二次绕组通入额定电流，逐个检查各二次回路所连接的保护装置、自动装置、测控装置中的电流相别、数值是否与外加的试验电流一致。试验可以在各装置的显示窗口监测，也可以在相应的电流回路串入电流表或用钳形伏安表来监测。

交流电压回路采用外加试验电压的方法来检查其回路的正确性。在电压互感器的各二次绕组分别加入额定电压，逐个检查各二次回路所连接的保护装置、自动装置、测控装置中的电压相别、相序、数值是否与外加的试验电压一致。试验可以在各装置的显示窗口监测，也可以用万用表来测量。在做此项试验时，要特别注意做好防止电压互感器二次向一次反供电的安全措施。

3. 对断路器、隔离开关、变压器有载调压开关的控制回路检查

断路器、隔离开关、变压器有载调压开关控制回路接线的正确性，必须通过对其进行操作传动试验来验证。操作传动试验应根据图纸，按事先编制好的传动方案进行。

首先，应在断路器、隔离开关、变压器有载调压机构箱等处进行就地操作传动试验；然后在保护或测控屏处用控制把手进行就地操作传动试验；再在变电站后台机和集控中心用键盘和鼠标进行操作传动试验。

操作传动试验主要内容包括：

（1）手动进行分、合闸的操作；

（2）断路器、隔离开关的位置及变压器有载调压开关的挡位显示检查；

（3）进行防跳闭锁回路的检查；

（4）进行气（液）压降低闭锁回路的检查；

（5）进行其他各种闭锁回路的检查。

各种试验应模拟实际运行的情况进行。

4. 保护及自动装置带断路器的整组传动试验

继电保护及自动装置的功能要通过其开出回路对断路器执行跳闸、合闸来实现。这一部分二次回路接线的正确性，必须通过保护及自动装置带断路器的整组传动试验来验证。

在进行这项试验时，要通过继电保护测试仪器给保护装置加入模拟量，模拟发生故障的状态，使继电保护或自动装置动作，发出跳闸或合闸脉冲，驱动断路器进行跳闸或合闸操作。在这一动作过程中检查其动作行为是否正确，所发出的信号信息是否准确，从而验证二次回路接线的正确性。

不同的保护装置和自动装置，要进行的整组传动试验项目不同。要根据具体情况制订出整组传动试验方案，按整组传动试验方案所列的试验项目逐一进行试验。

5. 开入信号回路正确性的检查

在综合自动化变电站中反映了大量的信号信息，在进行开入信号回路检查之前，应先核对信号信息的定义是否准确、是否符合运行人员的规范用语。并根据设计图纸列出开入信号的对点检测表。表格的主要内容有：

（1）信号信息的定义名称；

（2）所采集信号的设备、端子编号、回路编号；

（3）回路所经过的端子箱、屏（柜）的名称（地址）及端子编号；

（4）所进入装置的名称（地址）及端子编号。

有了对点检测表，不仅信号回路的检查对点很方便，而且可为以后运行中处理异常，查找故障提供准确的依据。

检查的方法是：按照对点检测表逐个进行检查，在每个信号的采集处将信号开入量短接，从后台机的显示器上观察所打出的信息是否一一对应，然后再与集控中心逐个核对。只有这些开入信号完全正确，才能准确反映设备运行的状态。

四、用一次负荷电流及工作电压检验模拟量开入回路的正确性

对新安装的或设备回路经较大变动的装置，应直接利用工作电压检查电压二次回路，利用负荷电流检查电流二次回路接线的正确性。

电压互感器在接入系统电压后，应测量每个二次绕组的电压，测量相间电压、零序电压，检验电压相序并定相。

在被保护线路（设备）有负荷电流之后（一般应超过20%的额定电流），应在电流二次回路测量每相及零序回路的电流值，测量各相电流的极性及相序是否正确，然后定相。

测量相关的电压、电流间的相位关系。

测量电流差动保护各组电流互感器的相位及差动回路中的差电流（或差电压），以判别差动回路接线的正确性及电流补偿回路的正确性。

测量相序滤过器的不平衡输出。

利用一次电流与工作电压向保护装置中的相应元件通入模拟的故障量，或改变被检查元件的试验接线方式，以判明保护装置接线的正确性。

对高频相差保护、纵差保护及单相重合闸，须进行所在线路两侧电流、电压相别、相位一致性的检验。

以上这些测量可以用钳形伏安表进行，也可以利用保护装置、自动装置、测控装置的检测功能在显示窗观察，或用打印机打印。

第三节　变电站二次回路的反事故措施

电气二次回路对变电站的安全稳定运行有着重要的作用，如果接线错误很容易引起事故。电力生产管理部门多年来汇总了设计与运行部门在保证继电保护及二次回路安全运行方面的经验和发生事故的教训，提出了相关的反事故措施。认真执行这些反事故措施，是保证电力系统安全稳定运行的重要条件。在此将近年来有关二次回路方面的反事故措施列举如下：

一、电压互感器二次接地问题

（1）新建变电站大电流接地系统应采用N接地方式，原运行变电站宜经过改造取消电压互感器二次B相接地方式，对已实现B相接地方式且暂时不易改为零相接地方式的，应有监视零相回路是否完好的措施。

（2）电压互感器二次回路有且只能有一个接地点。经控制室零相小母线（N600）连通的几组电压互感器二次回路，各电压互感器二次中性点在开关场的接地点应断开，只应在控制室将N600一点接地，且应在接地的屏处有明显标志。为保证接地可靠，各电压互感器的中性线不得接有可能断开的断路器或接触器等。

（3）从电压互感器二次绕组引入的4根线和从电压互感器三次绕组引入的2（或3）根线，对新建变电站必须用2根电缆分别引入，不能有公用线；对原运行变电站，允许用2根电缆芯线将N引入线分开。

（4）与其他电压互感器二次回路没有电的联系的独立电压互感器，宜在开关场一点接地。

（5）当需要在开关场将电压互感器二次绕组经放电间隙或氧化锌阀片接地时，其击穿电压峰值应大于$30I_{max}$（V）。其中I_{max}为电网接地故障时通过变电站的最大可能接地电流有效值，单位为kA。

二、电压互感器二次回路

（1）电压互感器二次切换宜采用自动切换装置进行。电压互感器二次的接地相，不应经“切换触点”控制。

（2）电压切换继电器应采用双位置继电器。应有一副电压切换继电器触点作监视用。

（3）应检查并保证在切换过程中，不会产生电压互感器二次反充电。

（4）运行中的电压互感器隔离开关，不允许进行辅助触点的维修工作。必须进行维修时，应认真采取防止保护误动的措施（如先申请将保护停用）。变电站现场运行规程应对电压互感器隔离开关辅助触点的维修、电压互感器二次切换回路异常处理办法等作出明确的规定，并认真贯彻执行。

（5）电压互感器二次回路熔断器或自动开关应逐级配置，防止越级动作。保护装置用电压互感器熔断器或自动空气开关应装设于保护屏（柜）上，便于检修维护。

（6）为了防止变压器过励磁保护或其他保护在运行操作中动作不正确，对于110kV及以上系统，交流电压回路接线方式可能会出现两组电压互感器并列运行的情况，应在每组电压互感器的三次绕组，即开口三角形绕组输出回路加装开关，以保证在必要时可以将电压互感器三次绕组输出回路断开。该开关应和电压互感器二次的熔断器（或空气开关）安装在同一位置，以便于运行人员操作。开关选型应充分考虑其在户外端子箱的运行环境，保证运行中开关触点接触可靠。同时应注意所加开关只可以手动操作，不得带任何保护功能，原开口三角形绕组输出回路所接隔离开关辅助触点仍予以保留。对于该开关的操作应在运行规程中予以明确。

三、电压互感器端子箱

（1）电压互感器二次电压的引出处需装设自动开关或熔断器。电压互感器三次（开口三角）电压回路不应装设自动开关或熔断器；开口三角的试验电压引出处应装设自动开关或熔断器。

（2）当继电保护和仪表测量公用电压互感器二次回路时，必须将两个回路自端子箱处分成各自独立的回路，各自装设自动开关或熔断器。必须将A、B、C、N线一起引到仪表测量屏，但仪表测量回路N线不允许有接地点。

（3）去保护装置的电压互感器二次电缆应采用屏蔽电缆，屏蔽层在电压互感器端子箱和控制室同时接地。端子箱内应装设专用接地铜排，该接地铜排和接地网用大于$10mm^2$多股铜线直接连通。必须检查验证接地的可靠性。

（4）端子箱必须有密封、防潮措施。

四、电流互感器的选用和配置

（1）新建和扩建工程宜选用具有多次级的电流互感器，优先选用贯穿（倒置）式电流互感器。

（2）多绕组电流互感器及其二次绕组接入保护回路的接线原则是：

1）装小瓷套的一次端子应放在母线侧。

2）保护接入的二次绕组分配，应特别注意避免当一套线路保护停用（为了试验）而线路继续运行时，出现电流互感器内部故障时的保护死区。

（3）差动保护用的电流互感器应满足以下要求：

1）对母线差动保护，应采用同一型号、等级、变比（并宜选择较大变比值）的电流互感器。当电流互感器的变比不能一致，必须采用中间变流器进行补偿时，补偿方式宜采用降流方式。电流互感器（包括中间变流器）的特性，要求在最不利的区外故障条件下，变比误差不超过10%。

2）对变压器差动保护用电流互感器必须满足10%误差曲线的要求。新投微机主变压器差动保护电流互感器二次应采用星形接线，其相位补偿和电流补偿由软件实现。

五、电流互感器二次接地问题

（1）电流互感器二次回路有且只能有一个接地点。

（2）对于由两组或两组以上有电气联系的电流互感器组成的电流回路，宜在电流组合处（多组电流互感器连接处）一点接地。

（3）独立的或与其他电流互感器二次回路没有电气联系的电流互感器二次回路，宜在配电装置处一点接地。

（4）对于有辅助变流器的电流回路，电流互感器应在开关场接地，同时变流器的二次也应接地。

（5）当电流互感器二次绕组备用时，应将其引入端子箱，在端子箱内短路接地。

六、电流互感器端子箱

（1）电流互感器二次电缆的屏蔽层接地、端子箱密封、防潮要求同电压互感器。

（2）对暂时不用的电流互感器二次绕组，应用短路片或导线压接短路，并可靠接地。电流互感器的短路位置应在电流互感器的引线侧，防止试验端子连片接触不良造成电流互感器二次回路开路。

七、电流互感器二次回路的带负荷测试

（1）对新安装及更换后的电流互感器应带负荷测量电流相量图，除测量三相电流外，还要测量零序电流回路的不平衡电流，并对测量结果进行分析，防止零序电流回路断线和电流互感器一、二次分流等接线错误导致保护不正确动作。

（2）当几组电流互感器并联在一起时，不能只测合在一起的电流相量，而要分别测量各自的电流相量，并对结果进行分析。对负荷电流较小的电流互感器，要特别注意极性。

（3）当电流互感器回路接有中间变流器时，不能只测量中间变流器一次侧的电流，还应测量接入保护的各侧电流相位，才能判断二次接线的正确性。

（4）对备用的电流互感器二次绕组，也应带负荷测量其回路的正确性。

八、直流二次回路保护设备的配置

（1）直流二次回路的保护设备可用熔断器，也可采用自动空气开关。宜采用具有切断直流负载能力的、不带热保护的小空气开关，其额定工作电流应按最大动态负荷电流（即保护三相同时动作、跳闸和收发信机在满功率发信的状态下）的1.5～2.0倍选用。直流熔断器（或小空气开关，下同）应分级配置，逐级配合。

（2）保护装置的直流回路、信号回路、每一断路器的操作回路都应分别由专用的直流熔断器供电。有两组跳闸线圈的断路器，其每一跳闸回路应分别由专用的直流熔断器供电。

（3）对按近后备原则配置为一主一后备的保护（一套主保护，一套后备保护），主保护和后备保护电源应分别由专用的直流熔断器供电。

（4）对配置为双主一后备的保护（两套按相互独立原则配置的主保护，一套后备保护），每一主保护的直流回路应分别由专用的直流熔断器供电，后备保护的直流回路可由另一组专用的直流熔断器供电，也可适当地分配到前两组直流供电回路中。

（5）对配置为双主双后备的保护，可每一主保护、后备保护由一组专用的直流熔断器供电。对主变压器保护，其非电量保护应由独立的直流熔断器供电。

（6）上、下级熔断器之间必须有选择性。

九、继电保护直流回路的接线原则

（1）每一套独立的保护装置，均应有专用于直接到直流熔断器正、负极电源的专用端子对，这一套保护的全部直流回路包括出口继电器的线圈回路（不管其是否装在同一保护屏上），都必须且只能从这一对专用端子取得直流的正、负电源。

（2）不允许一套独立保护的任一回路（包括跳闸继电器）接到由另一套独立保护的专用端子对引入的正、负电源。

（3）由不同熔断器供电或不同专用端子对供电的两套保护装置的直流逻辑回路间不允许有任何电的联系，如有需要，必须经空触点输出。

（4）所有的独立保护装置都必须设有直流电源断电的自动告警回路。

十、直流中间继电器及相关回路

（1）直流电压为220V的直流继电器线圈的线径不宜小于0.09mm，否则其线圈须经密封处理，以防止断线。如果将低额定电压（例如110V）规格的直流继电器以串联电阻的方式用于220V时，串联电阻的一端应接于负电源。

（2）直流电压在110V及以上的中间继电器应有符合下列要求的消弧回路：

1）不得在其控制触点上触接电容、电阻回路进行消弧。

2）用电容或反向二极管并在中间继电器线圈上作消弧回路时，在电容和二极管上都必须串联数百欧的低值电阻（200～300Ω/2W），以防止电容或二极管短路时，将中间继电器线圈回路短接。消弧回路应直接并在继电器线圈的端子上。

3）消弧回路所用的二极管，其反向击穿电压不应低于1000V。

4）注意检查因并联消弧回路而引起的中间继电器返回延时对相关控制回路的影响。

（3）跳闸出口继电器的启动电压不宜低于直流额定电压的50%，以防止继电器线圈正电源侧接地时因直流回路过大的电容放电引起误动作；但也不应过高，以保证直流电压降低时的可靠动作和正常情况下的快速动作。

对经长电缆跳闸的回路，要采取防止电缆分布电容影响造成继电器误动的措施，对由瓦斯保护启动的中间继电器，应采用较大动作功率的中间继电器，但不要求快速动作。

（4）断路器跳（合）闸线圈的出口触点控制回路，必须设有串联自保持的继电器回路，并保证跳（合）闸出口继电器的触点不断弧、断路器可靠跳（合）闸。

1）对于单出口继电器，可以在出口继电器的跳（合）闸触点回路中串入电流自保持线圈，并应满足以下条件：

a. 自保持电流不应大于额定跳（合）闸电流的50%左右，线圈压降小于额定值的5%；

b. 出口继电器的电压启动线圈与电流自保持线圈的相互极性关系正确；

c. 电流与电压线圈间的耐压水平不低于交流1000V、1min的试验标准（出厂试验应为交流2000V、1min）；

d. 电流自保持线圈接在出口触点与断路器控制回路之间。

2）有多个出口继电器可能同时跳闸时，宜由能快速动作的防跳跃继电器来实现自保持，其动作电流应小于跳闸电流的50%，线圈压降应小于额定值的10%，并满足第b～d条的相应要求。

（5）两个及以上中间继电器线圈或回路并联使用时，应先并联，然后经公共连线引出。

（6）当断路器本体和操作箱都有防跳回路时，宜使用断路器本体防跳回路。此时应特别注意要将操作箱的防跳回路拆除，防止产生寄生回路。

十一、信号回路

（1）直流电源绝缘监视装置必须用高内阻仪表来实现，220V的高内阻不小于20kΩ；110V的高内阻不小于10kΩ。

（2）对带串联信号继电器的回路，必须保证在80%直流额定电压下，中间继电器和信号继电器都能可靠动作。

（3）从开关场到控制室的信号触点引入线，应采用屏蔽电缆，屏蔽电缆在开关场与控制室同时接地。

十二、高频通道设备回路

（1）为保证高频信号的传输良好及人身安全，耦合电容器与结合滤过器及接地开关的连接，应用铜排或直径6mm的铜条，连接处必须进行镀锡处理，同时应对引下线进行绝缘处理。

（2）为防止工频量进入变量器，引起变量器饱和，造成通道阻塞，新安装的结合滤过器和收发信机装置与高频电缆进线连接端均应串联电容器。

对现有高频通道，如果结合滤过器和收发信机均无电容器，则要求在其通道的电缆芯回路中串入0.05μF，交流耐压2000V、1min的电容器，即电容器一端接于高频电缆芯线，另一端接于结合滤过器变量器的输出端上（对于复用通道，接于分频滤波器或差接网络的输出端）。串接电容器后应检查通道裕量。

（3）高频同轴电缆应在两端分别接地，并沿着高频电缆途径的主电缆沟敷设一根截面积不小于 $100mm^2$ 的铜导线。该铜导线在控制室电缆夹层处与接地网相连，并延伸至保护屏与屏底铜排连接，有必要时，还应延伸至通信机房，便于保护相关通信设备的接地。在开关场一侧，由该铜导线焊接多根截面积不小于 $50mm^2$ 的分支铜导线，分别引至保护用结合滤过器的高频电缆引出端口，在距耦合电容器 3～5m 处与地网连通。$100mm^2$ 铜导线应放置在电缆沟架的顶部，并应与高频电缆并排敷设。

（4）结合滤过器的一、二次线圈间接地连线应断开。结合滤过器的外壳和高频电缆的外罩铁管应与耦合电容器的底座焊接在一起。高频电缆屏蔽层在结合滤过器二次端子上用大于 $10mm^2$ 的绝缘导线连通引下，焊接在分支铜导线上，实现接地。在控制室内，高频电缆屏蔽层用 1.5～$2.5mm^2$ 多股铜线直接接于保护屏接地铜排上。

（5）对装设高频保护的线路，其架空地线的放电间隙应予短接，即架空地线应直接接地运行。

十三、保护装置本体

（1）保护装置的箱体，必须经试验确证可靠接地。

（2）所有隔离变压器（电压、电流、直流逆变电源、导引线保护等）的一、二次绕组间必须有良好的屏蔽层，屏蔽层应在保护屏可靠接地。

（3）外部引入至集成电路型或微机型保护装置的空触点，进入保护装置后应经光电隔离。

（4）静态型保护装置只能以空触点或光耦输出。

（5）保护装置应满足规定的抗干扰试验标准，包括辐射电磁场干扰试验、快速瞬变干扰试验、1MHz 脉冲群干扰试验、静电放电试验等。对早期微机保护装置，不满足现有的抗干扰标准的，应逐步淘汰。目前允许采取外加抗干扰措施（如加抗干扰电容）进行过渡，但必须有计划予以更换。

十四、跳合闸回路

断路器跳（合）闸引出端子应与正电源适当地隔开，尤其在变压器的瓦斯保护中应特别注意。

十五、变电站二次系统应设置等电位屏蔽接地网

为保证变电站继电保护与综合自动化设备的安全，减缓高频电磁干扰的耦合，在变电站开关场及控制室内应设置符合下列要求的等电位屏蔽接地网：

（1）应在主控室、保护室、开关场的就地端子箱、敷设二次电缆的沟道及保护用结合滤过器等处，用截面积不小于 $100mm^2$ 的接地铜排直接连接构成等电位接地母线。接地母线应首末可靠连接成环网，并用截面积不小于 $50mm^2$ 的不少于 4 根铜导线在一处与变电站的主接地网直接连接。

（2）在保护及测控屏柜的柜体下部，应设有截面积不小于 $100mm^2$ 的接地铜排。屏柜上装置的接地端子应用截面不小于 $4mm^2$ 的多股铜线与接地铜排相连。接地铜排应用截面积不小于 $50mm^2$ 的铜排与地面下的等电位接地母线相连。

变电站的等电位屏蔽接地网连接示意图见图 16-6。

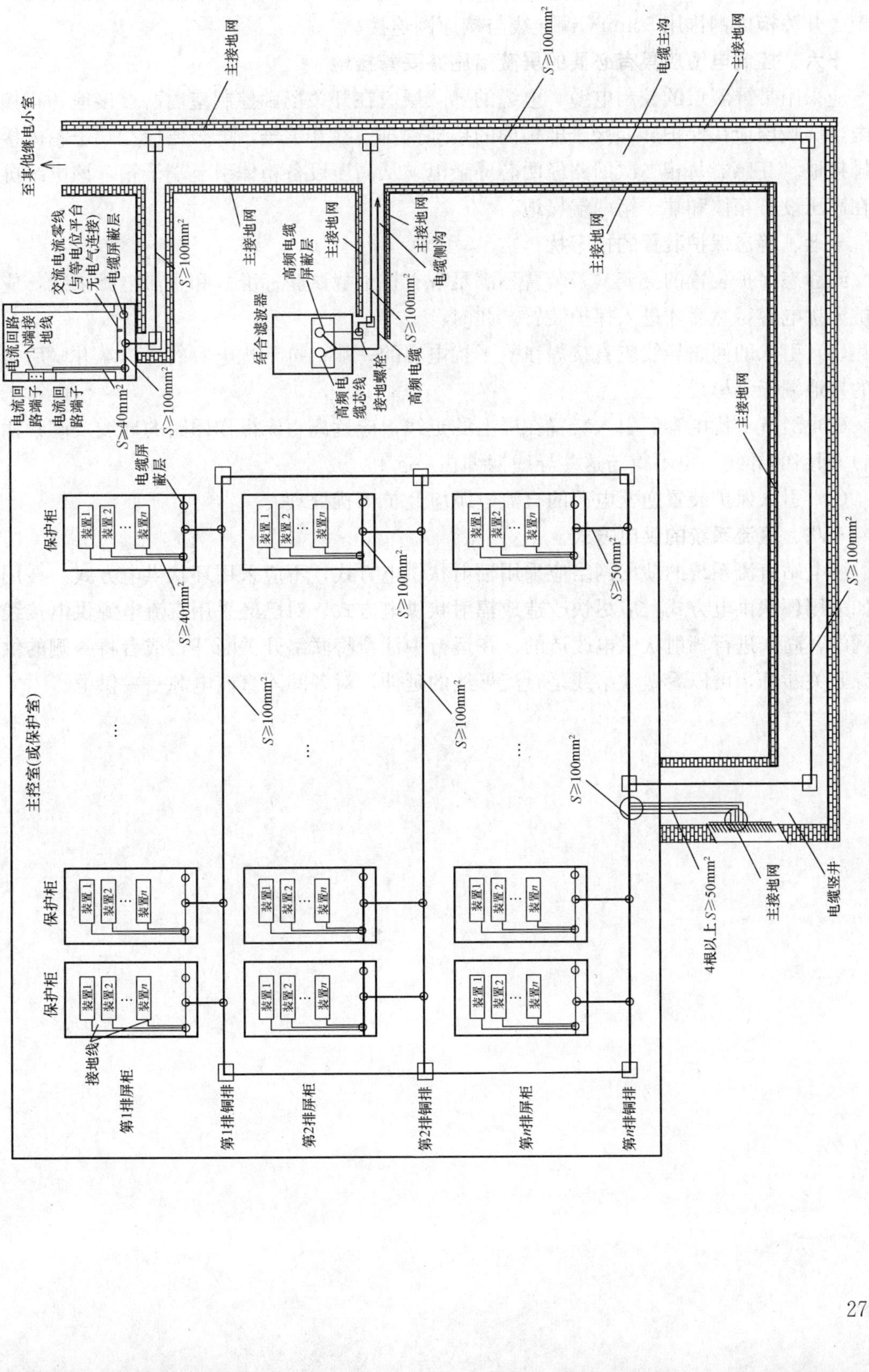

图 16-6　变电站的等电位屏蔽接地网连接示意图

图 16-6 中：符号○示意的安装方式为螺钉连接；符号□示意的安装方式为搭接焊；保护室内铜排固定在电缆沟内上层支架上（不需要加装绝缘子）；保护屏柜内铜排用 $50mm^2$ 铜导线与控制室接地铜排连接；户外接地网由 $100mm^2$ 铜导线构成；端子箱、汇控柜、开关柜内铜排用 $50mm^2$ 铜导线与接地网连接。

十六、控制电缆应具有必要的屏蔽措施并妥善接地

应采用带屏蔽层的控制电缆，电缆的屏蔽层应在开关场和控制室内两端接地。在控制室内，屏蔽层应在保护屏上接于屏柜内的接地铜排；在开关场，屏蔽层应在端子箱内接地铜排接地。互感器每相二次回路经两芯屏蔽电缆从高压设备箱体引至端子箱，该电缆屏蔽层在高压设备箱体和端子箱两端接地。

十七、静态保护装置的抗干扰

到静态保护装置的交流（若装置不满足现有抗干扰试验标准）和直流电源来线，应先经抗干扰电容，然后才进入保护装置。此时：

（1）引入的回路导线应直接焊在抗干扰电容的一端；抗干扰电容的另一端并联后接到屏的接地端子（母线）上。

（2）经抗干扰电容后引入装置在屏上的走线，应远离直流操作回路的导线及高频输入（出）回路的导线，更不得与这些导线捆绑在一起。

（3）引入保护装置逆变电源的直流电源应经抗干扰处理。

十八、直流系统的供电方式

变电站直流系统的馈出网络应采用辐射状供电方式，不应采用环状供电方式。在用设备如采用环状供电方式，应尽快改造成辐射状供电方式。对已经采用直流电源供电接线为环网的，尚未进行辐射状供电改造的，在运行中注意将联络开关断开，或者将一侧的供电电源开关断开，可以看做联络线是直流母线的延伸，对各间隔直流电源一一供电。

第十七章

变电站二次回路运行中常见异常及处理

第一节　二次回路中常见异常及处理

变电站二次回路的特点是系统庞大、接线复杂、点多面广、运行环境差等，这些特点造成了二次回路在运行中容易出现异常、发生问题。从运行的实践经验来看，二次回路在以下方面常发生问题：

（1）直流回路接地或绝缘降低；

（2）断路器控制回路异常；

（3）交流电压二次回路断线；

（4）电流互感器极性出错；

（5）变压器本体二次回路异常；

（6）高频保护通道异常。

现就以上二次回路容易发生异常的六个方面，分析其发生的原因，出现异常的现象及处理的方法。

一、直流回路接地或绝缘降低

变电站的直流回路涉及面很广，从直流电源屏到各保护屏、测控屏、自动装置屏，从各端子箱到变压器、断路器、隔离开关，深入到变电站的各个角落。一旦直流回路发生接地或绝缘降低，如果对直流系统的接线、原理和危害不了解，则很难及时处理并恢复变电站的正常运行。

对变电站的直流电源供电网络必须有所了解。一般向直流供电网络提供电源的是蓄电池。综合自动化变电站为了提高直流电源的可靠性，配置两组蓄电池，两组蓄电池分别向两段直流母线供电，两段直流母线由联络开关连接起来，按供电区域进行供电，如110kV配电装置直流网络、35kV配电装置直流网络、10kV配电装置直流网络、控制室小母线直流网络等。如果断路器采用电磁操动机构，还应配置合闸电源直流网络。有的保护测控装置要求给保护和控制回路分别提供直流电源，则有保护电源小母线网络和控制电源小母线网络等。所有的网络供电都是将供电区域的用电设备处设一小开关，在其上端将它们一一并联起来构成网络，网络的一端由一段直流母线的开关供电，网络的另一端由另一段直流母线的开关供电，通过两段直流母线和联络开关构成一个闭合网络。以往要求两端开关及联络开关均在合闸状态，呈闭合环网供电。现在要求必须开环，即只由一侧供电开关合闸，另一侧供电开关断开，呈辐射状态供电。在国家电网公司颁布的十八项反措中，要求直流系统对负荷供电采用一对一的辐射网络供电，这样便于出现故障时进行查找。

图 17-1 是一组以往 110kV 配电装置交、直流电源网络的接线图。

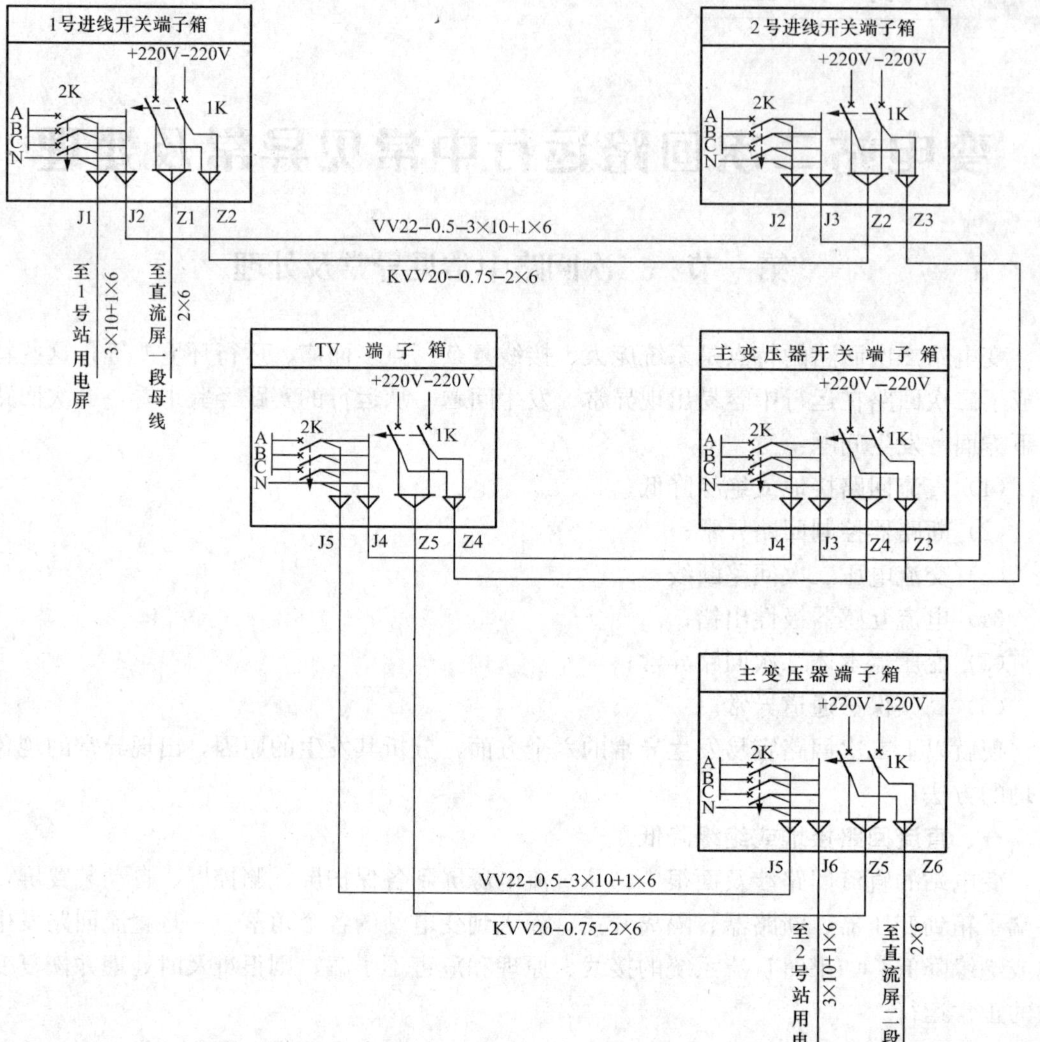

图 17-1 110kV 配电装置交、直流电源网络接线图

两组蓄电池分别由两只充电整流装置进行充电。而两只整流装置分别由两台站用变压器提供的交流电源供电。这样做到层层设备都是有主有备，使变电站直流供电网络更加安全可靠。

在变电站运行中，如果发生直流回路一点接地，接地点没有短路电流流过，不会造成设备烧坏及异常事故。但是如果不及时处理，再发生另一点接地，就有可能引起控制回路或保护回路的误动作。图 17-2 所示的控制回路中，当在不同地点发生两点接地后，可能会产生不同的后果。

1. 两点接地可能造成断路器误跳闸

如图 17-2 所示：当直流接地发生在 A、B 两点时，将电流继电器 1KA、2KA 触点短接，而将中间继电器 KC 启动，KC 触点闭合而跳闸；当发生 A、C 两点接地时，因短接 KC 触点而跳闸；在 A、D 两点，D、F 两点接地等，同样能造成断路器误跳闸。

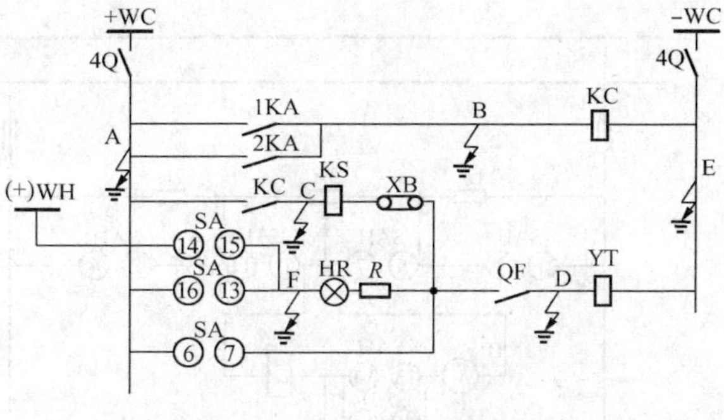

图 17-2　直流系统接地情况图

SA—控制开关；KS—信号继电器；1KA、2KA—电流继电器；KC—中间继电器；QF—断路器辅助触点；YT—跳闸线圈；XB—连接片；4Q—空气小开关；HR—红灯；R—电阻

2. 两点接地可能造成断路器拒动

如图 17-2 所示，当直流接地发生在 B、E 两点，D、E 两点或 C、E 两点，断路器都可能拒动。

3. 两点接地引起空气小开关跳闸

如图 17-2 所示，当直流接地发生在 A、E 两点，会引起空气小开关 4Q 跳闸。当接地点发生在 B、E 或 C、E 两点，保护动作时，不但断路器拒跳，而且会引起空气小开关跳闸，同时还有烧坏继电器触点的可能。

从上例可以看出，直流系统的绝缘状况直接影响变电站的安全运行。为了监视直流系统的绝缘状况，必须装设绝缘监察装置。直流系统绝缘监察装置应满足以下要求：设备正常运行状况下；能测量直流母线电压及绝缘电阻；当直流系统绝缘被破坏时，能自动发出报警信号；能测量正、负极的绝缘电阻及直流系统的总绝缘电阻。

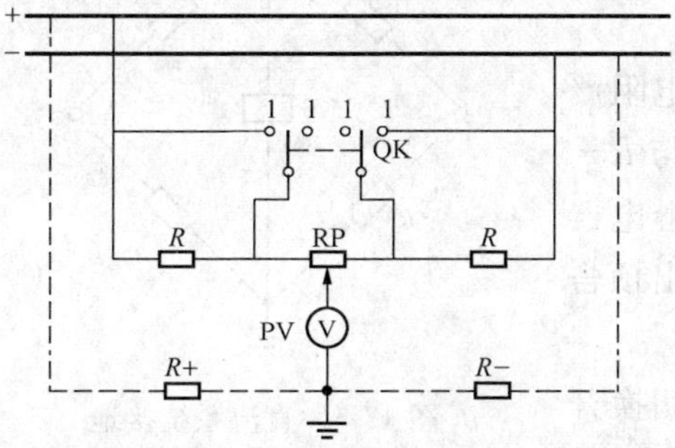

图 17-3　直流绝缘监察装置基本原理图

直流绝缘监察装置的基本原理是电桥的工作原理。如图 17-3 所示，测量设备由两个阻值相等的电阻 R、一只电压表 PV 和一个切换开关 QK 组成，中间有一个带有滑动触点的电位器 RP。平时 QK 是断开的，电位器 RP 的滑动触点在中间位置。如果直流系统两极绝缘良好（$R+=R-$），则电桥处于平衡状态，电压表 PV 指示为零。电桥的平衡式为

$$(R+0.5R)/R-=(R+0.5R)/R+$$

此时，测量直流系统正极对地或负极对地的电压，都将是额定电压的一半。

如果直流回路发生正、负极接地或绝缘降低，则绝缘监察装置的电桥被破坏，接在电桥中性线上的电压表指数将增大。通过切换转换开关和调整电位器，可以测量到直流正极对地或负极对地的电压，也可以通过电压表盘面的电阻刻度读出直流系统总绝缘电阻值。

在变电站装设的直流系统绝缘监察装置接线如图 17-4 所示。图中的电路由三部分组成：

（1）母线电压测量部分。用来测量母线电压和正、负极对地电压。这部分设备包括电压表 2PV 和切换开关 SAM。切换开关 SAM 有三个位置：“母线”位置时，触点 1-2、5-8、9-11 接通；“正对地”位置时，触点 1-2、5-6 接通；“负对地”位置时，触点 1-4、5-8

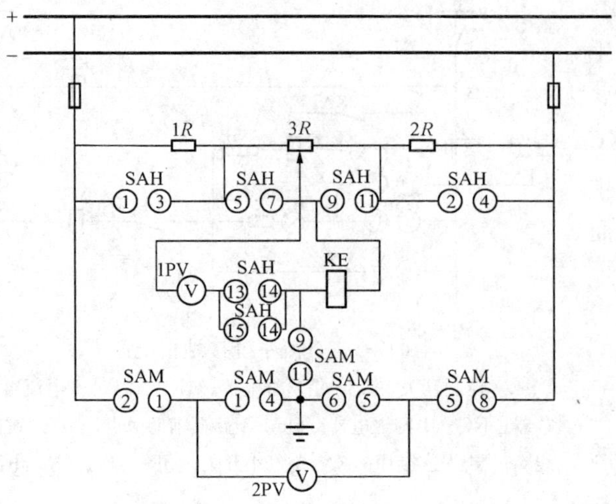

图 17-4 直流系统绝缘监察装置接线图

接通。

（2）直流系统对地绝缘电阻测量部分。这部分设备包括切换开关 SAH、三个阻值相等的电阻 1R、2R、3R 及电压表 1PV。切换开关 SAH 也有三个位置：信号位置时，触点 5-7、9-11 接通；正极位置时，触点 1-3、13-14 接通；负极位置时，触点 2-4、14-15 接通。

（3）接地信号回路。用于直流正极或负极绝缘降低时发出信号。主要设备包括灵敏继电器 KE 及信号输出回路。

正常运行时，切换开关 SAM 置于“母线”位置，2PV 指示为直流母线电压。切换开关 SAH 置于“信号”位置，构成直流系统接地信号回路，即由 1R、2R、1KE、$R+$、$R-$组成的电桥接线。此时，电桥处于平衡状态，1KE 线圈中没有电流，继电器不动作。电桥接线如图 17-5 所示。

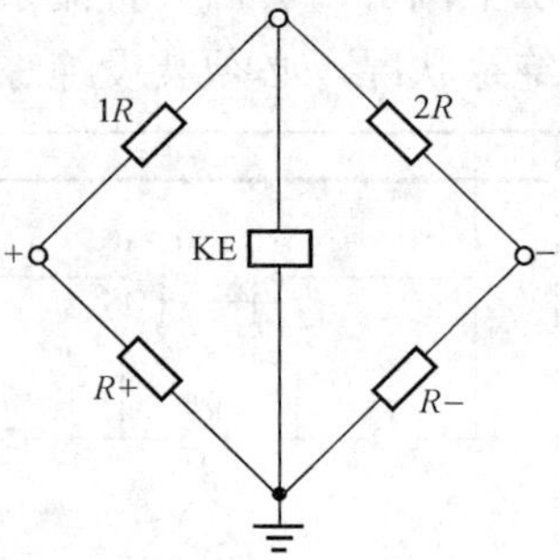

图 17-5 直流系统接地信号回路电桥接线图

当发生直流系统正极（或负极）接地或绝缘电阻严重降低时，则正极（或负极）对地绝缘电阻 $R+$ 与 $R-$ 不相等，电桥失去平衡，1KE 线圈中出现电流，继电器动作。其信号开出回路通过测控装置向后台机发出预告信号。

此时应先判断是哪一极绝缘降低或接地。用切换开关 SAM 和电压表 2PV 分别测量正、负极对地电压。如果正极对地电压大于负极对地电压，即可判定为负极绝缘降低；如果负极对地电压等于零，则判定为负极完全接地。然后用切换开关 SAH 和电压表 1PV 测量直流系统对地绝缘电阻，并可计算出正、负极对地绝缘电阻数值。

在运行中发生直流系统接地，当判明极性后，要尽快找到接地点并消除之，以保证整个直流系统的安全运行。在查找接地点时，一般采用逼近和试停方法来进行。首先，要将所有的供电环网解列，由一端供电。将直流母线的联络开关断开，判明是一段母线接地还是二段母线接地。当判明之后，再将接地段母线上各支路开关逐个短时断开，判明是哪个支路发生接地。确定接地支路后，再逐个断开各用电设备，这样将范围逐渐缩小，直到查到具体的接地点。在查找过程中要根据运行方式、操作情况、气候影响判断可能接地的场所，采取拉路寻找分段处理的方法，以先信号和照明部分后操作和保护部分，先室外部分后室内部分为原则。在切断各专用直流回路时，切断时间应尽量短，一般不得超过 3s，不论回路接地与否均应合上。当发现某一专用直流回路有接地时，应及时查出接地点，尽快消除之。在查找直流回路接地时，应特别注意以下事项：

（1）查找接地点禁止使用灯泡寻找的方法；

（2）用万用表检查时，所用万用表的内阻不应低于2000Ω/V；

（3）当直流发生接地时，禁止在二次回路上工作；

（4）处理时不得造成直流短路和另一点接地；

（5）查找和处理必须由两人同时进行；

（6）拉路前应采取必要措施，以防止直流失电可能引起的保护及自动装置的误动。

用以上试停的方法查找直流接地，有时找不到接地点，可能的原因是：

（1）直流接地发生在充电设备、蓄电池本身和直流母线上；

（2）当直流采取环网供电方式时，如不首先使环网解列，是不能找到接地点的；

（3）还有发生直流串电（寄生回路）、同极两点接地、直流系统绝缘不良、多处出现虚接地点，形成很高的接地电压，在表计上出现接地指示。在拉路查找时，往往不能一下全部拉掉接地点，因而仍然有接地现象存在。

遇到以上这些情况要具体分析，具体处理。

二、断路器控制回路异常

断路器控制回路也是比较容易发生问题的部位，主要问题多出在断路器的操动机构中。例如，断路器的跳闸线圈中串接有断路器的动合辅助触点，其作用是当断路器执行跳闸操作后，此动合触点立即打开，切断跳闸脉冲。如果此动合触点调整不当，断开时间过长，可能会由保护出口中间继电器的触点来切断跳闸脉冲，而中间继电器触点的容量相对较小，有可能在断弧的过程中被烧坏。

断路器跳闸线圈有的是两个线圈连接使用，线圈并联时用于直流110V回路中，串联时用于直流220V回路中。在串联使用时，一定要注意同极性串联，否则会使跳闸线圈无法执行跳闸命令。有的断路器具有双跳闸线圈，一个接在主跳回路，另一个接在辅跳回路。如果保护装置也是双套配置的，这两套保护的出口回路分别接在两个跳闸回路中。这种情况下也一定要注意两个跳闸线圈接线的极性保持一致。否则，当发生故障两套保护同时动作时，断路器将可能拒动。

对于气（液）压机构操作的断路器，一定要注意气（液）压力降低的闭锁触点。在接入回路中，不同的压力按要求去闭锁不同的回路。

断路器的操动机构有一些机械传动的部件，在多次操作后，有可能发生疲劳或变位。当断路器经过检修后，特别要注意检查控制回路的正确性，最好的方法就是通过传动试验来检查回路中的每一个部位。

三、交流电压二次回路断线

变电站在运行中常有交流电压二次回路断线的情况。这种情况如不及时处理，将给继电保护的安全运行带来威胁，因为交流电压回路断线很容易造成距离保护或接有阻抗元件的保护发生误动作。

发生交流电压二次回路断线的原因有两个方面：

（1）交流电压的二次回路。为了防止TV在停电检修时TV的二次向一次反供电，一般都经过TV隔离开关的辅助触点来控制交流电压回路。即当TV隔离开关在合闸时，才允许将交流电压的二次回路接通。TV隔离开关的辅助触点也是机械传动的部件，多次操作后，有可能发生变位，产生触点接触不良的情况。当发生交流电压回路断线时，应注意检查TV隔离开关的辅助触点。

（2）当有工作人员在交流电压二次回路上工作时，如果采取的安全措施不得当或工作人员不小心，很容易发生交流电压二次回路的接地或短路，造成TV二次回路的空气小开关跳闸，使交流电压二次回路断线。针对这种情况，当有工作人员在交流电压二次回路上工作时，要注意制定完备的安全措施，加强对工作人员的监护。当发生TV二次回路的空气小开关跳闸时，要立即合上，使保护装置失去交流电压的时间尽可能短。

四、电流互感器极性出错

电流互感器极性的正确性对继电保护、自动装置的正确工作，对测控装置的正确测量起着关键性的作用。为此，必须始终保持运行中的电流互感器以正确的极性接入各类装置。一般新投运的设备，在安装过程中都要检测极性，设备带电后还要用负荷电流和工作电压进行试验，这样运行中电流互感器极性才不会出错。但是，电流互感器每年要作预防性试验及定期检验，在试验中要拆动二次绕组的端子，工作人员稍有疏忽就可能将接线端子倒换，从而发生电流互感器极性接错。在现场运行中常有发生此类现象。为防止此类问题的发生，当电流互感器检修或试验工作结束后，一定要核对接线正确性。在一次设备带负荷后，通过打印采样值或其他试验手段，确证交流电流、电压回路的极性、相位及变比的正确性。这样才能保证在一次设备检修或试验后，保护、自动装置仍能安全、稳定、正确运行。

五、变压器本体二次回路异常

变压器本体所接的二次回路主要有气体继电器、释压器、温度计、变压器通风、有载调压等部分。虽然这部分回路不是很多，但却是二次系统中运行环境最差的部位。一是这些设备都裸露在外，容易受到风吹雨淋；二是变压器本体在运行中温度较高，这样对二次电缆及其他电气设备的绝缘带来损害，很容易老化，如不注意维护可能发生故障。

在运行中最常见的是气体继电器、释压器的接线端子进水或受潮引起的短路，而造成保护误动作。防止对策：一是在气体继电器的顶盖上加防雨罩；二是接线的电缆从端子盒出来一定要有一个向下的弧度，不要通过电缆将雨水引入端子盒。释压器的接线端子要注意离变压器顶盖有一定的高度，若用航空插头接线，要注意其密封防潮。

为了防止变压器本体二次回路出现异常情况，要加强这部分回路的绝缘监督。在定期检验中，或有停电检查的机会，应对其二次回路进行绝缘检验，发现问题及时处理。

六、高频保护通道异常

各类型的高频保护在运行中容易发生的问题是高频保护通道异常。高频保护通道是指输电线路及线路两端的阻波器、耦合电容器、结合滤过器、高频电缆和收发信机。在运行中，高频保护通过高频通道正常的交换信号；在故障时，正确传递高频信号，判断短路发生的地点，以确定高频保护是否应该动作。为保证高频信号的正确传递，高频收发信机要有足够的功率，其发信电平除保证两端正确接收外，考虑到信号传输中的衰耗，还要保证有一定的裕度电平。高频通道受到环境、外力、气候、干扰信号的影响，常有衰耗增大的现象，有时甚至影响高频收发信机的正常接收。在运行中，高频保护每天要通过高频通道交换高频信号，以检查高频通道是否完好。

如果出现衰耗增加使收发信机不能正常工作，则高频保护会发出“高频保护通道异常”信号。这时，变电站运行人员要及时退出高频保护，由继电保护人员检查处理。一般发生这类问题的原因有：

（1）受气候变化的影响，当阴雨、冰雪、大雾天气时容易造成信号衰耗的增加；

（2）受干扰信号的影响；

（3）外力造成的信号短路现象；

（4）通道设备参数配置不当。

为防止这类问题发生，要注意从以下方面检查处理：

（1）保证信号传输芯线与屏蔽层（地）之间的绝缘；

（2）注意通道设备参数的配合，正确选用结合滤过器的抽头；

（3）正确选择高频收发信机的中心频率，尤其注意和相邻高频设备的频率隔离；

（4）做好抗干扰的措施，如与高频电缆并行接地铜排的敷设；

（5）正确选择高频电缆的长度，减小波阻抗反射的影响；

（6）做好高频通道的反措工作。

第二节 由二次回路接线错误引起的事故举例

由于二次回路设计不当、接线错误造成的事故，在电力系统中时有发生。在这里仅举近几年西北电网发生的一些案例，再次说明二次回路接线正确性对保证继电保护正确动作、确保电力系统安全运行的重要作用。

一、失灵保护误动作造成的110kV母线失压事故

2003年2月2日6点47分，某330kV变电站某线路B相发生瞬时性接地故障的同时，变电站的110kV母差保护动作，110kV两段母线所有断路器跳闸，母线失压，迫使5座110kV变电站全停，造成了较大面积的停电事故。现场检查母差保护屏的动作信号为：Ⅰ段母线失灵保护动作；Ⅱ段母线失灵保护动作；低电压动作。

事故发生后，初步判定为110kV失灵保护误动作。经现场检查、分析，查明了事故发生的确切原因是由于2002年10月27日新投运的110kV某双回线的失灵启动回路接线错误，再加上330kV某线路B相发生瞬时性接地故障造成的电压降低，导致了这次事故的发生。造成失灵启动回路接线错误的具体情况如下：

新投运的110kV某双回线设计并交厂家确认的失灵启动回路接线如图17-6所示。

失灵启动回路由三部分构成：

（1）CSI—101型断路器控制单元中的相电流启动元件。

（2）保护动作的出口元件。这里线路保护是双配置的，一套是CSL—103C型线路纵差保护，一套是CSL163B型线路距离零序保护。

（3）隔离开关位置触点。用来判别所接入哪一段母线，这里用电压切换箱YQX—11的继电器触点来实现。

失灵启动回路的输出接线是001接在母差保护屏失灵启动端子排的正电源；003接启

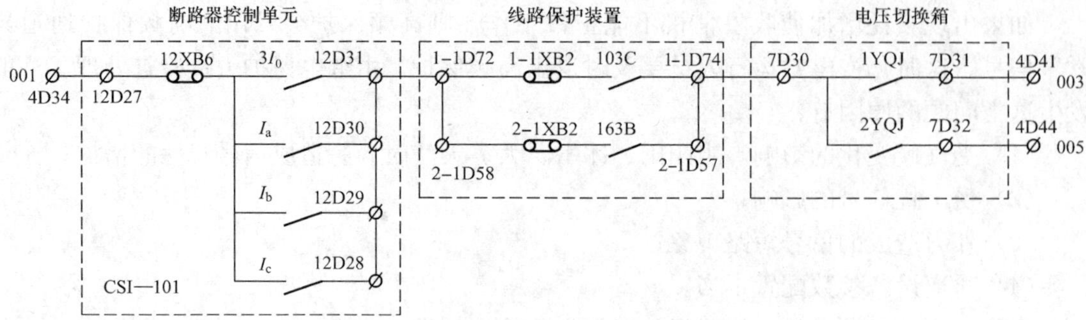

图 17-6　设计并交厂家确认的失灵启动回路接线图

动Ⅰ母失灵回路；005 接启动Ⅱ母失灵回路。

厂家在组屏配线时，没有按设计图接线，厂家实际接线如图 17-7 所示。

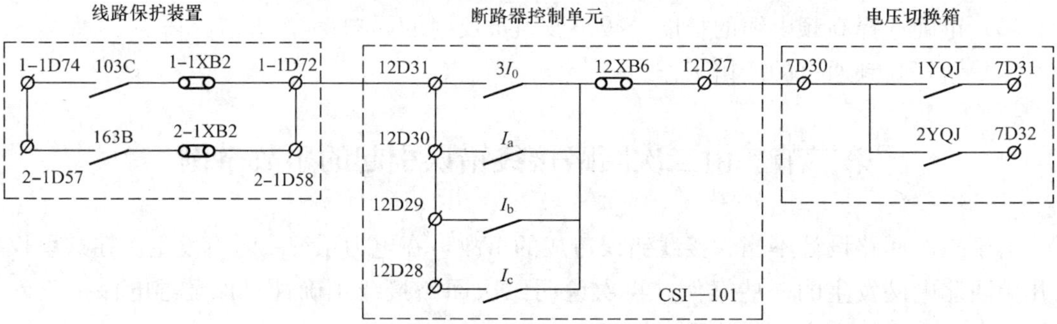

图 17-7　厂家实际配线的失灵启动回路接线图

从图 17-7 来看，失灵启动回路的接线也没有错，但它和设计并确认的图纸不相符。在设计中，为了使一根电缆所有的芯线接在保护屏的同一侧端子排上，将至母差保护屏的电缆芯都接在操作箱端子排 4D 上，为此将端子 12D27、4D34、7D31-4D41、7D32-4D44 短连起来。2002 年 10 月 27 日新投运的 110kV 某双回线在安装接线过程中，没有认真核对设计图和出厂图，更没有认真检查出厂的屏内接线，只是按设计图将端子 12D27-4D34、7D31-4D41、7D32-4D44 短连起来，并按 4D 的端子号将电缆芯线接入。现场安装实际接线如图 17-8 所示。

这样的接线只要隔离开关合上，就会将失灵启动回路接通。双回线在运行中线路Ⅰ接在Ⅰ母上，线路Ⅱ接在Ⅱ母上，它们分别接通了Ⅰ母失灵启动回路和Ⅱ母失灵启动回路。母差保护屏是 WMZ—41 型，当失灵启动回路接通，保护屏上无任何信号。这样自从 2002 年 10 月 27 日双回线路投入运行时，双母线的失灵启动回路就一直接通，直当 2003 年 2 月 2 日 330kV 某线路 B 相发生瞬时性接地故障造成的电压降低，母差保护屏的低电压动作，使失灵启动的电压闭锁条件达到，Ⅰ母和Ⅱ母的失灵保护动作，跳掉了 110kV 母线上的所有断路器。

这次事故是由于在安装接线中没有认真对图、查线，在传动试验中没有认真检查启动失灵回路，WMZ—41 型保护屏当失灵回路接通时无任何信号所造成的。

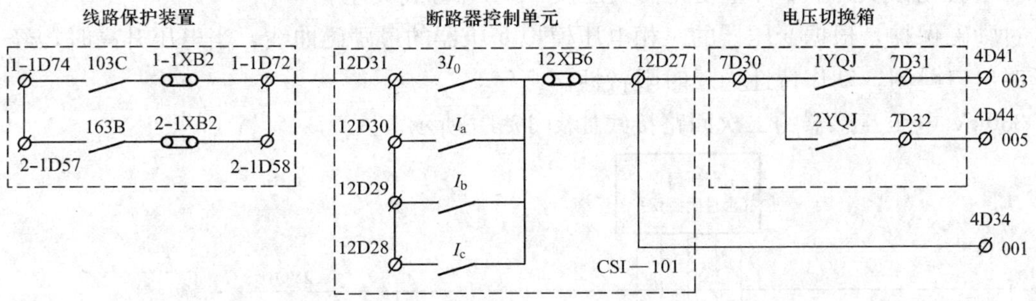

图 17-8　现场安装实际配线的失灵启动回路接线图

二、主变压器过励磁保护动作，断路器跳闸引起 110kV 母线失压事故

2002 年 10 月 17 日 12 时 20 分，某 330kV 变电站在进行 330kVⅡ母 TV 加运操作时，当合上 TVⅡ的 B 相隔离开关后，2 号主变压器过励磁保护动作，3330、3332、1102、3502 断路器跳闸，造成 2 号主变压器失压，同时 1 号主变压器失压及 110kV 母线失压。

330kV 变电站的一次接线如图 17-9 所示。

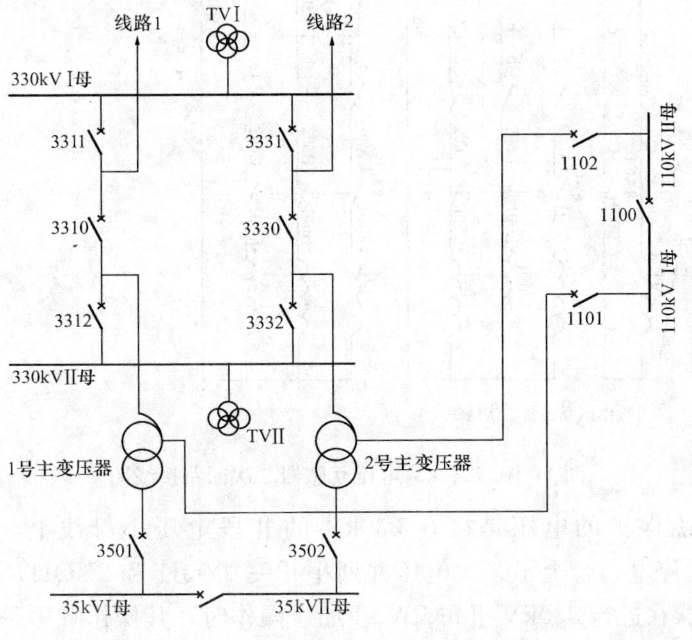

图 17-9　某 330kV 变电站一次接线图

当日的运行方式是，3310 断路器撤运检修，330kV Ⅱ母电压互感器 TV Ⅱ进行预防性试验。3311、3331、3330、3332、3312 加入运行，两条线路及两台主变压器运行。由于 3310 断路器撤运，330 部分呈开环运行状态。致使当事故发生 3330、3332 断路器跳闸 2 号主变压器失压的同时，造成 1 号主变压器也失压及 110kV 母线失压，扩大了事故停电范围。

经现场检查，根据录波图及 2 号主变压器保护动作报告分析，认为引起事故的直接原因为 330kV Ⅰ母 TV Ⅰ的 B 相电压异常升高，为正常值的 1.23 倍，达到 2 号主变压器过励磁保护启动值，造成 2 号主变压器过励磁保护动作，2 号主变压器三侧断路器跳闸、

330kV Ⅱ段母线失压，1号主变压器失压及110kV母线失压。

过励磁保护是根据变压器的三相电压模拟变压器的过励磁曲线，当电压升高时，经一定延时出口跳闸，动作特性为反时限特性。

330kV电压互感器的二次回路接线如图17-10所示。

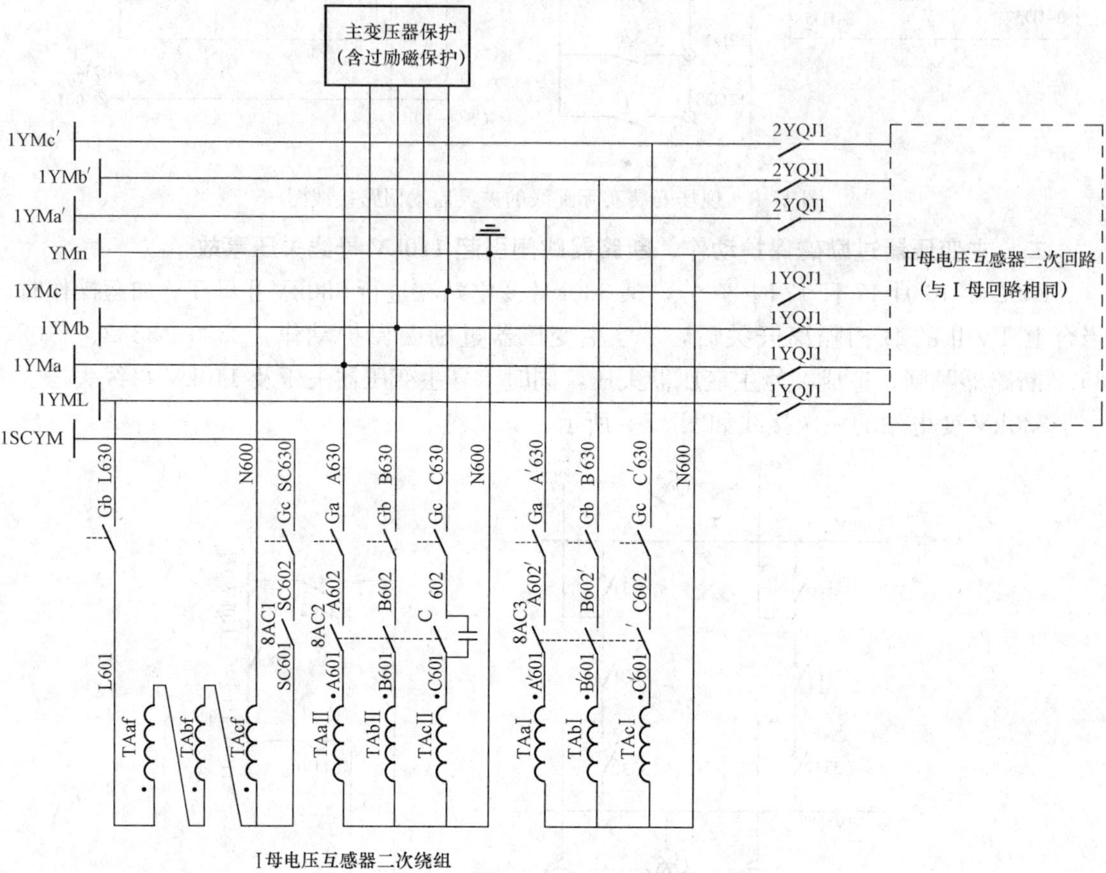

图17-10 330kV电压互感器二次回路接线图

变压器过励磁保护的电压是接在330kV的Ⅱ段电压小母线上，事故发生当日，330kVⅡ母TVⅡ停电，合上了二次电压并列小开关1YQJ1和2YQJ1，当时是由330kV Ⅰ母TV Ⅰ供电。在进行330kV Ⅱ母TV Ⅱ加运操作时，其操作顺序是先操作一次，再操作二次，当时电压二次小开关8AC1、8AC2、8AC3均在断开位置。但是，开口三角的零序电压L630是没有小开关控制的。电压互感器的隔离开关是分相操作的，当合上TVⅡ的B相隔离开关后，出现开口三角的零序电压，通过电压二次并列回路感应到运行的TV Ⅰ的二次回路中，使TV Ⅰ的B相电压异常升高，达到2号主变压器过励磁保护启动值，造成2号主变压器过励磁保护动作。

事故后进行原因分析，认为此次事故与操作的顺序有关。但是，其根本上是由于二次回路设计缺陷造成的，设计者没有意识到这种接线，会使得两个电压互感器在操作过程中相互影响，产生二次电压升高。防范措施是在TV开口三角回路L601中加一个二次小开关进行控制，当一次操作过程完成后，再投入开口三角的零序电压。

三、主变压器零序差动保护误动作，造成的变压器失压事故

2004年7月5日20时53分，某330kV变电站一条110kV出线C相15.31km处发生瞬时性接地故障，该线路零序Ⅱ段、距离Ⅱ段保护动作，断路器跳闸，重合成功。同时，1号主变压器RCS—978型保护装置零序比率差动保护动作，三侧断路器跳闸。

根据保护动作情况分析，110kV出线C相故障，对于1号主变压器RCS—978型保护装置零序比率差动保护来说属于区外故障，保护应可靠闭锁。但是，从保护动作报告可以看到，1号主变压器RCS—978型零序比率差动保护18ms动作，三侧断路器跳闸，应属于误动作。

自耦变压器零序差动保护电流回路的正确接线如图17-11所示。

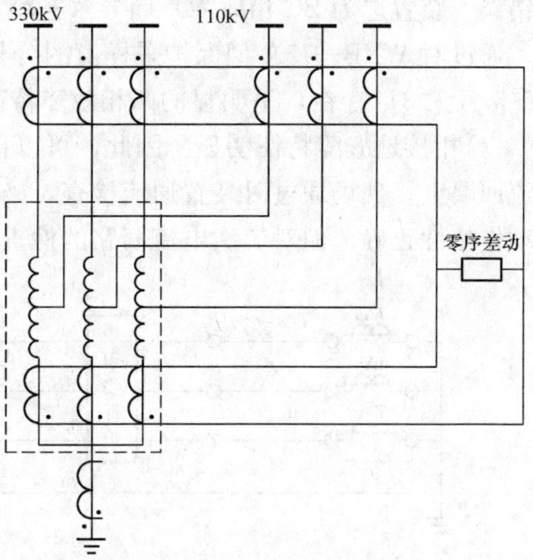

图17-11　自耦变压器零序差动保护电流回路原理接线图

按照图17-11所示，零序差动保护用的电流互感器极性关系应该是：330kV和110kV侧以母线为正，确定极性，二次从极性端引出；公共绕组侧以中性接地点为正，确定极性，二次从极性端引出。

现场检查，实际接线是330kV和110kV侧电流互感器的接线与极性引出均正确，而中性点侧电流互感器的极性接错，这次区外故障被误判为区内，这是本次保护误动作的原因所在。

四、330kV甲乙线CSI121A重合闸拒动原因的调查分析

1999年11月15日晨6时8分，甲乙线距甲变电站3.15km处的610杆，因鸟粪污秽造成B相闪络。乙侧两套高频保护动作单跳，重合闸动作成功。甲侧两套高频保护、零序Ⅰ段、接地距离Ⅰ段保护均动作单跳，但因CSI121A单相重合闸拒动，造成断路器三相跳闸。事后，在现场对拒动重合闸进行了多次认真详细的检查，查明CSI121A型保护装置重合闸拒动为二次回路接线设计错误所致。

由于主接线为3/2断路器接线方式，CSI121A型保护装置重合闸单跳启动回路分别设Ⅰ线和Ⅱ线，两路单跳启动重合闸开关量输入回路。对同一条线路的保护而言，其单跳启动重合闸开出量只能接上述CSI121A装置两个单跳启动重合闸开入量中的一个。如果保护的两个开出量同时接入单跳启动重合闸中，则CSI121A装置将误判为两条不同的线路保护同时启动重合闸，其重合闸逻辑将直接沟通三跳回路。

而此次甲乙线CSI121A重合闸拒动，正是由于设计中将同一线路的两套保护单跳启动重合闸开出量分别接至CSI121A装置的Ⅰ、Ⅱ线单跳启动重合闸开入量回路所致。在保护带断路器作整组传动试验时，一般是一套一套地进行，并不易发现这种错误，只有在设计与审图中理解原理、认真检查，才能防止这类事故的发生。

五、330kV 甲乙线故障 WXB—15A 型保护选相错误的调查分析

1999 年 5 月 31 日 11 时 45 分，甲乙线 C 相故障，乙侧 WXB—11D 型高频闭锁和 WXB—15A 型高频方向保护均正确动作，跳开故障相。甲侧 WXB—11D 的高频闭锁及接地距离Ⅰ段保护动作正确，单跳出口，而 WXB—15A 的高频方向和接地距离Ⅰ段却因选相错误（装置选为 BC 相故障）而导致三跳。

通过对 WXB—15A 型保护采样值的分析，故障时 B、C 相电流大小相等，相位相差 180°，且无 $3I_0$ 存在，呈明显的两相故障特征。而电压 C 相采样值明显降低，存在较大的 $3U_0$，C 相接地故障特征明显。因此，可以肯定问题一定出在装置的电流采样回路或二次电流回路上。现场通过对装置通流检查，确认装置电流采样回路完好，模拟试验也证明保护动作特性正确。但对二次电流回路的检查却发现严重错误，见图 17-12。

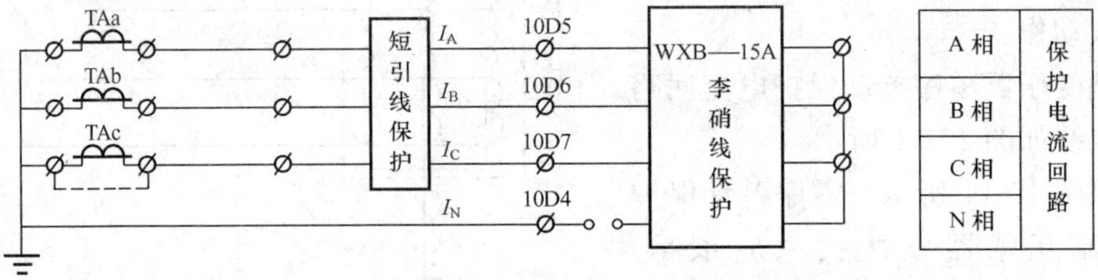

图 17-12　甲乙线 WXB—15A 型保护装置电流回路错误接线图

从现场检查中看到，WXB—15A 型保护装置用的 B 相电流互感器，因接线人员的不负责任，造成其头、尾在端子箱内被短接。电流二次回路的 N 相电缆因线头较短，端子螺钉直接压在绝缘外皮上，使保护的电流回路无中性点回零。

上述两处缺陷造成被保护线路故障时，故障 C 相电流直接经 B 相回中性点，呈明显的两相短路特征，致使 WXB—15A 型保护选相错误。由于平时甲乙线负载较轻，电流不大，故上述缺陷一直未能及时发现，直至此次线路故障才得以完全暴露。

这样一方面因接线人员不负责任，另一方面没有进行电流二次回路的通电试验检查，从而导致了事故的发生。

六、330kV 甲乙线 CSL—102A 型保护误动原因分析

1999 年 7 月 27 日 22 时 25 分，丙丁线发生 A 相接地故障，甲变电站 330kV 甲乙线 CSL—102A 型保护动作，A 相跳闸，重合成功；同时乙变电站 330kV 乙甲线 CSL—102A 型保护动作，A 相跳闸，重合成功。均为高频突变量保护出口跳闸。

根据事故情况，这两套保护属于区外故障时误动。对于甲变电站来说，属于区外反方向；对于乙变电站来说，属于正方向。显然甲变电站保护有问题。经查找发现，甲变电站甲乙线保护屏上电压回路极性有问题，最后确认 TV 二次绕组极性接错。

配置双套保护的，应采用不同的 TV 二次绕组，甲乙线的两套保护 CSL101A 与 CSL102A 正是按此接线的。但是，在做六角图时，没有分别以相应的电压为基准，而是都采用 CSL101A 的 TV 电压为基准来做的，而 CSL101A 所接的 TV 电压极性是正确的。实际上对 CSL—102A 保护的电压回路没有检查，造成保护误动。另外，说明保护的投运检查项目不仔细，不完整，埋下了误动的隐患。

七、330kV 甲乙线 WXB—11 零序Ⅰ段保护误动的调查分析

1999 年 3 月 26 日 5 时 51 分，甲Ⅱ线 B 相接地故障，两侧保护动作正确。但甲乙线 WXB—11 零序Ⅰ段保护却在此刻反向误动，从甲乙线采样值反映，健全相 C 相比故障相 B 相电流还大近 3 倍，且与 $3I_0$ 同相。

其主接线为 3/2 断路器接线方式，甲乙线与甲Ⅱ线为接在同一串的相邻线路，它们共用中间断路器，电流回路共用一个电流互感器端子箱。事后对保护装置和电流互感器的检查未发现问题，但查电流二次回路时，在电流互感器端子箱中发现，甲乙线 WXB—11 保护 C 相与本线 WXB—15 保护 N 相连通并接地，而 N 相却与甲Ⅱ线 WXB—15 保护 N 相相连后接地，甲Ⅱ线 WXB—15 保护的 N 相接触不良，如图 17-13 所示。

图中虚线所示为错误的连线。当甲Ⅱ线发生接地故障时，产生的零序电流通过甲乙线 WXB—11 型保护后，经过甲乙线 WXB—15 型保护 N 相接地。这正是导致甲乙线 WXB—11 零序Ⅰ段保护区外反向误动的原因。

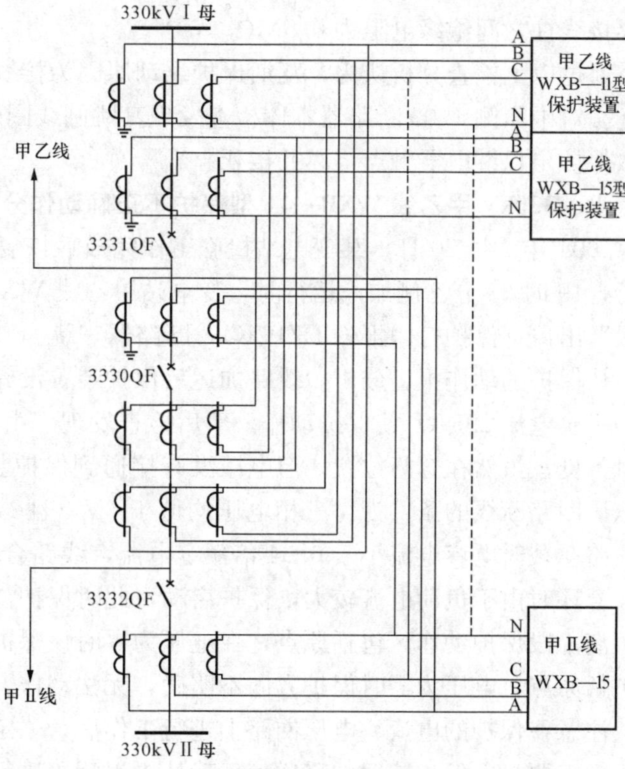

图 17-13　330kV 甲乙线 WXB—15 型保护电流回路接线图

八、330kV 甲乙线 WXB—15 型高频方向保护误动的调查分析

1999 年 1 月 24 日 9 时 12 分～9 时 44 分，甲乙线相继发生 4 次 B 相接地故障，甲乙线两侧保护动作正确。在此期间，甲乙线甲侧 WXB—15 型高频方向保护却连续发生三次正方向区外误动。从甲侧故障录波器录取的高频信号可明显看到，故障期间乙侧高频闭锁信号有明显的间断，而乙侧未录取高频信号。

根据上述情况，可基本认定甲侧高频方向保护三次误动为故障时未收到对侧高频闭锁信号所致。事后经了解，甲乙线高频通道乙侧未按反措要求加装抗干扰电容器，从而导致了这次保护误动的发生。

九、某变电站 2 号主变压器瓦斯保护误动的调查分析

2004 年 6 月 3 日 10 时 25 分，某变电站 2 号主变压器重瓦斯保护动作，变压器高压侧 3340、3341 断路器、低压侧 3502 断路器跳闸，而中压侧 1102 断路器未跳。

保护动作后在现场进行检查时发现，2 号主变压器保护屏重瓦斯信号继电器动作灯亮且不能复归，保护出口继电器 1KBC 跳 1102 断路器的触点已烧坏并接死。由于保护动作时天降大雨，对该保护所接的Ⅱ段直流系统进行了检查，正电源对地电压+15V，负电源对地电压−215V，直流正极接地。对气体继电器接线盒进行检查，发现接线盒底部有少量积水，内部很潮湿。将主变压器保护屏至气体继电器电缆全部拆除，用1000V绝缘电阻表进行绝缘检查，从保护屏至通风端子箱、通风端子箱至本体端子箱、本体端子箱至气体继电器的电缆绝缘均在1MΩ以上，气体继电器接线柱对地绝缘电阻为0.2MΩ，气体继电器接线柱之间绝缘电阻为0.5MΩ。

通过以上检查分析认为，瓦斯保护误动原因为接线盒进水，重瓦斯接线柱绝缘下降而引起。对中压侧1102断路器本体检查发现其跳闸线圈烧坏，保护动作后断路器无法跳开，导致保护出口继电器触点烧坏并接死。

十、330kV甲乙线WXB—11型保护不正确动作分析

2004年2月20日，某变电站检修工作完成后恢复甲乙线运行，19时29分甲侧加入运行，19时33分乙侧加入运行时，变电站甲乙线WXB—11型保护“振荡带0.2s延时的Ⅰ段”出口（保护打印报告DZ1CK），断路器三跳。

从保护的动作报告分析，线路加运后保护装置没有感受到交流电压，合环时的负荷电流（一次电流295A）使保护动作。事后检查发现，由于该保护电压互感器二次空气开关接触不良，虽然在合闸位置，但电压没有接通到保护装置。WXB—11型保护判别三相交流电压回路断线的条件为：三相电压均低于8V，且A相电流大于0.04倍额定电流。由于线路空载时电容电流小于0.04倍额定电流，线路合环前保护装置无法判出电压回路断线，合环时由于负荷电流较大，保护启动，此时保护“TV断线”不起作用。由于振荡中的距离Ⅰ段保护动作区包括原点，在电压为零时该保护动作；而正常的距离Ⅰ段保护由于不包括原点，电压为零时保护方向不明确，无法动作。

注意在保护的电流、电压回路上进行工作后，一定要检查回路是否完好，一次设备带电后一定要打印保护装置的采样值，确认无误后再进行下一步工作。

十一、330kV变电站主变压器差动保护误动分析

2003年9月27日10时55分，系统正常运行，继电保护人员在进行330kV变电站主变压器WBZ—500型差动保护定值检验时，差动保护动作，跳开主变压器中压侧1101断路器。

在进行保护检验时，仅投入了差动保护投入连接片，分别将该保护跳主变压器三侧的出口连接片打开。事后对该保护回路进行了检查，实际接线中有一根连线将保护跳主变压器中压侧的出口连接片短路，虽然已经将该连接片打开，但在进行检验工作中保护动作后仍可将跳闸回路接通，导致1101断路器跳闸。主变压器差动保护出口回路接线如图17-14所示。

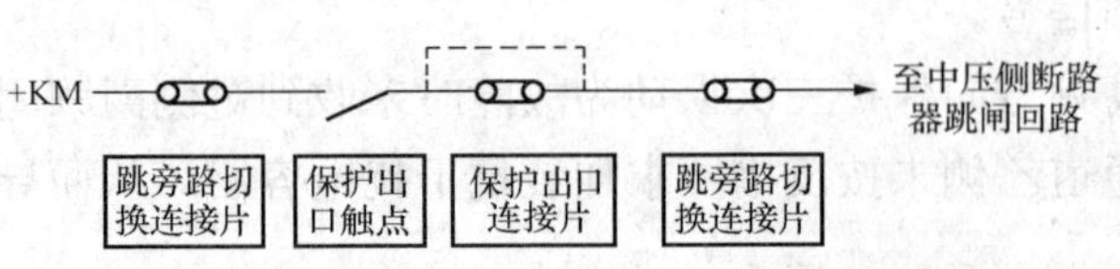

图17-14　主变压器差动保护出口回路接线图

图17-14中，虚线处为错误连线，设计图纸上无此连线。将该连线拆除后，用电位法对回路接线进行了检查，确证回路接线正确。

十二、110kV 内桥接线变电站中 110kV 线路保护误动情况分析

图 17-5 是一座 110kV 变电站的内桥主接线，2010 年 4 月 27 日故障发生前，变电站的运行方式为断路器 QF11、QF31、QF51 在合闸状态，线路甲、线路乙、1 号主变压器及 2 号主变压器在正常运行状态。下午 2 点 15 分 110kV 线路甲发生永久故障，线路纵差保护动作，断路器 QF11 跳闸，紧接着 110kV 线路乙距离保护Ⅲ段动作，断路器 QF51 跳闸，造成了全站失压事故。同时发现，事故发生时，两线路电压互感器的二次空气开关也跳闸断开。在对事故进行全面调查分析后，找到了事故发生的原因。

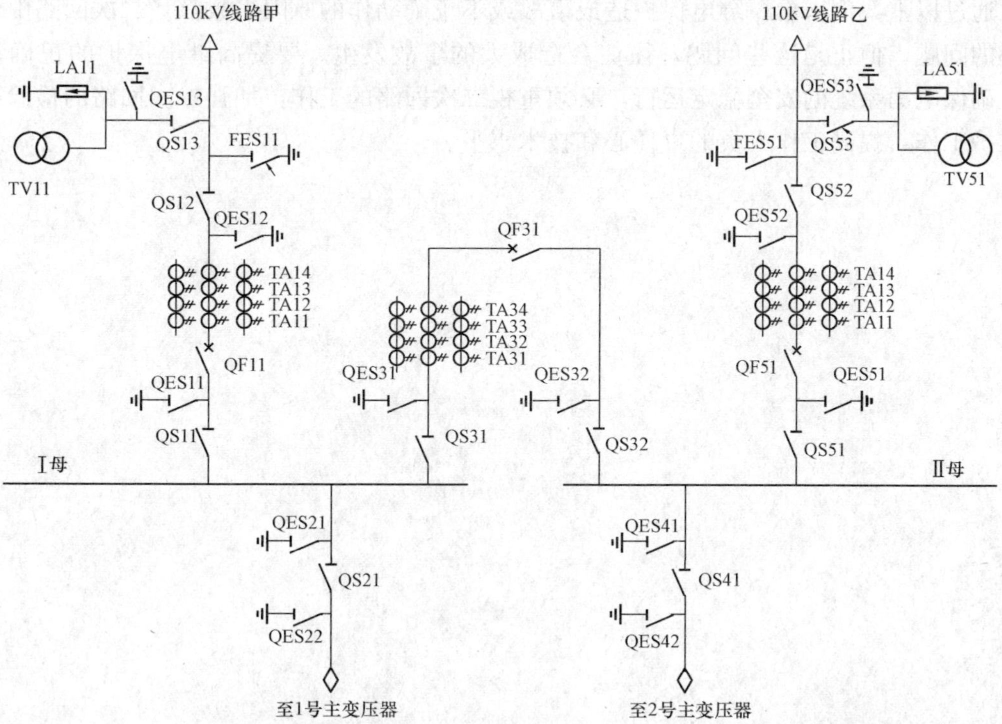

图 17-15　110kV 变电站内桥主接线

在对事故的调查中，运行人员提供了在操作中发生的一些问题，曾发生过当桥断路器 QF31 在断开位置时，对线路断路器进行合闸操作，断路器一合上，线路保护的手合加速即动作跳闸，只有在桥断路器合闸位置，线路断路器可以顺利合闸。估计原因是二次电压回路存在问题，对二次电压回路进行了检查分析，该变电站设计的二次电压回路与一次主接线保持一致，线路电压互感器 TV11、TV51 二次电压经小空气开关引出后，分别经线路断路器 QF11、QF51 的辅助触点控制，切换为虚拟的两段母线电压，再经桥断路器 QF31 的辅助触点控制，进行电压并列。线路保护所引的二次电压是经线路断路器 QF11、QF51 辅助触点切换后的虚拟两段母线电压，也就是说线路保护的电压必须在线路断路器合闸后才能获取。检查中对电压切换时间及保护动作时间进行测试，结果是断路器辅助触点切换是 23ms，而手合加速保护的动作时间是 18ms，这样找到了操作中出现问题的原因，也为线路保护误动的分析开阔了思路。

进一步分析事故的原因，当线路甲故障，保护动作，断路器 QF11 跳闸，线路甲及线

路电压互感器 TV11 失压，由于断路器辅助触点切换较慢，两段二次电压回路仍在并列状态，线路乙电压互感器 TV51 对线路甲电压互感器进行反充电，由于充电电流过大，造成两线路电压互感器的二次空气开关跳闸断开，致使线路乙的保护失压，此时保护尚在启动状态，又有较大的负荷电流，而距离Ⅱ段又有一定的反向偏移特性，导致了线路乙距离保护Ⅲ段动作出口，线路乙断路器 QF51 跳闸。

事故后采取了一些措施，例如：将保护二次电压改为引自线路电压，即经线路断路器切换之前；调整断路器辅助触点切换时间；增大电压互感器二次空开跳闸电流参数等。

通过以上案例来看，继电保护造成事故或不正确动作的原因多数都是二次回路中一些小小的问题，但正是这些问题，往往会造成大的事故发生。要提高继电保护的正确动作率，确保电力系统的安全稳定运行，必须重视二次回路的工作，加强二次回路的检验和运行维护工作，提高工作人员的责任心和技术水平。

参 考 文 献

[1] 黄益庄. 变电站综合自动化技术. 北京：中国电力出版社，2000.

[2] 杨新民. 杨隽琳. 电力系统微机保护培训教材. 北京：中国电力出版社，2000.

[3] 袁钦成. 配电自动化及管理系统的工程实践. 电力设备，2004，1.

[4] 王国光. 加强二次回路工作，确保微机保护安全运行. 继电器，2002，1.

[5] 王国光. 高频保护的整组试验. 电力技术，1985，6.

[6] 王国光. 加强二次回路管理，发挥一个半断路器主接线的优越性. 电网技术，1986，2.

[7] 袁乃志. 发电厂和变电站电气二次回路技术. 北京：中国电力出版社，2004.

[8] 熊为群，陶然. 继电保护自动装置及二次回路. 2 版. 北京：中国电力出版社，2000.

[9] 国家电力调度通信中心. 电力系统继电保护实用技术问答. 2 版. 北京：中国电力出版社，2000.

[10] 国家电力调度通信中心. 电力系统继电保护规定汇编. 2 版. 北京：中国电力出版社，2000.

[11] 张宇辉. 电力系统微型计算机继电保护. 北京：中国电力出版社，2000.

[12] 张玉绪. 发电厂及变电站二次接线. 北京：电力工业出版社，1980.

[13] 高翔. 数字化变电站应用技术. 北京：中国电力出版社，2008.

[14] 布兰德、罗曼、维莫尔. 变电站自动化. 景雷，范建忠，苏斌，译. 北京：中国电力出版社，2009.

[15] 景敏慧. 变电站电气二次回路及抗干扰. 北京：中国电力出版社，2010.